ENCYCLOPÉDIE
DES
TRAVAUX PUBLICS

Fondée par M.-C. LECHALAS, Insp' gén' des Ponts et Chaussées

COURS DE L'ÉCOLE DES PONTS & CHAUSSÉES

STABILITÉ
DES
CONSTRUCTIONS

PAR

JEAN RÉSAL

INGÉNIEUR EN CHEF DES PONTS ET CHAUSSÉES

PARIS

LIBRAIRIE POLYTECHNIQUE, CH. BÉRANGER, ÉDITEUR

Successeur de BAUDRY & Cⁱᵉ

15, RUE DES SAINTS-PÈRES

Même Maison à Liége, rue de la Régence, 21

ENCYCLOPÉDIE DES TRAVAUX PUBLICS

Fondateur : M.-C. LECHALAS, 108, *rue de Rennes, PARIS.*
Volumes grand in-8°, avec de nombreuses figures.
Médaille d'or à l'Exposition universelle de 1889
Exposition de 1900 (Voir pages 3 et 4 de la couverture)

OUVRAGES DE PROFESSEURS A L'ÉCOLE DES PONTS ET CHAUSSÉES

M. BECHMANN. *Distributions d'eau et Assainissement.* 2° édit., 2 vol. à 20 fr....... 40 fr.

M. BRICKA. *Cours de chemins de fer de l'Ecole des ponts et chaussées.* 2 vol., 1343 pages et 514 figures.................. 40 fr.

M. L. DURAND-CLAYE. *Chimie appliquée à l'art de l'ingénieur,* en collaboration avec *MM. De-rôme et Feret,* 2° édit. considérablement augmentée, 15 fr. — *Cours de routes de l'Ecole des ponts et chaussées,* 606 pages et 234 figures, 2° édit., 20 fr. — *Lever des plans et nivelle-ment,* en collaboration avec *MM. Pelletan et Lallemand.* 1 vol., 703 pages et 280 figures (cours des Ecoles des ponts et chaussées et des mines, etc.)................. 25 fr.

M. FLAMANT. *Mécanique générale (Cours de l'Ecole centrale),* 1 vol. de 544 pages, avec 203 figures, 20 fr. — *Stabilité des constructions et résistance des matériaux.* 2° édit., 670 pages, avec 270 figures, 25 fr. — *Hydraulique (Cours de l'Ecole des ponts et chaussées),* 1 vol., 2° éd. considérablement augmentée (Prix Montyon de mécanique).................. 25 fr.

M. GARIEL. *Traité de physique.* 2 vol., 448 figures................. 20 fr.

M. DE MAS. *Rivières à courant libre.*.................. 17 fr. 50

M. HIRSCH. *Résumé du cours de machines à vapeur et locomotives.* 1 volume....... 18 fr.

M. F. LAROCHE. *Travaux maritimes.* 1 vol. de 490 pages, avec 116 figures et un atlas de 46 grandes planches, 40 fr. — *Ports maritimes.* 2 vol. de 1006 pages, avec 524 figures et 2 atlas de 37 planches, double in-4° (*Cours de l'Ecole des ponts et chaussées*)..... 50 fr.

M. NIVOIT, Inspecteur général des mines : *Cours de géologie,* 2° édition, 1 vol. avec carte géologique de la France.................. 20 fr.

M. M. D'OCAGNE. *Géométrie descriptive et Géométrie infinitésimale* (cours de l'Ecole des ponts et chaussées), 1 vol., 340 fig. .... 12 fr.

M. J. RÉSAL. *Traité des Ponts en maçonnerie,* en collaboration avec *M. Degrand.* 2 vol., avec 600 figures, 40 fr. — *Traité des Ponts métalliques* 2 vol., avec 500 figures, 40 fr. — *Constructions métalliques, élasticité et résistance des matériaux : fonte, fer et acier.* 1 vol. de 652 pages, avec 203 figures, 20 fr. — Le 1er volume des *Ponts métalliques* est à sa se-conde édition (revue, corrigée et très augmentée) — *Cours de ponts,* professé à l'Ecole des ponts et chaussées, 1 vol. de 410 pages, avec 284 figures (*Etudes générales et ponts en maçonnerie*), 14 fr. — *Cours de résistance des matériaux* (Ecole des ponts et chaussées), 120 figures, 16 fr. — *Cours de stabilité des constructions,* 240 figures............. 20 fr

OUVRAGES DE PROFESSEURS A L'ÉCOLE CENTRALE DES ARTS ET MANUFACTURES

M. DEHARME. *Chemins de fer. Superstructure ;* première partie du cours de chemins de fer de l'Ecole centrale. 1 vol. de 696 pages, avec 310 figures et 1 atlas de 73 grandes planches in-4° doubles (voir *Encyclopédie industrielle* pour la suite de ce cours). 50 fr. On vend séparément : *Texte,* 15 fr.; *Atlas,* 35 fr.

M. DENFER. *Architecture et constructions civiles.* Cours d'architecture de l'Ecole centrale : *Maçonnerie.* 2 vol., avec 794 figures, 40 fr. — *Charpente en bois et menuiserie.* 1 vol., avec 680 figures, 25 fr. — *Couverture des édifices* 1 vol., avec 423 figures, 20 fr. — *Char-penterie métallique, menuiserie en fer et serrurerie.* 2 vol., avec 1.050 figures, 40 fr. — *Fumisterie (Chauffage et ventilation).* 1 vol. de 726 pages, avec 731 figures (numérotées de 1 à 375, l'auteur affectant chaque groupe de figures d'un numéro seulement). 25 fr. *Plomberie : Eau, Assainissement : Gaz,* 1 vol. de 568 p. avec 391 fig.......... 20 fr.

M. DURION. *Cours d'Exploitation des mines.* 1 vol. de 692 pages, avec 1.100 figures. 25 fr. Ce Cours, professé à l'Ecole centrale, est suivi du recueil complet des documents offi-ciels, actuellement en vigueur, relatifs à l'exploitation des mines (lois, ordonnances et décrets, circulaires).

M. MONNIER. *Electricité industrielle,* cours professé à l'Ecole centrale, 2° édit. considéra-blement augmentée, 2 vol., à 12 fr. le volume (*sous presse*).

M. M° PELLETIER *Droit industriel,* cours professé à l'Ecole centrale. 1 vol....... 15 fr.

MM. E. ROUCHÉ et BRISSE, anciens professeurs de géométrie descriptive à l'Ecole centrale. *Coupe des pierres.* 1 vol. et un grand atlas.................. 25 fr.

MM. C. BRISSE et H. PICQUET. *Cours de géométrie descriptive de l'Ecole centrale.* 1 vol. grand in-8° avec figures (Voir : *Encyclopédie industrielle*).................. 17 fr. 50

OUVRAGE D'UN PROFESSEUR AU CONSERVATOIRE DES ARTS ET MÉTIERS

M. E. ROUCHÉ, membre de l'Institut. *Eléments de statique graphique.* 1 vol..... 12 fr. 50

OUVRAGES DE PROFESSEURS A L'ECOLE NATIONALE SUPÉRIEURE DES MINES

M. AGUILLON. *Législation des mines, française et étrangère.* 3 vol.............. 40 fr.

M. PELLETAN. *Lever des plans et nivellement souterrains* (Voir ci-dessus : *Durand-Claye*).

M. CHESNEAU. *Lois générales de la Chimie.* 1 vol. avec 37 figures .... 7 fr. 50

OUVRAGE D'UN PROFESSEUR A L'ÉCOLE NATIONALE FORESTIÈRE

M. THIÉRY. *Restauration des montagnes,* avec une *Introduction* par M. Lechalas père. Vol. de 442 pages, avec 173 figures.................. 15 fr.

(Voir la suite ci-après)

STABILITÉ

DES

CONSTRUCTIONS

ENCYCLOPÉDIE
DES
TRAVAUX PUBLICS
Fondée par **M.-C. LECHALAS**, Insp' gén'' des Ponts et Chaussées

COURS DE L'ÉCOLE DES PONTS & CHAUSSÉES

STABILITÉ
DES
CONSTRUCTIONS

PAR

JEAN RÉSAL
INGÉNIEUR EN CHEF DES PONTS ET CHAUSSÉES

PARIS

LIBRAIRIE POLYTECHNIQUE, CH. BÉRANGER, ÉDITEUR

Successeur de BAUDRY & C'

15, RUE DES SAINTS-PÈRES

Même Maison à Liège, rue de la Régence, 21

1901

AVANT-PROPOS

AVANT-PROPOS

Le cours de *Résistance des Matériaux* professé à l'Ecole des Ponts et Chaussées est divisé en deux parties :

1° *La Résistance des Matériaux* proprement dite, science abstraite, qui a pour objet l'étude des conditions d'équilibre élastique des corps naturels, lorsqu'ils sont soumis à l'action de forces extérieures ;

2° La *Stabilité des Constructions*, science d'application, qui utilise les formules de la *Résistance des Matériaux* en vue d'assurer l'exécution d'ouvrages *stables*, c'est-à-dire solides et durables, en se servant des matériaux dont les propriétés élastiques répondent aux conditions imposées par la *Résistance des Matériaux*.

Le présent ouvrage est le résumé des leçons consacrées à la *Stabilité des Constructions*.

1. Stabilité des Constructions. — Pour être *stable*, une construction doit remplir les deux conditions suivantes :

1° Demeurer immobile dans l'espace, en état d'équilibre statique, sous l'action des forces extérieures qui lui sont appliquées de façon permanente ou temporaire ;

2° Ne subir, en aucun point et à aucun moment, un travail élastique normal (à l'extension ou à la compression), ou tangentiel (au glissement), qui dépasse *la limite de sécurité* convenue pour la matière constitutive de l'élément considéré dans l'ouvrage.

Les équations d'équilibre élastique, fournies par la *Résistance des Matériaux*, permettent *toujours* de vérifier la stabilité d'une construction, quand celle-ci est soit assimilable à une *pièce prismatique*, soit décomposable en éléments prismatiques reliés les uns aux autres, et remplissant chacun, en ce qui touche sa forme géométrique, les propriétés élastiques de la matière qui le constitue, la distribution des forces extérieures qui le sollicitent, etc., toutes les conditions essentielles posées dans l'énoncé du problème général de la *Résistance des Matériaux* (première partie du cours, chapitre III, § 2).

Certaines dérogations peuvent toutefois être admises, à la condition de recourir à des règles de calcul spéciales, qui ont été énoncées dans la première partie du cours (chapitre III, § 3).

D'autres formules, semi-théoriques et semi-empiriques, dont l'exactitude très approximative semble suffisante pour les besoins de la pratique, servent à vérifier la stabilité de certains éléments de construction (organes d'assemblages, galets de roulement, etc.), bien qu'ils ne répondent pas à la définition des pièces prismatiques : nous aurons occasion plus tard de signaler ces règles semi-théoriques et semi-empiriques, et d'en expliquer l'usage.

La *Stabilité des Constructions* est une science d'application, dérivée à la fois de la *Mécanique rationnelle* et de la *Résistance des Matériaux*, dont l'objet peut être défini comme il suit :

1° *Vérification de l'équilibre statique d'une construction.* — Cette opération s'effectue par les procédés de la mécanique rationnelle, en considérant la construction comme un solide invariable, ou comme une réunion de solides invariables reliés les uns aux autres, sans qu'il y ait besoin d'invoquer les propriétés élastiques de la matière, et de faire intervenir les formules de la *Résistance des Matériaux*.

La *Stabilité des Constructions* fait reconnaître, le cas échéant : — soit la possibilité de supprimer certains éléments surabondants, ou certaines liaisons superflues de ces éléments entre eux ou avec les corps voisins qui servent de supports à l'ouvrage, sans que ces changements compromettent l'équilibre statique ; — soit, au contraire, la nécessité d'ajouter de nouveaux éléments ou des liaisons supplémentaires, pour assurer cet équilibre, qui autrement ferait défaut.

2° *Recherche des résultantes d'actions moléculaires* relatives à une section transversale quelconque de chaque élément prismatique de la construction, considéré en particulier.

Pour appliquer à cette section transversale les formules de *résistance* qui servent à calculer le travail élastique, il est en effet nécessaire de connaître pour la dite section toutes les résultantes d'actions moléculaires, *effort normal, effort tranchant, moment fléchissant, couple de torsion*, qui figurent comme données dans les problèmes de la *Résistance des Matériaux*. Or ces résultantes dépendent de toutes les forces extérieures qui sollicitent l'élément prismatique considéré. Certaines de ces forces sont connues en vertu même de l'énoncé du problème ; les autres, inconnues *a priori* (*forces de liaison*), sont définies exclusivement par les effets dont elles sont les causes (fixité de certains points d'appui, ou déplacements connus de ces points).

La *Stabilité des Constructions* fournit des méthodes, basées à la fois sur les théorèmes de la mécanique rationnelle et sur les démonstrations de la Résistance des Matériaux, qui permettent toujours de déterminer en grandeur et direction toutes les forces extérieures inconnues *a priori*, puis d'effectuer ensuite, pour une section transversale choisie arbitrairement sur un élément prismatique quelconque de l'ouvrage, le calcul des résultantes d'actions moléculaires.

Cela fait, on évalue sans peine le travail élastique, normal ou tangentiel, correspondant à ces résultantes, par les règles usuelles énoncées dans la première partie du cours.

La *Stabilité des Constructions* fait reconnaître, le cas échéant : — ou la nécessité d'augmenter les dimensions transversales d'un élément prismatique, pour lequel le travail élastique calculé se trouverait supérieur à la *limite de sécurité* convenue ; — ou la possibilité de réduire au contraire ces dimensions par mesure d'éco nomie, si le travail calculé était reconnu trop faible.

Il arrive fréquemment que la recherche des résultantes d'actions moléculaires peut être effectuée complètement en se basant sur la forme géométrique de la construction et sur la distribution des forces extérieures qui la sollicitent, sans avoir arrêté au préalable les dimensions transversales des éléments de l'ouvrage ; on peut alors déterminer après coup le profil à attribuer à chacun de ces éléments, de façon que le travail élastique, correspondant aux résultantes calculées précédemment, y atteigne, sans la dépasser, la limite de sécurité convenue.

Dans d'autres problèmes, au contraire, les résultantes d'actions moléculaires sont fonctions des profils des sections transversales des éléments. On est alors obligé de procéder par tâtonnements, en arrêtant *a priori* et provisoirement, par appréciation, les dimensions transversales des pièces, sauf à les modifier ultérieurement si les résultats du calcul, en ce qui touche les valeurs trouvées pour le travail élastique, ne sont pas jugés satisfaisants, comme péchant par excès ou par défaut.

3° *Recherche de la déformation.* — Etant donné une construction stable, c'est-à-dire dont l'équilibre statique est assuré, sans que le travail élastique dépasse en aucun point la limite de sécurité convenue, il y a souvent intérêt à déterminer sa déformation élastique.

Les formules de la Résistance des Matériaux permettent de calculer sans difficulté la déformation propre de chaque élément prismatique de la construction, considéré en particulier, puisque les calculs précédents ont fait connaître de façon complète ses conditions d'équilibre élastique.

La Stabilité des Constructions fournit ensuite des méthodes analytiques ou géométriques, à l'aide desquelles on déduit de ces premiers résultats partiels les déplacements élastiques totaux subis par les différents points de l'ouvrage considéré dans son ensemble.

2. Classification générale des constructions : Systèmes instables, stables ; Systèmes isostatiques, hyperstatiques ; Systèmes complets, surabondants. Division du cours en chapitres. — Une construction quelconque, envisagée dans son ensemble, est soumise à l'action de forces extérieures, dont les unes sont connues, leurs grandeurs et leurs directions étant complètement définies par l'énoncé du problème à résoudre ; et dont les autres, qui sont inconnues *a priori*, sont les réactions exercées sur la construction par les corps étrangers qui la supportent : nous les appellerons *réactions d'appuis*.

D'autre part, si l'on fait abstraction de l'élasticité de la matière, la construction est soit assimilable à un unique solide invariable soutenu par ses appuis, soit décomposable en un certain nombre de solides distincts, qui sont reliés les uns avec les autres, ainsi qu'avec les corps servant d'appuis.

Nous appellerons *réactions intérieures* les efforts mutuels, égaux et directement opposés, qui s'exercent entre deux solides voisins par l'intermédiaire de l'assemblage qui les réunit : cet assemblage est supposé tel qu'envisagé isolément il puisse permettre à l'un des solides de subir un déplacement relatif par rapport à l'autre, sans quoi ces deux corps, rattachés l'un à l'autre de façon invariable, devraient être considérés comme ne constituant ensemble qu'un seul et même solide.

Étant donné que la construction est immobile dans l'espace, chacun des solides dont elle se compose est en équilibre statique sous l'action des forces extérieures qui le sollicitent. Désignons par la lettre P toute force extérieure connue, par la lettre S toute réaction d'appui inconnue, et par la lettre T toute réaction mutuelle, également inconnue, qui s'exerce entre lui et un solide voisin auquel il est relié.

La résultante de toutes ces forces est nulle pour le solide envisagé, ce que nous exprimerons en écrivant que les sommes de leurs projections sur trois axes rectangulaires arbitrairement choisis, ainsi que les sommes de leurs moments par rapport à ces mêmes axes, sont séparément nulles.

$$(\mathrm{I}) \begin{cases} \Sigma\,\mathrm{P}_x + \Sigma\,\mathrm{S}_x + \Sigma\,\mathrm{T}_x = 0 \\ \Sigma\,\mathrm{P}_y + \Sigma\,\mathrm{S}_y + \Sigma\,\mathrm{T}_y = 0 \\ \Sigma\,\mathrm{P}_z + \Sigma\,\mathrm{S}_z + \Sigma\,\mathrm{T}_z = 0 \\ \Sigma\,\mathrm{M}_x\mathrm{P} + \Sigma\,\mathrm{M}_x\mathrm{S} + \Sigma\,\mathrm{M}_x\mathrm{T} = 0 \\ \Sigma\,\mathrm{M}_y\mathrm{P} + \Sigma\,\mathrm{M}_y\mathrm{S} + \Sigma\,\mathrm{M}_y\mathrm{T} = 0 \\ \Sigma\,\mathrm{M}_z\mathrm{P} + \Sigma\,\mathrm{M}_z\mathrm{S} + \Sigma\,\mathrm{M}_z\mathrm{T} = 0 \end{cases}$$

Dans les trois dernières équations doivent figurer, avec les signes convenables, les projections sur les plans de coordonnées des moments des couples extérieurs qui sollicitent le solide considéré.

Nous pourrons écrire ces six *équations universelles d'équilibre* pour chacun des n solides distincts, en lesquels on a pu décomposer la construction. Cela nous fera en tout $6n$ équations de condition fournies par la *Mécanique rationnelle*, abstraction faite de l'élasticité de la matière.

Nous remarquerons que chaque terme, projection ou moment, relatif à une force T ou à un couple MT de *réaction mutuelle*, figure avec des signes opposés dans les deux équations correspondantes qui sont relatives aux deux solides voisins, entre lesquels s'exerce la réaction mutuelle correspondant à cette force ou ce couple ; mais ce terme est affecté du signe + pour l'un des solides et du signe — pour l'autre. En conséquence, si l'on fait la somme de toutes les équations de *même espèce* relatives à tous les éléments de la construction, les forces T ou les couples M T disparaissent des résultats, puisque les termes correspondants se détruisent deux à deux, et l'on obtient finalement six équations entre les forces P et S, qui expriment que la construction, envisagée comme un unique solide invariable, est en équilibre statique, toutes les forces extérieures P et

S, qui lui sont appliquées, ayant une résultante et un couple résultant nuls.

Dans la plupart des problèmes que l'on rencontre dans l'étude des constructions, les équations (I) sont les seules à considérer pour la vérification de l'équilibre statique de l'ouvrage. Il peut toutefois arriver que la résolution des équations d'équilibre relatives à des corps étrangers, supports de la construction, considérés eux-mêmes comme des solides invariables, fournisse des relations supplémentaires entre certaines réactions d'appui S.

Quand on a affaire à une construction flottante, ou reposant sur des flotteurs, les lois de l'hydrostatique, appliquées au liquide qui sert ici de support, peuvent également conduire à des relations de condition entre les réactions d'appui. Nous aurons plus tard occasion de citer quelques exemples de ce cas. d'ailleurs assez rare dans la pratique (art. 22).

Nous supposerons qu'en pareille circonstance on se soit tout d'abord occupé de déterminer ces m relations auxiliaires, puis qu'on les ait utilisées pour éliminer des équations (I) un nombre égal m d'inconnues S.

Ce calcul préalable étant terminé, on n'aura plus à envisager, dans la suite des recherches, que le système des $6n$ équations d'équilibre statique (I), relatives aux solides constituant la construction proprement dite, abstraction faite de ses supports : ces équations renfermeront toutes les inconnues T, et celles des inconnues S qui n'auront pas été écartées par l'opération précédente, basée sur la recherche des conditions nécessaires pour que les supports soient eux-mêmes en équilibre statique.

Il s'agit à présent de tirer des $6n$ équations (I) les valeurs numériques de toutes les inconnues, réactions d'appui S et réactions mutuelles T, et couples relatifs à ces réactions. Supposons tout d'abord que la tentative faite pour résoudre ces équations simultanées conduise à la conclusion que le problème, tel qu'il a été posé, ne comporte pas de solution : on a constaté qu'il est impossible de constituer un système de forces S et T satisfaisant à la fois à toutes les conditions d'équilibre statique. L'ouvrage est alors *instable* : pour assurer son équilibre statique, il est indispensable de le modifier ou de le compléter, soit en ajoutant des solides supplémentaires, ou en modifiant les liaisons mutuelles de ceux déjà compris dans l'ouvrage ; soit en changeant la nature ou la distribution des appuis, ou bien en augmentant leur nombre. C'est là un problème de géométrie pure, dont il sera toujours aisé de se tirer, en modifiant celles des équations posées qui auront été reconnues incompatibles entre elles, et y faisant entrer un nombre convenable d'inconnues nouvelles S ou T, correspondant respectivement à des changements soit dans les appuis, soit dans l'ossature de l'ouvrage.

Admettons maintenant que l'équilibre statique de l'ouvrage soit assuré. Il peut arriver que le problème soit rigoureusement déterminé, et comporte une solution unique et complète, c'est-à-dire un seul système de forces S et T, complètement définies en grandeurs et directions, qui satisfasse à toutes les équations d'équilibre statique. Nous dirons alors que l'ouvrage est *isostatique* et *complet* : les réactions d'appui et les réactions mutuelles dépendront exclusivement de la forme géométrique de la construction, et de la distribution des forces extérieures connues qui la sollicitent.

Les valeurs de ces réactions ne seront pas influencées par l'élasticité de la matière, et seront indépendantes des dimensions transversales des solides constitutifs de l'ouvrage.

Supposons au contraire que le problème paraisse indéterminé, par insuffisance de conditions, ou excès dans le nombre des inconnues. Les valeurs de certaines réactions pourraient être choisies arbitrairement, et il est par conséquent possible d'imaginer un nombre infini de systèmes de forces S et T satisfaisant à toutes les conditions d'équilibre (I).

Nous aurons alors à envisager trois cas :

1° On a pu tirer de ces équations les valeurs de toutes les inconnues relatives aux réactions d'appui S, qui se trouvent ainsi complètement déterminées, et dépendent exclusivement de la forme géométrique de l'ouvrage et de la distribution des forces extérieures connues qui le sollicitent. Mais on n'a pas réussi à en faire autant pour les réactions mutuelles T, dont certaines sont susceptibles d'être choisies arbitrairement, sans que les équations d'équilibre statique cessent d'être satisfaites. On a donc la faculté de supprimer quelques éléments de la construction, ce qui revient à annuler les réactions T qui leur correspondent, sans compromettre l'équilibre. Nous dirons alors que l'ouvrage est *isostatique* et *surabondant*.

Pour faire cesser l'indétermination, il faut en pareil cas supprimer les éléments en excès jusqu'à ramener l'ouvrage à être *complet*, c'est-à-dire à ne plus comporter qu'un nombre d'inconnues T égal à celui des équations d'équilibre dont on dispose pour leur calcul.

Mais il est d'ailleurs *toujours possible*, sans rien changer à l'ossature de la construction, d'effectuer le calcul de toutes les réactions mutuelles T du système surabondant, en faisant intervenir l'élasticité de la matière, et recourant aux équations de déformation de la Résistance des Matériaux. Nous verrons plus tard que cette dernière science fournit nécessairement, sans insuffisance ni excès, le nombre voulu de conditions pour compléter celles tirées de la Mécanique rationnelle, et conduire à un système unique de forces T, toutes complètement définies en grandeurs et directions, qui satisfasse, avec les forces S précédemment calculées, à la fois aux équations d'équilibre statique et à celles de la déformation élastique. Mais ces forces T, ou du moins certaines d'entre elles, dépendent alors non plus seulement de la forme géométrique de l'ouvrage et de la répartition des forces extérieures qui le sollicitent, mais encore de l'élasticité de la matière et des dimensions transversales des éléments de la construction.

2° Le problème semble indéterminé en ce qui touche les forces S, dont certaines peuvent être choisies arbitrairement sans que les équations d'équilibre statique cessent d'être satisfaites.

Mais si l'on se donne les valeurs numériques de toutes les inconnues relatives aux réactions d'appui, les réactions mutuelles T se trouvent complètement déterminées en grandeurs et directions, les inconnues correspondantes étant toutes fournies par les équations (I). Nous dirons alors que l'ouvrage est *hyperstatique* et *complet*. Il y a excès dans le nombre des appuis, dont certains pourraient être simplifiés ou supprimés, ce qui reviendrait à annuler les forces S correspondantes, sans compromettre l'équilibre statique.

On peut encore faire disparaître l'indétermination

en recourant aux formules de déformation élastique
tirées de la Résistance des Matériaux. Cette dernière
science fournit nécessairement, sans insuffisance ni
excès, le nombre voulu de conditions pour compléter
celles tirées de la Mécanique rationnelle, et conduire à
un système unique de forces S, complètement déterminées, qui satisfasse aux équations d'équilibre statique.
Mais ces forces S, ou du moins certaines d'entre elles,
dépendent alors, non seulement de la forme géométrique de l'ouvrage et de la distribution des forces
extérieures, mais encore des propriétés élastiques de
la matière et des dimensions transversales des éléments de la construction.

Quant aux forces T, elles résultent exclusivement de
la forme de l'ouvrage et de la distribution des forces
extérieures (y compris les réactions d'appuis S, obtenues par le calcul précédent).

3° Enfin il peut y avoir indétermination aussi bien
pour les forces S que pour les forces T.

La construction comporte à la fois plus d'appuis et
plus d'éléments qu'il n'est strictement nécessaire pour
assurer son équilibre. Elle est *hyperstatique* et *surabondante*.

Pour la ramener à être *isostatique*, il faudrait supprimer ou simplifier certains appuis ; pour la rendre
complète, il faudrait faire disparaître certains éléments, ou modifier leurs liaisons mutuelles.

En recourant aux formules de déformation élastique, on fera dans tous les cas possibles disparaître
l'indétermination, et on aboutira à un système unique
et complètement défini de forces S et T, satisfaisant à
toutes les conditions fournies concurremment par la
Mécanique rationnelle et la Résistance des Matériaux.

Mais ces forces, ou certaines d'entre elles, dépendront alors, non seulement de la forme géométrique de la construction et de la distribution des forces extérieures connues qui la sollicitent, mais encore des propriétés élastiques de la matière, et des dimensions transversales des éléments de l'ouvrage.

En définitive, quand une construction est en équilibre statique, le problème de la détermination des réactions d'appuis et des réactions mutuelles, c'est-à-dire des forces extérieures inconnues *a priori*, qui sollicitent les divers solides constitutifs de l'ouvrage, comporte toujours une solution complète et unique.

Si l'ouvrage est isostatique, les équations d'équilibre élastique fournissent à elles seules les valeurs de toutes les réactions d'appui. Si l'ouvrage est complet, il en est de même pour les réactions mutuelles *(en considérant comme forces extérieures connues les réactions d'appui, que nous supposons avoir été calculées tout d'abord)*.

Si l'ouvrage est hyperstatique, il est nécessaire de faire intervenir les formules de déformation élastique, concurremment avec les équations d'équilibre statique, pour la recherche des réactions d'appui S.

Si l'ouvrage est surabondant, les formules de déformation sont également indispensables pour la détermination des réactions mutuelles T.

Nous verrons plus tard l'utilité et l'importance de cette classification au point de vue des méthodes à employer pour la vérification de la stabilité d'une construction. Toutes les fois que l'on se propose de résoudre un problème pratique, la première chose à faire est de s'assurer, à l'aide des équations d'équilibre statique, que l'ouvrage n'est pas instable par insuffisance d'appuis ou d'éléments. Après quoi on reconnaît la classe dans laquelle il doit figurer : système isostatique et complet ; — isostatique et surabondant ; — hyperstatique et complet ; — hyperstatique et surabondant. La Mécanique rationnelle ne permet à elle seule de résoudre complètement le problème de la recherche des réactions inconnues que si l'ouvrage est de la première classe.

On a cru parfois à tort qu'un système rentrant dans une des trois autres classes n'était pas susceptible d'un calcul rigoureux, parce qu'au point de vue de la Mécanique rationnelle, le problème, visant un système de solides invariables, serait indéterminé. Bien souvent on a cru nécessaire, pour faire disparaître cette indétermination, de recourir à des hypothèses plus ou moins plausibles (principe de la moindre action, etc.). C'était là une erreur grave et grossière. Du moment que l'on a affaire à des corps élastiques, le problème est *toujours* déterminé ; seulement il faut ajouter aux équations d'équilibre statique tirées de la Mécanique rationnelle, celles de déformation élastique fournies par la Résistance des Matériaux. Moyennant quoi, on a la certitude d'arriver forcément à une solution unique et complète.

Après qu'on a déterminé les réactions d'appuis et les réactions mutuelles, le calcul du travail et la recherche de la déformation propre de chacun des solides élastiques entrant dans la construction, s'effectuera sans difficulté par les formules d'équilibre élastique et de déformation de la Résistance des Matériaux, si ces solides sont assimilables à des pièces prismatiques, ou à des ossatures composées de pièces prismatiques invariablement reliées les unes aux autres, ainsi que nous l'avons dit plus haut. Après quoi la recherche de la déformation de l'ouvrage, considéré dans son ensemble, n'est plus qu'un problème élémentaire de géométrie pure.

Ces indications générales et abstraites, dont l'énoncé nous a paru le préambule nécessaire de la *Stabilité des Constructions*, seront rendues plus claires et plus compréhensibles par les exemples et les applications que nous traiterons dans la suite du cours : nous nous astreindrons dans chaque problème à nous reporter à la classification générale que nous venons d'exposer, pour bien faire comprendre le mécanisme des calculs à effectuer.

En vertu de la loi de *Hooke*, les recherches pour la vérification de la stabilité d'une construction quelconque conduisent toujours à un système d'équations simultanées du premier degré, d'où l'on doit tirer toutes les inconnues. La résolution de ces équations peut se faire soit par l'algèbre, soit par la géométrie, et dans ce dernier cas on arrive toujours au résultat cherché par des constructions ne comportant que des lignes droites, puisque les équations traitées sont du premier degré. Ces constructions sont du domaine de la *Statique graphique*. Le plus souvent nous donnerons à la fois la solution algébrique et celle de statique graphique, et nous ferons ressortir la correspondance des deux méthodes, qui, par des procédés différents, partent des mêmes données pour arriver au même résultat, en passant par les mêmes phases, de telle façon que chaque calcul algébrique correspond à une étape déterminée de la construction géométrique, et que l'on peut à un moment quelconque passer de l'algèbre à la statique graphique, ou inversement, et utiliser pour la continuation des recherches les résultats déjà obtenus.

Nous diviserons le présent ouvrage en cinq parties, correspondant aux cinq grandes catégories distinctes entre lesquelles se répartissent les constructions : *Poutres.* — *Pièces courbes et arcs.* — *Systèmes articulés.* — *Systèmes rigides.* — *Ouvrages en maçonnerie.* Les deux premiers chapitres seront consacrés aux ouvrages assimilables par leur forme géométrique à des pièces prismatiques droites ou courbes.

Les deux chapitres suivants ont pour objet l'étude des ossatures constituées par des éléments prismatiques reliés les uns avec les autres soit par des *articulations*, soit par des assemblages *rigides*, c'est-à-dire ne permettant aucun déplacement mutuel.

Enfin le dernier chapitre est consacré à l'étude des ouvrages dont la matière constitutive est la maçonnerie, pour laquelle on admet que la limite d'élasticité à l'extension, considérée comme nulle ou comme très faible, *peut* être dépassée par le travail élastique.

CHAPITRE PREMIER

CALCUL DES POUTRES

SOMMAIRE :

CALCUL DES POUTRES

―――――

§ 1. — Etude générale des poutres

3. Définitions. Poutres continues et discontinues. —
On appelle poutre *à parois pleines* une pièce prismatique droite, dont les sections transversales successives ont leurs axes principaux d'inertie parallèles à deux directions fixes.

Nous appellerons *plans principaux* de la poutre les deux plans rectangulaires dont l'intersection commune est l'axe longitudinal rectiligne, et dont les traces sur chaque section transversale sont les axes principaux d'inertie de la section. Le plus souvent ces deux plans principaux sont des plans de symétrie de la poutre : mais cette condition n'est pas obligatoire.

La poutre est sollicitée par un système de forces extérieures connues, toutes situées dans un des plans principaux, et dirigées perpendiculairement à l'axe longitudinal. La direction commune de ces forces parallèles est donc celle de l'un des deux axes principaux d'inertie d'une section transversale quelconque.

De plus, les appuis de la poutre sont disposés de

telle façon que leurs réactions, qui sont des forces inconnues *a priori*, aient toutes également cette même direction.

Il résulte de la définition précédente :

1° Que l'effort normal et le couple de torsion sont nuls pour une section transversale quelconque, puisque toutes les forces extérieures sont parallèles à la dite section, et renfermées dans un plan qui passe par son centre de gravité ;

2° Que le moment fléchissant et l'effort tranchant sont toujours situés dans le plan principal renfermant les forces, que l'on appelle le *plan de flexion* de la poutre ;

3° Que le second axe principal de symétrie de la section, qui est l'*axe neutre* de flexion, étant perpendiculaire au plan de flexion, les déplacements élastiques des différents points de l'axe longitudinal s'effectuent dans le dit plan. La fibre moyenne déformée, à laquelle on donne le nom de *ligne élastique*, est contenue dans le plan de flexion, qui demeure, après déformation, un plan principal de la poutre.

Si la hauteur de la poutre, mesurée dans le plan de flexion et par conséquent dans la direction des forces extérieures, ne se réduit à zéro pour aucune section intermédiaire entre les deux extrémités de l'ouvrage, on dit que la poutre est *continue*.

Si la hauteur se réduit à zéro en une ou plusieurs sections intermédiaires, la poutre est *discontinue*. Comme nous l'avons démontré dans la première partie du cours, le moment fléchissant est nul au droit de chacune des sections critiques où la hauteur s'annule, et la ligne élastique présente un point anguleux. On donne à ces sections particulières le nom d'*articula-*

tions : la poutre discontinue est divisée en un certain nombre de tronçons prismatiques successifs, reliés bout à bout par des articulations.

4. Expression analytique et représentation graphique de l'effort tranchant et du moment fléchissant. — Désignons par V_0 l'effort tranchant et par X_0 le moment fléchissant relatifs à la section transversale choisie arbitrairement pour origine des abscisses x, mesurées sur l'axe longitudinal, et dont le sens positif sera, pour fixer les idées, dirigé de gauche à droite. Nous admettrons que les forces extérieures appliquées à la poutre, qui sont perpendiculaires à ox et situées dans le plan de flexion, se composent d'une charge variable à répartition continue, exprimée par une fonction de x que nous désignerons par la lettre π ; d'une série de forces concentrées P, dont les points d'application sur l'axe longitudinal seront définis par les abscisses u; d'une série de couples μ directement appliqués à certaines sections transversales déterminées.

Nous avons vu dans la première partie du cours que les expressions analytiques de l'effort tranchant V et du moment fléchissant X, seront pour la section transversale définie par l'abscisse x' :

$$V = V_0 + \int_0^{x'} \pi\, dx + \Sigma_0^{x'} P \;;$$

$$X = X_0 + \int_0^{x'} V\, dx + \Sigma_0^{x'} \mu$$

$$= X_0 + V_0 x' + \int_0^{x'} dx \int_0^{x} \pi\, dx + \int_0^{x'} dx\, \Sigma_0^{x} P + \Sigma_0^{x'} \mu$$

$$= X_0 + V_0 x' + \int_0^{x'} \pi\,(x' - x)\, dx + \Sigma_0^{x'} P\,(x' - u) + \Sigma_0^{x'} \mu.$$

Il doit être entendu que les forces extérieures π et P

ascendantes, c'est-à-dire dirigées de bas en haut, en sens inverse de la pesanteur, seront affectées du signe + ; et les forces *descendantes*, c'est-à-dire dirigées de haut en bas, du signe —. Cette règle est indispensable pour faire concorder les équations précédentes avec la convention posée en ce qui touche les signes du moment fléchissant et de l'effort tranchant : le moment fléchissant X_0 est positif quand il fait travailler à la compression la fibre extrême *supérieure* de la pièce ; on a d'autre part la relation obligatoire $V = \dfrac{dX}{dx}$, qui définit le signe de V d'après celui adopté pour X.

Nous savons que la ligne représentative du moment fléchissant est un polygone funiculaire relatif au système des forces parallèles πdx et P. On peut donc obtenir par une construction graphique simple les valeurs numériques de V et de X relatives aux sections transversales successives de la poutre (fig. 1).

Nous ferons les remarques suivantes en ce qui touche les propriétés des courbes représentatives de V et de X.

Quand la charge continue π est positive, c'est-à-dire agit en sens inverse de la pesanteur, la ligne des V va en s'élevant, et le centre de courbure de la ligne des X est au-dessus de cette courbe ; si π est négatif, c'est-à-dire a le sens de la pesanteur, la ligne des V va en s'abaissant et la courbe des X tourne sa concavité vers le bas de la figure.

Si π est constant et indépendant de x (charge uniforme), la courbe des V se réduit à une droite oblique, ascendante si π est positif, descendante si π est négatif ; la courbe des X est une parabole tournant vers le bas sa convexité si $\pi > o$, et sa concavité si $\pi < o$.

Si π est nul, la courbe des V se réduit à une droite horizontale, puisque l'effort tranchant demeure constant ; la courbe des X est une droite oblique ascendante ou descendante, suivant que V est positif ou négatif.

Au droit du point d'application d'une force concentrée P, la courbe des V présente un *gradin*, ou ressaut vertical, ascendant si P est positif, descendant dans le

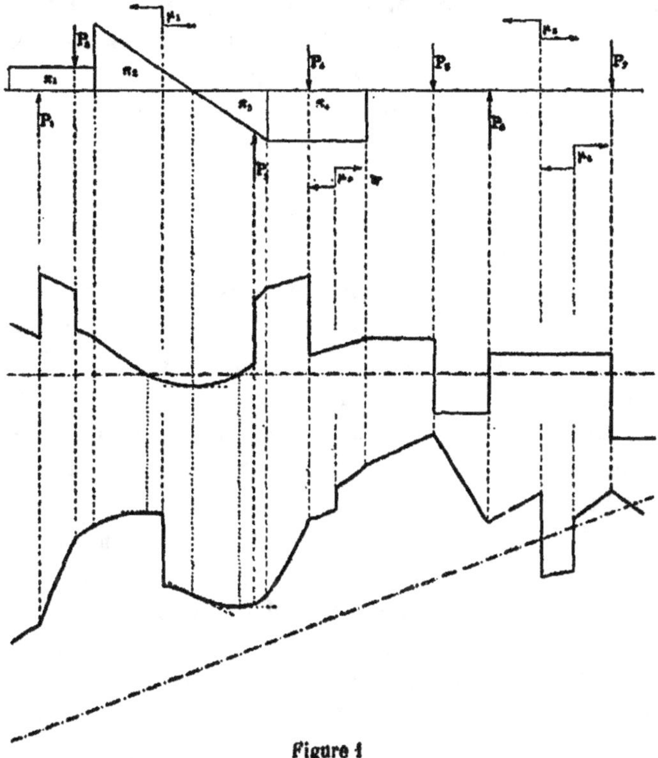

Figure 1

cas contraire ; la courbe des X présente un point anguleux, dont le sommet est dirigé vers le bas ou vers le haut de la figure, suivant que P est positif ou négatif.

Au droit de la section d'application d'un couple μ, la courbe des X présente un ressaut vertical ascendant si μ est positif, et descendant si μ est négatif.

Dans toute section où V s'annule, X passe par un maximum ou un minimum.

Dans une poutre discontinue, la réaction mutuelle T de deux tronçons consécutifs est égale à l'effort tranchant relatif à la section d'articulation qui les réunit. La force appliquée de ce chef à l'un des tronçons étant égale et directement opposée à la force correspondante qui sollicite l'autre, on voit que les réactions T ne figurent ni dans l'expression analytique de V, ni dans celle de X.

Au droit de l'articulation, le moment fléchissant X est nécessairement nul.

Les forces π et P sont les unes connues, en vertu de l'énoncé du problème, les autres inconnues *a priori* (réactions d'appui). En général, ces réactions sont des forces isolées ; mais il peut se faire qu'elles soient à répartition continue (poutre flottant sur un liquide, ou reposant sur un massif solide par une base d'appui étendue).

Le plus souvent on trace les courbes représentatives des V et des X sans s'occuper d'abord des quantités V_0 et X_0, effort tranchant et moment fléchissant de la section d'origine. Après quoi on complète les épures en menant les *droites de fermeture*, à partir desquelles on mesurera les ordonnées des deux courbes. Pour l'effort tranchant, c'est une horizontale d'ordonnée V_0 ; pour le moment fléchissant, c'est une droite oblique, qui a pour ordonnée d'origine X_0 et pour coefficient angulaire V_0.

Dans les problèmes pratiques à résoudre dans l'étude des constructions, les forces extérieures connues sont presque toujours des charges ou des poids, agissant dans le sens de la pesanteur, et affectées par conséquent du signe —. Les réactions des appuis sont le plus souvent dirigées en sens inverse, de bas en haut, et doivent être affectées du signe +.

5. Expression analytique et tracé graphique de la fibre moyenne déformée ou ligne élastique. — Nous appliquerons aux poutres les formules de déformation des pièces prismatiques droites, énoncées dans la première partie du cours (chap. III, § 2, art. 54), (1) :

$$\frac{d^2 y}{dx^2} = \frac{X}{EI};$$

$$\frac{dy}{dx} - \theta_0 = \int_o^{x'} \frac{X\,dx}{EI};$$

$$y - \theta_0 x' - y_0 = \int_o^{x'} dx \int_o^x \frac{X\,dx}{EI}$$

$$= x' \int_o^{x'} \frac{X\,dx}{EI} - \int_o^{x'} \frac{X\,x\,dx}{EI} = \int_o^{x'} \frac{X\,(x'-x)\,dx}{EI} .$$

La ligne élastique, définie par le déplacement vertical variable y de l'axe longitudinal, mesuré positive-

---

(1) Il peut être nécessaire, pour la résolution de certains problèmes, de recourir à des équations différentielles d'ordre supérieur, qui se déduisent de la relation fondamentale

$$\frac{d^2 y}{dx^2} = \frac{X}{EI};$$

$$\frac{d^3 y}{dx^3} = \frac{1}{EI} \cdot \frac{dX}{dx} = \frac{V}{EI};$$

$$\frac{d^4 y}{dx^4} = \frac{1}{EI} \cdot \frac{dV}{dx} = \frac{\pi}{EI}.$$

Nous en donnons un exemple à la fin du chapitre consacré aux *Systèmes rigides*, en traitant le cas d'un plancher formé de madriers jointifs, portés par deux murs parallèles extrêmes et des solives intermédiaires.

ment de bas en haut, dans le sens des forces positives, est un polygone funiculaire relatif aux moments fléchissants X considérés comme des forces dirigées perpendiculairement à l'axe ox. On doit tenir compte, dans la construction de ce polygone, du signe du moment, qui peut être positif ou négatif. Si la poutre est à section constante, le polygone des forces sera construit avec la distance polaire également constante EI. Avec une poutre à section variable, EI n'est plus indépendant de x; on se servira donc d'un polygone dynamique à distance polaire variable EI (1).

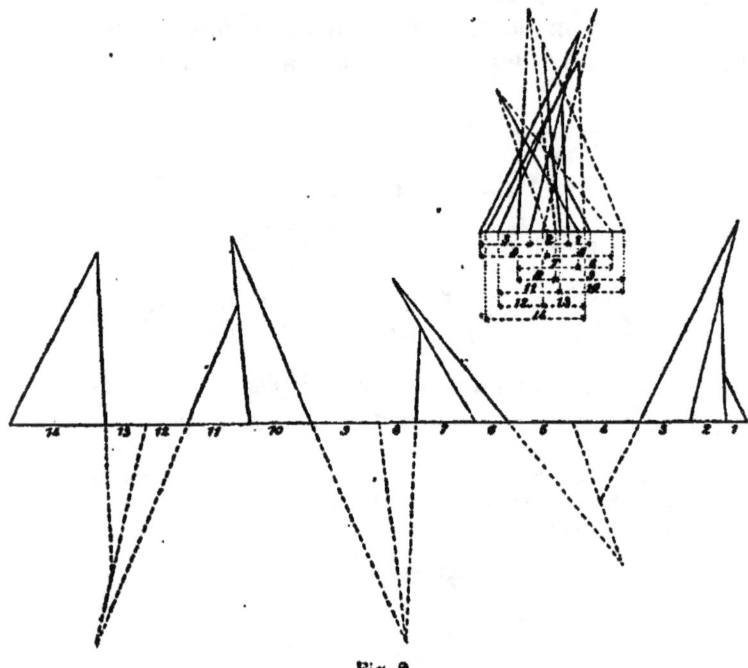

Fig. 2

(1) Tant que le signe du moment fléchissant ne varie pas, on porte bout à bout, sur le côté vertical du polygone dynamique les longueurs représentatives des forces, dans leur ordre de succession. Mais si le signe de X vient à

D'habitude, on trace le polygone funiculaire sans s'inquiéter des termes y_o et $\theta_o x$, où y_o et θ_o, constantes d'intégration, sont les déplacements élastiques vertical et angulaire du point de l'axe longitudinal choisi pour origine des x. On construit ainsi la ligne

$$y' = \int_o^{x'} \frac{X\,(x'-x)\,dx}{EI},$$

qui est une courbe *continue*, d'une extrémité à l'autre de la poutre. Puis on mène la droite :

$$y'' = -\,y_o - \theta_o x',$$

qui est la ligne de *fermeture* de l'épure. Les déplacements verticaux y doivent être mesurés entre cette droite et la courbe funiculaire :

$$y = y' - y''.$$

Quand on a affaire à une poutre *continue*, la droite de fermeture est unique, d'une extrémité à l'autre de l'axe. Si la poutre est discontinue, sa ligne élastique présente un point anguleux au droit de chaque arti-

changer, il faut renverser le sens dans lequel les forces sont portées, ce qui peut rendre l'épure confuse, par suite de la superposition des lignes. On se soustraira à cette sujétion, en imputant le changement de signe non sur les forces, mais sur les distances polaires. On marquera bout à bout, sans se préoccuper du signe de X, les longueurs représentatives des forces, dans leur ordre de succession. Mais on placera le pôle du polygone à gauche ou à droite de la base verticale, à la distance horizontale E I de cette base, suivant que le rapport $\frac{X}{EI}$ sera affecté du signe $+$ ou du signe $-$. La figure 2 donne un exemple de ce procédé graphique. Les deux polygones dynamiques qui y sont représentés correspondent au même polygone funiculaire. Dans le premier, on a fait porter des changements de signes sur les forces, et dans le second sur les distances polaires. On voit que dans ce dernier on a évité toute superposition de triangles, ce qui en rend la lecture plus facile, et évite toute confusion.

culation : le coefficient angulaire $\frac{dy}{dx}$ change en effet brusquement de valeur quand on passe d'un tronçon au tronçon voisin.

On a ainsi autant de droites de fermeture distinctes que de tronçons.

Désignons par la lettre τ le changement subi par le coefficient angulaire $\frac{dy}{dx}$ au droit d'une section d'articulation, et par w l'abscisse de cette section.

Les équations des droites de fermeture successives seront, en partant de l'origine o :

Premier tronçon :

$$- y_1' = y_0 + \theta_0 x' \ ;$$

Deuxième tronçon :

$$- y_2' = y_0 + \theta_0 x' + \tau_1 (x' - w_1) \ ;$$

Troisième tronçon :

$$- y_3' = y_0 + \theta_0 x' + \tau_1 (x' - w_1) + \tau_2 (x' - w_2) \ ;$$

. . . .

Tronçon n :

$$- y_n' = y_0 + \theta_0 x' + \tau_1 (x' - w_1)$$
$$+ \dots + \tau_{n-1} (x' - w_{n-1}).$$

La poutre discontinue comporte en définitive une ligne brisée de fermeture dont les sommets sont sur les verticales d'articulations.

Si l'on veut rapporter le polygone funiculaire à une seule droite de fermeture, il suffit de rectifier la ligne brisée ; on retrouve alors exactement la fibre moyenne déformée, qui n'est plus continue, mais présente sur la verticale de chaque articulation un point anguleux : l'angle mutuel des tangentes en ce point est précisément égal au changement τ précédemment défini.

6. Appuis des poutres. — Dans presque tous les problèmes relatifs à l'art des constructions, la poutre repose sur des massifs que l'on peut considérer comme absolument fixes ; ces massifs sont supposés en contact avec un élément infiniment petit de l'axe longitudinal, qu'ils maintiennent à un niveau horizontal invariable.

Si le support en question n'immobilise qu'un seul point de la fibre moyenne, celle-ci peut éprouver un déplacement angulaire par rotation autour de son point fixe. On dit alors que l'appui est *simple* ou à *articulation*.

Si le support immobilise deux points infiniment voisins de l'axe longitudinal, la direction de la fibre moyenne est maintenue fixe au droit de l'appui, qui est alors qualifié d'appui *double* ou d'*encastrement*.

Si l'appui est simple, la réaction qu'il exerce est une force verticale S de direction connue qui passe par le centre de l'articulation. Au droit de cet appui, la courbe des V présente un ressaut vertical, dont la hauteur correspond à la grandeur de la réaction S ; la courbe des X présente un point anguleux, dont l'angle a pour tangente trigonométrique S. Le déplacement y étant nul, par définition, pour le centre de la section d'appui, la droite de fermeture coupe la ligne élastique sur la verticale de cet appui.

Si l'appui est double, la réaction qu'il exerce est une force verticale, dont le point d'application sur la fibre moyenne est inconnu *a priori :* on la décompose en une force S passant par le centre de l'appui, et un couple d'encastrement μ.

La courbe des V présente un ressaut vertical de hauteur S ; la courbe des X présente à la fois un point anguleux correspondant au changement S subi par le coefficient angulaire de sa tangente, et un ressaut vertical, correspondant au couple μ qui vient modifier brusquement la valeur du moment fléchissant.

Les déplacements vertical y et angulaire $\frac{dy}{dx}$ étant nuls pour le centre de la section d'appui, la droite de fermeture de la ligne élastique lui est tangente sur la verticale de l'appui double.

On pourrait imaginer des dispositions d'appuis différentes de celles que nous venons de décrire. Si l'on suppose que la poutre ait sur un massif invariable une base de contact étendue, il faudra substituer une réaction σ à répartition continue à la force concentrée S que nous avons envisagée. Le support pourrait être lui-même considéré comme élastique : la fibre moyenne subirait alors un déplacement vertical y et un déplacement angulaire $\frac{dy}{dx}$ résultant de la déformation subie par le support, sous l'influence des réactions S et μ. Si l'appui est fourni par un liquide, la poutre s'y enfoncera conformément aux lois de l'hydrostatique. Enfin le support, au lieu de consister en un massif indéfini et absolument fixe, pourrait être un solide dont les conditions d'équilibre statique impliqueraient l'existence de relations particulières entre les réactions exercées par lui sur la poutre. Nous donnerons dans la suite du cours quelques exemples de ces cas spéciaux, que l'on rencontre peu souvent dans l'étude des constructions (art. 22). Mais nous ne jugeons pas utile de traiter la question à un point de vue général, précisément en raison de la rareté des applications qu'on pourrait en faire, parce que cette étude ne rentrerait pas dans le cadre d'un enseignement dont l'objet est exclusivement pratique.

Nous admettrons donc toujours, d'une manière générale, que la poutre étudiée est soutenue par des appuis fixes simples ou doubles, sauf è traiter exceptionnellement quelques problèmes s'écartant de cette donnée, quand l'occasion s'en présentera.

7.Calcul des réactions mutuelles et d'appuis. — Considérons une poutre discontinue composée de a tronçons, reliés par $a-1$ articulations, et reposant sur b appuis simples et c appuis doubles. Les forces extérieures verticales P sont supposées connues, mais l'on ne connaît ni les réactions mutuelles T des tronçons, au nombre de $a-1$, ni les réactions d'appuis, au nombre de b pour les appuis simples (forces S), et de $2c$ pour les appuis doubles (forces S et couples d'encastrement μ).

Ecrivons pour chaque tronçon les deux équations d'équilibre statique, exprimant que la résultante d'un système de forces parallèles est nulle :

$$(I) \begin{cases} \Sigma P + \Sigma S + \Sigma T = o \\ \Sigma Pu + \Sigma Sv + \Sigma \mu + \Sigma Tw = o \end{cases}$$

La lettre P désigne une charge connue, dont le point d'application est défini par l'abscisse u; v et w sont les abscisses des appuis et des articulations.

Nous aurons deux équations semblables par tronçon, soit en tout $2a$.

Ecrivons pour chaque tronçon les équations de la ligne élastique :

Tronçon n compris entre les articulations $(n-1)$ et (n) :

$$\frac{dy_n}{dx} = \theta_0 + \tau_1 + \tau_2 + \dots + \tau_{n-1} + \int_0^{x'} \frac{X\,dx}{EI} \,;$$

$$y_n = y_0 + \theta_0 x' + \tau_1 (x' - w_1) + \dots \tau_{n-1} (x' - w_{n-1})$$
$$+ \int_0^{x'} \frac{X(x'-x)\,dx}{EI}.$$

Pour chaque appui double, d'abscisse v_m, sur lequel repose le tronçon n, les déplacements angulaires $\frac{dy}{dx}$ et vertical y sont nuls, ce qui donne les conditions :

$$(\text{II}) \begin{cases} 0 = \theta_0 + \tau_1 + \tau_2 + \dots + \tau_{n-1} + \int_0^{v_m} \frac{X\,dx}{EI} \\ 0 = y_0 + \theta_0 v_m + \tau_1(v_m - w_1) + \dots \tau_{n-1}(v_m - w_{n-1}) \\ \qquad + \int_0^{v_m} \frac{X(v_m - x)\,dx}{EI}. \end{cases}$$

Pour chaque appui simple, le déplacement vertical y seul est nul : par conséquent il ne subsiste que la seconde des équations de condition énoncées ci-dessus.

Les conditions relatives à la déformation élastique de la poutre sont ainsi au nombre de une par appui simple, et de deux par appui double : soit au total, $b + 2c$.

Le moment fléchissant X est une fonction linéaire des forces extérieures connues et des réactions d'appui inconnues S et μ ; on fera sortir ces inconnues des signes $\int$, et on remplacera les termes :

$$\int_0^{v_m} \frac{X\,dx}{EI} \quad \text{et} \quad \int_0^{v_m} \frac{X(v_m - x)\,dx}{EI}$$

par deux fonctions linéaires des inconnues S et μ, dont les coefficients numériques pourront toujours être calculés, soit par quadrature algébrique, soit par les procédés de la statique graphique, du moment que l'on connaît toutes les dimensions de la poutre, y compris les moments d'inertie I des sections transversales successives, qui fournissent les distances polaires des polygones dynamiques à construire.

Les formules (II) peuvent en définitive être mises sous la forme d'équations linéaires à coefficients numériques connus, renfermant comme inconnues : les deux constantes d'intégration y_0 et θ_0, déplacements vertical et angulaire de la section prise pour origine ; les changements angulaires τ de la ligne brisée de fermeture au droit de chaque articulation de jonction, au nombre de $a - 1$; enfin les réactions d'appui S et μ, au nombre de $b + 2c$, dont il a déjà été parlé.

Nous avons déjà signalé que les réactions mutuelles T ne figurent pas dans les équations de déformation élastique (II), puisqu'elles n'entrent pas dans l'expression du moment fléchissant X.

Nous aurons en définitive $2a$ équations (I) (une par tronçon); et $b+2c$ équations (II) (une par appui simple et deux par appui double) : au total $2a + b + 2c$.

Elles renferment : $a - 1$ inconnues T (une par articulation);

$b + 2c$ inconnues S et μ (une par appui simple, deux par appui double) ;

deux inconnues y_0 et θ_0 ;

et $a - 1$ inconnues τ (une par articulation) : au total $2a + b + 2c$ inconnues, en nombre égal à celui des équations.

Le problème est ainsi complètement déterminé,

quelles que soient les valeurs numériques des données a, b et c, sous la seule condition qu'il n'y ait pas incompatibilité entre certaines de ces relations, sans quoi l'ouvrage serait forcément instable. Ce cas ne peut se présenter que pour les équations d'équilibre statique (I).

Pour que l'ouvrage soit en équilibre statique, il faut que l'on puisse constituer un système de forces S, μ et T satisfaisant aux relations (I). Le nombre des forces inconnues doit donc être au moins égal à celui des dites équations. Comme il y a $a-1$ forces T et $2a$ équations (I), le nombre $b+2c$ des réactions d'appui S et μ ne saurait être inférieur à $a+1$.

Un appui double, auquel correspondent deux réactions inconnues S et μ, étant équivalent à deux appuis simples, on voit en définitive que le nombre des appuis simples (en comptant pour deux chaque encastrement) doit être au moins égal à $a+1$.

La condition $b+2c \geqq a+1$ est nécessaire, mais non suffisante. Il pourrait se faire qu'elle fût satisfaite, mais qu'il y eût incompatibilité entre certaines équations du système (I). Nous verrons ultérieurement les conditions supplémentaires à remplir par la poutre discontinue pour que l'équilibre statique soit assuré (§ 5, art. 60).

Admettons, quant à présent, qu'il en soit ainsi.

Les réactions mutuelles T ne figurent pas dans les équations de déformation (II) ; par conséquent on doit pouvoir tirer les valeurs de toutes ces forces des équations (I), dès que l'on connaît les réactions d'appui, ce qui nous conduit à cette conclusion qu'une poutre discontinue est nécessairement un système *complet*, et ne comporte pas d'éléments *surabondants*.

La poutre discontinue est *isostatique* lorsque le nombre des appuis simples $b+2c$ (en comptant pour deux chaque encastrement) est égal à $a+1$, puisqu'alors les équations (I) d'équilibre statique suffisent pour le calcul de toutes les réactions inconnues, et que celles-ci se trouvent ainsi indépendantes des moments d'inertie des sections transversales de la poutre.

En ce cas les équations (II) ne fournissent plus que les valeurs des inconnues y_o, θ_o et τ, en nombre égal à celui des dites équations :

$$a+1=b+2c.$$

La poutre continue est *hyperstatique* quand le nombre des appuis simples $b+2c$ est plus grand que $a+1$. Les réactions S et μ, ou certaines d'entre elles, dépendent alors des propriétés élastiques de la matière, et sont fonctions des dimensions transversales des éléments successifs, définies par les moments d'inertie I qui figurent dans les équations (II).

En résumé, une poutre discontinue, qui n'est pas instable, est isostatique lorsque le nombre de ses appuis simples $b+2c$ est égal au nombre de ses tronçons, augmenté d'une unité : $a+1$. Elle est hyperstatique lorsque le nombre des appuis simples est supérieur à $a+1$. Mais c'est toujours un système complet, les réactions mutuelles T des tronçons dépendant exclusivement de la distribution des forces extérieures qui sollicitent la construction, y compris les réactions d'appuis.

Nous remarquerons en terminant que toutes les charges appliquées d'un même côté d'un appui double n'exercent aucune influence sur les conditions d'équilibre statique, d'équilibre élastique et de déformation de la portion de poutre située de l'autre côté de cet appui. On peut en effet scinder en deux chacune des équations (I) et (II) relatives au tronçon encastré sur cet appui, en considérant ce tronçon comme formé de deux parties successives se faisant suite au droit de l'encastrement, sans rien changer aux résultats du calcul.

En conséquence, on peut toujours effectuer les recherches de stabilité et de déformation d'une portion de poutre comprise entre deux appuis doubles, comme si elle était indépendante du surplus de l'ouvrage, et se terminait à ces deux appuis, en utilisant, bien entendu, les conditions d'encastrement ($y = o$ et $\frac{dy}{dx} = o$). Soit e le nombre des appuis doubles intermédiaires (en excluant les appuis extrêmes, dans le cas où ceux-ci seraient des encastrements) d'une poutre continue ou discontinue : on aura le droit de fractionner l'ouvrage en $e+1$ parties limitées respectivement aux appuis doubles, et ne comportant que des appuis intermédiaires simples ; ces portions seront indépendantes les unes des autres et pourront être étudiées isolément.

En définitive, on n'a jamais affaire dans la pratique qu'à des appuis doubles *d'extrémité*, chaque tronçon à cheval sur un appui de ce genre étant considéré comme divisé par la section d'encastrement en deux fractions indépendantes encastrées l'une et l'autre sur l'appui commun. Les réactions totales S et μ exercées par cet appui sur la construction sont les résultantes des réactions partielles relatives à chacune des deux fractions envisagées isolément.

Pour que cette simplification dans les recherches n'altère pas la rigueur des résultats, il faut, bien entendu, admettre que l'appui est absolument invariable, les déplacements vertical y et angulaire $\frac{dx}{dy}$ de la fibre moyenne y étant rigoureusement nuls. Il n'en serait pas de même si ces déplacements avaient une valeur différente de zéro, alors même qu'elle serait très petite (support élastique), parce qu'alors l'indépendance entre les deux parties successives de poutre ne serait plus absolue.

8. Calcul du travail élastique. Construction graphique de l'effort tranchant réduit pour une poutre de hauteur variable. — Après avoir déterminé les réactions d'appui S et μ, on pourra sans difficulté évaluer les valeurs des efforts tranchants et des moments fléchissants pour les sections transversales successives de la poutre, au moyen des formules énoncées à la page 24, qui ne renferment plus que des forces connues. Si l'on prend pour origine l'extrémité de gauche de la poutre, l'effort tranchant initial V_0 est soit une charge concentrée qui serait directement appliquée à cette extrémité *supposée libre*, soit la réaction de l'appui extrême qui soutiendrait cette extrémité.

Le moment initial X_0 ne peut être que le couple d'encastrement relatif à l'appui extrême, s'il est double. On voit que dans tous les cas possibles V_0 et X_0 sont des résultats du calcul précédent.

On peut d'ailleurs établir graphiquement les courbes représentatives des V et des X, en recourant à la construction dont il a été fait usage pour la figure 1.

La droite de fermeture de la courbe des V est l'horizontale d'abscisse — V_0.

Pour la courbe des X, c'est la droite oblique ayant pour abscisse d'origine — X_0 et pour coefficient angulaire $-V_0$. Elle coupe nécessairement la courbe funiculaire :

$$(X-X_0-V_0 x') = \int_0^{x'} \pi(x'-x)\,dx + \overset{x'}{\underset{0}{\Sigma}}\, P(x'-x) + \overset{x'}{\underset{0}{\Sigma}}\, \mu,$$

au droit de chaque articulation de la poutre, puisque le moment fléchissant X est nul en ce point.

Nous ne reviendrons pas sur les formules à employer pour le calcul du travail tangentiel dû à l'effort tranchant, et du travail normal, à l'extension ou à la compression, dû au moment fléchissant, pour une section transversale dont le profil est connu. Nous rappellerons simplement que, si la section transversale est un rectangle de hauteur h et de largeur a, le travail à l'effort tranchant a pour valeur maximum :

$$\frac{3V}{2ah},$$

et le travail de compression ou d'extension dû au moment fléchissant atteint pour les fibres extrêmes les maxima de signes opposés :

$$\mp \frac{6X}{a\,h^2}.$$

Avec une section à double té, les valeurs extrêmes du travail à la flexion, dont l'expression exacte serait :

$$-\frac{Xn}{I}$$

et

$$+\frac{Xn'}{I},$$

peuvent être évaluées approximativement par les formules simplifiées :

$$-\frac{X}{\omega h}$$

et

$$+\frac{X}{\omega' h},$$

où ω et ω' sont les sections des deux ailes du double té. Le travail à l'effort tranchant est fourni avec une exactitude suffisante par le rapport $\frac{V}{A}$ de l'effort tranchant à l'aire A de l'âme verticale qui relie les deux ailes.

Dans le cas d'une section à double té de hauteur variable (première partie du cours, art. 70), ces deux formules approximatives deviennent :

$$\frac{X}{\omega h \cos \alpha}$$

et

$$\frac{X}{\omega' h \cos \alpha'},$$

en désignant par α et α' les angles que font les directions longitudinales des ailes avec la fibre moyenne rectiligne de la poutre au droit de la section considérée.

Le travail longitudinal dû à l'effort tranchant se calcule en divisant l'effort tranchant *réduit* W par l'aire de l'âme A.

L'effort tranchant réduit est lié à l'effort tranchant absolu V par la relation :

$$W = V - \frac{X}{h}\frac{dh}{dx}.$$

Son calcul algébrique ne présente pas de difficulté, quand on connaît le profil longitudinal de la poutre. On peut d'ailleurs, par un procédé graphique simple, relever les longueurs représentatives de l'effort tranchant réduit W sur l'épure où l'on a tracé les courbes représentatives des V et des X.

Nous admettrons, pour plus de simplicité, que les

droites de fermeture SC et OP de ces deux courbes
soient l'une et l'autre horizontales. Soient AC et MP les
longueurs représentatives de l'effort tranchant et du

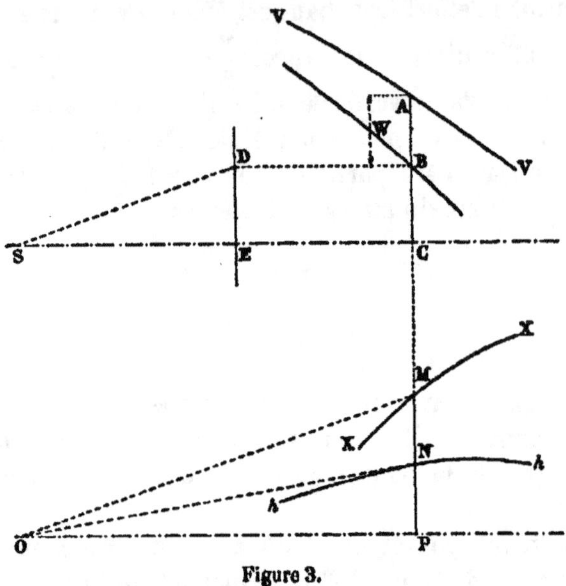

Figure 3.

moment fléchissant qui correspondent à la même disposition de charge de la poutre, pour une section transversale choisie arbitrairement. Nous tracerons sur
l'épure des X, avec la même horizontale de fermeture
OP et la même origine des abscisses, une ligne dont les
ordonnées seront proportionnelles aux hauteurs h des
sections transversales successives de la poutre, à une
échelle d'ailleurs arbitraire. Pour la section transversale sollicitée par l'effort tranchant AC et le moment
fléchissant MP, la hauteur de la poutre sera proportionnelle à la distance NP.

Menons la tangente NO à la courbe des h. Joignons
les points M et O.

Portons sur l'horizontale de fermeture de la courbe des V une longueur SE égale à l'unité adoptée pour les abscisses x. Menons par le point S une parallèle à la droite OM, qui rencontre en D la verticale passant par le point E. Enfin projetons le point D sur la verticale AC. La longueur AB représentera, à l'échelle adoptée pour les efforts tranchants V, la valeur de l'effort tranchant réduit W.

On a en effet dans le triangle NOP, dont l'hypothénuse est par construction tangente à la courbe des h :

$$\frac{NP}{OP} = \frac{dh}{dx};$$

et comme $NP = h$:

$$OP = \frac{h}{\dfrac{dh}{dx}}.$$

La similitude des triangles OMP et SDE, dont les côtés sont parallèles, conduit d'autre part à la relation :

$$\frac{DE}{SE} = \frac{MP}{OP}.$$

D'où

$$DE = \frac{MP.SE}{OP}.$$

Or $SE = 1$, et $MP = X$. Nous avons écrit plus haut la valeur de OP.

Donc :

$$DE = \frac{X}{h}\frac{dh}{dx},$$

et comme $AC = V$;

$$AB = AC - BC = AC - DE = V - \frac{X}{h}\frac{dh}{dx} = W,$$

ce qu'il fallait démontrer.

En effectuant la même construction pour un certain

nombre de sections verticales de la poutre, on tracera le lieu géométrique du point B, dont les distances verticales à la courbe représentative des V fournissent les valeurs de l'effort tranchant réduit W.

Nous remarquerons que cette construction nécessite simplement la connaissance des valeurs numériques AB et MP de l'effort tranchant et du moment fléchissant, qui, pour la section transversale considérée, se rapportent à la même charge de la poutre. Il n'y a pas besoin de connaître les directions des tangentes en A et M aux courbes des V et des X, relatives à cette disposition particulière de charge.

Il en résulte que le procédé graphique peut être utilisé sur les épures où l'on a tracé non des courbes *représentatives* de V et de X pour une distribution déterminée de la charge, mais des courbes *enveloppes* relatives, pour les sections successives de la poutre, à des dispositions de charge différentes : il suffit que pour une même section, il y ait correspondance entre le V et le X.

Nous verrons plus loin l'utilité de cette remarque. Dans l'étude des poutres, on trace souvent la courbe des efforts tranchants maxima positifs V', ou négatifs V'', et celle des moments fléchissants correspondants X', ou X''. Comme la disposition de la charge varie alors d'une section à la suivante, on n'a plus entre ces courbes la relation fondamentale $\frac{dX}{dx} = V$, laquelle suppose que la charge reste la même quand on passe d'une section à sa voisine. Néanmoins le procédé graphique reste applicable, parce que ces courbes fournissent, pour une section quelconque, des valeurs de V et de X qui se correspondent.

9. Recherche de la déformation. — Ayant tracé la courbe représentative du moment fléchissant X, il sera toujours aisé de construire, par le calcul ou la statique graphique, le polygone funiculaire :

$$y = \int_0^{x'} \frac{X\,(x' - x)\,dx}{EI},$$

qui correspond aux moments fléchissants X, considérés comme des forces, en se servant de la distance polaire EI, constante ou variable suivant le type de poutre adopté. Après quoi on mènera la ligne brisée de fermeture, complètement définie par la triple condition de couper la courbe funiculaire sur la verticale de chaque appui simple, de lui être tangente sur la verticale de chaque appui double, et d'avoir ses sommets sur les verticales des articulations.

Si l'on désigne par R et R′ les valeurs *absolues* du travail à la compression et à l'extension développées dans les fibres extrêmes opposées de la poutre. on a :

$$R = + \frac{Xn}{I},$$

et

$$R' = + \frac{X\,n'}{I}.$$

D'où :

$$R + R' = \frac{X\,(n + n')}{I} = \frac{Xh}{I},$$

et

$$\frac{R + R'}{h} = \frac{X}{I}.$$

On peut donc remplacer dans l'équation précédente $\frac{X}{I}$ par $\frac{R + R'}{h}$, affecté du signe $+$ si le moment fléchissant est positif, et du signe $-$ s'il est négatif. Supposons que le moment fléchissant ne change pas de signe dans la région comprise entre les abscisses x' et x'' ; la courbe funiculaire aura pour cette région l'expression analytique suivante, où y' est l'ordonnée relative au point d'origine, dont l'abscisse est x' :

$$y'' = y' + \int_{x'}^{x''} (\pm) \frac{(R + R')\,(x'' - x)\,dx}{Eh}.$$

On construira la courbe funiculaire en considérant comme une force la somme $R + R'$ des valeurs du travail relatives aux deux fibres extrêmes opposées d'une même section, cette somme étant suivant les circonstances positive ou négative ; et adoptant pour distance polaire, constante ou variable, la hauteur h de la poutre.

Dans les poutres d'égale résistance, $R + R'$ est constant, et par suite la courbe funiculaire correspond à une charge uniformément répartie.

Si de plus la hauteur h est invariable, on peut faire sortir du signe $\int$ le rapport $\frac{R + R}{Eh}$.

D'où :

$$y'' = y' + \frac{R + R'}{Eh} \int_{x'}^{x''} (\pm)\,(x - x)\,dx$$
$$= y' (\pm) \frac{R + R'}{2Eh} (x' - x')^{}$$

On voit que la courbe funiculaire est composée d'une série d'arcs de parabole successifs, ayant un axe vertical, même paramètre $\frac{R + R'}{Eh}$, et tournant leur concavité ou leur convexité vers le bas ou vers le haut de la figure, suivant que $R + R'$ doit être affecté du signe $+$ ou du signe $-$. Toutes les fois que X change de signe en passant par zéro, il y a renversement de la courbure : on a un point d'inflexion entre deux arcs de parabole opposés qui se succèdent. On tracera la ligne brisée de fermeture comme dans le cas précédent.

Ce mode de procéder rend de grands services quand on se propose d'interpréter les résultats d'un essai de résistance effectué sur un pont à poutre droite. En général, on ne connaît guère les valeurs des moments d'inertie des sections successives, tandis qu'il est toujours aisé de relever le profil de l'ouvrage, en mesurant sa hauteur h pour un certain nombre de sections.

Si l'on a enregistré l'abaissement y d'une section transversale déterminée, par exemple la section milieu d'une travée, on pourra tirer de l'équation de déformation la valeur *moyenne* $R + R'$ du travail élastique développé dans les fibres extrêmes des sections successives. Suivant que la valeur moyenne ainsi obtenue expérimentalement se trouvera inférieure ou supérieure à la limite de sécurité convenue, on en concluera d'une manière générale que l'ouvrage est suffisamment stable, ou bien qu'il n'a pas la solidité requise.

Nous avons expliqué dans la première partie du cours les raisons justifiant l'habitude que l'on a en pratique de négliger la déformation spéciale due à l'effort tranchant, parce qu'elle est de l'ordre de grandeur de l'erreur probable que l'on est exposé à commettre dans le calcul précédent de la déformation produite par le moment fléchissant. Nous ne reviendrons pas sur ce sujet.

Nous rappellerons ici l'observation formulée dans l'article précédent, en vertu de laquelle toute poutre comportant un ou plusieurs appuis doubles intermédiaires doit être considérée comme une succession de poutres indépendantes, limitées à ces appuis et encastrées sur eux, dont la déformation élastique, comme le moment fléchissant et l'effort tranchant, peut être recherchée isolément. Dans la suite du cours, nous n'aurons donc jamais à envisager les appuis doubles que comme des appuis d'extrémités des poutres étudiées, et non comme des appuis intermédiaires.

10. Poutre sollicitée par des forces obliques à l'axe longitudinal. — Influence des changements de température. — Il peut arriver que les forces extérieures connues, tout en étant renfermées dans un plan principal de la poutre, ne soient pas rigoureusement perpendiculaires à l'autre plan principal. En ce cas, on décomposera chacune d'elles II en une force II cos α, ou P, perpendiculaire à l'axe longitudinal rectiligne, et une force II sin α, ou Q, dirigée suivant cet axe.

L'effort tranchant V et le moment fléchissant X seront exclusivement fonctions des forces P. On appliquera donc à ces forces les méthodes exposées ci-dessus pour le calcul du travail ou de la déformation des poutres.

Quant aux forces Q, elles détermineront simplement un effort normal variable F.

En principe, une poutre continue ou discontinue ne comporte jamais qu'un seul appui *fixe dans le sens horizontal*, les autres pouvant se déplacer dans la direction de l'axe longitudinal. L'effort normal F s'évaluera donc sans difficulté par l'une des formules suivantes, applicables respectivement à la partie de gauche de la poutre située entre l'extrémité prise pour origine des abscisses et l'appui fixe dans le sens horizontal (dont nous désignerons l'abscisse par m), et à la partie de droite, qui suit l'appui fixe :

$$F' = - \int_o^{x'} Q \ , \qquad x' < m \ ;$$

$$F'' = \int_{x'}^l Q \ , \qquad x' > m \ ;$$

4

La déformation produite par les forces Q se réduit à un déplacement horizontal $\delta x'$, qu'on obtient sans difficulté par les formules usuelles :

Partie de gauche :

$$x' < m \; ; \; \delta x' = - \int_{x'}^{m} \frac{F}{E\Omega} dx \; ;$$

Partie de droite :

$$x' > m \; ; \; \delta x' = \int_{m}^{x'} \frac{F}{E\Omega} dx.$$

La déformation due à un changement de température t se réduit à un déplacement horizontal à partir de l'appui fixe, qui se calcule de même par les formules simples :

$$x' < m \quad , \quad \delta x' = - \alpha t \, (m - x') \; ;$$
$$x' > m \quad , \quad \delta x' = + \alpha t \, (x' - m).$$

Dans le cas où une poutre droite serait fixée invariablement dans le sens horizontal sur deux appuis fixes, elle ne pourrait plus se dilater ou se contracter librement sous l'influence des changements de température, puisque la longueur de l'axe longitudinal entre les deux appuis fixes serait maintenue constante. Il s'y manifesterait par suite des efforts normaux, variables avec la température, qui en compenseraient l'effet. On calculera sans difficulté la valeur de l'effort normal F correspondant à un changement de température t par la formule suivante, où l désigne la distance mutuelle des deux points fixes de l'axe longitudinal :

$$\int_{0}^{l} \frac{F dx}{E\Omega} = - l\alpha t.$$

D'où :

$$F = - \frac{E\alpha t}{\int_0^l \frac{dx}{\Omega}}.$$

Si la poutre est à section constante, Ω sort du signe $\int$, et l'on trouve: $F = - E\Omega\alpha t$.

. Le travail élastique correspondant (extension ou compression) a pour expression :

$$\frac{F}{\Omega} = - E\alpha t.$$

Il est indépendant de l et de Ω.

Si la poutre est à section variable, on trouve que le travail développé dans la section d'aire minimum est supérieur à cette valeur $E\alpha t$.

Supposons, à titre d'exemple, que l'air variable Ω de la section corresponde à la formule :

$$\Omega = A \left(1 + tg^2 \theta . \frac{x^2}{l^2} \right),$$

A étant l'aire de la section la plus rétrécie, et $tg^2 \theta$ un coefficient numérique donné. On trouvera sans difficulté que :

$$\frac{F}{A} = \frac{E\alpha t}{\int_0^l \frac{dx}{1 + tg^2 \theta . \frac{x^2}{l^2}}} = E\alpha t \times \frac{tg\theta}{\theta}.$$

Supposons que l'on ait pris : $tg.\theta = 2,3$: l'aire de la section transversale varie entre le minimum A et le maximum 6,29A. Le travail maximum $\frac{F}{A}$ aura pour valeur $2E\alpha t$. Il sera double de celui constaté, pour le même changement de température, dans une poutre à section constante.

En posant $\Omega = A \left(1 + a \frac{x}{l} \right)$, on trouverait de même par un calcul simple :

$$\frac{F}{A} = E\alpha l.\,\frac{a}{L.\,n.\,(1+a)}\,.$$

On se rend compte ainsi de l'utilité des mesures prises, dans la construction des ponts à poutre droite, pour assurer la mobilité de ces ouvrages dans le sens horizontal sur tous leurs appuis, sauf un seul.

11. Poutres sollicitées par des forces obliques aux plans principaux. -- Nous avons dit que par définition une poutre comporte deux plans principaux rectangulaires, qui coupent chaque section transversale suivant ses deux axes principaux d'inertie.

Il a été admis jusqu'ici que les forces extérieures étaient toutes contenues dans un seul de ces deux plans. Supposons maintenant que ces forces, dont les lignes d'action rencontreront toujours, bien entendu, l'axe longi. tudinal rectiligne de la poutre, puissent avoir des directions variables et obliques aux plans principaux. Nous projetterons chacune d'elles sur ces deux plans, et lui substituerons les deux composantes ainsi obtenues.

Nous aurons alors à étudier une poutre soumise à l'action simultanée de deux systèmes de forces extérieures, situés chacun dans l'un des deux plans principaux. Nous effectuerons les recherches pour l'un et l'autre considérés à part, puis nous prendrons la résultante des deux effets de même espèce produits, en un point quelconque de la poutre, par chacun des systèmes envisagé isolément. Nous obtiendrons de la sorte l'effet total dû à l'ensemble des forces extérieures qui sollicitent la poutre.

Désignons par X' le moment fléchissant et par V' l'effort tranchant relatifs à l'un des plans principaux. Les valeurs de travail correspondantes seront, pour un point défini par ses distances z et y aux plans principaux :

$$\frac{X'z}{I'} \text{ et } \frac{V'}{A'}.$$

Pour l'autre plan principal, les valeurs correspondantes seront pour le même point :

$$\frac{X''y}{I''} \text{ et } \frac{V''}{A''}.$$

Le travail total effectif à la flexion sera, pour l'ensemble des forces extérieures :

$$R = \frac{X'z}{I'} + \frac{X''y}{I''},$$

(en tenant compte des signes de ces deux quantités), parce que les deux actions moléculaires d'extension ou de compression étant parallèles à une même direction, celle de l'axe longitudinal, doivent être ajoutées l'une à l'autre.

Le travail au glissement sera :

$$S = \sqrt{\left(\frac{V'}{A'}\right)^2 + \left(\frac{V''}{A''}\right)^2}$$

puisque les directions de V' et de V'' sont rectangulaires.

Quant à la fibre moyenne déformée, ce sera une courbe gauche, dont les projections sur les deux plans principaux seront les lignes élastiques obtenues en considérant successivement chacun des systèmes plans de forces extérieures comme agissant seul sur la poutre.

La rigueur de cette méthode est évidente, en vertu du principe de l'indépendance des effets des forces, qui est une conséquence immédiate et nécessaire de la loi de Hooke. Il serait d'ailleurs facile d'en donner la démonstration analytique. Nous nous bornerons à le faire pour le travail de flexion.

Soit X le moment fléchissant développé dans une section transversale quelconque par les forces extérieures qui sollicitent l'ouvrage ; α l'angle que fait le plan de ce moment avec l'un des plans principaux de la poutre.

Les moments partiels relatifs aux deux systèmes de forces obtenus en projetant les forces extérieures sur les plans principaux, seront respectivement X cos α et X sin α.

Le travail normal développé en un point quelconque de la section par le moment total X est (première partie du cours, Résistance des Matériaux, page 226) :

$$R = \frac{X\,(z\cos\theta - y\sin\theta)}{\Omega\,\sqrt{a^4\sin^2\theta + b^4\cos^2\theta}}\;;$$

on a désigné par θ l'angle de l'axe neutre de flexion avec celui des plans principaux qui est incliné de l'angle α sur le plan du couple X. Cet angle θ est lié à l'angle α par les relations (Résistance des Matériaux, page 225) :

$$\sin\alpha = \frac{b^2\cos\theta}{\sqrt{a^4\sin^2\theta + b^4\cos^2\theta}}\;;$$

$$\cos\alpha = \frac{-\,a^2\sin\theta}{\sqrt{a^4\sin^2\theta + b^4\cos^2\theta}}.$$

D'où, en substituant dans la relation précédente :

$$R = \frac{Xz\sin\alpha}{\Omega b^2} + \frac{Xy\cos\alpha}{\Omega a^2}.$$

Ωb^2 et Ωa^2 sont les moments d'inertie principaux que nous avons désignés plus haut par I' et I''.

Par conséquent :

$$R = X'\sin \alpha \, \frac{z}{I'} + X''\cos \alpha \, \frac{y}{I''} \, ,$$

ce qu'il fallait démontrer.

12. Poutres courbes. — On a parfois à calculer des poutres dont l'axe longitudinal, au lieu d'être rigoureusement rectiligne, est une courbe plane s'écartant très peu de sa corde. Si le plan de cette courbe est un plan principal de la poutre, c'est-à-dire coupe chaque section transversale suivant un axe de l'ellipse d'inertie, et s'il renferme également toutes les forces extérieures, on pourra effectuer les calculs de stabilité comme si l'on avait affaire à un ouvrage répondant exactement à la définition des poutres droites. En toute rigueur, il faudrait cependant recourir aux formules de calcul des pièces courbes, dont nous parlerons dans le prochain chapitre : mais comme cela compliquerait beaucoup la besogne sans utilité appréciable, on préfère recourir à une méthode approximative incomparablement plus simple et plus rapide, qui ne saurait conduire à des erreurs sensibles, à condition du moins que l'angle mutuel de la tangente à l'axe longitudinal et de la corde de cet axe soit toujours très petit.

Pour le calcul du travail et de la déformation, on substituera à la courbe décrite par l'axe longitudinal, sa corde rectiligne, et l'on attribuera aux plans des sections transversales successives une orientation commune perpendiculaire à cette droite. Les valeurs trouvées pour le travail normal et le travail tangentiel ne différeront jamais que dans une mesure insignifiante des résultats exacts auxquels aurait conduit le calcul rigoureux de la pièce courbe. En ce qui touche la déformation, il devra être entendu qu'on mesurera les déplacements verticaux y à partir de la courbe décrite par la fibre moyenne, et non pas à partir de la droite prise pour axe des x. Quant aux déplacements horizontaux, toujours très faibles, on pourra les négliger et les supposer nuls, comme si la poutre était parfaitement droite.

Nous remarquerons toutefois qu'une poutre courbe ne peut comporter qu'un plan principal, celui qui renferme l'axe longitudinal. Si donc les forces extérieures sont obliques à ce plan principal (action du vent sur les poutres), on ne peut plus appliquer à l'ouvrage la méthode de calcul des poutres droites. Il devient, en effet, impossible de décomposer ces forces en deux systèmes plans contenant l'un et l'autre la fibre moyenne. Le couple de torsion n'est plus nul pour une section quelconque, et l'on se trouve en présence d'un problème que les connaissances actuelles en matière de résistance des matériaux ne permettent pas de résoudre d'une manière rigoureuse, sauf le cas spécial où la poutre serait à section circulaire *(première partie du cours de Résistance des Matériaux. Art. 60 : Théorie du ressort à boudin)*. Il doit donc être bien entendu que la méthode de calcul exposée dans l'article 11 n'est applicable qu'à une poutre à axe rigoureusement rectiligne, pourvue de deux plans principaux.

Si l'axe longitudinal courbe est situé dans un plan vertical, on peut toujours vérifier, par les formules usuelles, la stabilité de la poutre soumise à l'action de forces situées dans son unique plan principal. Mais si l'axe longitudinal n'est pas contenu dans le plan des forces (poutres courbes en plan), on se trouve en face, d'un problème qui ne comporte pas, quant à présent, de solution satisfaisante au point de vue de l'exactitude.

Il en est de même pour le cas d'une poutre droite soumise à l'action de forces qui, ne rencontrant pas l'axe longitudinal, détermineraient des couples de torsion, dont l'effet n'est calculable, avec quelque rigueur, que si la section transversale s'écarte peu du profil circulaire plein ou évidé.

13. Lignes d'influence. — Supposons que la charge appliquée sur une poutre se réduise à un poids unique P, susceptible de se déplacer d'une extrémité à l'autre de l'axe longitudinal, et dont nous définirons le point d'application par l'abscisse variable u. Calculons le moment fléchissant développé par le poids dans la section transversale définie par l'abscisse x', qui sera considérée également comme une variable. La valeur de X, dépendant à la fois de la position du poids mobile et de celle de la section considérée, sera une fonction des deux variables indépendantes u et x' :

$$X = f(u . x').$$

Cette fonction peut être représentée géométriquement par une surface topographique, rapportée à l'axe vertical oX et aux deux axes horizontaux rectangulaires ou et ox'.

Si l'on attribue à l'abscisse u de la force P une valeur déterminée m, l'équation $X = f(m . x)$ représente la courbe obtenue en coupant la surface par le plan vertical parallèle à Xox' et défini par sa distance m à l'origine : c'est la courbe représentative des moments fléchissants relatifs aux sections transversales successives de la poutre, qui correspond à la position particulière assignée au poids P.

Si au contraire on considère u comme une variable,

et qu'on attribue à x' une valeur déterminée n, l'équation $X = f(u.n)$ représentera la courbe obtenue en coupant la surface topographique par le plan vertical parallèle à Xou et défini par sa distance n à l'origine : elle fournit la suite des moments fléchissants développés successivement dans la section transversale choisie, quand le poids P se déplace d'une extrémité à l'autre de la poutre. Nous lui donnerons le nom de *ligne d'influence* du moment fléchissant pour la section transversale d'abscisse n. L'ordonnée X, correspondant à l'abscisse u, représente le moment développé dans la section transversale considérée, lorsque le poids mobile P occupe la position définie par cette abscisse.

Pour chaque position du poids P, on a une *courbe représentative* relative à toutes les sections de la poutre. Pour chaque section envisagée en particulier, on a une *ligne d'influence* relative à toutes les positions que peut occuper le poids P, d'un bout à l'autre de la poutre. Chaque ligne d'influence coupe toutes les courbes représentatives, et réciproquement, puisque les deux systèmes forment sur la surface topographique $X = f(u.x')$ un quadrillage à croisements orthogonaux.

Nous ferons au sujet de cette surface les remarques suivantes :

1° En raison de l'indépendance absolue réalisée par un appui double intermédiaire entre les deux parties de poutre qui le précèdent et le suivent, on doit toujours considérer la surface topographique $X = f(u.x')$ et ses deux systèmes de coupes verticales, comme limités à chaque section d'encastrement.

Soient a et b les abscisses de deux appuis doubles consécutifs. Pour toute force dont l'abscisse m serait comprise entre a et b, la courbe représentative des moments fléchissants s'arrêtera à ces deux sections d'encastrement ($x'=a$ et $x'=b$).

Pour toute section dont l'abscisse n est comprise entre a et b, la ligne d'influence du moment fléchissant s'arrêtera aux mêmes sections d'encastrement ($u=a$ et $u=b$). La surface topographique $X=f(u.x')$ se trouvera limitée par les plans verticaux rectangulaires $x'=a$, $x'=b$; $u=a$, $u=b$.

En dehors de cette région, elle se confondra avec le plan des $x'ou$, et X sera nul.

Cette observation est générale, et s'applique à toutes les courbes représentatives et à toutes les lignes d'influence, relatives à l'effort tranchant, au travail, aux déplacements élastiques, etc , dont il sera parlé ci-après.

2° Pour une poutre quelconque, la courbe représentative des moments fléchissants produits par une charge concentrée unique P est une ligne brisée, dont les sommets sont sur la verticale du poids et sur les verticales des appuis, et qui coupe sa droite de fermeture ($X=o$) au droit de chaque articulation. L'équation $X=f(u.x')$ se compose donc de portions successives de surfaces réglées à génératrices parallèles au plan Xox'.

3° Pour une poutre *isostatique*, la ligne d'influence, relative à une section déterminée, du moment fléchissant produit par une charge concentrée mobile P, est également une ligne brisée, ayant ses sommets sur la section envisagée et sur les articulations de la poutre, et coupant la droite de fermeture ($X=o$) au droit de chaque appui.

L'équation $X=f(u.x')$ représente donc en ce cas

une série de surfaces réglées ayant un double système de génératrices parallèles respectivement aux deux plans Xox' et Xou' : étant du second degré en u et x', ce sont des portions de paraboloïdes hyperboliques, dont les intersections mutuelles sont les génératrices parallèles à ou et ox', qui correspondent respectivement aux appuis et aux articulations, et la courbe située dans le plan $u = x'$.

$4°$ Pour une poutre *hyperstatique*, la ligne d'influence, relative à une section déterminée, du moment fléchissant produit par une charge concentrée mobile P, est une courbe discontinue, présentant des points anguleux au droit de la section envisagée et sur les verticales d'articulations, et coupant la droite de fermeture $(X = o)$ au droit de chaque appui.

On se rendra compte de l'exactitude de ces observations, en remarquant que les équations d'équilibre statique, et l'expression analytique du moment X sont des fonctions linéaires des variables u et x'. Mais lorsqu'il faut recourir à l'équation de déformation élastique pour le calcul des réactions, on arrive forcément à une fonction linéaire pour la variable x', mais non pour la variable u.

Dans certains cas, on peut juger utile de tracer la ligne d'influence des moments fléchissants relative, pour une section déterminée, non à un poids unique mobile P, mais à une série de poids mobiles à distance mutuelle invariable, comme un train de chemin de fer par exemple.

En ce cas si l'on désigne par u l'abscisse variable de l'un de ces poids P_0, l'abscisse du poids suivant P_1 est $u + a_1$, a_1 étant leur écartement mutuel supposé constant ; l'abscisse du poids P_2 sera $u + a_2$, etc., de telle 'sorte que l'on n'aura jamais à envisager qu'une seule variable u. Nous montrerons plus tard que cette ligne d'influence peut toujours se déduire, à l'aide d'un procédé simple, de la ligne établie pour un poids unique.

On construira également la ligne d'influence relative à une charge mobile à répartition continue, en prenant pour variable u l'abscisse d'une extrémité de la charge, ou de son milieu, ou de son centre de gravité, etc.

On peut utiliser ce procédé des lignes d'influence pour l'étude des efforts tranchants. On a en effet :

$$V = \varphi\,(u.x'),$$

u et x' représentant les abscisses variables d'un poids P et d'une section.

Si l'on pose $u = \mathrm{const.}\ m$, on a la courbe représentative des efforts tranchants ; si l'on pose $x' = \mathrm{const.}\ n$, on a la ligne d'influence relative à la section transversale d'abscisse n.

Pour une poutre quelconque, la courbe représentative des efforts tranchants se compose d'une ligne à échelons, dont les côtés verticaux, correspondant au point d'application de la force et aux appuis, sont séparés par des paliers horizontaux.

Pour une poutre *isostatique*, la ligne d'influence est une ligne brisée coupant la droite de fermeture sur les verticales d'appuis ($V = o$), et présentant un ressaut vertical, égal à P, au droit de la section considérée. La surface $\varphi\,(u.x')$ est composée de portions de plans, limitées aux plans verticaux parallèles à Xou qui correspondent aux appuis, et au plan vertical bissecteur des axes, dont l'équation est $u = x'$.

Pour une poutre *hyperstatique*, la ligne d'influence de l'effort tranchant est une courbe, présentant un ressaut au droit de la section considérée, et coupant sa droite de fermeture sur la verticale de chaque appui.

On peut tracer également des courbes représentatives et des lignes d'influence pour tout résultat de calcul dépendant des variables u et x', et susceptible d'être représenté par une surface topographique : travail élastique maximum dans les sections de la poutre, déplacements élastiques, etc.

Nous verrons plus tard le parti que l'on peut tirer dans les calculs de stabilité des poutres, de cette méthode de représentation graphique des phénomènes élastiques.

§ 2. —. Poutres continues isostatiques. — Travée indépendante. — Console ; poutres de types divers.

A. — TRAVÉE INDÉPENDANTE

14. Epure des moments fléchissants et des efforts tranchants. — Nous avons vu qu'une poutre continue isostatique ne peut comporter que deux appuis simples, ou un seul appui double, parce que le nombre des équations d'équilibre statique servant au calcul des réactions d'appui n'est que de deux.

Considérons le cas d'une poutre reposant à chacune de ses extrémités O et L sur un appui simple. Nous nous proposerons tout d'abord, connaissant les charges verticales qui sollicitent cette poutre, de déterminer les réactions d'appuis, et de tracer les courbes représentatives et les lignes d'influence du moment fléchissant et de l'effort tranchant. L'ouvrage étant isostatique, cette recherche s'effectuera sans avoir à se préoccuper des dimensions transversales, c'est-à-dire des profils des sections successives, qui n'interviendront pas dans le calcul.

Charge isolée. — Supposons que la charge se réduise à un poids unique P, appliqué à une distance u de l'appui extrême de gauche pris pour origine des abscisses. Désignons par S et S' les réactions inconnues des deux appuis O et L, et par l leur distance mutuelle connue, qui est l'ouverture ou la portée de la poutre.

Les équations d'équilibre statique sont :

$$S + S' - P = o \quad ; \quad S'l - Pu = o.$$

D'où :

$$S = \frac{P(l-u)}{l} \quad ; \quad S' = \frac{Pu}{l}.$$

Considérons la section transversale M, située entre l'appui de gauche et le point N d'application de la force, et définie par l'abscisse x' supposée plus petite que u.

Le moment fléchissant est pour cette section :

$$X = Sx' = \frac{P(l-u)x'}{l}.$$

Pour une section M' située entre N et L, l'expression du moment fléchissant sera :

$$X = S'(l - x') = \frac{Pu(l-x')}{l}.$$

L'effort tranchant se déduit sans difficulté des équations précédentes en partant de la relation connue $V = \frac{d\mathrm{X}}{dx}$:

$$x' < u \quad , \quad V = \frac{\mathrm{P}\,(l-u)}{l} = \mathrm{S};$$

$$x' > u \quad , \quad V = -\frac{\mathrm{P}u}{l} = -\mathrm{S}'.$$

La surface $\mathrm{X} = f(u.x')$ se compose des deux paraboloïdes hyperboliques $\frac{\mathrm{P}\,(l-u)x'}{l}$ et $\frac{\mathrm{P}u\,(l-x')}{l}$, dont la courbe d'intersection est une parabole située dans le

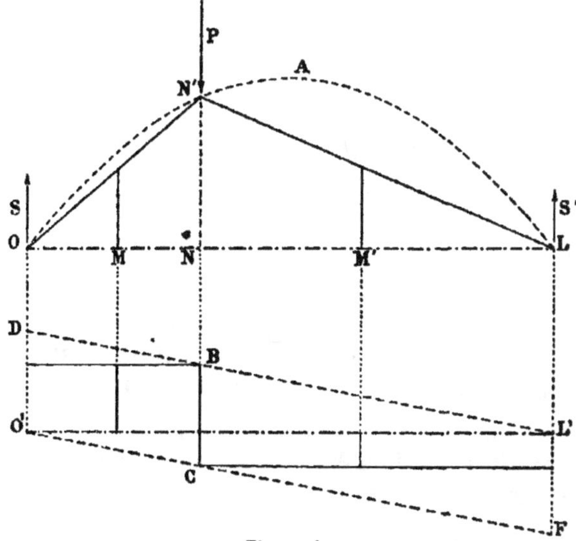

Figure 4.

plan vertical $u = x'$. La surface $V = \varphi(u.x')$ se compose de deux plans limités au plan vertical bissecteur des axes : $u = x'$.

Courbes représentatives du moment fléchissant et de l'effort tranchant. — Supposons que u soit une constante. Pour le moment fléchissant, la courbe représentative est une ligne brisée ayant son sommet sur la verticale de la force P, et passant par les appuis. Pour l'effort tranchant, la courbe représentative comprend deux horizontales, séparées par un gradin vertical, correspondant à l'abscisse u, dont la hauteur est égale à P (fig. 4).

Les équations de ces lignes brisées sont : pour la portion de poutre comprise entre O et N,

$$X = \frac{P(l-u)x'}{l} ;$$

$$x' < u ;$$

$$V = + \frac{P(l-u)}{l} ;$$

pour la portion de poutre comprise entre N et L,

$$X = \frac{Pu}{l}(l-x') ;$$

$$x' > u ;$$

$$V = - \frac{Pu}{l} .$$

On voit que X est toujours positif, quelles que soient les valeurs attribuées à u et x'. V est positif et égal à $+S$ pour $x' < u$; négatif et égal à $-S'$ pour $x' > u$.

Le maximum du moment fléchissant correspond à la section transversale N :

$$x' = u \quad , \quad X = \frac{Pu(l-u)}{l} .$$

C'est dans cette section que V change de signe et passe de $+S$ à $-S'$.

Si nous supposons que le poids P se transporte de O en L, le sommet N' de la ligne brisée des X se déplace sur la parabole : $y = \frac{Px(l-x)}{l}$, qui est l'enveloppe des lignes représentatives du moment fléchissant produit par le poids mobile P.

Les sommets B et C de la ligne des V se déplacent en même temps sur les droites obliques parallèles DL′ et O′F, dont les équations sont :

$$y' = \frac{P(l-x)}{l}$$

et

$$y'' = -\frac{Px}{l}.$$

Ces droites sont les enveloppes des efforts tranchants.

Quand on a tracé sur l'épure la parabole enveloppe des X et les deux parallèles enveloppes des V, il est très aisé de déterminer les courbes représentatives pour une position quelconque du poids P, en prenant les intersections de ces enveloppes avec la verticale définie par l'abscisse choisie u.

Lignes d'influence. — Supposons x' constant et u variable.

Si le poids P est appliqué entre l'origine O et la section considérée, on a :

$$u < x',$$

et

$$X = \frac{P(l-x')}{l} u.$$

Si le poids P est appliqué entre la section considérée de l'extrémité 4, on a :

$$u > x', \quad X = \frac{Px'}{l}(l-u).$$

Nous retombons donc sur les droites déjà obtenues dans le tracé de la courbe représentative, ce qui était évident *a priori*. En raison de la symétrie, par rapport à x' et u, des deux expressions du moment fléchissant, on peut, sans rien changer au résultat numérique, opérer une permutation entre les positions attribuées à la section et à la charge. La ligne d'influence est encore la ligne brisée ON'L, dont le sommet N' se déplace sur la parabole $y = \dfrac{Px\,(l-x)}{l}$, quand on fait mouvoir la section transversale de O en L.

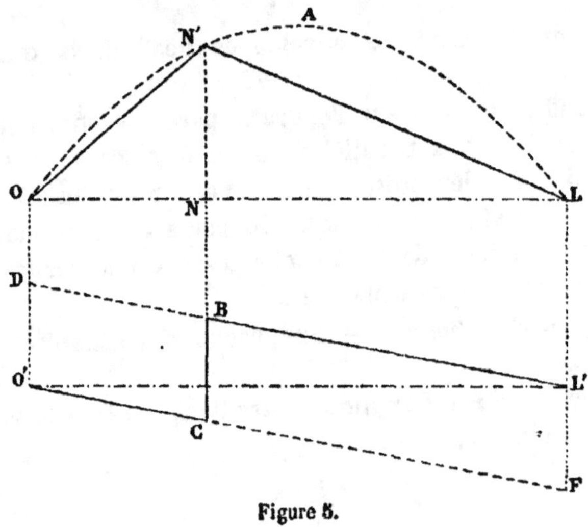

Figure 5.

La ligne d'influence de l'effort tranchant se compose de deux droites :

pour

$$u < x',$$

on a :

$$V = -\frac{Pu}{l};$$

pour

$$u > x'.$$

on a :

$$V = + \frac{P(l-u)}{l}.$$

Au droit de la section considérée, on passe d'une droite à l'autre par un ressaut vertical, égal à P. Ces deux droites sont précisément les enveloppes des courbes représentatives des efforts tranchants, dont il a été parlé précédemment (fig. 5).

Charges multiples. — Considérons une travée indépendante sollicitée par une série de charges P, définies par les abscisses u de leurs points d'application.

On aura le moment fléchissant et l'effort tranchant relatifs à une section transversale quelconque en totalisant les effets produits par chaque force envisagée à part.

Réactions des appuis :

$$S = \Sigma_0^l \frac{P(l-u)}{l};$$

$$S' = \Sigma_0^l \frac{Pu}{l}.$$

Moment fléchissant :

$$X = \Sigma_0^{x'} \frac{Pu(l-x')}{l} + \Sigma_{x'}^l \frac{P(l-u)x'}{l} = \frac{l-x'}{l} \Sigma_0^{x'} Pu$$

$$+ \frac{x'}{l} \Sigma_{x'}^l P(l-u).$$

Effort tranchant :

$$V = \frac{dX}{dx'} = - \Sigma_0^{x'} \frac{Pu}{l} + \Sigma_{x'}^l \frac{P(l-u)}{l}.$$

La courbe des moments fléchissants est une ligne

brisée ayant ses sommets sur les verticales des forces P, et passant par les deux appuis O et L, pour lesquels la valeur de X s'annule.

La courbe des efforts tranchants est une ligne brisée en escalier, dont chaque côté vertical correspond à une force P ; les ordonnées extrêmes de cette ligne sont $+ S$ pour l'appui O, et $- S'$ pour l'appui L.

Le plus souvent on préfère à la solution algébrique, fournie par les formules précédentes, la solution graphique, basée sur cette constatation déjà faite que la courbe des X est un polygone funiculaire relatif aux forces parallèles P.

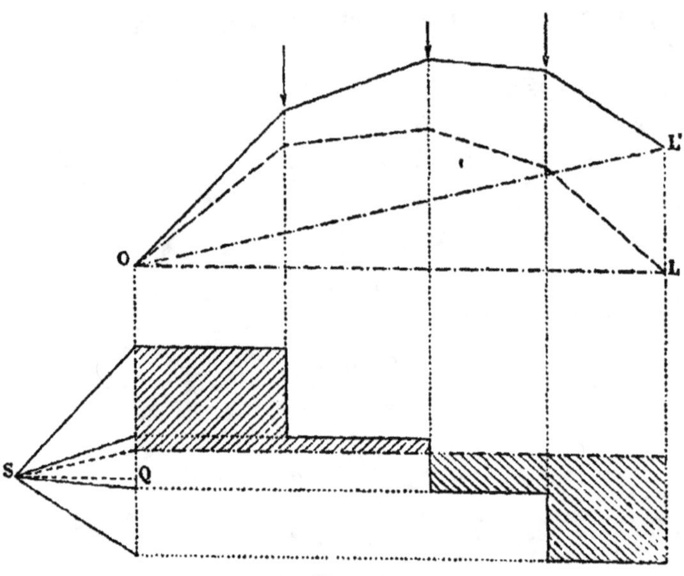

Figure 6.

On construit le polygone de ces forces avec une distance polaire SQ égale à l'unité, en attribuant une direction arbitraire au premier rayon polaire. Le polygone funiculaire ayant ses côtés parallèles aux rayons successifs du polygone dynamique, et limités aux verticales des forces, a pour ligne de fermeture la droite OL′ coupant le dit polygone sur les verticales d'appui. La distance verticale d'un point quelconque du polygone à la droite OL′ fournit, à l'échelle convenue, la valeur du moment fléchissant pour la section correspondante.

On trouve généralement plus commode de substituer à la droite oblique OL′ l'horizontale OL, comme ligne de fermeture du polygone. Il suffit pour cela de tracer une ligne brisée dont un sommet quelconque soit à la même distance verticale de OL, que le sommet correspondant du premier polygone par rapport à la droite oblique OL′.

La courbe représentative des efforts tranchants s'obtient sans difficulté en projetant sur les lignes d'action verticales des forces P, les points de division correspondants de la base verticale du polygone dynamique, et traçant une ligne à échelons dont les sommets sont les points ainsi obtenus. L'horizontale de fermeture passe par le point d'intersection du côté vertical du polygone dynamique, avec le rayon polaire parallèle à la droite de fermeture OL′ du polygone funiculaire.

Il est facile d'ailleurs, si on le désire, de construire de prime abord un polygone funiculaire ayant pour droite de fermeture l'horizontale OL.

Numérotons les forces à partir de l'appui de gauche, en observant leur ordre de succession : P_1, P_2, P_3, P_4, etc... Portons au-dessous du point O et au-dessous du point 1 la longueur représentative de la première force : $OA = 1M = P_1$. Menons la droite LA, qui divise la longueur 1M en deux segments, NM que nous désignerons par P'_1, et 1N que nous désignerons par P''_1.

Effectuons la même construction pour chacune des forces P_2, P_3... etc.

Portons maintenant sur la verticale de l'appui O, et dans l'ordre indiqué, les segments P'_1, P'_2, P'_3, P'_4; puis sur la verticale du point L, et dans l'ordre *inverse*, les segments P''_4, P''_3, P''_2, P''_1.

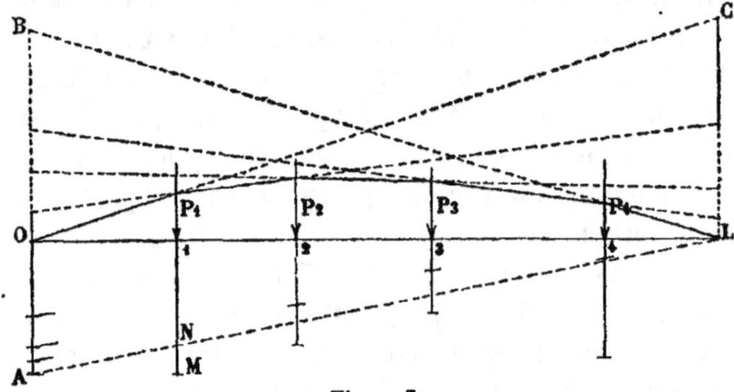

Figure 7.

Joignons *en croix* les deux points de division des deux verticales OB et LC correspondant à une même force P_1. Nous aurons un faisceau de droites partant de OB pour aboutir à CL, dont le contour brisé intérieur sera le polygone funiculaire demandé ; à titre de vérification, on pourra constater que chaque sommet de ce polygone, point de rencontre des deux lignes en croix d'une même force P, se trouve sur la verticale de cette force.

On se rendra compte aisément : 1° que la distance polaire du polygone ainsi construit est précisément égale à l'ouverture OL de la travée; 2° que la longueur OB représente, à l'échelle des forces, la réaction verticale S′ de l'appui *opposé* L, la longueur CL fournissant la valeur de la réaction verticale S de l'appui C. Connaissant ces deux réactions, et par suite les efforts tranchants dans les sections d'appuis, on tracera sans difficulté la droite de fermeture horizontale de la ligne brisée des efforts tranchants, composée de droites horizontales limitées aux verticales des forces, la hauteur d'un échelon étant égale à la longueur représentative de la force correspondante.

15. Recherche des effets maxima dus à une charge mobile, par la méthode des courbes représentatives. — On voit qu'il est très aisé d'obtenir algébriquement ou graphiquement les courbes représentatives du moment fléchissant et de l'effort tranchant produits par une série de poids isolés dont les points d'application sont déterminés.

Mais on a souvent affaire à des charges mobiles, convois de véhicules, trains de chemins de fer, composées de poids successifs, dont les distances mutuelles sont supposées invariables. On juge nécessaire en pareil cas de rechercher pour chaque section transversale les effets maxima produits par cette charge composée lorsqu'elle franchit la poutre. Nous allons indiquer les procédés à employer pour résoudre ce problème.

Nous remarquerons tout d'abord que le moment fléchissant maximum se manifeste toujours dans une section déterminée au moment où l'un des poids partiels, en lesquels se décompose la charge, est appliqué au droit de cette section : la courbe des moments étant en effet un polygone, une ordonnée maximum ne peut correspondre qu'à un sommet.

Si une section est située entre les points d'application de deux poids, il est évident qu'en faisant avancer ou reculer le train, le moment fléchissant ira en croissant dans l'un des deux mouvements et en décroissant dans l'autre, jusqu'à ce qu'un des poids se trouve dans le plan de la section.

Le même raisonnement est applicable à l'effort tranchant.

Examinons d'abord le cas général où la longueur du train est supérieure à l'ouverture de la poutre, de telle sorte qu'une fraction seule des charges dont il se compose puisse être portée, à un moment donné, par la travée indépendante. Il s'agit de déterminer la fraction du train à placer sur la poutre pour obtenir le moment fléchissant, ou l'effort tranchant maximum, relatif à une section déterminée.

Traçons un polygone funiculaire relatif à tous les poids qui composent le train : A, 1, 2, 3, 4, 5, 6, 7, B.

Nous avons supposé que la distance horizontale des essieux extrêmes, correspondant aux sommets 1 et 7 du polygone, est plus grande que l'ouverture l de la travée. Portons cette longueur en OL sur l'horizontale AB, et élevons en O et L deux verticales qui rencontrent le polygone aux points m et n. La partie du polygone limitée par ces deux points est la courbe représentative des moments fléchissants dans la travée OL, pour la position qu'on lui a attribuée par rapport au train ; la droite de fermeture de cette courbe est la corde mn.

Si nous déplaçons la travée OL de A en B de façon à lui faire occuper les emplacements successifs O'L' et O"L"..., nous obtiendrons, en effectuant chaque fois la construction précédente, les courbes de moments fléchissants $m'n'$, $m''n''$..., relatives aux différentes positions attribuées à la travée par rapport au train.

En ce qui touche l'effort tranchant, on n'aura qu'à mener par le pôle S du polygone dynamique des rayons parallèles aux cordes de fermeture successives *mn*, *m'n'*,... : les horizontales de fermeture successives passeront par les points de rencontre de ces rayons et

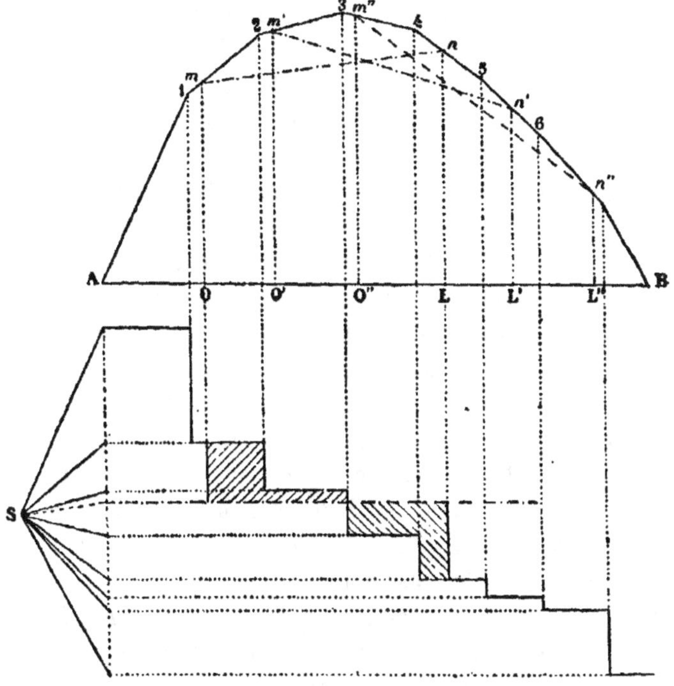

Figure 8.

de la verticale des forces, et la portion de ligne brisée à échelons que l'on devra envisager dans chaque cas sera celle comprise entre les verticales des deux extrémités O et L de la travée.

En multipliant suffisamment les positions différentes attribuées à la poutre OL, on parviendra sans difficulté à reconnaître pour une section choisie arbitrairement quels sont les essieux à faire porter à la poutre en vue d'obtenir les valeurs les plus élevées du moment fléchissant ou de l'effort tranchant.

On pourra constater par exemple que ce sont les poids 3, 4 et 5, les poids 1, 2 étant placés en deçà de la travée, et les poids 6 et 7 au delà. Mais, à moins de multiplier indéfiniment les lignes de l'épure, c'est tout ce que l'on pourra tirer de cette construction graphique.

Il restera donc à résoudre le problème suivant : connaissant la distribution des charges constitutives du train mobile que porte la travée, quelle est la position *exacte* qu'il faut lui attribuer, sans modifier sa composition, pour obtenir l'effet maximum ? Il est entendu que les poids et les écartements mutuels des différents essieux sont des données du problème ; que l'on ne doit faire sortir aucun d'eux de la travée, ni en faire pénétrer d'autre. Cette question est d'un grand intérêt pour l'étude des ponts, dont les travées sont parfois plus longues que les trains d'épreuve, ce qui fait que la construction précédente n'est plus d'aucune utilité.

En ce qui touche la recherche des moments fléchissants, on peut se demander : 1° quelle est la position à attribuer à un train pour rendre maximum le moment fléchissant développé au droit d'*un essieu choisi* ; 2° quelle est la position à attribuer au train pour rendre maximum le moment fléchissant développé dans *une section choisie*.

Nous traiterons successivement ces deux problèmes.

Désignons par P' et *u*' le poids connu et l'abscisse inconnue du point d'application de l'essieu choisi, au droit duquel on se propose de rendre maximum le moment fléchissant, en attribuant au train la position convenable.

Le moment fléchissant dont il s'agit se rapporte à la section transversale d'abscisse u'. Il a donc pour expression analytique :

$$X = \frac{(l - u')}{l} \, \Sigma_o^{u'} \, Pu + \frac{u'}{l} \, \Sigma_{u'}^{l} \, P(l - u)$$

$$= \frac{u'}{l} \, \Sigma_o^{l} \, P(l - u) - \Sigma_o^{u'} \, P(u' - u).$$

Le facteur $u' - u$ est la distance à l'essieu d'un poids quelconque P, d'abscisse u, c'est-à-dire l'écartement mutuel de ces deux essieux.

La distribution des charges qui composent le train étant une donnée du problème, le produit $P(u' - u)$ est indépendant de la position attribuée au train sur la poutre. Il en est de même du terme $\Sigma_o^{u'} \, P(u' - u)$, qui représente la somme des moments par rapport à la verticale de l'essieu P' de tous les essieux qui le précèdent, et est par conséquent une constante indépendante de u'.

Pour obtenir la valeur la plus élevée de X, il suffira donc de rendre maximum le premier terme de son expression analytique, qui est $\frac{u'}{l} \, \Sigma_o^{l} \, P(l - u)$. Désignons par II le poids total du train $\Sigma_o^{l} \, P$, et par v l'abscisse de son centre de gravité.

La quantité $\Sigma_o^{l} \, P(l - u)$, somme des moments de tous les poids P par rapport à l'extrémité de droite de la travée, est égale, par définition, au moment de la résultante de tous ces poids, soit $\Pi(l - v)$.

D'où :

$$\frac{u'}{l} \, \Sigma_o^l \, P\,(l - u) = \frac{\Pi u'\,(l - v)}{l}.$$

Quand l'essieu P' se déplace de la longueur du', il en est de même pour le centre de gravité du train. D'où $du' = dv$. Le maximum du produit $\frac{\Pi u'\,(l - v)}{l}$, où u' et v sont les seules variables, s'obtiendra par suite en posant : $u' = l - v$.

D'où la règle suivante : le moment fléchissant développé dans la section transversale correspondant à l'essieu P' est maximum quand la distance entre ce poids et la résultante de toutes les charges portées par la poutre, c'est-à-dire la verticale du centre de gravité du train, est partagée en deux portions égales par le point milieu de la travée.

Considérons, par exemple, un train composé de deux poids égaux, dont l'écartement mutuel soit a. Pour obtenir le maximum du moment fléchissant au droit de l'un des deux essieux, il faudra que celui-ci ait dépassé le milieu de la travée de la quantité $\frac{a}{4}$.

Supposons que le train se compose de n poids égaux et équidistants, et désignons par a l'écartement de deux essieux successifs.

Le maximum du moment fléchissant s'obtiendra lorsque l'essieu considéré aura dépassé le milieu de la travée d'une longueur variable avec son numéro d'ordre, ainsi que l'indique le tableau suivant.

Premier essieu :

$$u' - \frac{l}{2} = \frac{a\,(n - 1)}{4};$$

Deuxième essieu :

$$= \frac{a\,(n - 1)}{4} - \frac{a}{2};$$

Troisième essieu :

$$= \frac{a\,(n-1)}{4} - a$$

. . . .

Essieu de rang m :

$$= \frac{a\,(n-1)}{4} - (m-1)\frac{a}{2}.$$

Si n est impair, l'essieu central est sur la verticale de la résultante Π : par conséquent le maximum du moment fléchissant se manifeste au droit de cet essieu, quand il est placé au milieu de l'ouverture.

Pour tout essieu situé en arrière du centre de gravité, le maximum se manifeste avant qu'il ait atteint le milieu de la travée, la différence

$$\frac{a(n-1)}{4} - (m-1)\,\frac{a}{2}$$

étant en ce cas un nombre négatif.

Considérons à présent la section transversale M d'abscisse x', et proposons-nous d'attribuer au train la position qui rendra maximum le moment fléchissant dans cette section, dont l'expression analytique est :

$$X = \frac{l-x'}{l}\, \Sigma_0^{x'}\, Pu + \frac{x'}{l}\, \Sigma_{x'}^l\, P\,(l-u).$$

Faisons avancer le train de la quantité du. L'accroissement subi par X sera :

$$\frac{dX}{du}\, du = \frac{l-x'}{l}\, du\, \Sigma_0^{x'}\, P - \frac{x'}{l}\, du\, \Sigma_{x'}^l\, P.$$

Pour que X soit maximum, il faut que l'un des poids, que nous désignerons par P', se trouve au droit de la section M considérée, et que tout déplacement du train, soit en avant, soit en arrière, entraîne une réduction du moment fléchissant.

Il est donc nécessaire que la dérivée $\frac{dX}{du}$ change de signe, quand le poids P′ franchit la section **M**.

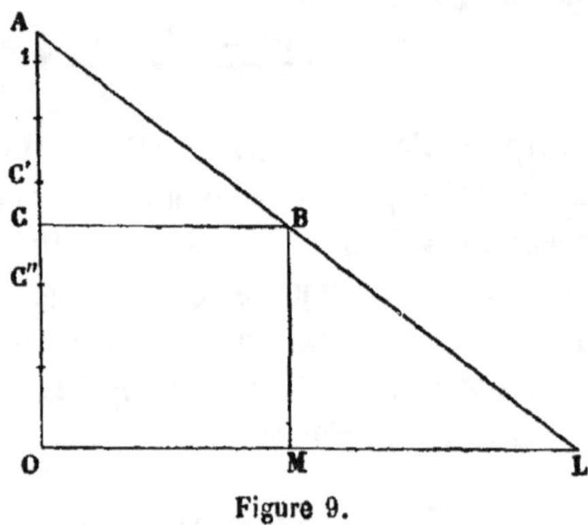

Figure 9.

Po⋅tons sur la verticale OA, et dans l'ordre *inverse* de la succession des essieux à partir de l'origine O, tous les poids constitutifs du train, l'essieu le plus rapproché de l'appui O étant figuré par la longueur A1. Joignons les points A et L ; menons la verticale MB, relative à la section considérée d'abscisse x', et l'horizontale BC. On a, en vertu de la similitude des triangles ABC et BML :

$$\frac{AC}{CB} = \frac{BM}{ML},$$

ce qui peut s'écrire :

$$\frac{AC}{x'} = \frac{CO}{(l - x')},$$

ou :

$$AC\,(l - x') = CO \times x'.$$

Nous allons faire voir que le moment fléchissant sera maximum dans la section **M**, lorsque l'essieu correspondant au poids C'C″, rencontré par l'horizontale BC, se trouvera dans le plan de la section.

En effet, avant que l'essieu en question n'atteigne la verticale M, la somme $\Sigma_0^{x'} P$ est représentée par le segment AC″ > AC, et la somme $\Sigma_{x'}^{l} P$ par le segment C″O < CO.

D'où :

$$\frac{l-x'}{l}\, \Sigma_0^{x'} P - \frac{x'}{l}\, \Sigma_{x'}^{l} P > 0.$$

Dès que l'essieu a franchi la section M, on a :

$$\Sigma_0^{x'} P = AC',$$

et

$$\Sigma_{x'}^{l} P = C'O.$$

D'où :

$$(l - x')\, \Sigma_0^{x'} P - \frac{x'}{l}\, \Sigma_{x}^{l} P < 0.$$

Par conséquent, le moment fléchissant a été en croissant jusqu'à ce que le poids P' ou C'C″ ait atteint la section M, et il a commencé à décroître dès que ce poids a dépassé la section.

On voit donc que la question posée se résoudra par une construction géométrique des plus simples. Il peut toutefois arriver que la solution indiquée soit irréalisable, le poids C'C″ ne pouvant être situé au droit de la section M sans que le train sorte partiellement de la travée, par l'une ou l'autre de ses extrémités. Cela prouve alors que le moment fléchissant dans la section M va en croissant jusqu'à ce que l'un ou l'autre des essieux extrêmes atteigne un appui. Il n'y a plus, à proprement parler de valeur maximum pour le moment fléchissant. En pareil cas, on se trouvera con-

duit à examiner si les conditions les plus défavorables
ne correspondraient pas à une modification de la
charge, par suppression de certains poids qui seraient
rejetés en dehors de la travée. Il faudra se reporter à
l'épure de la figure 8, et modifier le train d'essai dans
le sens indiqué par la construction qui aura conduit à
une solution irréalisable.

Nous allons à présent résoudre les mêmes problèmes
pour l'effort tranchant, dont l'expression analytique
est :

$$V = - \Sigma_o^{x'} \frac{Pu}{l} + \Sigma_{x'}^{l} \frac{P(l-u)}{l} = \Sigma_{x'}^{l} P - \Sigma_o^{l} \frac{Pu}{l}.$$

Au droit de l'essieu défini par l'abscisse u', on a :

$$V = \Sigma_{u'}^{l} P - \Sigma_o^{l} \frac{Pu}{l}.$$

$\Sigma_{u'}^{l} P$, somme des charges appliquées en avant de
l'essieu considéré, est une constante : donc le maxi-
mum de V correspond à celui du second terme $\Sigma_o^{l} \frac{Pu}{l}$,
somme des moments de tous les poids du train par
rapport à l'appui O. Ce terme sera maximum ou minimum suivant que le centre de gravité du train sera
aussi éloigné ou aussi rapproché que possible de l'extrémité antérieure de la poutre. En conséquence, les
limites extrêmes de l'effort tranchant au droit d'un
essieu quelconque correspondent aux deux positions
où l'un des essieux extrêmes, le premier ou le dernier,
est placé dans le voisinage immédiat de l'un des appuis de la travée.

Proposons-nous maintenant de rechercher les limites
supérieure et inférieure entre lesquelles peut varier
l'effort tranchant développé dans une section définie

par son abscisse x'. L'expression analytique de l'effort tranchant est :

$$V = -\Sigma_o^{x'} \frac{Pu}{l} + \Sigma_{x'}^{l} \frac{P(l-u)}{l} = -\Sigma_o^{l} \frac{Pu}{l} + \Sigma_{x'}^{l} P.$$

Cherchons d'abord la valeur maximum négative de l'effort tranchant, et admettons que le premier essieu

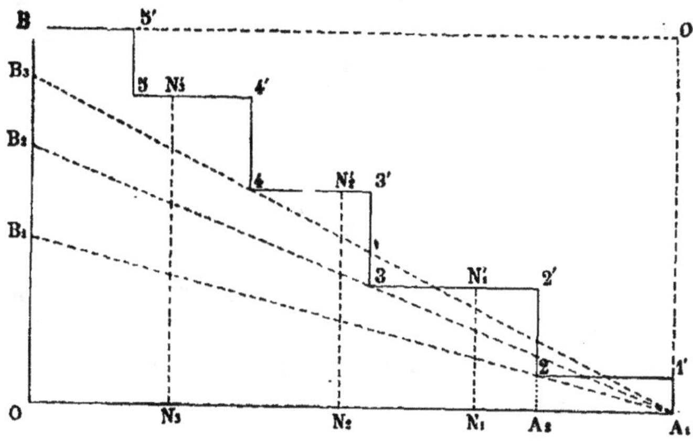

Figure 10.

du train soit sur le point d'atteindre la section M. Dans cette hypothèse, tous les poids sont appliqués dans la région OM, de o à x', et le terme $\Sigma_{x'}^{l} P$ est nul. L'expression de V se réduit donc à $-\Sigma_o^{l} \frac{Pu}{l}$.

Si nous faisons avancer le train de la distance a_1 qui sépare le premier essieu P_1 de l'essieu suivant P_2, l'effort tranchant deviendra $-\Sigma_o^{l} \frac{P(u+a_1)}{l} + P_1$, les abscisses de tous les poids P s'étant trouvées accrues de la longueur a_1.

Le changement qu'a éprouvé l'effort tranchant, dans

le passage de l'une à l'autre position du train, a pour expression :

$$-\frac{a_1}{l}\,\Sigma_o^l\,P+P_1.$$

Si cette différence est négative, la valeur absolue de V a augmenté. Or $\Sigma_o^l P$ représente le poids total Π du train. La condition pour que l'effort tranchant ait augmenté en valeur absolue quand l'essieu P_1 a franchi la section M, peut donc s'écrire :

$$\frac{\Pi a_1}{l}>P_1,$$

ou

$$\Pi>\frac{P_1 l}{a_1}.$$

Supposons maintenant que nous amenions au droit de la section M le troisième essieu P_2 ; la condition pour que la valeur absolue de l'effort tranchant ait encore augmenté, sera de même :

$$\frac{\Pi\,(a_1+a_2)}{l}>P_1+P_2,$$

ou

$$\Pi>\frac{(P_1+P_2)l}{a_1+a_2}.$$

En procédant de la sorte de proche en proche, on déterminera aisément le numéro d'ordre de l'essieu à placer au droit de la section transversale M pour réaliser l'effort tranchant négatif maximum. On peut au surplus substituer au calcul une construction géométrique très simple.

Figurons le train par la ligne brisée à gradins $A_1 1'$. 22'. 33'. 44'. etc., dont les côtés verticaux $A_1 1'$, 22', 33', 44', etc., représentent les poids des essieux, les côtés horizontaux 1'2, 2'3, 3'4, etc., étant leurs écartements mutuels a_1, a_2, a_3, etc. Menons les droites A_1 2, A_1 3, A_1 4, etc., que nous prolongerons jusqu'à la verticale OB, dont la distance à A_1 est égale à l'ouverture l de la travée.

On reconnaît aisément que :

$$B_1 O = \frac{P_1 l}{a_1};$$

$$B_2 O = \frac{(P_1 + P_2)l}{a_1 + a_2};$$

$$B_3 O = \frac{(P_1 + P_2 + P_3)l}{a_1 + a_2 + a_3};\ldots \text{ etc.}$$

Portons à partir de A_1 dans la direction de O la longueur $A_1 N_1$ égale à x', et élevons en N_1 une verticale qui rencontre la ligne brisée en N'_1.

Quand la section transversale M est sous le premier essieu, le poids total $\Sigma_o^l P$ de la portion de train portée par la poutre est représenté par $N_1 N'_1$.

Si donc l'on a $N_1 N'_1 < OB_1$, l'effort tranchant augmentera en valeur absolue quand le premier essieu aura franchi la section M. Dans l'hypothèse contraire, il ira en diminuant.

Prenons de même $A_2 N_2 = x'$; si la longueur du segment de verticale $N_2 N'_2$ est inférieure à OB_2, l'effort tranchant croîtra quand le deuxième essieu aura franchi la section M.

On voit que la même figure servira pour une section transversale quelconque, à la seule condition de déplacer les points N_1, N_2, etc., de façon que l'on ait toujours

$$x' = A_1 N_1 = A_2 N_2 = \ldots, \text{ etc.}$$

Pour chercher la valeur maximum positive de l'effort

tranchant, on procédera de même, avec cette seule différence que l'on devra partir du dernier essieu du train, supposé placé au droit de la section transversale choisie. La figure se trouvera renversée, l'horizontale $A_1 O$ étant reportée à la partie supérieure de l'épure, en BO.

Nous ajouterons que la plupart du temps cette construction est inutile parce que les valeurs extrêmes de l'effort tranchant correspondent aux deux cas où, soit le premier, soit le dernier essieu, se trouve sur la section transversale considérée. Mais le cas inverse peut se présenter, si cet essieu est relativement peu lourd et se trouve très éloigné de l'essieu suivant : $\frac{P_1 l}{a_1}$ peut alors être sensiblement plus petit que $\Sigma_0^l P$.

16. Méthode des lignes d'influence. — Supposons que l'on ait construit les lignes d'influence du moment fléchissant OAL et de l'effort tranchant ONN'L' pour une section transversale choisie M, et un poids mobile P. On pourra s'en servir pour évaluer l'effet produit par un train mobile donné, occupant sur la poutre une position choisie arbitrairement. Dans ce but, on tracera sur un papier transparent un diagramme du train, en construisant sur la verticale de chaque essieu une échelle dont les divisions seront de grandeurs *inversement* proportionnelles au poids de cet essieu.

Supposons, pour fixer les idées, que dans la ligne d'influence du moment fléchissant OAL, relative au poids P, une longueur de 10 centimètres corresponde à 1.000 kilogrammes-mètres, et que, dans l'épure de l'effort tranchant, cette même longueur de 10 centimètres représente 1.000 kilogrammes. Dans le diagramme, la longueur de 10 centimètres correspondra,

pour un poids de 480 kilogrammes, soit à 480 kilogrammes-mètres, soit à 480 kilogrammes ; pour un
poids de 3.200 kilogrammes, à 3.200 kilogrammes-
mètres ou 3.200 kilogrammes.

Cela fait, on superposera le diagramme à l'une des
lignes d'influence, en faisant coïncider les deux horizontales de fermeture, OL ou O'L', et DD'; l'effet total produit s'obtiendra en lisant les chiffres indiqués par les

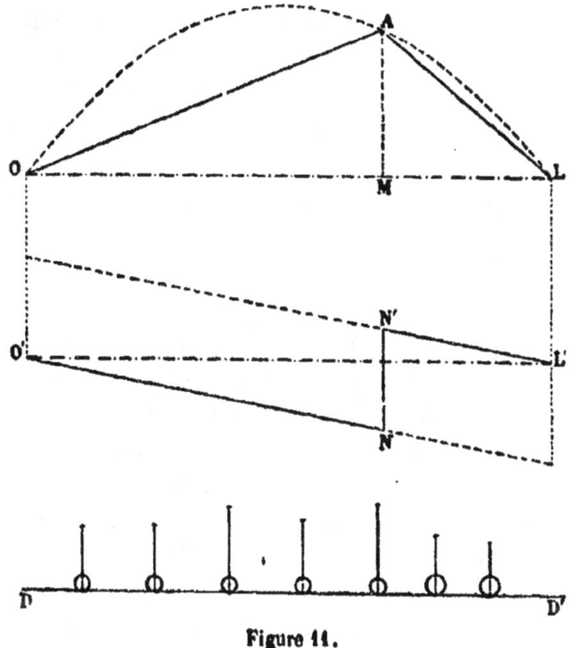

Figure 11.

échelles des différents essieux en leurs points de rencontre avec la ligne brisée OAL, ou O'NN'L', et totalisant les résultats de ces lectures (*en tenant compte des
signes, s'il s'agit de l'effort tranchant*). On pourra
attribuer au train telle position que l'on voudra, et à

chaque opération le résultat cherché sera fourni par la simple lecture et la totalisation des chiffres relevés sur les échelles.

Par cette méthode, on peut, avec un même diagramme de train, calculer des poutres d'ouvertures différentes, à condition de conserver la même graduation d'échelle pour les moments fléchissants et les efforts tranchants dans le tracé des lignes d'influence.

Etant donné une ligne d'influence relative à un phénomène élastique quelconque pour une poutre donnée, le même procédé graphique permettra toujours de se procurer par simple lecture l'effet total produit par un certain nombre de charges isolées constituant un train mobile, à la seule condition que le diagramme transparent comporte une échelle convenablement établie en regard de chaque poids isolé.

17. Charges à répartition continue. — Si au lieu d'avoir affaire à un système de forces concentrées P, on étudie une travée indépendante portant une charge à répartition continue, les formules à employer pour le calcul de l'effort tranchant et du moment fléchissant se déduiront des précédentes, en remplaçant la lettre P, correspondant à une charge isolée, par le produit πdx, représentant la charge à répartition continue qui couvre la poutre sur la longueur infiniment petite dx, à la distance x de l'extrémité de gauche, prise pour origine des abscisses.

D'où :

$$V = -\int_0^{x'} \frac{\pi dx}{l} + \int_{x'}^l \frac{\pi(l-x)dx}{l} \, ;$$

$$X = \frac{l-x'}{l} \int_0^{x'} \pi x \, dx + \frac{x'}{l} \int_{x'}^l \pi(l-x) \, dx.$$

Si π est une fonction que l'on sache intégrer, on pourra faire disparaître les signes f et établir les expressions algébriques de V et de X. Sinon on calculera les inté-

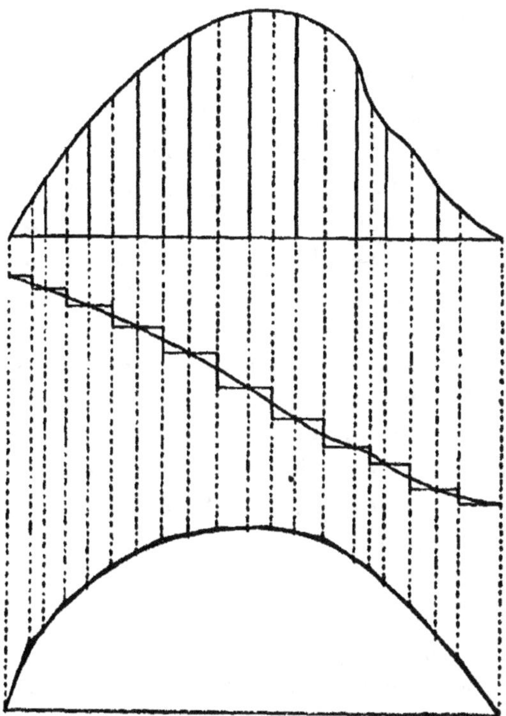

Figure 12.

grales par quadrature. La méthode la plus commode et la plus simple est celle fournie par la statique graphique. On divise la surface représentative de la charge π par un certain nombre d'ordonnées verticales; on calcule l'aire de chaque élément de surface à profil pseudo-trapézoïdal, et on détermine la position de son centre de gravité. Ayant ainsi remplacé la charge continue par une série de forces isolées, dont chacune est la résultante des forces élémentaires πdx appliquées entre deux points de division consécutifs, on construit par le procédé habituel la courbe des V et la courbe des X relatives à ce système de charges concentrées. On n'obtient de la sorte qu'un résultat approximatif. L'erreur commise consiste :

1° En ce qui touche les efforts tranchants, dans la substitution à la courbe continue, qui donnerait les valeurs rigoureuses de V, d'un escalier dont les côtés verticaux sont sur les directions des résultantes partielles de la charge, et dont les côtés horizontaux rencontrent la courbe exacte au droit de chacune des ordonnées de division ;

2° En ce qui touche les moments fléchissants, dans la substitution à la courbe continue exacte, d'un polygone qui lui est circonscrit. Les sommets de ce polygone sont sur les verticales des résultantes partielles, et les points de tangence sont sur les ordonnées des divisions de la travée.

Théoriquement les droites de fermeture ne sont pas déplacées : un écart ne saurait être que le résultat d'erreurs commises dans l'évaluation des surfaces partielles $\int \pi dx$, ou dans la détermination de leurs centres de gravité.

On devra vérifier que l'horizontale de fermeture de la ligne représentative des V rencontre celle-ci sur la verticale du point de la courbe des X dont la tangente est parallèle à la droite de fermeture de cette courbe, puisque V est nul quand X passe par un maximum.

Considérons le cas particulier de la charge continue à répartition uniforme : la fonction π se réduit à une constante p. On trouve alors, si la charge est complète, c'est-à-dire s'étend d'une extrémité à l'autre de la travée :

$$V = -\int_0^{x'} \frac{p\,x\,dx}{l} + \int_{x'}^l \frac{p\,(l-x)\,dx}{l} = \frac{p\,(l-2x')}{2};$$

$$X = \frac{(l-x')}{l}\int_0^{x'} px\,dx + \frac{x}{l}\int_{x'}^l p\,(l-x)\,dx = \frac{px'\,(l-x')}{2}.$$

Réactions des appuis :

$$S = S' = \frac{pl}{2}.$$

La courbe représentative des V est une droite oblique, qui coupe l'horizontale de fermeture au milieu de la travée.

La courbe représentative des X est une parabole à axe vertical, dont l'ordonnée de sommet, au milieu de la portée, est $\frac{pl^2}{8}$.

Si la charge est incomplète, la courbe des V se compose d'une série de côtés horizontaux, correspondant aux régions non chargées, et de côtés obliques d'inclinaison p, correspondant aux régions chargées. La courbe des X comprend des droites obliques d'inclinaison variable V, correspondant aux régions libres, et se raccordant tangentiellement avec des arcs de la parabole à axe vertical de paramètre $\frac{p}{l}$, qui correspondent aux régions chargées. Si d'une région chargée à la suivante, le poids par mètre courant de la charge uniforme vient à changer, l'inclinaison p de la droite oblique représentative des V varie en conséquence, ainsi que le paramètre de la parabole.

Pour une section quelconque, le moment fléchissant maximum s'obtient évidemment quand la charge couvre la totalité de la travée, puisque chaque poids élémentaire pdx donne lieu à un moment fléchissant de signe positif dans toutes les régions de la poutre.

En ce qui touche l'effort tranchant, sa valeur maximum positive s'obtient quand la charge ne couvre que la portion comprise entre la section considérée M (x') et le second appui L de la poutre :

$$V' = \int_{x'}^{l} \frac{p(l-x)\,dx}{l} = p\frac{(l-x')^2}{2l}.$$

La valeur maximum négative correspond au cas inverse, où la région chargée est limitée par le premier appui O et la section M (x') :

$$V'' = -\int_{o}^{x} \frac{px\,dx}{l} = -p\frac{x'^2}{2l}.$$

Les courbes représentatives des V' et V'' sont deux paraboles à axe vertical de paramètre $\frac{p}{l}$, ayant leurs sommets respectifs en L et O sur l'horizontale de fermeture, et, à leurs extrémités opposées, tangentes à la droite correspondant à la charge complète :

$$V = p\frac{(l-2x')}{2}.$$

Lorsqu'on effectue des calculs de stabilité relatifs à une poutre de hauteur variable, il devient nécessaire de connaître les moments fléchissants relatifs à la section envisagée pour les dispositions de charges incomplètes (de x' à l, et de o à x') correspondant aux efforts tranchants limites V' et V''. L'effort tranchant réduit W se déduit en effet de l'effort tranchant absolu par la relation :

$$W = V - \frac{Xdh}{hdx},$$

où figurent à la fois l'effort tranchant et le moment
fléchissant qui se correspondent. On se rendra aisément
compte que le moment fléchissant X' qui, pour la section M correspond à l'effort tranchant maximum positif
V', a pour expression : $\dfrac{px'(l-x')^2}{2l}$ (fig. 13).

Pour l'effort tranchant maximum négatif V", le mo-

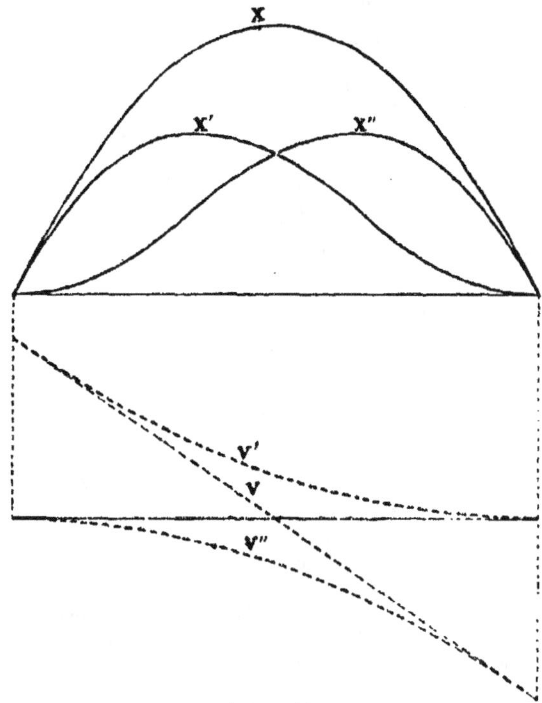

Figure 13.

ment fléchissant correspondant est :

$$X'' \frac{px'^2(l-x')}{2l} . \quad (1)$$

(1) Il convient d'observer que la relation fondamentale $W = h\dfrac{d}{dx}\left(\dfrac{X}{h}\right)$

Prenons l'exemple simple d'une poutre parabolique dont le profil ait pour équation :

$$h = \frac{4Hx'(l-x')}{l^2},$$

en désignant par H la hauteur au milieu de l'ouverture.

On a :

$$\frac{dh}{hdx} = \frac{(l-2x')}{x'(l-x')};$$

D'où :

$$W = V - \frac{Xdh}{hdx} = \frac{p(l-2x')}{2} - \frac{px'(l-x')}{2} \times \frac{l-2x'}{x'(l-x')} = 0.$$

L'effort tranchant réduit correspondant à la charge uniforme complète est nul pour une section transversale quelconque de la poutre.

On trouvera de même (fig. 14) :

$$W' = V' - \frac{X'dh}{hdx} = \frac{p(l-x')^2}{2l} - \frac{px'(l-x')^2}{2l} \times \frac{l-2x'}{x'(l-x')}$$

$$= \frac{px'}{2l}(l-x') \text{ (parabole à axe vertical)};$$

ne se vérifie pas pour les expressions analytiques correspondantes de V' et X', et de V" et X". Ces expressions se rapportent en effet non à des courbes *représentatives* de l'effort tranchant et du moment fléchissant, lesquelles supposent une charge déterminée et invariable, mais à des courbes *enveloppes*, pour lesquelles la charge se modifie avec la position de la section transversale considérée, qui dans le cas présent forme la limite de la zone de poutre chargée.

On commettrait par conséquent une erreur grossière en calculant l'effort tranchant réduit par la formule : $W = h \dfrac{d}{dx}\left(\dfrac{X}{h}\right)$ qui vise le cas où l'expression de X correspond à une courbe représentative. Au contraire la formule $W = V - X \dfrac{hdx}{dh}$ est ici applicable parce qu'elle n'exige que la connaissance de valeurs numériques correspondantes du moment fléchissant et de l'effort tranchant, valeurs fournies par les épures des V' et des X', des V" et des X". On peut également recourir, pour le même motif, à la construction graphique exposée dans l'article 8 (page 43).

et :

$$W'' = - V'' \frac{X''dh}{hdx} = - \frac{p'x'}{2l}(l - x') \text{ (parabole opposée).}$$

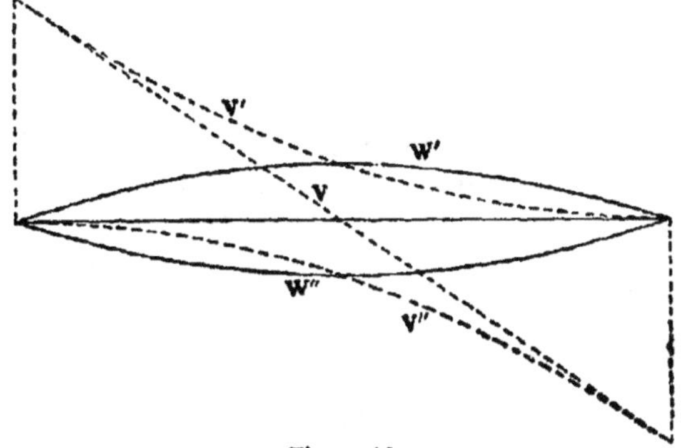

Figure 14.

Considérons une poutre elliptique dont le profil satisfant à la relation :

$$h = \frac{2H\sqrt{x(l-x)}}{l} \text{ (fig. 15).}$$

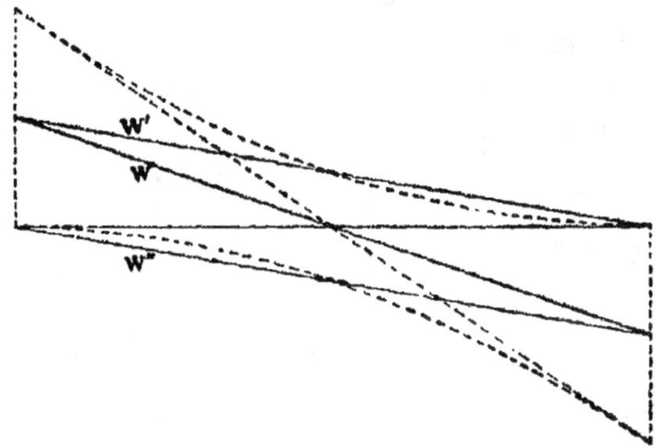

Figure 15.

On a :

$$\frac{dh}{hdx} = \frac{l - 2x'}{2x'(l - x')} ;$$

$$W = \frac{p}{4l}(l - 2x') = \frac{1}{2}V\ ;$$

$$W' = \frac{p}{4}(l - x')\ ;$$

$$W'' = -\frac{p}{4}x'.$$

Enfin examinons en dernier lieu la poutre à profil triangulaire, ou en ferme de toit (fig. 16).

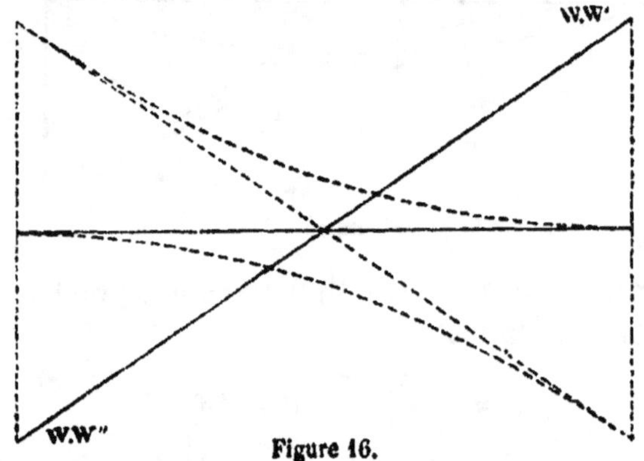

Figure 16.

Il y a lieu de distinguer les deux régions situées respectivement à gauche et à droite de la verticale du sommet de la ferme.

$0 < x' < \frac{l}{2}$:	$\frac{l}{2} < x' < l$;
$h = \frac{2Hx'}{l}\ ;\ \frac{dh}{h\,dx} = \frac{1}{x'}\ ;$	$h = \frac{2H(l - x')}{l}\ ;\ \frac{dh}{h\,dx} = -\frac{1}{l - x'}.$
$W = \frac{p(l - 2x')}{2} - \frac{px'(l - x)}{2} \times \frac{1}{x}$ $= -\frac{px'}{2}\ ;$	$W' = \frac{P(l - 2x)}{2} + \frac{px'(l - x')}{2} \times \frac{1}{l - x}$ $= +\frac{p(l - x')}{2}\ ;$
$W' = \frac{p(l - x)^2}{2l} - \frac{px'(l - x')^2}{2l} \times \frac{1}{x}$ $= 0\ ;$	$W' = \frac{p(l - x)}{2}\ ;$
$W'' = -\frac{px'^2}{2l} - \frac{p(l - x')x^2}{2l} \times \frac{1}{x'}$ $= -\frac{px'}{2}.$	$W' = 0.$

Dans ce cas particulier, l'effort tranchant réduit est de signe contraire à l'effort tranchant absolu, et la portion de charge appliquée entre la section considérée et l'appui le plus éloigné n'exerce aucune influence sur son effort tranchant réduit.

Envisageons en dernier lieu le profil hyperbolique :

$$h = \frac{Hl^2}{4x'\,(l - x')},$$

d'ailleurs irréalisable parce qu'il conduit à une hauteur infinie au droit de l'appui.

On trouve :

$$\frac{dh}{hdx} = -\,\frac{l - 2x'}{x'\,(l - x')},$$

$$W = p\,(l - 2x') = 2V.$$

On voit que l'effort tranchant réduit est supérieur à l'effort tranchant absolu quand la hauteur de la poutre va en diminuant à partir de l'appui jusqu'au milieu, ce qui est d'ailleurs, à tous égards, un profil irrationnel et peu économique.

18. Détermination des sections transversales d'une poutre. — Ayant tracé les courbes représentatives des moments fléchissants et des efforts tranchants maxima relatifs aux sections transversales successives de la poutre, on arrêtera les dimensions de celles-ci de façon que le travail élastique d'extension, de compression, ou de glissement, se rapproche pour les fibres les plus fatiguées des limites de sécurité convenues, sans les dépasser. Presque toujours on adopte un profil à double té : ainsi que nous l'avons déjà remarqué, il faut calculer les membrures, plate-bandes, ailes ou semelles du double té, en se basant sur le moment fléchissant, tandis qu'on ne tient compte, pour la résistance à l'effort tranchant, que de l'âme verticale qui relie les plates-bandes.

Désignons par R et R' les limites de sécurité à la compression et à l'extension, et par S la limite de sécurité au glissement. Pour le fer et l'acier, on admet d'habitude :

$$R' = R \quad \text{et} \quad S = \tfrac{4}{5} R.$$

Avec la fonte, on ne prend pour R que le 1/3 au plus de R'.

Soient ω et ω' les aires des sections droites des deux membrures, et A celle de l'âme. On devra prendre :

$$\omega \geqq \frac{X}{Rh}, \quad \omega' \geqq \frac{X}{R'h},$$

et

$$A \geqq \frac{W}{S}.$$

Si la poutre est de hauteur constante, l'aire d'une membrure devra être en chaque section proportionnelle à la valeur du moment fléchissant maximum.

Si la poutre est à section constante, on se basera pour arrêter ses dimensions sur le maximum absolu du moment fléchissant, qui se manifeste en général dans une section voisine du milieu de la poutre ; pour l'effort tranchant, on envisagera également le maximum, qui se manifeste toujours dans une des sections d'appuis.

Le plus souvent, au moins pour les poutres de quelque importance, on cherche à réaliser la condition d'*égale résistance*. Dans les constructions en fer ou acier laminé, chaque plate-bande se compose d'une partie invariable d'un bout à l'autre de la poutre (portion

7

d'âme verticale, cornières, tôles de semelles, etc.), dont nous désignerons l'aire par σ. On superpose à ce premier élément des tôles complémentaires, ayant une largeur uniforme b et même épaisseur, dont le nombre doit varier dans chaque région suivant les besoins : soit τ l'aire de la section transversale d'une de ces tôles.

Si la poutre est de hauteur constante, nous tracerons sur l'épure des moments fléchissants maxima X, une

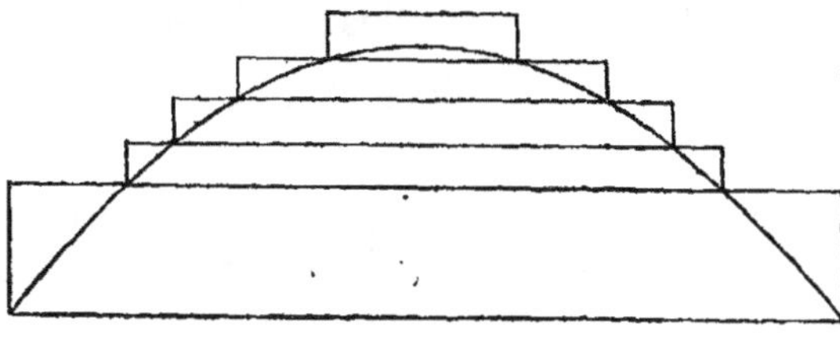

Figure 17

première horizontale dont l'ordonnée sera, à l'échelle convenue pour ces moments, fournie par l'expression $R\sigma h$.

Traçons au-dessus de cette horizontale une série de parallèles équidistantes de la quantité $R\tau h$. Puis réunissons ces parallèles par des droites verticales, de façon à obtenir une ligne brisée à échelons circonscrite à la courbe des moments fléchissants. L'épure ainsi obtenue indiquera pour chaque section transversale le nombre n de tôles complémentaires à ajouter à la constante σ de la semelle, pour que le travail élastique reste inférieur à la limite de sécurité R.

On a en effet :

$$R\sigma h + nR\tau h \geqq X.$$

D'où :

$$\frac{X}{(\sigma + n\tau) h} = \frac{X}{\omega h} \leqq R.$$

Si l'on admet la même limite de sécurité pour l'extension et la compression ($R' = R$), la même épure servira également pour la semelle inférieure ; sinon (poutre en fonte), on établira pour celle-ci, qui est tendue dans toute sa longueur, tandis que la semelle supérieure est comprimée, une nouvelle épure, en faisant varier les distances mutuelles des horizontales dans le rapport $\frac{R'}{R}$.

Si la poutre est de hauteur variable, il faudra tout d'abord substituer à la courbe des X celle des $\frac{X}{h \cos \alpha}$, ce qui ne présente aucune difficulté, soit que l'on opère par calcul numérique, soit que l'on ait recours à une construction graphique élémentaire. Après quoi, on appliquera à cette courbe la méthode précédente pour la détermination des tôles supplémentaires de plate-bande : les distances mutuelles des horizontales seront alors sur l'épure $R\sigma$ et $R\tau$.

En ce qui touche l'âme du double té, son épaisseur est d'habitude uniforme sur toute la longueur de la poutre. On se borne donc à vérifier qu'elle est suffisante pour les valeurs maxima de l'effort tranchant, dans le voisinage de chaque appui. Parfois on est au contraire conduit à renforcer l'âme aux extrémités de la travée. Si la poutre est de hauteur variable, on se basera sur l'effort tranchant réduit W, qui s'évalue, comme nous l'avons déjà indiqué, par un calcul numérique ou une construction graphique. On vérifiera que la section transversale de l'âme, qui est proportionnelle à sa hauteur, est suffisante dans toutes les régions de la poutre, et on la renforcera en cas de besoin.

19. Déformation élastique — Appliquons la formule générale de déformation des poutres droites :

$$y - \theta_0 x' - y_0 = x' \int_0^{x'} \frac{X\,dx}{EI} - \int_0^{x'} \frac{X x\,dx}{EI} = \int_0^{x'} \frac{X\,(x' - x)\,dx}{EI}.$$

Le déplacement y est nul pour chacun des appuis. Donc on doit trouver $y = o$ quand on pose $x' = o$ et $x' = l$, ce qui donne les deux conditions :

$$y_0 = o, \text{ et } - \theta_0 l = \int_0^l \frac{X\,(l - x)\,dx}{EI}.$$

D'où :

$$\theta_0 x' = -\int_0^{x'} \frac{X}{EI}\left(x' - \frac{x x'}{l}\right)dx - \frac{x'}{l}\int_{x'}^l \frac{X(l - x)\,dx}{EI} ;$$

et, en substituant dans l'expression analytique de y :

$$y = \theta_0 x' + \int_0^{x'} \frac{X\,(x' - x)\,dx}{EI}$$

$$= -\int_0^{x'} \frac{X}{EI}\times\frac{(l - x')}{l}\,x\,dx - \frac{x'}{l}\int_{x'}^l \frac{X\,(l - x)\,dx}{EI}$$

$$= -\frac{l - x'}{l}\int_0^{x'} \frac{X x\,dx}{EI} - \frac{x'}{l}\int_{x'}^l \frac{X\,(l - x)\,dx}{EI}.$$

y est nécessairement négatif, puisque le moment fléchissant X est toujours affecté du signe $+$, quelle que soit la disposition de la charge.

Nous retrouvons ici identiquement la formule déjà énoncée pour le calcul du moment fléchissant, sauf le remplacement de la charge continue π par le rapport $\frac{X}{EI}$. Ce résultat était à prévoir, car on sait que la ligne élastique est en pareil cas la courbe funiculaire relative aux moments fléchissants X considérés comme des forces, avec distance polaire égale au produit EI ; et la droite de fermeture coupe dans l'un et l'autre cas ces polygones au droit des appuis, pour lesquels les variables X et y sont l'une et l'autre nulles.

On construira donc graphiquement la ligne élastique en considérant les moments fléchissants X comme des forces verticales toutes positives, et adoptant une distance polaire EI, constante ou variable suivant que la poutre sera elle-même à section constante ou variable.

On peut remplacer dans cette équation le rapport $\frac{X}{EI}$ par le rapport $\frac{R + R'}{Eh}$, où $R + R'$ désigne la somme des *valeurs absolues* du travail pour les fibres extrêmes supérieure et inférieure de la poutre, toujours précédée du signe +, puisque le moment fléchissant X est constamment positif :

D'où :

$$y = -\frac{l - x'}{l} \int_{0}^{x'} \frac{(R + R')\, x\, dx}{Eh} - \frac{x'}{l} \int_{x'}^{l} \frac{(R + R')\,(l - x)\, dx}{Eh}.$$

La ligne élastique est en ce cas un polygone funiculaire construit avec la hauteur de la poutre, constante ou variable, comme distance polaire, en considérant la quantité $(R + R')\, dx$ comme une charge à répartition continue.

Poutre d'égale résistance. — Quand on a affaire à une poutre d'égale résistance, c'est-à-dire établie dans des conditions telles que le travail de chaque fibre extrême reste constant d'une extrémité à l'autre, on peut faire sortir du signe $\int$ la quantité $R + R'$ qui est constante, et on obtient la relation :

$$y = -\frac{R + R'}{El} \left[(l - x') \int_{0}^{x'} \frac{x\, dx}{h} + x' \int_{x'}^{l} \frac{(l - x)\, dx}{h} \right].$$

L'expression placée entre parenthèses est la courbe funiculaire relative à une charge uniforme, avec distance polaire h. Si la poutre est de hauteur constante, on peut encore faire sortir h du signe $\int$, et l'on trouve :

$$y = -\frac{R+R'}{Elh}\left[(l-x')\int_0^{x'} x\,dx + x'\int_{x'}^l (l-x)\,dx\right]$$

$$= -\frac{R+R'}{2Eh}\,x'(l-x').$$

La fibre moyenne déformée décrit une parabole à axe vertical, qui tourne sa concavité vers le haut.

La flèche d'abaissement au milieu de la poutre s'obtient en posant

$$x' = \frac{l}{2}.$$

D'où :

$$f = -\frac{(R+R')l^2}{8Eh}.$$

Cette formule permet de calculer approximativement la flèche d'abaissement au milieu de la poutre, connaissant la valeur moyenne du travail élastique. Réciproquement, si dans un essai de pont on a mesuré la flèche, on en déduira la valeur moyenne du travail élastique déterminé par la surcharge d'épreuve, en résolvant l'équation par rapport à $\frac{R+R'}{2}$:

$$\frac{R+R'}{2} = -4E\times\frac{hf}{l^2}.$$

Admettons par exemple qu'une poutre en acier laminé, de 40 mètres d'ouverture et de trois mètres de hauteur, ait éprouvé une flèche de 0 m. 02 aux essais.

La valeur du travail élastique moyen dû à la surcharge sera, en prenant $E = 2 \times 10^{10}$:

$$\frac{R + R'}{2} = \frac{4 \times 2 \times 10^{10} \times 3 \times 0{,}02}{1600} = 3 \times 10^{6},$$

soit 3 kilogrammes par millimètre carré.

Charge uniformément répartie. — Considérons une poutre sollicitée par une charge uniformément répartie p, couvrant toute la travée.

On a :

$$X = \frac{4}{2} px \, (l - x).$$

D'où :

$$y = -\frac{p}{2} \times \frac{(l - x')}{l} \int_{0}^{x'} \frac{x^2 \, (l - x) \, dx}{EI} - \frac{p}{2} \times \frac{x'}{l} \int_{0}^{l} \frac{x \, (l - x)^2 \, dx}{EI}.$$

Si la poutre est à section constante, on peut faire sortir le dénominateur EI du signe $\int$, et les intégrations s'effectuent algébriquement.

On trouve :

$$y = \frac{-p}{2EI} \times \frac{x' \, (l - x')}{l} \left[x'^2 \left(\frac{l}{3} - \frac{x'}{4} \right) + (l - x')^2 \left(\frac{l}{3} - \frac{(l - x')}{4} \right) \right]$$

$$= \frac{-p}{24EI} \times x' \, (l - x') \, (l^2 + lx' - x'^2)$$

$$= \frac{-p}{24EI} \, (x'^4 - 2lx'^3 + l^3 x').$$

La flèche au milieu de la portée a pour valeur :

$$f = -\frac{5}{384} \times \frac{pl^4}{EI}.$$

Le moment fléchissant dans cette section médiane est $\frac{1}{8} pl^2$, et le travail maximum R a pour valeur :

$$R = \frac{1}{8} \times \frac{pl^2h}{2I}.$$

D'où :

$$f = \frac{5}{24} \times \frac{Rl^2}{Eh}.$$

Nous avons vu précédemment que pour la poutre d'égale résistance et de hauteur constante, cette flèche est :

$$\frac{6}{24} \times \frac{Rl^2}{Eh}.$$

Considérons encore la poutre à profil parabolique $h = \frac{4Hx(l-x)}{l^2}$, dont la hauteur au milieu de la portée est H, et supposons-la d'égale résistance.

On a :

$$y = -\frac{2R}{EI}(l-x') \int_{o}^{x'} \frac{l^2 x\,dx}{4Hx(l-x)} - \frac{2Rx'}{EI} \int_{x'}^{l} \frac{l^2(l-x)\,dx}{4Hx(l-x)}$$

$$= -\frac{Rl}{2EH}\left[(l-x')\,(\text{Lg. nép. } l - \text{Lg. nép. } (l-x'))\right.$$

$$\left. + x'(\text{Lg. nép. } l - \text{Lg. nép. } x')\right]$$

$$= -\frac{Rl}{2EH}\left((l-x')\,\text{Lg. nép. } \frac{l}{l-x'} + x'\,\text{Lg. nép. } \frac{l}{x'}\right).$$

D'où :

$$f = -\frac{Rl^2}{2EH}\,\text{Lg. nép. } 2 = -8,32\frac{Rl^2}{24EH}.$$

Charge concentrée unique. Ligne d'influence des déplacements verticaux. — Si l'on envisage une charge concentrée unique P, appliquée au point dont l'abscisse est u, on aura deux expressions différentes du déplacement vertical y, suivant que u sera plus grand ou plus petit que l'abscisse x' de la section con-

sidérée. C'est la conséquence de ce fait déjà signalé
que l'expression du moment fléchissant est :

$$P\frac{(l-u)\,x'}{l}, \text{ si } x' < u;$$

et

$$P\,\frac{u\,(l-x')}{l}, \text{ si } x' > u.$$

On trouve sans difficulté :
pour $x' < u$:

$$y = -\frac{P\,(l-u)\,(l-x')}{l^2}\int_0^{x'}\frac{x^2\,dx}{EI} - \frac{P\,(l-u)\,x'}{l^2}\int_{x'}^{u}\frac{x\,(l-x)\,dx}{EI}$$

$$-\frac{P\,u\,x'}{l^2}\int_u^l\frac{(l-x)^2\,dx}{EI};$$

pour $x' > u$:

$$y = -\frac{P\,(l-u)\,(l-x')}{l^2}\int_0^u\frac{x^2\,dx}{EI} - \frac{P\,u\,(l-x')}{l^2}\int_u^{x'}\frac{(x\,l-x)\,dx}{EI}$$

$$-\frac{P\,u\,x'}{l^2}\int_{x'}^l\frac{(l-x)^2\,dx}{EI}.$$

Nous remarquerons que ces deux équations sont symétriques en u et x' : on passe de l'une à l'autre en
permutant x' et u. En conséquence elles correspondent
à la fois : à la courbe représentative des déplacements
verticaux produits par le poids P, appliqué en un point
défini par la donnée u, si l'on considère x' comme une
variable ; et à la ligne d'influence des déplacements
relatifs à la section déterminée par la donnée x', si l'on
considère u comme une variable, le poids P se déplaçant de l'une à l'autre extrémité de la travée.

En vertu de la correspondance entre la courbe représentative et la ligne d'influence, le déplacement y produit dans la section d'abscisse x' par le poids P appli-

qué au point d'abscisse u, est égal au déplacement produit dans la section d'abscisse u par le poids P appliqué au point d'abscisse x'.

Si la poutre est à section constante, on fera sortir le dénominateur EI du signe $\int$, et on pourra effectuer les intégrations. On trouvera sans difficulté :
pour $x' < u$:

$$y = -\frac{P}{6EIl} x' (l - u) (u (2l - u) - x'^2);$$

et pour $x' > u$:

$$y = -\frac{P}{6EIl} u (l - x') (x' (2l - x') - u^2).$$

Le déplacement vertical qui correspond au point de passage d'une courbe à l'autre, se rapporte au cas où le poids et la section considérés ont même abscisse :

$$x' = u.$$

On trouve en ce cas :

$$y' = -\frac{P}{3EIl} u^2 (l - u)^2.$$

On obtient, en posant $u = \frac{l}{2}$, la flèche au milieu de la travée, lorsque le poids P est lui-même appliqué en ce point :

$$f = -\frac{Pl^3}{48EI}.$$

La valeur du travail moyen R développé dans la section milieu de la poutre est alors :

$$R = \frac{Plh}{8EI}.$$

D'où :

$$f = - \frac{Rl^3}{6E\hbar} = - \frac{4}{24} \times \frac{Rl^3}{E\hbar} .$$

Nous nous sommes étendu longuement sur les questions relatives à la travée indépendante, parce que cette étude est la base du calcul des poutres de tous les types, que nous pourrons par conséquent traiter de façon plus rapide et plus sommaire dans la suite du présent chapitre.

B. — POUTRES DE TYPES DIVERS

20. Poutre en console. — La poutre est encastrée à une extrémité et libre à l'autre. C'est une construction isostatique, puisqu'elle ne comporte qu'un seul appui double.

Calcul du travail. — Prenons pour origine des abscisses l'extrémité encastrée. En conservant les notations adoptées dans l'étude de la travée indépendante, nous obtiendrons sans difficulté les expressions analytiques suivantes :

Réaction verticale de l'appui double :

$$S = \Sigma_o^l P + \int_o^l \pi \, dx.$$

Moment d'encastrement, ou couple de réaction :

$$\mu = - \Sigma_o^l Pu - \int_o^l \pi x \, dx.$$

Moment fléchissant dans la section transversale $M(x')$:

$$X = - \Sigma_{x'}^l P(u - x') - \int_{x'}^l \pi(x - x') \, dx.$$

Effort tranchant :

$$V = \varSigma_{x'}^{l} P + \int_{x'}^{l} \pi dx.$$

Dans le cas de la charge uniformément répartie complète, la fonction π est remplacée par la constante p, et l'on trouve :

$$S = pl \; ;$$

$$\mu = -\frac{pl^2}{2} \; ;$$

$$X = -\frac{p(l - x')^2}{2} \; ;$$

$$V = p(l - x').$$

Si l'on construit un polygone funiculaire relatif aux forces extérieures P, et que l'on prenne pour droite de fermeture le côté extrême de ce polygone, dont le point de départ est sur la direction de la force la plus éloignée de la section d'encastrement, on aura l'épure graphique des moments fléchissants, qui sont bien ici

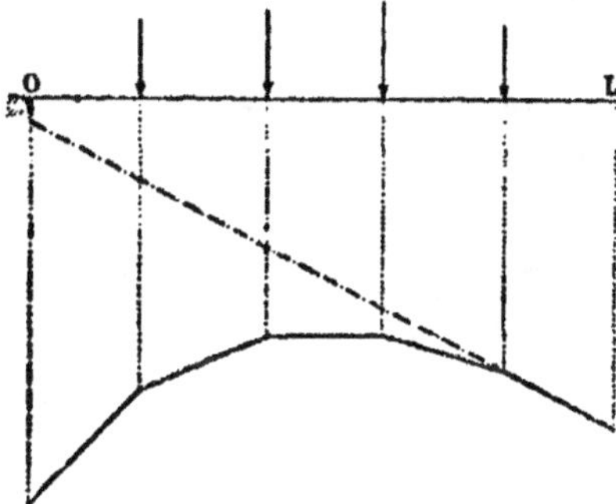

Figure 18

toujours négatifs, puisque la droite de fermeture est *au-dessus* du polygone funiculaire (fig. 18).

Nous rappelons que, dans le cas de la travée indépendante, la droite de fermeture est la corde de ce polygone, çoupé par elle au droit des deux extrémités de la poutre.

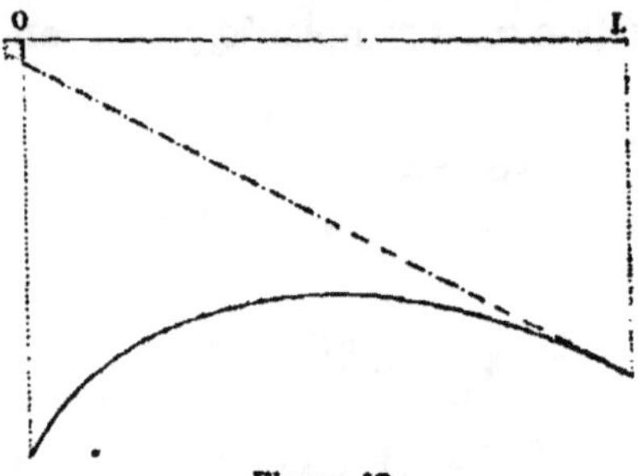

Figure 19

Si la charge de la poutre est continue, la droite de fermeture est la tangente extrême de la courbe funiculaire, au droit de l'about libre de la console (fig. 19).

Avec une charge uniformément répartie, la courbe est une parabole à axe vertical. En ramenant la droite

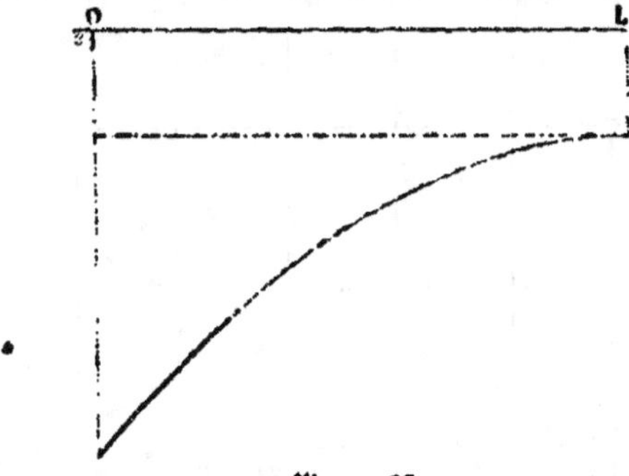

Figure 20

de fermeture à l'horizontale, on a une parabole dont le sommet est sur l'extrémité libre de la console (fig. 20).

En raison du signe du moment fléchissant, la fibre extrême supérieure est tendue, et la fibre extrême inférieure comprimée dans toutes les sections transversales.

La courbe des efforts tranchants est toujours soit une ligne brisée à échelons, en cas de forces extérieures

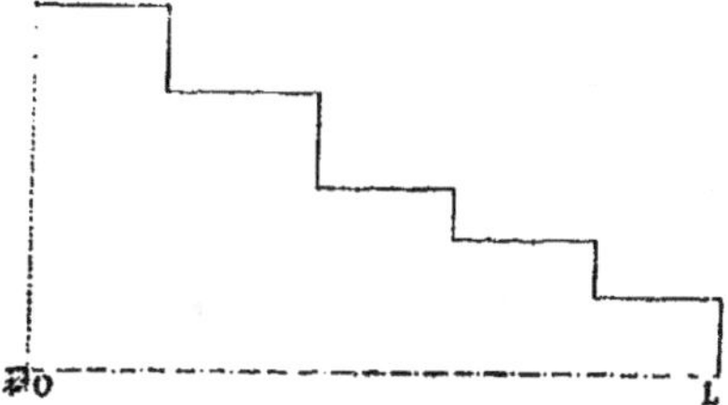

Figure 21

isolées (fig. 21), soit en cas de charge à répartition continue une courbe (fig. 22), qui se transforme en une droite oblique si la charge est uniforme. La droite de

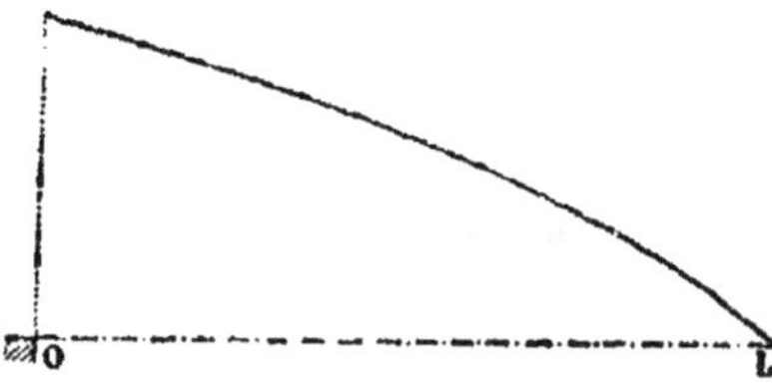

Figure 22

fermeture est l'horizontale située au-dessous du dernier échelon, correspondant à la force extérieure la plus éloignée de la section d'encastrement ; ou bien l'horizontale aboutissant à l'extrémité de la courbe V, au droit de l'about libre de la console, si la charge est continue.

L'effort tranchant est positif dans toute la longueur de la console.

Supposons que la poutre soit sollicitée par une force unique P, appliquée à la distance u de l'origine. La courbe représentative des moments fléchissants relative à 'ce poids P, et la ligne d'influence du moment relative à la section transversale d'abscisse x', auront pour expressions analytiques :

Courbe représentative des moments pour le poids P (u) :

$$x' < u \quad , \quad X = -P(u - x');$$
$$x' > u \quad , \quad X = o.$$

Ligne d'influence relative à la section M (x') :

$$u < x' \quad , \quad X = o;$$
$$u > x' \quad , \quad X = -P(u - x').$$

On trouve de même pour l'effort tranchant :

Courbe représentative pour le poids P (u) :

$$x' < u \quad , \quad V = P;$$
$$x' > u \quad , \quad V = o.$$

Ligne d'influence pour la section M (x') :

$$u < x' \quad , \quad V = o;$$
$$u > x' \quad , \quad V = P.$$

En ce qui touche le calcul du travail à l'extension dans la membrure supérieure, à la compression dans la membrure inférieure, et au glissement dans l'âme, aussi bien que pour la détermination des épaisseurs des semelles et de l'âme, nous n'avons rien à ajouter à ce qui a été dit sur ce sujet à propos de la travée indépendante.

Nous remarquerons que dans la poutre en console de profil triangulaire en élévation, portant une charge unique appliquée à son extrémité, l'effort tranchant réduit est nul, puisque l'on a :

$$\frac{X}{h} = \frac{-P(l - x')}{H(l - x')} = \text{constante.}$$

On pourrait donc supprimer l'âme verticale du double té, et ne conserver que deux membrures isolées, formant potence.

L'effort tranchant réduit W est également nul, dans le cas de la charge uniforme complète, si la poutre a le profil parabolique :

$$h = \frac{H(l - x)^2}{l^2}.$$

Calcul de la déformation. — Au droit de la section d'encastrement, la direction de la fibre moyenne est invariable. On a donc, pour $x = o$: $\theta_0 = o$ et $y_0 = o$.

D'où :

$$\frac{dy}{dx} = \int_o^{x'} \frac{X dx}{EI} ;$$

$$y = \int_o^{x'} \frac{X(x' - x)\, dx}{EI}.$$

La ligne élastique de la console est la courbe funiculaire construite avec les moments fléchissants X considérés comme des forces à répartition continue, et la distance polaire EI, constante ou variable suivant les cas. La droite de fermeture est la tangente à la courbe funiculaire au droit de la section d'encastrement $(y_0 = o, \theta_0 = o)$.

Le moment fléchissant X étant négatif, la ligne élastique tourne sa convexité vers le haut de la figure.

Dans le cas particulier de la charge uniforme complète, on sait que :

$$X = - \tfrac{1}{2} p \, (l - x)^2.$$

D'où :

$$y = - \int_0^{x'} \frac{p \, (l - x)^2 \, (x' - x) \, dx}{2 \, EI}.$$

Si la poutre est à section constante, on peut faire sortir le dénominateur du signe $\int$, et intégrer :

$$y = - \frac{p x'^2}{24 \, EI} \, (6 l^2 - 4 l x' + x'^2).$$

La flèche d'abaissement à l'extrémité libre de la console s'obtient en posant $x' = l$:

$$f = - \frac{3}{24} \cdot \frac{p l^4}{EI}.$$

Dans le cas particulier de la console d'égale résistance, on peut remplacer $\frac{X}{I}$ par $\frac{R + R'}{h}$, et, comme $R + R'$ est une constante, écrire :

$$y = - \frac{(R + R')}{E} \int_0^{x'} \frac{(x' - x) \, dx}{h}.$$

Si la poutre est de hauteur constante, on peut faire sortir h du signe $\int$ et intégrer :

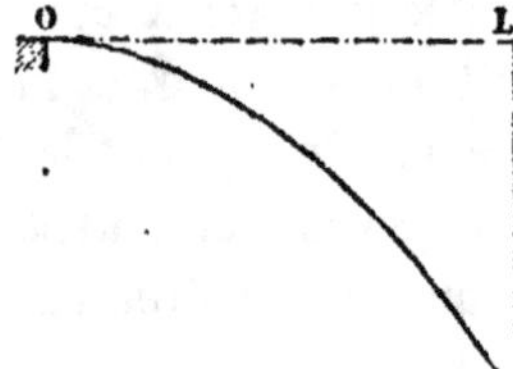

Figure 23.

$$y = - \frac{R + R'}{2 \, Eh} \, x'^2 \quad \text{(fig. 23)}.$$

C'est une parabole à axe vertical, dont le sommet est à l'origine des abscisses, centre de la section d'encastrement.

Si l'on a affaire a une charge

isolée unique P (u), l'équation de la ligne élastique devient :

pour $x' < u$:

$$y = -\int_o^{x'} \frac{P\,(u - x)\,(x' - x)\,dx}{EI};$$

pour $x' > u$:

$$y = -\int_o^{u} \frac{P\,(u - x)\,(x' - x)\,dx}{EI}.$$

On passe de l'une à l'autre de ces deux relations en permutant u et x : donc le déplacement vertical déterminé dans la section d'abscisse x' par le poids P d'abscisse u, est égal à celui déterminé dans la section d'abscisse u par le poids P d'abscisse x'.

Ce phénomène de réciprocité est très fréquent dans le calcul des poutres : il se manifeste toutes les fois qu'on peut faire une permutation entre le bras de levier du moment fléchissant (ici $u - x$) et le bras de levier de la rotation $\frac{dy}{dx}$ (ici $x' - x$).

Les équations précédentes sont celles de la ligne élastique, si l'on considère u comme une donnée et x' comme une abscisse variable ; et celles de la ligne d'influence des déplacements verticaux, si x' est la donnée et u l'abscisse variable. Cette remarque permet d'utiliser à deux fins l'épure de déformation construite pour la charge unique P.

Quand la poutre est à section constante, on peut faire sortir EI du signe $\int$, et effectuer l'intégration. On trouve les relations suivantes :

$$x' < u,$$

$$y = -\frac{Px'^2}{6EI}\,(3u - x');$$

$$x' > u ;$$

$$y = - \frac{Pu^2}{6EI}(3x' - u).$$

Pour $u = x'$, on a :

$$y = - \frac{Px'^3}{3EI} ;$$

Pour $u = x' = l$, on a :

$$f = - \frac{Pl^3}{3EI}.$$

C'est la flèche d'abaissement à l'extrémité libre de la console, quand le poids P est lui-même appliqué à cette extrémité.

21. Poutre à appuis intermédiaires. — Considérons une poutre AB reposant sur deux appuis O et L, qui ne coïncident pas avec ses extrémités.

Traçons le polygone funiculaire relatif à toutes les forces extérieures connues qui sollicitent la poutre (abstraction faite des réactions d'appuis inconnues). Si les deux appuis étaient en A et B, la droite de fermeture serait la corde AB. Mais dans le cas présent les droites de fermeture sont, pour les deux consoles AO et BL dont les extrémités A et B sont libres, les prolongements AO' et BL' des côtés extrêmes du polygone funiculaire, parallèles eux-mêmes aux rayons polaires extrêmes Sm et Sq du polygone des forces (fig. 24).

Si la charge est continue, les droites de fermeture seront pour les deux consoles les tangentes en A et B à la courbe funiculaire.

Pour la travée centrale OL, la droite de fermeture sera la ligne O'L', joignant les points de rencontre des droites de fermeture des consoles avec les verticales d'appuis.

Pour les efforts tranchants, la courbe représentative est une ligne brisée à échelons si la poutre est
sollicitée par des forces isolées, une courbe si la charge
est continue, et une droite oblique si la charge est uni-

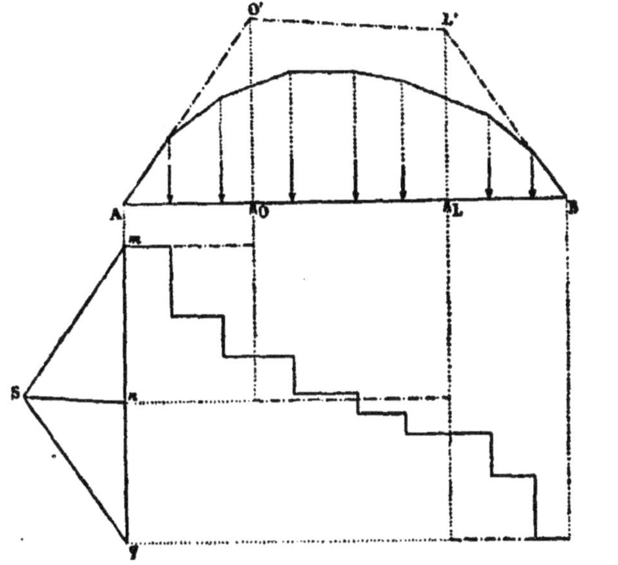

Figure 24.

forme ; les droites de fermeture sont respectivement
pour les régions AO, OL et LB, les horizontales passant
par les extrémités des rayons polaires Sm, Sn et Sq
parallèles aux droites de fermeture de l'épure des X.

Suivant que, dans chaque région de l'épure, la droite
de fermeture passe au-dessous ou au-dessus de la
courbe des X ou des V, le moment fléchissant ou l'effort
tranchant est positif ou négatif.

X est toujours négatif dans les deux consoles et dans
les régions de la travée intermédiaire OL voisines des
appuis.

Il peut être, suivant les circonstances, positif ou négatif dans la région centrale de cette travée.

V est négatif dans la première console AO, et positif dans la seconde LB ; il est en général d'abord positif,

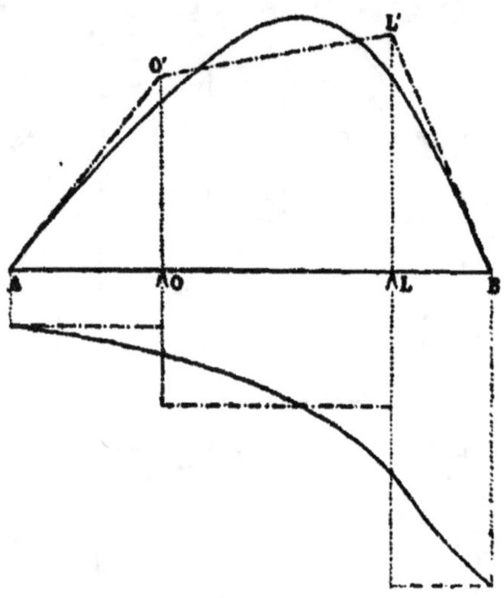

Figure 25.

puis négatif dans la travée intermédiaire OL. Toutefois si la charge n'est appliquée que sur une seule console, à l'exclusion du surplus de la poutre, l'effort tranchant, nul dans la console non chargée, est, dans la travée intermédiaire, constant et de signe opposé à l'effort tranchant de la console chargée.

On peut construire autrement l'épure des moments fléchissants et des efforts tranchants, en traçant un polygone funiculaire distinct pour chacune des régions AO, OL et LB, considérée comme travée indépendante (fig. 26). La ligne brisée de fermeture de l'épure des X s'obtient encore en prolongeant les côtés extrêmes des

polygones des consoles, aboutissant en A et B, jusqu'à
leurs points de rencontre O' et L' avec les verticales des
appuis. La droite O'L' est la ligne de fermeture pour
la travée intermédiaire OL.

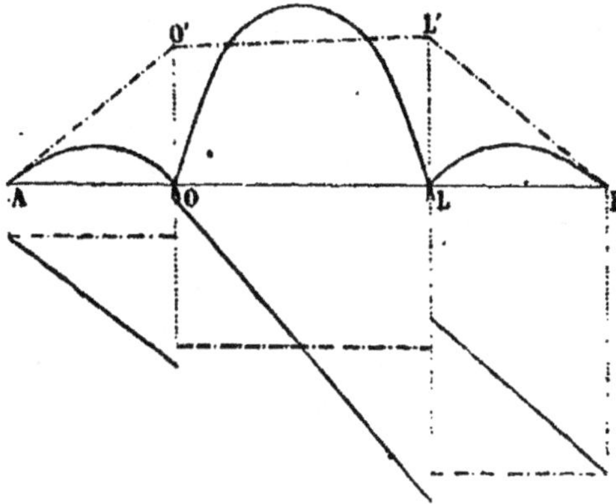

Figure 26.

Les horizontales de fermeture de l'épure des V correspondent, pour chaque région de la poutre, au rayon
polaire du polygone dynamique relatif à cette région,
qui est lui-même parallèle à la droite de fermeture de
la courbe des X.

La réaction d'un appui O ou L est égale à la différence (en tenant compte des signes) des efforts tranchants développés sur cet appui par les deux portions
de poutre qu'il sépare. En général, ces deux efforts
tranchants sont de signes opposés : la réaction est alors
égale à la somme de leurs valeurs absolues (fig. 26).

Au lieu de recourir à la construction graphique, on
peut procéder analytiquement. En ce qui touche les
deux régions latérales AO et LB, on n'a qu'à faire usage
des formules déjà énoncées pour les consoles.

Soient μ et μ' les couples d'encastrement calculés à l'aide de ces formules, pour les deux sections d'appuis O et L; on sait qu'ils sont négatifs. Désignons par M et N les expressions analytiques connues du moment fléchissant et de l'effort tranchant qui seraient développés dans la travée intermédiaire OL par les charges qui la sollicitent directement, si elle était indépendante, la poutre étant coupée au droit de ses appuis.

L'équation de la droite O'L' de fermeture de l'épure des X (fig. 26) sera :

$$y = -\mu\left(1 - \frac{x}{l}\right) - \mu'\frac{x}{l}.$$

Donc le moment fléchissant X, représenté par la distance verticale de cette droite à la courbe des M, aura pour expression analytique :

$$X = \mu\left(1 - \frac{x}{l}\right) + \mu'\frac{x}{l} + M.$$

Nous obtiendrons l'expression de V par différenciation :

$$V = \frac{\mu' - \mu}{l} + \frac{dM}{dx}\,dx = \frac{\mu' - \mu}{l} + N.$$

Si l'on se propose de rechercher les valeurs maxima de X et de V pour les cas de surcharge les plus défavorables, on remarquera :

Que la valeur positive maximum de X est égale à celle de M, la charge étant limitée à la travée intermédiaire; réciproquement le maximum négatif s'obtient en chargeant les deux consoles, à l'exclusion de la travée intermédiaire.

En ce qui touche V, le maximum positif correspond à celui de N, augmenté de l'effort $-\frac{\mu}{l}$ produit par la charge de la première console. Le maximum négatif correspond à la charge complémentaire sur la travée centrale et à la charge complète de la seconde console $\left(+\frac{\mu'}{l}\right)$.

Si la charge est uniformément répartie, on peut appliquer à la travée intermédiaire les formules suivantes, où l désigne l'ouverture OL de la travée intermédiaire, a et b les portées des deux consoles AO et LB. Nous supposons que l'origine des abscisses x concorde avec le premier appui O.

Charge complète :

$$X = -\frac{pa^2}{2}\left(1 - \frac{x}{l}\right) - \frac{pb^2}{2}\cdot\frac{x}{l} + \frac{1}{2}px(l - x) ;$$

$$V = p\frac{(a^2 - b^2)}{2l} + \frac{p}{2}(l - 2x).$$

Les maxima de signes opposés du moment fléchissant sont respectivement :

$$\frac{1}{2}px(l - x)$$

et

$$-\frac{pa^2}{2}\left(1 - \frac{x}{l}\right) - \frac{pb^2}{2}\frac{x}{l}.$$

En ce qui touche l'effort tranchant, les maxima de signes opposés V' et V'', et les moments fléchissants correspondants pour la section considérée sont fournis par les relations :

Maximum positif :

$$V' = \frac{pa^2}{2l} + \frac{p}{2l}(l - x)^2 ;$$

$$X' = -\frac{pa^2}{2}\left(1 - \frac{x}{l}\right) + \frac{px}{2l}(l - x)^2.$$

Maximum négatif :

$$V'' = -\frac{pb^2}{2l} - \frac{px^2}{2l};$$

$$X'' = -\frac{pb^2 x}{2l} + \frac{px^2(l-x)}{2l}.$$

Dans le cas d'un poids isolé unique P, on constatera facilement que, si le point d'application est sur une console, la courbe représentative des moments fléchissants dans la travée intermédiaire est une droite oblique, passant par l'appui de la console opposée, dont l'équation est :

Soit
$$X = \mu\left(1 - \frac{x}{l}\right),$$

soit
$$X = \mu'\,\frac{x}{l}.$$

L'effort tranchant dans la travée intermédiaire est constant et égal :

Soit à
$$-\frac{\mu}{l}.$$

soit à
$$+\frac{\mu'}{l}.$$

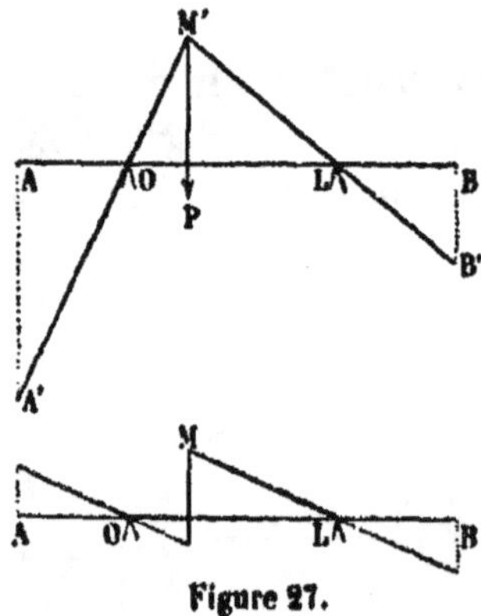

Figure 27.

Si le poids P est appliqué entre O et L, sur la travée intermédiaire, celle-ci se comporte comme si elle était indépendante ; le moment fléchissant et l'effort tranchant sont nuls pour l'une et l'autre consoles.

La ligne d'influence du moment fléchissant et de

l'effort tranchant, pour une section située entre A et O, ou bien entre L et B, est la même que pour une console.

Pour la région intermédiaire OL, la ligne d'influence est celle de la travée indépendante OM'L, dont on prolonge les côtés jusqu'aux verticales des extrémités AA' et BB'. Il en est de même pour la ligne d'influence de l'effort tranchant (fig. 27).

Déformation. — Pour trouver la ligne élastique de la poutre, on appliquera la formule générale :

$$y = \int_0^{x'} \frac{X(x' - x)\,dx}{EI}.$$

La droite de fermeture coupe la courbe ainsi tracée sur les verticales des appuis, dont les abaissements sont nuls.

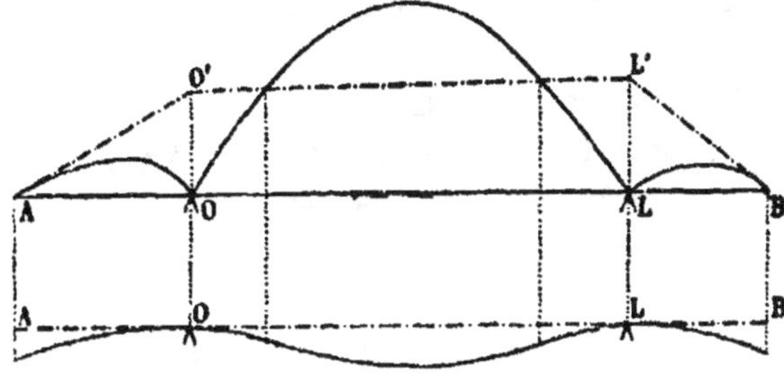

Figure 28.

On remarquera que la courbure de la fibre déformée change de signe dans la région centrale de la travée intermédiaire, toutes les fois que le moment fléchissant X est lui-même positif dans cette région : elle tourne alors sa concavité vers le haut.

y est négatif d'un côté de chaque appui (*abaissement de la poutre*) et positif de l'autre (*soulèvement*), à moins qu'exceptionnellement la déviation angulaire $\dfrac{dy}{dx}$ $= \theta_0 + \int_0^{x'} \dfrac{X dx}{EI}$ ne soit nulle au droit de cet appui.

Il n'y a pas lieu d'envisager le cas d'une poutre isostatique reposant sur un appui double intermédiaire : on peut la considérer comme divisée en deux consoles indépendantes l'une de l'autre, dont chacune, encastrée sur l'appui double, devra être étudiée isolément.

22. Poutres isostatiques diverses. — Nous avons fait voir précédemment qu'une poutre continue isostatique ne peut reposer que sur deux appuis simples, ou un seul appui double.

Si les appuis ne sont pas maintenus par définition à un niveau horizontal invariable, leur nombre peut être plus élevé, à condition que la statique fournisse autant d'équations d'équilibre que l'on aura de réactions inconnues. On n'a jamais à résoudre en pareil cas, pour la recherche de ces réactions, qu'un problème de mécanique rationnelle.

Poutres appuyées sur des balanciers. — Par exemple un appui simple peut être remplacé par deux appuis mobiles A et B, fournis par les deux extrémités d'un balancier pouvant lui-même pivoter autour d'une articulation centrale C. La résultante des forces S et S' doit passer en C, ce qui donne une équation d'équilibre statique venant s'ajouter à celles de la poutre elle-même (fig. 29).

Il arrive parfois (appareils de lancement des ponts) qu'un about de poutre repose sur quatre articulations,

reliées deux à deux par des balanciers, dont les axes
sont eux-mêmes fixés aux deux extrémités d'un balancier inférieur : la résultante de S et S' passe en M, celle

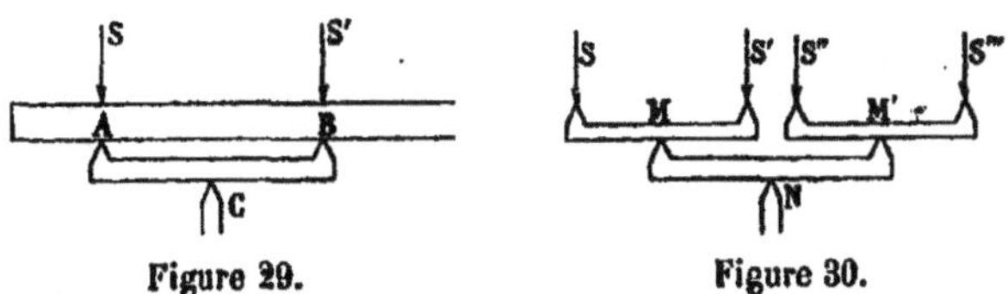

Figure 29.   Figure 30.

de S'' et S''' passe en M', et la résultante totale en N : on
a ainsi trois équations d'équilibre supplémentaires.
On peut doubler le système, en juxtaposant deux appareils de ce genre que l'on relie ensemble par un
balancier transversal, portant lui-même sur une rotule
centrale (appareils de lancement du pont de *Cubzac*,
sur la *Dordogne*).

Plancher polygonal. — A titre de problème intéressant, envisageons un plancher porté par un certain
nombre de poutres dirigées suivant les côtés d'un polygone *abcdef*, qui seraient prolongés jusqu'aux sommets d'un autre polygone ABCDEF, extérieur au premier.

Chaque poutre, telle que A*ab*, a un appui simple
fixe en A sur le polygone extérieur, et est reliée par
articulations sur le polygone intérieur en *a* avec la
poutre précédente, et en *b* avec la poutre suivante.

Les réactions inconnues sont en nombre égal à celui
$2n$ des sommets des deux polygones, à savoir : une
réaction d'appui par sommet du polygone extérieur,
et une réaction mutuelle de deux poutres articulées ensemble par sommet du polygone intérieur. On dispose

pour leur recherche de $2n$ équations d'équilibre élastique, à raison de deux pour chacune des poutres, au nombre de n. Donc il y a autant d'inconnues que d'équations, et le problème est déterminé. Après avoir

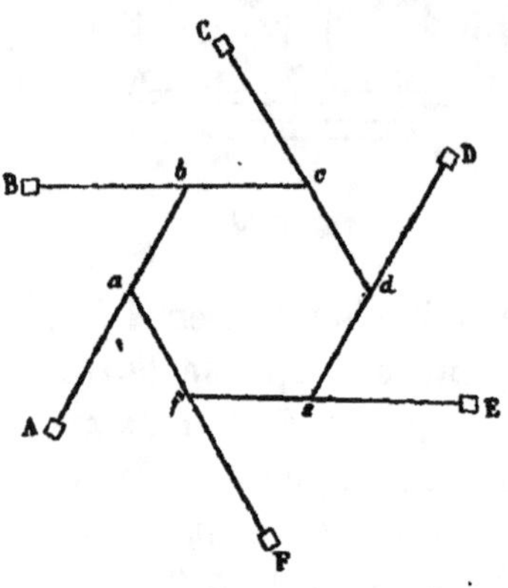

Figure 31.

calculé toutes ces réactions, on établira sans difficulté l'expression du moment fléchissant, et de l'effort tranchant pour chaque poutre Aab, en ajoutant aux forces extérieures fournies par l'énoncé du problème, les réactions calculées précédemment, qui sont celles appliquées en A et b, dirigées de bas en haut et affectées du signe +, et celle appliquée en a, qui est dirigée en sens inverse et affectée du signe —.

Poutre flottante. — Considérons encore le cas d'une poutre portée par quatre pontons flottants, A, B, C et D (fig. 32).

Désignons : par Ω, Ω', Ω'' et Ω''' les aires des sections horizontales de ces flotteurs, que nous supposerons parallélipipédiques pour plus de simplicité ; a, b, c et d les distances horizontales à une origine arbitraire o des articulations centrales qui transmettent aux pontons la charge de la poutre. Chaque articulation est sur la verticale du centre de gravité de son flotteur.

Les lois de l'hydrostatique fournissent des relations de condition entre les réactions S, S', S'' et S''' des flotteurs, qui sont proportionnelles d'une part aux sections des pontons, et d'autre part à leurs distances horizontales à un point fixe, intersection du plan d'eau et de la *ligne de flottaison* des pontons.

D'où :

$$\dfrac{\dfrac{S}{\Omega}-\dfrac{S'}{\Omega'}}{b-a}=\dfrac{\dfrac{S'}{\Omega'}-\dfrac{S''}{\Omega''}}{c-b}=\dfrac{\dfrac{S''}{\Omega''}-\dfrac{S'''}{\Omega'''}}{d-c}$$

Ces .équations expriment tout simplement que les articulations sont en ligne droite, en raison de la rigidité de la poutre, et que l'eau est limitée par une sur-

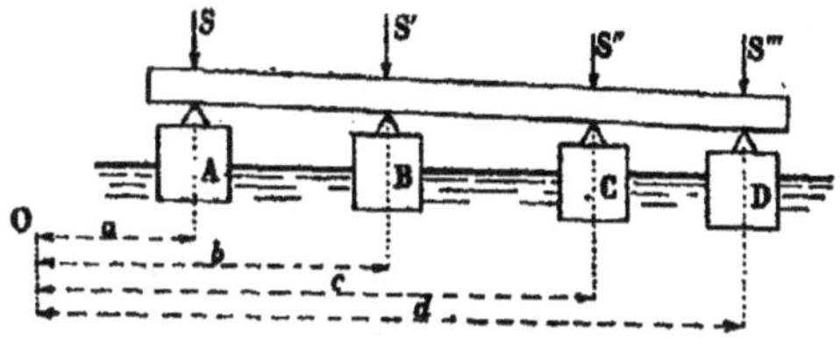

Figure 32.

face plane; d'où il résulte que les écarts entre les enfoncements des pontons successifs sont proportionnels aux distances mutuelles de leurs articulations.

On voit qu'un bateau est une construction isostatique : les équations de l'hydrostatique suffisent en effet pour faire connaître en chaque point de la coque la pression exercée par le liquide, connaissant la résultante de toutes ces pressions, qui est égale et directement opposée au poids de l'embarcation.

Une poutre reposant d'un côté sur un appui fixe simple et portée en outre par une série de flotteurs, est également un système isostatique, *pour toute charge qu'on lui ajoute*. La réaction d'un ponton est en effet proportionnelle à sa section horizontale connue et à la distance horizontale, également connue, de son centre de gravité à l'appui fixe.

Nous pourrions imaginer quantité de problèmes
analogues, relatifs à un ensemble de solides dont les
réactions d'appuis ou les réactions mutuelles seraient
susceptibles d'être calculées par les procédés de la Mécanique rationnelle, et où par suite les poutres seraient
isostatiques. Mais nous croyons inutile de nous étendre
davantage sur ce sujet qui est plutôt du domaine de la
Mécanique Générale (théorie des mécanismes), et nous
nous en tiendrons aux exemples qui précèdent.

———

§ 3. — Calcul algébrique des poutres continues hyperstatiques

A. — Théorèmes généraux

**23. Expressions des moments fléchissants, des efforts
tranchants et des réactions d'appuis, en fonction des
moments fléchissants sur appuis.** — Quand une poutre
continue comporte plus de deux appuis simples ou
plus d'un seul appui double, elle est hyperstatique.
Les équations de l'équilibre statique ne suffisent plus
à elles seules pour fournir les valeurs des réactions
inconnues. Il faut recourir en outre aux formules de la
déformation élastique : on obtient de la sorte pour les
réactions des expressions analytiques renfermant,
comme coefficients numériques des inconnues, des
intégrales définies, sous les signes $\int$ desquelles figurent les moments d'inertie des sections successives
de la poutre. Il est donc nécessaire, pour déterminer
le problème, et rendre possible le calcul de ces coef-

ficients, d'arrêter *a priori* les dimensions transversales de la poutre, avant de procéder à la recherche des forces inconnues. Les moments fléchissants et les efforts tranchants, étant fonctions des réactions d'appuis, dépendent aussi par là même des moments d'inertie.

Le calcul du travail et la recherche de la déformation ne sont plus deux opérations distinctes, susceptibles d'être effectuées successivement ; elles se trouvent liées l'une à l'autre, et doivent être entreprises simultanément.

Les réactions inconnues sont, comme nous l'avons dit précédemment, au nombre de une seule, S, par *appui simple*, et de deux, S et μ, par *appui double*. Nous avons d'ailleurs remarqué qu'il n'y a jamais lieu de supposer l'existence d'un appui double *intermédiaire*, parce qu'en ce cas la poutre à étudier peut toujours être divisée en deux parties successives distinctes, limitées à l'appui double, qui, indépendantes l'une de l'autre, seront étudiées isolément.

En conséquence, si une poutre continue repose sur m appuis, il y en a tout au moins $m-2$ simples, qui sont les appuis intermédiaires ; mais les deux appuis extrêmes peuvent être, suivant les cas, simples ou doubles. On aura donc à déterminer les valeurs de m réactions S inconnues, à raison d'une par appui, et, suivant les circonstances, de 0, 1 ou 2 couples μ seulement, à raison d'un par appui double extrême.

La recherche de ces réactions pourrait s'effectuer directement sans aucune difficulté, en résolvant les équations générales énoncées dans l'article 7. Le problème ainsi envisagé ne présenterait aucune complication théorique. Mais il est plus commode, pour abréger et simplifier les opérations numériques, d'effectuer un changement de variable, en recourant à des inconnues auxiliaires, dont l'introduction permet d'éliminer les réactions d'appuis, et facilite notablement la résolution des équations de condition. Après avoir calculé ces inconnues auxiliaires, on peut d'ailleurs aisément, si on le juge utile, tirer de ces premiers résultats les valeurs des réactions d'appuis.

Les inconnues auxiliaires dont il s'agit sont les moments fléchissants développés dans les sections transversales situées au droit des appuis, que nous appellerons les *moments fléchissants sur appuis*, ou plus simplement les *moments d'appuis*.

Considérons une travée de la poutre, c'est-à-dire une portion comprise entre deux appuis consécutifs A et B. Désignons par les mêmes lettres, A et B, les moments d'appuis de cette travée, et par V_A l'effort tranchant dans la section A.

L'expression analytique du moment fléchissant développé dans une section intermédiaire M, définie par sa distance x' à l'appui de gauche A pris pour origine des abscisses, sera :

$$(1) \qquad X = A + V_A x' - \Sigma_0^{x'} P(x' - u).$$

Pour $x' = l$, cette équation doit donner la valeur du moment B sur le second appui.

D'où :

$$(2) \qquad B = A + V_A l - \Sigma_0^l P(l - u).$$

Éliminons l'effort tranchant d'appuis V_A entre les équations (1) et (2).

Nous trouverons :

$$X = A\left(1 - \frac{x'}{l}\right) + B\frac{x'}{l} + \frac{l - x'}{l}\,\Sigma_o^{x'}\,Pu + \frac{x'}{l}\,\Sigma_{x'}^{l}\,P(l - u).$$

Or les deux derniers termes du second membre sont

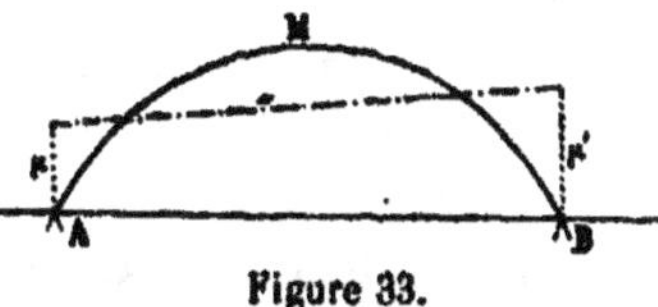

Figure 33.

l'expression analytique du moment fléchissant M qui serait développé dans la section d'abscisse x' par les forces P qui sollicitent la portion de poutre AB, si celle-ci était une *travée indépendante*, simplement appuyée en A et B.

D'où :

$$(3) \qquad X = A\left(1 - \frac{x'}{l}\right) + B\frac{x'}{l} + M.$$

Nous aurions pu d'ailleurs écrire immédiatement cette relation, qui exprime que les épures des moments fléchissants relatifs à la section de poutre continue AB et à la travée indépendante AB, sollicitées par les mêmes charges, ne peuvent différer que par la position de la droite de fermeture, puisque les polygones funiculaires sont nécessairement les mêmes. Cette droite de fermeture coupe les verticales d'appui aux distances représentatives de A et B, moments d'appuis, qui se réduisent à zéro pour la travée indépendante.

Nous obtiendrons l'expression de l'effort tranchant en différenciant la relation (3) :

$$(4)\ \ V = \frac{dX}{dx} = -\frac{A}{l} + \frac{B}{l} + \frac{dM}{dx}\,dx = -\frac{(A - B)}{l} + N.$$

Nous avons déjà désigné par la lettre N l'effort tranchant relatif à la travée AB supposée indépendante.

Considérons maintenant l'appui intermédiaire B,

situé entre les deux travées consécutives AB et BC, dont nous désignerons les ouvertures respectives par l et l' : cet appui B est simple, en vertu d'une remarque précédente.

La réaction S_r exercée par cet appui sur la poutre est égale à l'accroissement subi par l'effort tranchant quand on franchit l'appui. Désignons par V'_s l'effort tranchant développé dans la section transversale située à gauche de B et à une distance infiniment petite de cet appui, par N'_s ce que serait cet effort tranchant si la travée AB était indépendante ; par V_s et N_s les deux efforts tranchants correspondants pour la section située à droite et à une distance infiniment petite de B.

On trouve, en appliquant la relation (4) :

$$V'_s = -\frac{A}{l} + \frac{B}{l} + N'_s ;$$

$$V_s = -\frac{B}{l'} + \frac{C}{l'} + N_s ;$$

$$S_s = V_s - V'_s = \frac{A}{l} - B\left(\frac{1}{l} + \frac{1}{l'}\right) + \frac{C}{l'} + N_s - N'_s.$$

Telle est l'expression analytique de la réaction S_s de l'appui simple intermédiaire, en fonction des moments d'appuis A, B et C relatifs aux deux travées adjacentes, et des réactions $-N'_s$ et $+N_s$ qu'exercerait l'appui sur les deux travées si celles-ci étaient indépendantes.

Supposons à présent que nous ayons affaire à un appui extrême de la poutre, par exemple le premier de gauche, qui sera l'appui A. Il peut se présenter trois cas :

1° Cet appui extrême est simple et supporte l'about de la poutre. Le moment d'appui A est nul, et l'on reconnaît sans difficulté que la réaction S_A a pour expression analytique :

$$S_A = \frac{B}{l} + N_A.$$

N_A est la réaction qu'exercerait cet appui sur la travée indépendante.

2° Supposons que la poutre, au lieu de s'arrêter à l'appui N, se prolonge au delà, et que son extrémité O soit libre.

Le moment d'appui A se calculera en remarquant que la portion de poutre OA est une console :

$$S_A = -\frac{A}{l} + \frac{B}{l} + N_A - N'_A ;$$

3° Enfin admettons que l'appui extrême A de la poutre soit double. Le couple d'encastrement μ sur l'appui est égal et directement opposé au moment d'appui A.

On trouve :

$$S_A = -\frac{A}{l} + \frac{B}{l} + N_A ;$$

$$\mu_A \quad - A.$$

24. Élimination des équations d'équilibre statique. — Introduisons maintenant les expressions analytiques des réactions S de tous les appuis, et des couples d'encastrement μ sur les appuis extrêmes si ceux-ci sont doubles, dans les deux équations universelles d'équilibre statique relatives à la poutre, qui sont, comme on l'a vu précédemment (page 34) (1).

$$\Sigma P - \Sigma S = o;$$
$$\Sigma Pu - \Sigma Sv - \Sigma \mu = o.$$

Nous constaterons que tous les termes renfermant les moments d'appuis A, B, C, etc., se détruisent deux

---

(1) Nous avons effectué ici un changement de signe, pour nous dispenser d'attribuer à P, force descendante, une valeur négative.

à deux, et qu'il ne reste plus en définitive que les termes en N, N' et P.

$$\Sigma P - \Sigma N + \Sigma N' = o ;$$
$$\Sigma Pu - \Sigma Nv + \Sigma N'v' = o.$$

Or ces équations sont nécessairement satisfaites, puisque les réactions $+$ N et $-$ N' des deux appuis d'une travée quelconque de la poutre, considérée comme indépendante, équilibrent les charges directement appliquées à cette travée.

Donc l'ensemble, pour la poutre complète, de toutes les réactions $+$ N et $-$ N' constitue un système faisant équilibre à celui de toutes les forces extérieures P.

Nous en conclurons que si, ayant à faire l'étude des conditions de stabilité d'une poutre continue hyperstatique, on commence par tracer les courbes représentatives des moments fléchissants M et des efforts tranchants N relatifs aux travées successives de la poutre, envisagées comme indépendantes, et si l'on introduit ensuite, comme inconnues auxiliaires, les moments d'appuis de la poutre, on se trouvera dispensé de faire intervenir, dans la suite des recherches, les équations d'équilibre statique de l'ouvrage, parce que ces équations seront nécessairement et identiquement satisfaites, en raison même de la marche suivie dans les opérations.

Les équations d'équilibre statique étant ainsi mises de côté, on devra pouvoir déterminer les valeurs numériques de tous les moments d'appuis inconnus, en se basant sur les relations de condition fournies par les formules de la déformation élastique. Cela fait, on pourra, si on le juge utile, déduire de ces premiers résultats, par les relations énoncées plus haut, les valeurs des réactions d'appui S, et des couples d'encastrement μ des appuis extrêmes (si ceux-ci sont doubles).

25. Transformation des équations de la ligne élastique. Calcul graphique des intégrales définies. — Considérons les formules générales de déformation des poutres droites :

$$\frac{d^2y}{dx^2} = \frac{X}{EI};$$

$$\frac{dy}{dx} - \theta_0 = \int_0^{x'} \frac{X\,dx}{EI}$$

$$y - \theta_0 x' - y_0 = \int_0^{x'} \frac{X\,(x' - x)\,dx}{EI}.$$

Envisageons une travée de poutre continue AB, d'ouverture l, et, prenant pour origine des abscisses l'appui A, appliquons les formules précédentes à l'appui B, en substituant au moment fléchissant X sa valeur connue :

$$A\left(1 - \frac{x}{l}\right) + \frac{Bx}{l} + M.$$

Le déplacement angulaire θ_B aura pour expression :

$$(1) \quad \theta_B - \theta_A = \int_0^l \frac{X\,dx}{EI} = \int_0^l \frac{A\left(1 - \frac{x}{l}\right) + B\frac{x}{l} + M}{EI}\,dx$$

$$= A\int_0^l \frac{(l - x)\,dx}{lEI} + B\int_0^l \frac{x\,dx}{lEI} + \int_0^l \frac{M\,dx}{EI};$$

et le déplacement vertical y_B sera fourni par la relation :

$$(2) \quad y_B - \theta_A l - y_A = \int_0^l \frac{X\,(l - x)\,dx}{EI}$$

$$= \int_0^l \frac{A\,(l - x)^2 + B\,(l - x)\,x + Ml\,(l - x)}{lEI}\,dx$$

$$= A\int_0^l \frac{(l - x)^2\,dx}{lEI} + B\int_0^l \frac{(l - x)\,x}{lEI}\,dx + \int_0^l \frac{M\,(l - x)\,dx}{EI}.$$

En remplaçant dans cette dernière relation — $\theta_A l$ par son expression tirée de l'équation (1), on obtient une relation symétrique de la précédente :

$$(3) \qquad y_A + \theta_B - y_B = \int_0^l \frac{X x \, dx}{EI}$$

$$= B \int_x^l \frac{x^2 dx}{lEI} + A \int_0^l \frac{x \, (l - x) \, dx}{lEI} + \int_0^l \frac{M x \, dx}{EI}.$$

L'énoncé du problème implique généralement que les déplacements y_A et y_B sont nuls, parce que les appuis sont supposés fixes. Mais, pour plus de généralité, nous admettrons que les appuis sont susceptibles de subir des tassements sous l'action des charges qu'ils supportent (*dénivellation des appuis des poutres*), et nous maintiendrons en conséquence les termes y_A et y_B dans les relations qui précèdent.

Telles sont les équations de déformation dont on fera usage pour l'étude des poutres hyperstatiques. Elles renferment, comme coefficients numériques, des intégrales définies qu'il est très facile de calculer par quadrature, si l'on s'est donné tout d'abord les valeurs des moments d'inertie I des sections transversales successives, et si l'on a tracé au préalable les courbes représentatives des moments fléchissants M développés dans la travée AB, considérée comme indépendante.

Il est possible, d'ailleurs, en recourant à la statique graphique, de se procurer par une construction simple les valeurs de ces intégrales définies.

Soit AMB la courbe représentative des M (fig. 34). Considérons ces moments fléchissants comme une charge à répartition continue, et construisons, avec une distance polaire variable EI, le polygone funiculaire *amb* relatif aux forces $M dx$. Menons les *lignes en croix ad* et *bc*, qui sont les tangentes à la courbe funiculaire en ses deux extrémités *a* et *b*, ou, si l'on veut, les pro-

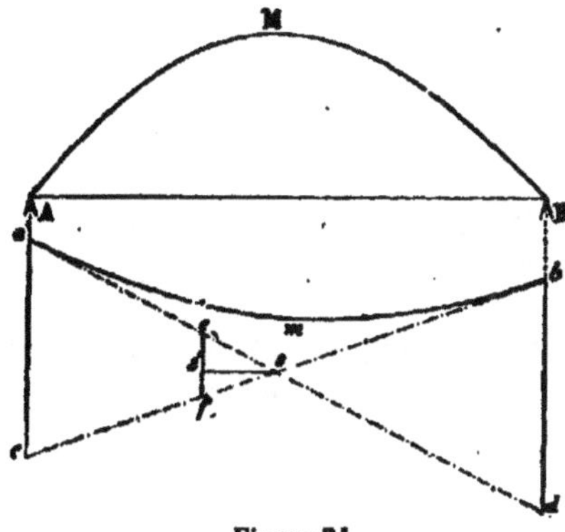

Figure 34.

longements des côtés extrêmes du polygone funiculaire, parallèles au premier et au dernier rayons polaires du polygone dynamique.

Le point *s* de rencontre de ces droites est sur la ligne d'action de la résultante des forces verticales $\frac{Mdx}{EI}$. Les segments *ca* et *db* déterminés sur les verticales des points A et B par les *lignes en croix* représentent, à l'échelle convenue sur la figure, les valeurs numériques des intégrales

$$\int_0^l \frac{Mx\,dx}{EI}$$

et

$$\int_0^l \frac{M\,(l-x)\,dx}{EI},$$

moments statiques des forces $\frac{Mdx}{EI}$ par rapport aux verticales des appuis.

Si l'on trace une verticale à la distance $ss' = 1$ du point *s*, le segment *ef*, intercepté sur cette verticale par les lignes en croix, fournira la valeur numérique de l'intégrale :

$$\int_o^l \frac{Mdx}{EI}.$$

En résumé, l'on a :

$$ef = \int_o^l \frac{Mdx}{EI} \; ; \; ac = \int_o^l \frac{Mxdx}{EI} \; ; \; bd = \int_a^l \frac{M(l-x)\,dx}{EI}.$$

Construisons une épure identique, en remplaçant la courbe des M par la droite oblique A'B dont l'équation est :

$$y = \frac{l-x}{l} \; (\text{fig. 35}).$$

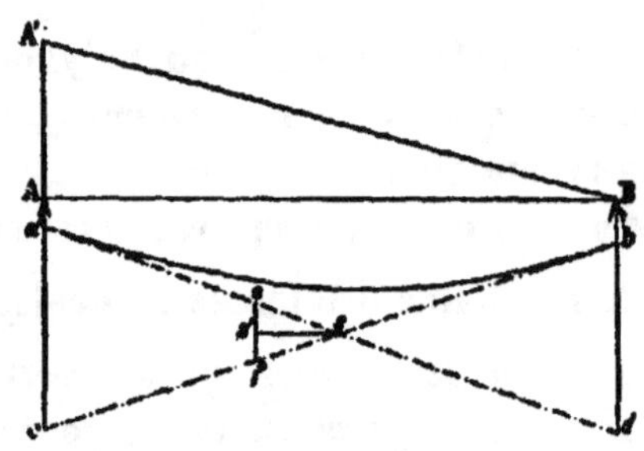

Figure 35.

On trouvera de même, en prenant $ss' = 1$:

$$ef = \int_o^l \frac{l-x}{lEI} \, dx \; ;$$

$$ca' = \int_o^l \frac{(l-x)\,xdx}{lEI} \; ; \; db = \int_o^l \frac{(l-x)^2\,dx}{lEI}.$$

Recommençons la même opération pour la droite oblique AB', dont l'équation est $y = \frac{x}{l}$, et prenons $ss' = 1$ (fig. 36).

Nous trouverons :

$$ef = \int_0^l \frac{x\,dx}{lEI} \; ; \; ca = \int_0^l \frac{(l-x)\,x\,dx}{EI} \; ; \; db' = \int_0^l \frac{x\,dx}{EI}.$$

On voit que le calcul graphique des intégrales définies figurant dans les équations de déformation se

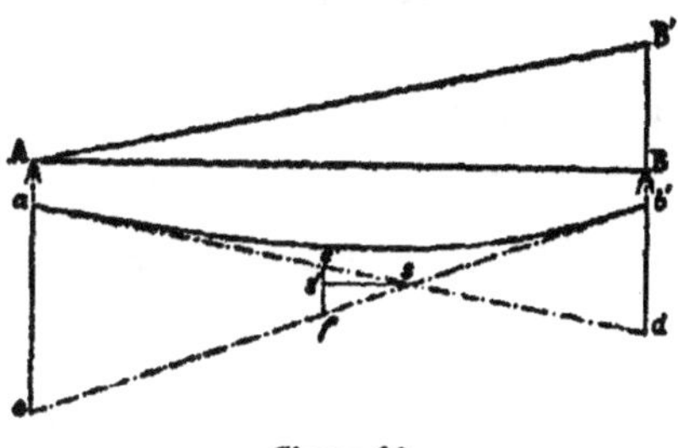

Figure 36.

réduit au tracé de trois polygones funiculaires, à distance polaire variable EI, relatifs aux charges à répartition continue

$$M\,dx \quad , \quad \frac{(l-x)\,dx}{l}$$

et

$$\frac{x}{l}\,dx.$$

On mène les lignes en croix de ces polygones, et on
mesure les segments découpés par elles sur les verticales des deux extrémités du polygone, et sur la verticale située à la distance 1 du point de rencontre de ces
deux lignes.

Poutre à section constante. — Dans le cas particulier
où la poutre est à section constante, on fait sortir du
signe $\int$ la constante EI. Les calculs sont notablement
simplifiés de ce chef, car l'intégration des coefficients

de A et de B dans les trois équations de déformation devient possible.

En ce qui touche les termes en M, le tracé du polygone funiculaire s'effectue avec une distance polaire constante.

Les formules de déformation deviennent alors, après intégration des coefficients de A et de B :

$$(4) \qquad EI\,(\theta_B - \theta_A) = \frac{Al}{2} + \frac{Bl}{2} + \int_0^l M\,dx\,;$$

$$(5) \quad EI\,(y_B - \theta_A l - y_A) = \frac{Al^2}{3} + \frac{Bl^2}{6} + \int_0^l M\,(l - x)\,dx;$$

$$(6) \quad EI\,(y_A + \theta_B l - y_B) = \frac{Al^2}{6} + \frac{Bl^2}{3} + \int_0^l Mx\,dx.$$

L'intégrale $\int_0^l M\,dx$ est l'aire de la surface comprise entre la courbe des M (ligne AMB) et l'horizontale de fermeture AB. Si l'on a déterminé le centre de gravité de cette surface, les termes $\int_0^l M\,(l - x)\,dx$ et $\int_0^l Mx\,dx$ représentent respectivement les moments statiques de la dite surface par rapport aux verticales des appuis B et A ; on obtient leur valeur numérique en multipliant l'aire $\int_0^l M\,dx$ par les distances respectives de son centre de gravité à ces verticales.

Envisageons le cas particulier de la charge uniforme complète, c'est-à-dire couvrant la travée de A en B :

$$M = \frac{px\,(l - x)}{2}.$$

On trouve sans difficulté :

$$\int_0^l M\,dx = \int_0^l \frac{px\,(l-x)\,dx}{2} = \frac{pl^3}{12};$$

$$\int_0^l M\,(l-x)\,dx = \int_0^l Mx\,dx = \frac{pl^3}{12} \times \frac{l}{2} = \frac{pl^4}{24}.$$

Considérons encore le cas d'une charge unique P, appliquée à la distance u de l'origine A.

On a deux expressions différentes de M :

pour $x < u$,

$$M = \frac{P\,(l-u)\,x}{l};$$

pour $x > u$,

$$M = \frac{P\,u\,(l-x)}{l}.$$

D'où :

$$\int_0^l M\,dx = \int_0^u \frac{P\,(l-u)\,x\,dx}{l} + \int_u^l \frac{P\,u\,(l-x)}{l}\,dx = \frac{P\,u\,(l-u)}{2};$$

$$\int_0^l M\,(l-x)\,dx = \int_u^0 \frac{P\,(l-u)\,(l-x)\,x\,dx}{l} + \int_u^l \frac{P\,u\,(l-x)^2\,dx}{l}$$

$$= \frac{P\,u\,(l-u)\,(2l-u)}{6};$$

$$\int_0^l M x\,dx = \frac{P\,u\,(l-u)\,(l+u)}{6}.$$

26. Théorème des trois moments. — Considérons deux travées successives AB et BC, dont les ouvertures respectives soient l et l'.

Nous placerons pour chaque travée l'origine des abscisses sur l'appui de gauche, A pour la première, et B pour la seconde. Enfin, pour éviter toute confusion, nous désignerons par x les abscisses dont l'origine est en A, et par x' les abscisses dont l'origine est en B.

θ_B est le déplacement angulaire de la fibre moyenne au droit de l'appui intermédiaire B : *en raison de la continuité de la poutre*, ce déplacement a même valeur pour l'une et l'autre travées, car la ligne élastique ne peut présenter en B de point anguleux.

Appliquons à la première travée, dont les moments sur appuis sont A et B, l'équation générale de déformation (3) :

$$y_A + \theta_B l - y_B = B \int_0^l \frac{x^2 dx}{lEI} + A \int_0^l \frac{x(l-x)\,dx}{lEI} + \int_0^l \frac{Mx dx}{EI}.$$

Appliquons à la seconde travée, dont les moments sur appuis sont B et C, l'équation (2) :

$$y_C - \theta_B l' - y_B = B \int_0^{l'} \frac{(l'-x')^2 dx'}{l'EI'} + C \int_0^{l'} \frac{x'(l'-x')dx'}{l'EI'}$$
$$+ \int_0^{l'} \frac{M'x' dx'}{EI'}.$$

Eliminons entre ces deux équations le déplacement angulaire θ_B de l'appui commun B :

$$(1)\ \frac{y_A}{l} - y_B \left(\frac{1}{l} + \frac{1}{l'}\right) + \frac{y_C}{l'} = A \int_0^l \frac{x(l-x)\,dx}{l^2 EI} + B \int_0^l \frac{x^2 dx}{l^2 EI}$$
$$+ B \int_0^{l'} \frac{(l'-x')^2 dx'}{l'^2 EI'} + C \int_0^{l'} \frac{x'(l'-x')dx'}{l'^2 EI'} + \int_0^l \frac{Mx dx}{lEI}$$
$$+ \int_0^l \frac{M'(l'-x')\,dx'}{l'EI'}.$$

Cette formule, dite des *trois moments*, sert de base à l'étude des poutres continues hyperstatiques, qu'on appelle aussi les poutres à *travées solidaires*.

Elle est absolument générale, et s'applique à tout ensemble de deux travées consécutives, étant entendu que l'appui intermédiaire commun est obligatoirement simple, en vertu de la remarque déjà rappelée précédemment.

Si l'on admet que les appuis soient rigoureusement fixes, y_A, y_B et y_C sont nuls, et le premier membre de l'équation disparaît :

$$(II) \quad 0 = A \int_0^l \frac{x(l-x)\,dx}{l^2 EI} + B \int_0^l \frac{x^2 dx}{l^2 EI} + B \int_0^{l'} \frac{(l'-x')^2\,dx'}{l'^2 EI'}$$

$$+ C \int_0^{l'} \frac{x'(l'-x')\,dx'}{l'^2 EI'} + \int_0^l \frac{Mx\,dx}{lEI} + \int_0^{l'} \frac{M'(l'-x')\,dx'}{l'EI'} .$$

Si au contraire on laisse de côté l'effet produit par les charges appliquées à la poutre, pour n'envisager que celui dû à la *dénivellation* des appuis, les termes en M et M′ sont supprimés :

$$(III) \quad \frac{y_A}{l} - y_B \left(\frac{1}{l} + \frac{1}{l'} \right) + \frac{y_C}{l'} = A \int_0^l \frac{x(l-x)\,dx}{l^2 EI} + B \int_0^l \frac{x^2 dx}{l^2 EI}$$

$$+ B \int_0^{l'} \frac{(l'-x')^2\,dx'}{l'^2 EI'} + C \int_0^{l'} \frac{x'(l'-x')\,dx'}{l'^2 EI'} .$$

Dans le cas particulier où chaque travée AB et BC est à section constante I ou I′, les formules peuvent être simplifiées :

$$\frac{y_A}{l} - y_B \left(\frac{1}{l} + \frac{1}{l'} \right) + \frac{y_C}{l'} = \frac{Al}{6EI} + B \left(\frac{l}{3EI} + \frac{l'}{3EI'} \right)$$

$$+ \frac{Cl'}{6EI'} + \frac{1}{lEI} \int_0^l Mx\,dx + \frac{1}{l'EI'} \int_0^{l'} M'(l'-x')\,dx.$$

Il arrive le plus souvent qu'on attribue en ce cas aux travées successives la même section transversale (I = I′). Les équations des trois moments deviennent alors, en chassant le dénominateur 6EI :

$$\text{(I)} \quad 6EI\left[\frac{y_A}{l} - y_B\left(\frac{1}{l} + \frac{1}{l'}\right) + \frac{y_B}{l'}\right] = Al + 2B(l + l') + Cl'$$

$$+ \frac{6}{l}\int_0^l Mx\,dx + \frac{6}{l'}\int_0^{l'} M'(l' - x')\,dx ;$$

$$\text{(II)} \quad o = Al + 2B(l + l') + Cl' + \frac{6}{l}\int_0^l Mx\,dx$$

$$+ \frac{6}{l'}\int_0^{l'} M'(l' - x')\,dx' ;$$

$$\text{(III)} \quad 6EI\left[\frac{y_A}{l} - y_B\left(\frac{1}{l} + \frac{1}{l'}\right) + \frac{y_C}{l'}\right] = Al + 2B(l + l') + Cl'.$$

Si l'une des deux travées considérées, par exemple AB, est placée à l'extrémité de la poutre, A étant un des appuis de rive, la formule des trois moments demeure applicable. Mais si l'appui A est simple, le moment correspondant A est nul.

Le moment a une valeur numérique connue, ou facile à calculer immédiatement, si la poutre dépasse cet appui simple en formant console. On doit, en ce cas, considérer le moment A comme une donnée et non plus comme une inconnue du problème, puisqu'il peut être évalué à part par un calcul préalable à toute recherche sur la poutre continue.

Si l'appui extrême A est double, il y a encastrement à l'extrémité de la poutre ; le moment fléchissant A n'est pas nul, et est inconnu *a priori*.

Quant au déplacement angulaire θ_A, il est nul par définition.

Appliquons à la travée AB l'équation de déformation (2), en supprimant θ_A, qui est nul :

$$\text{(IV)} \quad y_B - y_A = A\int_0^l \frac{(l - x)^2\,dx}{lEI} + B\int_0^l \frac{(l - x)\,x\,dx}{lEI}$$

$$+ \int_0^l \frac{M(l - x)\,dx}{EI} ,$$

Dans le cas de la poutre à section constante, cette relation devient :

$$\frac{6EI}{l}(y_{\scriptscriptstyle B} - y_{\scriptscriptstyle A}) = 2Al + Bl + \frac{6}{l}\int_0^l M(l-x)\,dx.$$

Elle sera utilisée pour l'étude de la poutre continue toutes les fois que celle-ci reposera à une de ses extrémités sur un appui double.

27. Travée unique encastrée à une extrémité et appuyée à l'autre. — Soit OL une travée unique, d'ouverture l, reposant sur un appui double O et un appui simple L. Désignons par μ le couple d'encastrement, égal au moment fléchissant sur l'appui O. Le moment sur l'appui simple L est nul.

Calcul du travail. Effets des charges verticales. — Appliquons l'équation (IV) de l'article précédent en supposant nuls les déplacements verticaux des appuis.

$$0 = \mu\int_0^l \frac{(l-x)^2\,dx}{lEI} + \int_0^l \frac{M(l-x)\,dx}{EI}.$$

D'où :

$$\mu = -\frac{\displaystyle\int_0^l \frac{M(l-x)\,dx}{EI}}{\displaystyle\int_0^l \frac{(l-x)^2\,dx}{lEI}}.$$

L'épure des moments fléchissants s'obtiendra en attribuant à la courbe représentative des moments fléchissants M de la travée indépendante, la droite de fermeture $y = -\mu\left(1 - \frac{x}{l}\right)\cdot$

Poutre à section constante. — Dans le cas particu-

lier de la poutre à section constante, l'expression de μ
devient :

$$\mu = -\frac{3}{l^3}\int_0^l M\,(l-x)\,dx.$$

Pour la charge uniformément répartie

$$\left(M = \frac{1}{2}px\,(l-x)\right),$$

on trouve :

$$\mu = -\frac{pl^2}{8}\,.$$

D'où :

$$X = -\frac{pl^2}{8}\left(\frac{l-x}{l}\right) + \frac{1}{2}px\,(l-x) = \frac{1}{8}p\,(l-x)\,(4\,x-l).$$

X, qui s'annule pour $x = \frac{l}{4}$, est négatif dans la région $o < x < \frac{l}{4}$, et positif dans la région $\frac{l}{4} < x < l$.

Son maximum négatif est $-\frac{pl^2}{8}$ pour $x = o$, et son
maximum positif $+\frac{9}{128}pl^2$ pour $x = \frac{5}{8}l$.

$$V = \frac{5}{8}pl - px.$$

Pour $x = o$,

$$V = \frac{5}{8}pl\,;$$

pour $x = \frac{5}{8}l$,

$$V = o\,;$$

pour $x = l$,

$$V = -\frac{3}{8}pl.$$

Considérons à présent une charge isolée unique
P (*u*). On trouve aisément :

$$\mu = - \frac{Pu\,(l-u)\,(2l-u)}{2l^2}.$$

D'où :

pour $x' < u$,

$$(1) \qquad X = \frac{P\,(l-u)}{l}\left[x - \frac{u\,(2l-u)\,(l-x)}{2l^2}\right];$$

$$V = P - \frac{Pu^2\,(3l-u)}{2l^3}.$$

pour $x' > u$,

$$(2) \qquad X = \frac{Pu^2\,(3l-u)}{2l^3}\,(l-x);$$

$$V = - \frac{Pu^2\,(3l-u)}{2l^3}.$$

L'équation (1) montre que X ne peut être négatif que
si l'on a :

$$u > l - \sqrt{l^2 - \frac{2l^2 x}{l-x}}.$$

Pour que le radical du second membre de cette inégalité ne soit pas imaginaire, il est nécessaire que x soit
compris entre o et $\frac{l}{3}$.

Donc le moment fléchissant ne peut être négatif que
dans le premier tiers de la travée, à condition que l'on
ait :

$$u > l - \sqrt{l^2 - \frac{2l^2 x}{l-x}}.$$

Nous en concluons que la charge uniformément répartie incomplète qui donne le moment fléchissant
maximum négatif X″, est celle qui, pour une section

d'abscisse $x < \frac{l}{3}$, c'est-à-dire située dans le premier tiers de la travée à partir de l'encastrement, s'étend sur la région comprise entre les limites

$$l - \sqrt{l^2 - \frac{2l^2 x}{l-x}} \text{ et } l.$$

On trouvera sans difficulté pour expression analytique de ce moment fléchissant négatif maximum :

$$X'' = -\frac{pl^2}{8} \cdot \frac{(l-3x)^2}{l(l-x)}.$$

Le moment fléchissant positif maximum s'obtient avec la charge complémentaire.

Il a pour expression :

$$X' = X - X'' = -\frac{pl^2}{2} \cdot \frac{x(l-2x)}{l(l-x)} + \frac{1}{2}px(l-x).$$

On reconnaîtra de la même façon que les limites extrêmes de l'effort tranchant sont fournies par les relations suivantes,

Région chargée :

$$\text{de } x \text{ à } l : V' = \frac{5}{8}pl\frac{(l-x)^2(5l^2+2lx-x^2)}{5l^4} ;$$

$$\text{de } o \text{ à } x : V'' = -\frac{3}{8}pl\frac{x^2(4l-x)}{3l^4}.$$

Lignes d'influence. — Si l'on considère x comme une constante et u comme une variable indépendante, les équations (1) et (2) représentent les lignes d'influence du moment fléchissant et de l'effort tranchant produits par le poids P.

On voit que ces lignes d'influence ne sont plus des droites ou des lignes brisées, comme dans les poutres isostatiques, mais des courbes : nous avons déjà remarqué qu'il en était nécessairement ainsi pour toutes les poutres hyperstatiques.

Si l'on voulait déterminer par le calcul un certain nombre de lignes d'influence relatives à plusieurs sections choisies, on entreprendrait une besogne longue et laborieuse. Il est plus simple de se borner à tracer la ligne d'influence relative à l'appui double, dont l'équation :

$$\mu = -\frac{\displaystyle\int_{o}^{l} \frac{M\,(l-x)\,dx}{EI}}{\displaystyle\int_{o}^{l} \frac{(l-x)^2\,dx}{lEI}},$$

devient dans le cas de la section constante :

$$\mu = -\frac{Pu\,(l-u)\,(2l-u)}{2l^3}.$$

On déduira ensuite de cette première courbe les ordonnées de la ligne d'influence relative à une section transversale intermédiaire par une construction graphique simple.

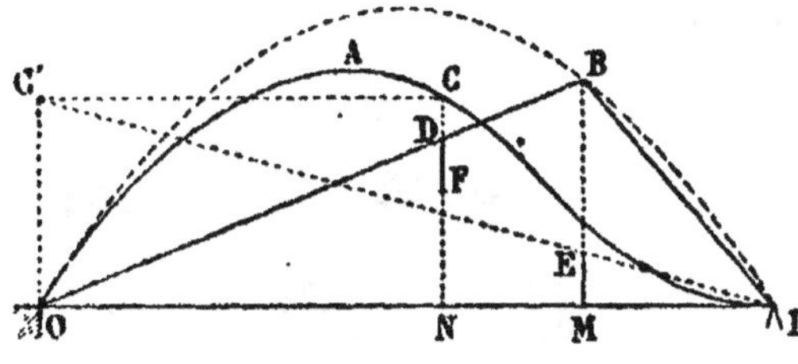

Figure 37.

Soit **OAL** la ligne d'influence de l'appui double O, mais *renversée*, c'est-à-dire tracée avec ordonnées positives, et soit **OBL** la ligne d'influence relative à la section intermédiaire M, *dans l'hypothèse de la travée*

indépendante : on sait que c'est une ligne brisée ins-
crite dans la parabole

$$y = \frac{P x (l - x)}{l},$$

et dont le sommet B est sur la verticale de la section
choisie. Proposons-nous de déterminer l'ordonnée de
la ligne d'influence relative à la section M correspondant à la position N du poids P.

La verticale du point N coupe la courbe OAL en C,
et la ligne brisée OBL en D.

Projetons le point C en C′ sur la verticale de l'appui
double O. Joignons C′L ; cette droite rencontre en E la
verticale BM. Portons sur la verticale DN, à partir de
D et dans la direction de N, la longueur DF égale
à EM.

CN est la longueur représentative (au signe près,
qui a été renversé) du moment de flexion sur l'appui
O, lorsque le poids P est appliqué en N, en vertu même
de la définition de la ligne d'influence OAL de cet
appui.

On a donc :

$$CN = C'O = -\mu ;$$

$$EM = DF = \frac{C'O \times ML}{OL} = -\mu \frac{(l - x)}{l} ;$$

$$DN = \frac{BM \times ON}{OM} = \frac{P u (l - u)}{l} \frac{x}{u} = P \frac{(l - u) x}{l}.$$

D'où :

$$FN = DN - EM = \mu \frac{(l - x)}{l} + P \frac{(l - u) x}{l}.$$

La ligne d'influence de la section transversale M
passe donc en F.

En répétant cette construction, on obtiendra autant de points de cette courbe qu'on le voudra.

Dénivellation des appuis. — Supposons que l'appui double O s'abaisse de la quantité m par rapport à l'appui simple L.

On aura :

$$y_L - y_0 = m,$$

et l'équation (2) de la page 134 deviendra :

$$m = \mu \int_0^l \frac{(l-x)^2 dx}{lEI}.$$

D'où :

$$\mu = \frac{m}{\int_0^l \frac{(l-x)^2 dx}{lEI}}.$$

Le moment fléchissant dû à ce déplacement vertical de l'appui a pour expression générale :

$$X = \mu \frac{(l-x)}{l}.$$

Pour la poutre à section constante, on trouve :

$$\mu = + \frac{3mEI}{l^3}.$$

Supposons que, l'encastrement n'étant pas parfait, la fibre moyenne subisse au droit de l'appui double une déviation angulaire — ι :

On a l'équation :

$$\iota l = \mu \int_0^l \frac{(l-x)^2 dx}{lEI}.$$

D'où :

$$\mu = \frac{\iota l}{\int_0^l \frac{(l-x)^2 dx}{lEI}}.$$

Poutre à section constante :

$$\mu = \frac{3\alpha EI}{l}.$$

Déformation. — L'équation générale de la ligne élastique est :

$$y = \int_0^{x'} \frac{X\,(x' - x)\,dx}{EI}.$$

La droite de fermeture de la courbe funiculaire relative à la charge $\frac{X}{EI}$ est à l'origine O tangente à cette courbe, et la coupe à l'autre extrémité L ($y_0 = o = y_L$; $\theta_0 = o$).

Dans le cas particulier de la poutre à section constante, on peut écrire :

$$EI\,y = \int_0^{x'} X\,(x' - x)\,dx.$$

Si la charge est uniformément répartie, on trouve, en substituant à X son expression algébrique, et intégrant :

$$EIy = \frac{1}{48}\,p x'^2\,(3\,l^2 - 5\,lx' + 2\,x'^2).$$

Pour $x' = \frac{l}{2}$, (milieu de la poutre), la flèche d'abaissement est :

$$f = -\frac{2}{384} \cdot \frac{p l^4}{EI}.$$

Cette flèche au milieu de la poutre est les 2/5 de celle obtenue pour la travée indépendante.

Pour une charge isolée unique P (u), on a les équations suivantes :

$x' < u$:

$$EIy = - \frac{P(l-u)}{l} \cdot \frac{x'^3}{6} + \frac{Pu(l-u)(2l-u)}{2l^3} \left(\frac{l}{2} - \frac{x'}{6}\right) x'^2 ;$$

$x' > u$:

$$EIy = - \frac{P(l-u)}{l} \cdot \frac{u^3}{6} - \frac{Pu}{l}(x'-u)\left(\frac{u^2}{3} + \frac{l(x'-u)}{2} - \frac{lu}{2} - \frac{x'^2}{6}\right)$$
$$+ \frac{Pu(l-u)(2l-u)}{2l^3}\left(\frac{l}{2} - \frac{x'}{6}\right) x'^2.$$

Si l'on regarde x' comme une constante et u comme une variable, ce sont les équations de la ligne d'influence du déplacement vertical.

Poutre d'égale résistance. — Nous avons déjà signalé qu'il peut être utile, pour interpréter les résultats d'épreuves effectuées sur une poutre, de calculer à l'avance la déformation de la poutre considérée comme d'égale résistance, de façon à déduire des déplacements observés la valeur moyenne du travail élastique subi par le métal.

Dans le cas présent, le moment fléchissant X est négatif dans le voisinage de l'encastrement, et positif près de l'appui simple. Désignons par v l'abscisse de la section où X passe zéro, avant de changer de signe.

De o à v, on a :

$$\frac{X}{I} = - \frac{R+R'}{h} ;$$

et de v à l :

$$\frac{X}{I} = + \frac{R+R'}{h}.$$

La condition pour que l'appui L reste fixe est exprimée par la relation :

$$(R+R')\left(-\int_0^v \frac{(l-x)\,dx}{h} + \int_v^l \frac{(l-x)\,dx}{h}\right) = o.$$

Supposons que la poutre soit de hauteur constante : h sort du signe $\int$, et l'on peut intégrer.

L'équation précédente devient alors :

$$\frac{l^2}{2} - 2lv + v^2 = o.$$

D'où :

$$v = l\left(\frac{2 - \sqrt{2}}{2}\right).$$

L'expression du momeut fléchissant, qui s'annule pour $x = v$, devient :

$$X = \frac{1}{2}\, p\,(l - x)\,(x - v).$$

Les équations de la ligne élastique, composées de deux arcs de la même parabole à courbures inverses, sont :

$o < x' < v$:

$$y = -\frac{R + R'}{h}\int_o^x (x' - x)dx = -\frac{(R + R')\,x'^2}{2h};$$

$v < x' < l$:

$$y = -\frac{R + R'}{h}\int_o^v (x' - x)\,dx + \frac{R + R'}{h}\int_v^x (x' - x)\,dx$$

$$= \frac{R + R'}{h}\left(\frac{x'^2}{2} - 2x'v + v^2\right).$$

Pour $x' = \frac{l}{2}$, milieu de la travée, on trouve :

$$f = \frac{R + R'}{h}\left(\frac{l^2}{8} - lv + v^2\right) = -\frac{5 - 4\sqrt{2}}{8}\cdot\frac{(R + R')\,l^2}{h}.$$

Si la hauteur de la poutre est variable, la recherche analytique de l'abscisse v de la section où X passe par zéro, est assez compliquée. Mais on arrive aisément au même résultat par une construction graphique simple.

Traçons la ligne $y = -R + R' \int_0^l \frac{(x'-x)\,dx}{h}$, courbe funiculaire construite avec une charge uniforme $R + R'$, et une distance polaire variable h. C'est la ligne élastique de la console d'égale résistance encastrée en O et libre en L.

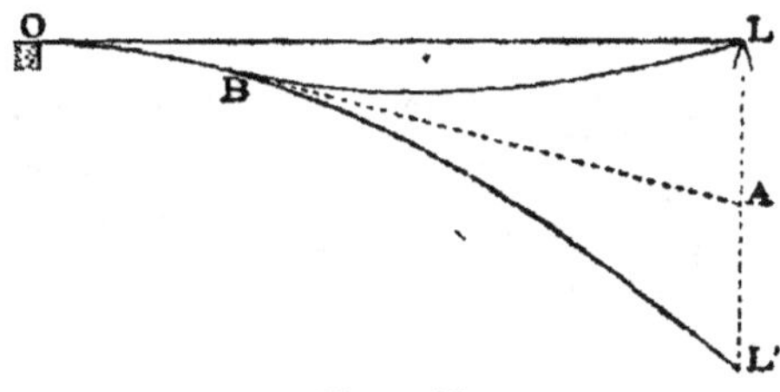

Figure 38.

Menons à cette courbe la tangente AB par le point A, milieu de son ordonnée extrême LL'. Le point de contact B correspond à la section de la poutre encastrée en O et appuyée en L, pour laquelle X passe par zéro.

La ligne élastique de cette poutre est la courbe OBL, dont l'arc BL est défini par la condition que sa distance verticale à l'arc BL' déjà tracé soit divisée en deux parties égales par la tangente BA.

28. Travée unique encastrée à ses deux extrémités. — Considérons une poutre encastrée à ses deux extrémités O et L. Désignons par μ et μ' les couples d'encastrement sur les deux appuis.

Calcul du travail. — Effet des charges verticales. — Supposons nuls les déplacements verticaux des deux appuis y_0 et y_L. Écrivons l'équation (IV) de la page 143, qui exprime que θ_0 est également nul :

$$(1) \quad o = \mu \int_0^l \frac{(l-x)^2\,dx}{lEI} + \mu' \int_0^l \frac{x(l-x)\,dx}{lEI} + \int_0^l \frac{M(l-x)\,dx}{EI}.$$

Nous écrirons ensuite l'équation symétrique, qui exprime que θ_L est nul :

$$(2) \quad o = \mu' \int_0^l \frac{x^2\,dx}{lEI} + \mu \int_0^l \frac{x(l-x)\,dx}{lEI} + \int_0^l \frac{Mx\,dx}{EI}.$$

Ces deux relations nous fournissent les valeurs de μ et μ'.

$$\mu = \frac{\displaystyle\int_0^l \frac{M(l-x)\,dx}{EI} \cdot \int_0^l \frac{x^2\,dx}{lEI} - \int_0^l \frac{Mx\,dx}{EI} \cdot \int_0^l \frac{x(l-x)\,dx}{lEI}}{\displaystyle\int_0^l \frac{(l-x)^2\,dx}{lEI} \cdot \int_0^l \frac{x^2\,dx}{lEI} - \left(\int_0^l \frac{x(l-x)\,dx}{lEI}\right)^2} ;$$

$$\mu' = -\frac{\displaystyle\int_0^l \frac{Mx\,dx}{EI} \cdot \int_0^l \frac{(l-x)^2\,dx}{lEI} - \int_0^l \frac{M(l-x)\,dx}{EI} \cdot \int_0^l \frac{x(l-x)\,dx}{lEI}}{\displaystyle\int_0^l \frac{(l-x)^2\,dx}{lEI} \int_0^l \frac{x^2\,dx}{lEI} - \left(\int_0^l \frac{x(l-x)\,dx}{lEI}\right)^2}.$$

L'expression du moment fléchissant est toujours :

$$X = \mu \frac{(l-x)}{l} + \mu' \frac{x}{l} + M.$$

Poutre à section constante (1) :

(1) On a dans ce cas la condition $\dfrac{\theta_L - \theta_0}{EI} = \int_0^l X\,dx = o$, qui signifie que la surface comprise entre la courbe représentative des moments fléchissants et sa droite de fermeture étant décomposable en une région centrale positive $(X > o)$, située au-dessus de cette droite, et deux régions latérales négatives $(X < o)$, situées au-dessous, l'aire de la première est égale à la somme des aires des deux autres.

Cette remarque est applicable à toutes les poutres continues à section constante limitées à deux appuis extrêmes doubles. Si l'on considère comme positives les surfaces comprises entre chaque courbe des X et sa droite de fermeture quand cette dernière est au-dessous de la courbe, et comme négatives les surfaces remplissant la condition opposée, l'aire totale est nulle.

Pour une poutre à section variable terminée par deux appuis extrêmes

$$\mu = -4 \int_0^l \frac{M(l-x)\,dx}{l^2} + 2 \int_0^l \frac{Mx\,dx}{l^2};$$

$$\mu' = -4 \int_0^l \frac{Mx\,dx}{l^2} + 2 \int_0^l \frac{M(l-x)\,dx}{l^2}.$$

Charge uniformément répartie. $\mu = \mu' = -\dfrac{pl^2}{12}.$

$$X = -\frac{pl^2}{12} + \frac{1}{2}\,px\,(l-x).$$

Le moment fléchissant s'annule pour $x = \dfrac{l}{2}\left(1 \mp \dfrac{1}{\sqrt{3}}\right).$

Il est donc positif dans la région centrale :

$$0{,}2113\,l < x < 0{,}7887\,l,$$

et négatif dans les régions latérales avoisinant les appuis.

Le moment fléchissant au milieu est égal à $+\dfrac{pl^2}{24}.$

. L'expression de l'effort tranchant est :

$$V = \frac{1}{2}\,p\,(l - 2x).$$

Charge isolée unique P (u). On trouve aisément :

$$\mu = -\frac{Pu(l-u)^2}{l^2};$$

$$\mu' = -\frac{Pu^2(l-u)}{l^2}.$$

Pour $u = \dfrac{l}{2}$,

on a :

$$\mu = \mu' = -\frac{Pl}{4}.$$

doubles, cette propriété se retrouve dans les surfaces comprises entre la courbe représentative des $\dfrac{X}{EI}$ et sa droite de fermeture.

Expressions du moment fléchissant et de l'effort tranchant.

$o < x < u$:

$$X = \frac{P(l-u)x}{l} - \frac{Pu(l-u)}{l}\left(\frac{(l-u)(l-x)}{l^3} + \frac{ux}{l}\right);$$

$$V = \frac{P(l-u)}{l} + \frac{Pu(l-u)(l-2u)}{l^3}.$$

$u < x < l$;

$$X = \frac{Pu(l-x)}{l} - \frac{Pu(l-u)}{l}\left(\frac{(l-u)(l-x)}{l} + \frac{ux}{l}\right);$$

$$V = -\frac{Pu}{l} + Pu\frac{(l-u)(l-2u)}{l^3}.$$

En discutant l'expression analytique ci-dessus, on constate que :

1° pour $x < \frac{l}{3}$, X est positif, si $\quad u < l.\frac{x}{l-2x}$,

et négatif, si $\quad u > l.\frac{x}{l-2x}$;

2° pour $x > \frac{2l}{3}$, X est positif, si $\quad u > l.\frac{3x-2l}{2x-l}$,

et négatif, si $\quad u < l.\frac{3x-2l}{2x-l}$;

3° dans le tiers moyen de la travée $\left(\frac{l}{3} < x < \frac{2l}{3}\right)$,

X est toujours positif quel que soit u.

4° V est positif si $u > x$, et négatif si $u < x$.

On en déduira sans difficulté les valeurs maxima positive et négative de X et de V pour le cas d'une surcharge uniforme incomplète disposée de la manière la plus défavorable pour la section considérée :

MOMENT FLÉCHISSANT

Premiers tiers de la travée : $o < x < \frac{l}{3}$.

Maximum négatif	Maximum positif

$$X'' = -\frac{pl(l-3x)^4}{12(l-2x)^3} = -\frac{pl^2}{12}\frac{(l-3x)^4}{l(l-2x)^3} ; \quad X' = -\frac{pl^2}{12} + \frac{1}{2}px(l-x) - X''.$$

Tiers moyen : $\frac{l}{3} < x > \frac{2l}{3}$.

$$X'' = o \quad ; \quad X' = -\frac{pl^2}{12} + \frac{1}{2}px(l-x).$$

Derniers tiers de la travée : $\frac{2l}{3} < x < o$.

$$X'' = -\frac{pl(3x-2l)}{12(2x-l)^3} = -\frac{pl^2}{12}\frac{(3x-2l)}{l(2x-l)^3} ; \quad X' = -\frac{pl^2}{12} + \frac{1}{2}px(l-x) - X''.$$

EFFORT TRANCHANT

Maximum négatif	Maximum positif

$$o < x < l :$$

$$V'' = -\frac{pl}{2} \cdot \frac{x^3(2l-x)}{l^4} \quad ; \quad V' = \frac{pl}{2}\frac{(l-x)^3(l+x)}{l^4}.$$

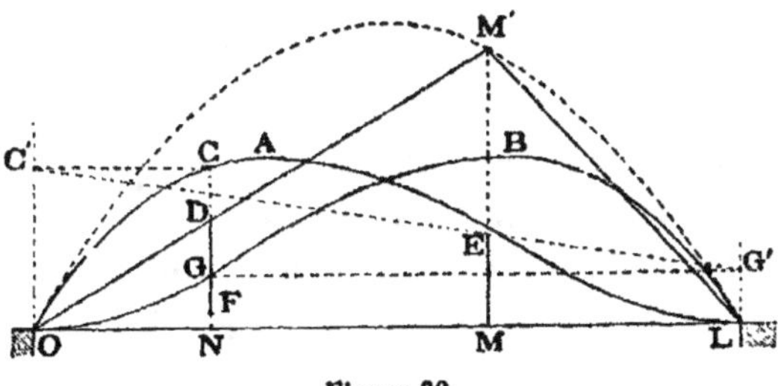

Figure 39.

Ligne d'influence du moment fléchissant. — Traçons les lignes d'influence renversées **OAL** et **OBL**

relatives aux deux appuis. Dans le cas de la section constante, ces lignes ont pour équation :

$$\mu = + \frac{Pu(l-u)^2}{l^2} \quad , \quad \mu' = + \frac{Pu^2(l-u)}{l^2}.$$

Soit M (x') la section transversale considérée, N (u) le point d'application du poids isolé P.

La verticale de N rencontre les courbes OAL et OBL aux points C et G, que nous projetterons respectivement en C' et G' sur les verticales des appuis correspondants. La droite C'G' coupera en E la verticale du point M.

On a :

$$EM = -\mu\left(1 - \frac{x'}{l}\right) - \mu'\frac{x'}{l}.$$

Il suffira donc de retrancher en DF la longueur EM de l'ordonnée DN de la ligne d'influence OM'L, relative à la section M de la travée indépendante : la différence, soit FN, sera la longueur représentative du moment fléchissant cherché :

$$+\mu\left(1 - \frac{x'}{l}\right) + \mu'\frac{x'}{l} + M.$$

Le point F appartiendra ainsi à la ligne d'influence de la poutre encastrée, pour la section M.

Dénivellation des appuis. — Supposons que le premier appui O s'élève de la distance verticale m, par rapport au second appui L. L'équation des trois moments deviendra, puisque M est nul :

$$-m = \mu \int_0^l \frac{(l-x)^2 dx}{IEI} + \mu' \int_0^l \frac{x(l-x)\,dx}{IEI} \; ;$$

$$+m = \mu' \int_0^l \frac{x^2\,dx}{IEI} + \mu' \int_0^l \frac{x(l-x)\,dx}{IEI}.$$

On tirera de ces deux relations les valeurs de μ et μ'. Le moment fléchissant X produit par la dénivellation des appuis sera fourni par l'expression :

$$X = \mu \left(1 - \frac{x}{l}\right) + \mu' \cdot \frac{x}{l}.$$

Dans le cas particulier de la poutre à section constante, on trouve :

$$\mu = -\frac{6m\,EI}{l^3} \quad ; \quad \mu' = -\mu = +\frac{6m\,EI}{l^3} \; ;$$

$$X = -\frac{6m\,EI}{l^3}(l - 2x).$$

Supposons encore que l'appui O se déverse de l'angle $-\varepsilon$ sans déplacement vertical ; il n'y aura qu'à remplacer M par $-\varepsilon l$ dans les relations précédentes. Si la poutre est à section constante, on trouvera :

$$\mu = -\mu' = \frac{6\varepsilon}{l}\,EI.$$

Déformation. — L'équation générale de la ligne élastique est :

$$y = \int_0^{x'} \frac{X\,(x' - x)\,dx}{EI}.$$

La droite de fermeture de la courbe funiculaire de $\frac{X\,dx}{EI}$ lui est tangente à ses deux extrémités O et L.

Poutre à section constante. Charge uniformément répartie complète :

$$EIy = -\frac{px^2}{24}(l - x)^2.$$

Pour $x = \frac{l}{2}$, on trouve : $EIf = -\frac{pl^4}{384}$. La flèche d'abaissement au milieu de la portée est le cinquième de celle trouvée pour la travée indépendante.

Charge isolée unique P (u) :

$x' < u$:

$$Ely = \frac{P(l-u)x'^2}{6l} \cdot \left[x' - \frac{u(l-u)(3l-x')}{h} - \frac{u^2 x'}{l^2} \right];$$

$x' > u$:

$$Ely = \frac{Pu(l-x')^2}{6l} \left[(l-x') - \frac{u(l-u)(2l+x')}{l^2} - \frac{(l-u)^2(l-x')}{l^2} \right].$$

Poutre d'égale résistance. — Le moment fléchissant, négatif sur le premier appui O, s'annule à la distance v inconnue *a priori* ; devient positif, puis s'annule encore à la distance également inconnue w ; enfin redevient négatif dans le voisinage du second appui. Les conditions pour que les deux appuis restent fixes et d'inclinaison invariable sont :

$$-\int_0^v \frac{(l-x)\,dx}{h} + \int_v^w \frac{(l-x)\,dx}{h} - \int_w^l \frac{(l-x)\,dx}{h} = 0 ;$$

$$-\int_0^v \frac{x\,dx}{h} + \int_v^w \frac{x\,dx}{h} - \int_w^l \frac{x\,dx}{h} = 0.$$

Dans le cas particulier de la poutre à section cons-tante, on fera sortir h du signe $\int$ et l'on intégrera sans difficulté :

$$v = \frac{l}{4} \quad , \quad w = \frac{3l}{4}.$$

L'expression du moment fléchissant est :

$$X = -\frac{3}{32} pl^2 + \frac{1}{2} px(l-x).$$

La ligne élastique se compose des trois arcs de para-boles :

$o < x < \frac{l}{4}$:

$$y = -\frac{R + R'}{Eh} \cdot \frac{x}{2} ;$$

$$\frac{l}{4} < x < \frac{3l}{4} :$$

$$y = -\frac{R + R'}{Eh} \cdot \frac{x(l-x)}{2} + \frac{R + R'}{Eh} \cdot \frac{l^2}{16} ;$$

$$\frac{3l}{4} < x < l :$$

$$y = -\frac{R + R'}{Eh} \cdot \frac{(l-x)^2}{2} .$$

La flèche d'abaissement au milieu de la portée est :

$$f = -\frac{1}{16} \cdot \frac{(R + R') l^2}{Eh} .$$

Si la hauteur de la poutre est variable, le problème de la recherche des abscisses v et w des points d'in-

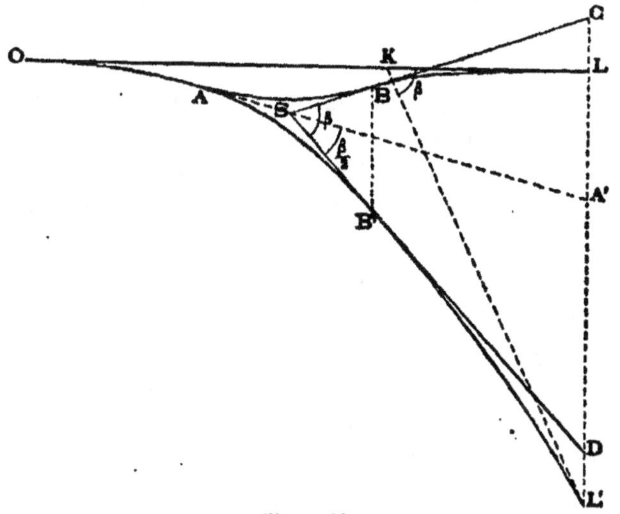

Figure 40.

flexion de la ligne élastique est assez malaisé à résoudre par tâtonnement. On peut toutefois recourir à une solution graphique simple.

On tracera la ligne élastique

$$y = -\frac{R + R'}{E} \int_0^{x'} \frac{(x' - x)\,dx}{Eh},$$

relative à la poutre considérée comme une console encastrée en O et libre en L. Soit OAB'L' cette courbe. Désignons par β l'angle L'KL que fait avec l'horizontale la tangente en L'.

Traçons deux droites CS et SD faisant entre elles cet angle β, et menons la bissectrice AS'A' de l'angle CSD. Faisons glisser les deux droites ASA' et SD de façon qu'elles restent constamment tangentes à la courbe OAB'L'. Il viendra un moment où le segment CL, intercepté par le côté CS sur la verticale de l'appui L et au-dessus de cet appui, sera égal au segment DL' intercepté par le côté SD sur cette même verticale et au-dessus de L'.

Les points de contact A et B des tangentes seront alors sur les verticales des points d'inflexion cherchés.

La ligne élastique de la poutre encastrée se composera des trois arcs OA, AB et BL : les distances verticales des arcs AB' et AB sont partagées en parties égales par la droite AB, et les distances verticales de l'arc BL à sa tangente BC sont égales aux distances verticales de l'arc B'L' à sa tangente B'D.

Si la poutre est symétrique par rapport au milieu de l'ouverture, la construction se trouve simplifiée, parce que le point S est précisément sur la verticale du milieu de la portée ; la tangente ASA' fait avec l'horizontale un angle égal à $\frac{\beta}{4}$.

29. Influence de la forme d'une poutre hyperstatique sur la position de la droite de fermeture de la courbe des

moments fléchissants. — Nous avons déjà signalé que la forme d'une poutre hyperstatique, définie par les moments d'inertie de ses sections transversales successives, influe notablement sur les grandeurs des réactions de ses appuis, et par suite sur les positions des droites de fermeture de l'épure des moments fléchissants.

Il ne sera pas inutile de faire ressortir, à propos de la travée encastrée à ses deux extrémités, l'importance du rôle que joue la forme de la poutre dans les questions de stabilité.

Considérons le cas de la charge uniformément répartie complète, dont la courbe funiculaire est une parabole à axe vertical. Admettons tout d'abord que l'ouvrage soit symétrique par rapport à sa section médiane $\left(x' = \frac{l}{2}\right)$. La droite de fermeture est une horizontale, qui, pour la poutre à section constante, coupe la parabole aux points d'abscisses :

$$u = l\left(\frac{1}{2} - \frac{\sqrt{3}}{6}\right)$$

et

$$v = l\left(\frac{1}{2} + \frac{\sqrt{3}}{6}\right),$$

ou approximativement :

$$u = 0{,}2113\, l,$$

et

$$v = 0{,}7887\, l \text{ (fig. 41, courbe 1).}$$

Avec une poutre d'égale résistance et de hauteur constante, la droite de fermeture se relève légèrement (2), de

$$\frac{3}{32}\, pl^2 - \frac{1}{12}\, pl^2,$$

ou

$$\frac{1}{96}\, pl^2;$$

elle coupe la parabole au quart et aux trois quarts de
l'ouverture.

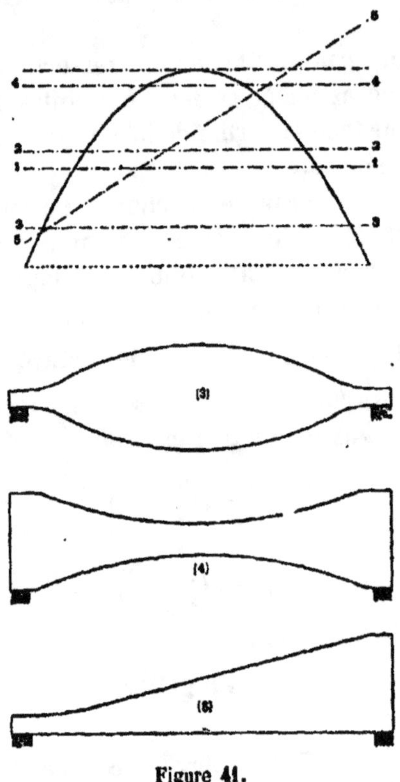

Figure 41.

Admettons à présent que le moment d'inertie, très
faible sur chaque appui, aille en croissant rapidement
jusqu'à un maximum, correspondant au milieu de
l'ouverture (3). L'horizontale de fermeture s'abaissera
et tendra à la limite (si le moment d'inertie s'annule

sur chaque appui) vers la corde de la parabole. L'épure des X se rapprochera ainsi de celle de la travée indépendante : ce cas se présenterait, par exemple, pour un ressort de voiture plat à étages, encastré à chaque extrémité par une seule lame. On peut calculer un ressort de ce genre comme une travée indépendante, malgré l'encastrement de ses abouts, parce que ceux-ci ont une faible rigidité.

Admettons au contraire que le moment d'inertie soit maximum sur chaque appui, et aille en décroissant jusqu'au milieu de la travée (4). La droite de fermeture se relèvera, et tendra vers la tangente au sommet de la parabole. Si l'on admet qu'au milieu de la portée I soit presque nul, l'ouvrage se comportera comme s'il était constitué par deux consoles se faisant vis-à-vis, et reliées par leurs extrémités libres au moyen d'une articulation.

On voit qu'en définitive l'écart entre les droites de fermeture limites que peut comporter une poutre encastrée à ses deux extrémités est précisément égal à la flèche totale de la parabole, soit $\frac{1}{8} pl^2$.

Supposons à présent que la poutre ne soit pas symétrique par rapport à sa section médiane. La droite de fermeture cessera d'être horizontale. Si par exemple le moment d'inertie va en croissant régulièrement d'un appui jusqu'à l'autre (5), la droite de fermeture se rapprochera de la tangente à la parabole menée par l'extrémité où le moment d'inertie est minimum : la poutre se comportera comme une console encastrée à une extrémité et libre à l'autre.

On s'exposerait donc à de graves erreurs en appliquant à des poutres hyperstatiques à section variable, les formules établies pour le cas de la section constante. Cela s'est fait souvent, non sans inconvénient sérieux au point de vue de la rigueur des résultats. Néanmoins cette simplification des calculs est parfois *acceptable*, sans inexactitude flagrante, mais il doit être bien entendu qu'on ne saurait l'admettre qu'après s'être assuré qu'elle ne peut entraîner d'erreur trop grossière.

En principe et d'une manière générale, lorsqu'on augmente le moment d'inertie d'une section transversale déterminée, on déplace par là même la droite de fermeture de la courbe des X, de façon à augmenter la grandeur du moment fléchissant pour la section considérée, quel que soit d'ailleurs le signe de ce moment ; s'il est positif, la droite de fermeture s'abaisse ; s'il est négatif, la droite se relève. En renforçant toutes les sections soumises à des moments de flexion positifs, on détermine forcément un abaissement notable de la droite de fermeture ; réciproquement, en affaiblissant ces sections, on relève la droite. C'est ce que démontre clairement la figure 41.

Il arrive parfois que les effets de sens contraires produits par des renforcements locaux effectués sur différentes sections soumises à des moments de flexion de signes opposés, se font compensation, et que la droite de fermeture conserve à peu près la direction qu'elle aurait pour la poutre à section constante. C'est pour cette raison qu'on peut, sans nuire de façon sérieuse à la précision des résultats, utiliser en certains cas pour une poutre de *hauteur constante*, mais de section variable, l'épure des moments fléchissants établie pour le cas de la section constante : l'écart entre cette épure et l'épure exacte est peu considérable lorsqu'il s'agit d'une travée unique encastrée à une extrémité et appuyée à l'autre, ou bien encastrée à ses deux bouts. Nous verrons plus tard que la même simplification est admissible pour les poutres continues à plusieurs travées dites *symétriques*, lorsque leur hauteur est constante et que la même limite de sécurité a été admise dans toutes les sections de membrures.

B. — Poutre continue a travées solidaires avec section constante

30. Formation de quatre séries numériques. — On donne usuellement le nom de poutre *à travées solidaires* à une poutre continue reposant sur un certain nombre d'appuis simples, dont le premier et le dernier portent ses extrémités. La partie comprise entre deux appuis consécutifs est une *travée* de la poutre.

Nous traiterons d'abord le cas où la section de la poutre est constante d'une extrémité à l'autre.

Désignons par n le nombre des travées, reposant sur $n+1$ appuis : ceux-ci seront numérotés à partir du premier de gauche, désigné par zéro, jusqu'au dernier affecté du chiffre n. Chaque travée sera distinguée par le numéro de son appui de droite, ou second appui : la travée m est comprise entre les appuis $m-1$ et m, dont l'écartement mutuel, ouverture de la travée, est représenté par l_m.

Considérons deux séries, chacune de n nombres, v_1 à v_n, et w_1 à w_n, satisfaisant aux systèmes suivants d'équations simultanées du premier degré, où figurent les ouvertures l des travées successives,

$$(1) \begin{cases} v_1 = 1 \\ 2v_1(l_1 + l_2) + v_2 l_2 = 0 \\ v_1 l_2 + 2v_2(l_2 + l_3) + v_3 l_3 = 0 \\ \cdots \cdots \cdots \cdots \cdots \\ v_{m-2} l_{m-1} + 2v_{m-1}(l_{m-1} + l_m) + v_m l_m = 0 \\ \cdots \cdots \cdots \cdots \cdots \\ v_{n-2} l_{n-1} + 2v_{n-1}(l_{n-1} + l_n) + v_n l_n = 0 \end{cases}$$

$$(2) \begin{cases} w_1 = 1 \\ 2w_1(l_n + l_{n-1}) + w_2 l_{n-1} = 0 \\ w_1 l_{n-1} + 2w_2(l_{n-1} + l_{n-2}) + w_3 l_{n-2} = 0 \\ \cdots \cdots \cdots \cdots \cdots \\ w_{n-m} l_m + 2w_{n-m+1}(l_m + l_{m+1}) + w_{n-m+1} l_{m+1} = 0 \\ \cdots \cdots \cdots \cdots \cdots \\ w_{n-2} l_2 + 2w_{n-1}(l_2 + l_1) + 2w_n l_1 = 0 \end{cases}$$

En partant de la première équation de chaque système, on résoudra toutes les autres, et l'on calculera de la sorte les termes des deux séries numériques.

Considérons deux nouvelles séries de n nombres, β_0 à β_{n-1}, et γ_0 à γ_{n-1}, qui se déduisent des précédentes par les relations :

$$\beta_0 = 0, \quad \beta_1 = \frac{-v_1}{v_2} \ldots, \quad \beta_{m-1} = \frac{-v_{m-1}}{v_m} \ldots, \quad \beta_{n-1} = \frac{-v_{n-1}}{v_n}$$

$$\gamma_0 = 0, \quad \gamma_1 = \frac{-w_1}{w_2} \ldots, \quad \gamma_{n-m} = \frac{-w_{n-m}}{w_{n-m+1}} \ldots, \quad \gamma_{n-1} = \frac{-w_{n-1}}{w_n}$$

En substituant à v et w leurs expressions tirées des équations (1) et (2), on peut d'ailleurs obtenir des relations permettant de calculer directement les nombres β et γ.

$$(3)\begin{cases}\beta_0 = 0 \\[2mm] \beta_1 = \dfrac{1}{2 + 2\,\dfrac{l_1}{l_2}} \\[4mm] \beta_2 = \dfrac{1}{2 + \dfrac{l_2}{l_3}(2 - \beta_1)} \\[4mm] \cdots\cdots\cdots\cdots\cdots\cdots \\[2mm] \beta_{m-1} = \dfrac{1}{2 + \dfrac{l_{m-1}}{l_m}(2 - \beta_{m-2})} \\[4mm] \cdots\cdots\cdots\cdots\cdots\cdots \\[2mm] \beta_{n-1} = \dfrac{1}{2 + \dfrac{l_{n-1}}{l_n}(2 - \beta_{n-2})}\end{cases}$$

$$(4)\begin{cases}\gamma_0 = 0 \\[2mm] \gamma_1 = \dfrac{1}{2 + \dfrac{2 l_n}{l_{n-1}}} \\[4mm] \gamma_2 = \dfrac{1}{2 + \dfrac{l_{n-1}}{l_{n-2}}(2 - \gamma_1)} \\[4mm] \cdots\cdots\cdots\cdots\cdots\cdots \\[2mm] \gamma_{n-m} = \dfrac{1}{2 + \dfrac{l_{m+1}}{l_m}(2 - \gamma_{n-m-1})} \\[4mm] \cdots\cdots\cdots\cdots\cdots\cdots \\[2mm] \gamma_{n-1} = \dfrac{1}{2 + \dfrac{l_2}{l_1}(2 - \gamma_{n-2})}\end{cases}$$

Les deux séries v et w, qui ont chacune pour premier terme l'unité, se composent de termes alternativement positifs et négatifs, le signe $+$ correspondant aux indices impairs ; dans chaque série, les valeurs absolues des nombres successifs croissent plus rapidement que les termes de la progression géométrique 1, 2, 4..., 2^{n-1}.

Les deux séries β et γ, qui ont chacune pour premier terme zéro, se composent de termes tous positifs, et compris entre o et $\frac{1}{2}$.

Nous conviendrons d'admettre que les termes v_m et w_{n-m} correspondent à l'appui m : ce sont le v et le w relatifs à cet appui.

Nous admettrons également que les termes :

$$\beta_{m-1} = -\frac{v_{m-1}}{v_m}$$

et

$$\gamma_{n-m} = -\frac{w_{n-m}}{w_{n-m+1}}$$

correspondent à la travée m, située entre les appuis $m-1$ et m : ce sont le β et le γ relatifs à cette travée.

Pour un appui quelconque m, la quantité v_m est fonction des ouvertures de toutes les travées qui le précèdent (l_1 à l_{m-1}) et de la travée qui le suit (l_m), et indépendante des autres ; de même w_{n-m} est fonction des ouvertures de la travée qui précède l'appui (l_{m-1}) et de toutes celles qui le suivent (l_m à l_n).

Enfin pour la travée m, le coefficient β_{m-1} est fonction des ouvertures de cette travée et des travées précédentes (l_1 à l_m) ; le coefficient γ_{n-m} est fonction des ouvertures de cette travée et des suivantes (l_m à l_n).

Supposons que, sans rien changer aux longueurs des autres travées de la poutre, on fasse varier l'ouverture l_{m-1} de la travée qui précède immédiatement celle considérée m : pour $l_{m-1} = o$, on trouve $\beta_{m-1} = \frac{1}{2}$, et au fur et à mesure que l_{m-1} croît, β_{m-1} décroît progressivement, jusqu'à la limite zéro, quand l_{m-1} tend vers l'infini.

Si de même on fait croître de o jusqu'à l'infini l'ouverture de la travée $m+1$, qui suit immédiatement celle considérée m, on constate que le coefficient γ_{n-m} varie de $\frac{1}{2}$ jusqu'à zéro. Nous en conclurons que le nombre β ou γ est égal à zéro, quand la travée m est simplement appuyée en $m-1$ ou m, et qu'il est égal à $\frac{1}{2}$ quand la travée est encastrée sur l'appui correspondant.

Dans le cas de travées toutes égales :

$$l_1 = l_2 = l_3 = \ldots = l_m = \ldots = l_n,$$

la valeur de β, qui est de 0,25 pour la seconde travée, croît progressivement jusqu'à la limite $2 - \sqrt{3} = 0,26795$, pour $m = \infty$.

Elle varie donc très peu, et l'on peut considérer que chaque travée se comporte comme si elle était *à demi* encastrée sur ses appuis, β étant très voisin de la moyenne des valeurs extrêmes o et $\frac{1}{2}$, qui correspondent à l'appui simple et à l'encastrement parfait.

Supposons que l étant l'ouverture commune de toutes les travées intermédiaires, les travées extérieures ou de rive aient l'une et l'autre une portée égale à $\frac{2\sqrt{3}-3}{4-2\sqrt{3}} l$, ou à peu près $0,87\,l$.

Les coefficients β et γ auront tous pour valeur numérique commune $2 - \sqrt{3}$.

Enfin nous verrons plus tard, en parlant des poutres symétriques, qu'il est pratiquement rationnel d'attribuer dans les poutres à travées solidaires la même ouverture l aux travées intermédiaires, et une ouverture égale à $\frac{4}{5} l$ aux travées extrêmes ou de rives,

Dans ces conditions, le coefficient β_1 est égal à 0,2778, et les termes de la série β vont en décroissant graduellement, et se rapprochant très vite de la valeur limite $2 - \sqrt{3}$ ou 0,26795, sans jamais l'atteindre. Il en est de même pour la série γ.

31. Calcul des moments d'appuis produits par une charge concentrée unique. — Supposons que l'on fasse agir sur la poutre continue une charge concentrée unique P, appliquée en un point de la travée m défini par sa distance u à l'appui de gauche $m - 1$.

Admettons que les appuis soient absolument fixes, et écrivons l'équation des trois moments relative à chacun des groupes de deux travées successives, à partir du premier appui de gauche o (page 143).

Les déplacements verticaux y_0, y_1... y_n étant nuls par définition, et la travée m se trouvant la seule chargée, les équations dont il s'agit ne renfermeront que les termes fonctions des moments d'appuis, sauf pour les deux groupes qui comprennent la travée m, où figureront en outre les termes fonctions de la charge P, qui sont respectivement, ainsi qu'on l'a vu plus haut (page 140) :

$$\frac{6}{l_m} \int_0^{l_m} M\,(l_m - x)\,dx = \frac{Pu}{l_m}(l_m - u)\,(2l_m - u)\,;$$

$$\frac{6}{l_m} \int_0^{l_m} Mx\,dx = \frac{Pu}{l_m}(l_m - u)\,(l_m + u).$$

Nous désignerons chaque moment d'appui par la lettre X, affectée de l'indice de l'appui correspondant.

Les extrémités o et n de la poutre continue étant simplement appuyées, on a :

$$X_0 = 0,$$

et

$$X_n = 0.$$

Nous écrirons ainsi une série de $n-1$ relations entre $n-1$ inconnues, qui sont les moments d'appui X_1, X_2..., X_{n-1}.

NUMÉROS D'ORDRE des équations.	ÉQUATIONS.	NUMÉROS D'ORDRE des deux travées de chaque groupe.	
1	$2X_1(l_1+l_2)+X_2 l_2 = 0$	1	2
2	$X_1 l_2 + 2X_2(l_2+l_3) + X_3 l_3 = 0$	2	3
....	....	....	
$m-2$	$X_{m-3}l_{m-2}+2X_{m-2}(l_{m-2}+l_{m-1})+X_{m-1}l_{m-1}=0$	$m-2$	$m-1$
$m-1$	$X_{m-2}l_{m-1}+2X_{m-1}(l_{m-1}+l_m)+X_m l_m$ $= -\dfrac{Pu}{l_m}(l_m-u)(2l_m-u)$	$m-1$	m
m	$X_{m-1}l_m+2X_m(l_m+l_{m+1})+X_{m+1}l_{m+1}$ $= -\dfrac{Pu}{l_m}(l_m-u)(l_m+u)$	m	$m+1$
$m+1$	$X_m l_{m+1}+2X_{m+1}(l_{m+1}+l_{m+2})+X_{m+2}l_{m+2}=0$	$m+1$	$m+2$
....	....	....	
$n-2$	$X_{n-3}l_{n-2}+2X_{n-2}(l_{n-2}+l_{n-1})+X_{n-1}l_{n-1}=0$	$n-2$	$n-1$
$n-1$	$X_{n-2}l_{n-1}+2X_{n-1}(l_{n-1}+l_n)=0$	$n-1$	n

En remplaçant dans les $m-2$ premières équations de ce tableau, la lettre X_1 par v_1, X_2 par v_2... X_{m-2} par v_{m-2} et X_{m-1} par v_{m-1}, nous retomberons identiquement sur les $m-2$ premières relations de la série (1) de l'article précédent.

En remplaçant dans les $n-m-1$ dernières équations de ce tableau (de $m+1$ à $n-1$), la lettre X_m

par w_{n-m}, X_{m+1} par w_{n-m-1}... X_{n-2} par w_2 et X_{n-1} par w_1, nous retomberons identiquement sur les $n-m-1$ premières relations de la série (2).

Si donc les nombres v et w, β et γ, ont été calculés à l'avance, nous pourrons écrire.

$$X_1 = v_1 X_1$$

$$X_2 = v_2 X_1 = \frac{v_2}{v_1} X_1 = -\frac{X_1}{\beta_1}$$

$$X_3 = v_3 X_1 = \frac{v_3}{v_2} X_2 = -\frac{X_2}{\beta_2}$$

$$\cdots\cdots\cdots\cdots\cdots\cdots$$

$$(a) \begin{cases} X_{m-2} = v_{m-2} X_1 = \dfrac{v_{m-2}}{v_{m-3}} X_{m-1} = -\dfrac{X_{m-3}}{\beta_{m-3}} \\[2ex] X_{m-1} = v_{m-1} X_1 = \dfrac{v_{m-1}}{v_{m-2}} X_{m-2} = -\dfrac{X_{m-2}}{\beta_{m-2}} \end{cases}$$

$$\cdots\cdots\cdots\cdots\cdots\cdots$$

$$(b) \begin{cases} X_m = w_{n-m} X_{n-1} = \dfrac{w_{n-m}}{w_{n-m-1}} X_{m+1} = -\dfrac{X_{m+1}}{\gamma_{n-m-1}} \\[2ex] X_{m+1} = w_{n-m-1} X_{n-1} = \dfrac{w_{n-m-1}}{w_{n-m-2}} X_{m+2} = -\dfrac{X_{m+2}}{\gamma_{n-m-2}} \end{cases}$$

$$\cdots\cdots\cdots\cdots\cdots\cdots$$

$$X_{n-3} = w_3 X_{n-1} = \frac{w_3}{w_2} X_{n-2} = -\frac{X_{n-2}}{\gamma_2}$$

$$X_{n-2} = w_2 X_{n-1} = \frac{w_2}{w_1} X_{n-1} = -\frac{X_{n-1}}{\gamma_1}$$

$$X_{n-1} = w_1 X_{n-1}$$

Substituons à X_{m-2} et X_{m+1} leurs expressions en fonction de X_{m-1} et X_m, qui sont $-\beta_{m-2} X_{m-1}$ et $-\gamma_{n-m-1} X_m$, dans les équations portant les numéros d'ordre $m-1$ et m du tableau précédent.

Ces équations deviennent :

$$(m-1) \quad \begin{aligned} X_{m-1} (-\beta_{m-2} l_{m-1} &+ 2l_{m-1} + 2l_m) + X_m l_m \\ &= -\frac{Pu}{l_m}(l_m - u)(2l_m - u); \end{aligned}$$

$$(m) \quad \begin{aligned} X_{m-1}\, l_m + X_m\,(2l_m + 2l_{m+1} - \gamma_{n-m-1}\, l_{m+1}) \\ = -\frac{Pu}{l_m}\,(l_m - u)\,(l_m + u). \end{aligned}$$

Or, en nous reportant aux séries (3) et (4) de la page 170, nous constatons que :

$$-\beta_{m-2}\, l_{m-1} + 2l_{m-1} + 2l_m = \frac{l_m}{\beta_{m-1}}\,;$$

$$2l_m + 2l_{m+1} - \gamma_{n-m-1}\, l_{m+1} = \frac{l_m}{\gamma_{n-m}}\,.$$

Cela nous permet de simplifier les équations $m-1$ et m, et de les écrire sous la forme définitive :

$$X_{m-1}\,\frac{l_m}{\beta_{m-1}} + X_m\, l_m = -\frac{Pu}{l_m}\,(l_m - u)\,(2l_m - u)\,;$$

$$X_{m-1}\, l_m + X_m\,\frac{l_m}{\gamma_{n-m}} = -\frac{Pu}{l_m}\,(l_m - u)\,(l_m + u).$$

D'où nous tirons les valeurs des moments d'appui X_{m-1} et X_m :

$$X_{m-1} = -\frac{Pu\,(l_m - u)}{l_m}\,\beta_{m-1}\cdot\frac{2l_m - u - (l_m + u)\,\gamma_{n-m}}{l_m - l_m\,\beta_{m-1}\,\gamma_{n-m}}\,;$$

$$X_m = -\frac{Pu\,(l_m - u)}{l_m}\,\gamma_{n-m}\cdot\frac{l_m + u - (2l_m - u)\,\beta_{m-1}}{l_m - l_m\,\beta_{m-1}\,\gamma_{n-m}}\,.$$

Nous pouvons simplifier ces formules en supprimant les indices, qui sont inutiles, étant donné que β_{m-1}, γ_{n-m} et l_m sont les β, γ et l relatifs à la travée m considérée, ce qui écarte toute possibilité d'erreur :

$$X_{m-1} = -Pu\left(1 - \frac{u}{l}\right)\beta\cdot\frac{2 - \dfrac{u}{l} - \left(1 + \dfrac{u}{l}\right)\gamma}{1 - \beta\gamma}\,;$$

$$X_m = -Pu\left(1 - \frac{u}{l}\right)\gamma\cdot\frac{1 + \dfrac{u}{l} - \left(2 - \dfrac{u}{l}\right)\beta}{1 - \beta\gamma}\,.$$

β et γ étant toujours positifs et compris entre o et $\frac{1}{2}$, on en concluera que les moments d'appui X_{m-1} et X_m de la travée chargée sont négatifs, quelles que soient les données du problème.

En posant :

$$\beta = \frac{1}{2}, \ \gamma = o,$$

on trouve :

$$X_{m-1} = -\frac{Pu\,(l-u)\,(2l-u)}{2l^2}, \ X_m = o\ ;$$

résultats déjà obtenus directement (page 146) pour la travée unique encastrée sur le premier appui, et simplement appuyée sur le second.

En posant :

$$\beta = \frac{1}{2}, \ \gamma = \frac{1}{2},$$

on trouve :

$$X_{m-1} = -\frac{Pu\,(l-u)^2}{l^2},$$

$$X_m = -\frac{Pu^2\,(l-u)}{l^2}\ ;$$

résultats déjà obtenus directement (page 156) pour la travée encastrée sur ses deux appuis.

En posant :

$$\beta = \gamma = 2 - \sqrt{3} = 0,26795,$$

$$X_{m-1} = -\frac{Pu\,(l-u)}{2l^2}\,(1 - 0,732\,u)\ ;$$

$$X_m = -\frac{Pu\,(l-u)}{2l^2}\,(0,268 + 0,732\,u).$$

Ce sont les moments d'appui pour une travée précédée et suivie d'un nombre infini de travées égales.

Ayant ainsi calculé les deux moments d'appui X_{m-1} et X_m, il sera facile d'en déduire tous les autres, à l'aide des relations suivantes, qui permettent d'effectuer les calculs de proche en proche en partant des appuis m et $m-1$, et marchant vers les extrémités.

$$X_{m-2} = -\beta_{m-2} X_{m-1} \qquad\qquad X_{m+1} = -\gamma_{n-m-1} X_m$$

$$X_{m-3} = -\beta_{m-3} X_{m-2} \qquad\qquad X_{m+2} = -\gamma_{n-m-2} X_{m+1}$$

$$\cdots\cdots\cdots\cdots\qquad\qquad\cdots\cdots\cdots\cdots$$

$$X_1 = -\beta_1 X_2 \qquad\qquad\qquad X_{n-1} = -\gamma_1 X_{n-2}$$

Les moments d'appui sont alternativement négatifs et positifs, et la valeur absolue de chacun d'eux est inférieure à la moitié de celle du moment de l'appui voisin plus rapproché du point d'application de la charge P.

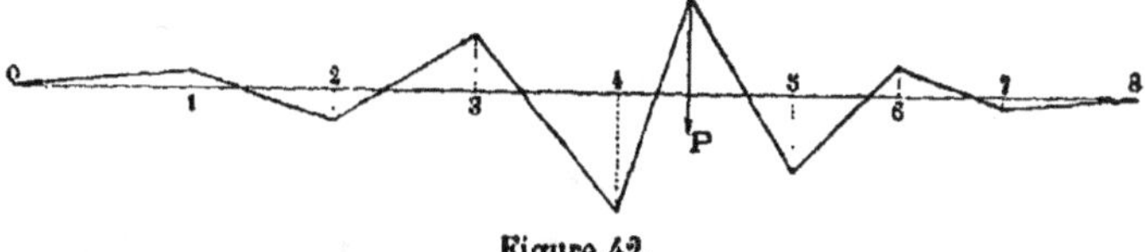

Figure 42.

La figure 42, qui est la représentation graphique des moments produits par une charge isolée, rendra plus clair notre exposé : nous avons pris comme exemple une poutre à huit travées, où le poids P est appliqué en un point de la cinquième.

32. Moments fléchissants produits par une charge concentrée unique dans l'une des travées non chargées. — Considérons la travée du numéro k, située entre les appuis $k-1$ et k. Puisqu'elle n'est pas chargée, le moment fléchissant M, qui figure dans l'expression analytique de X, est nul.

D'où :

$$X = X_{k-1}\left(1 - \frac{x}{l}\right) + X_k\,\frac{x}{l}.$$

C'est l'équation de la droite qui réunit les extrémités des ordonnées représentatives des moments d'appui X_{k-1} et X_k.

Si la charge unique P est appliquée en un point quelconque de l'une des travées placées à droite de la travée k considérée, on a :

$$X_{k-1} = -\,\beta X_k,$$

et la droite représentative des X coupe l'horizontale de fermeture en un point F, dont l'abscisse par rapport à l'appui de gauche $k-1$ est :

$$a = \frac{\beta}{1+\beta}\,l.$$

Ce résultat est indépendant du signe de X_k, et par conséquent du numéro d'ordre de la travée chargée, ainsi que de l'abscisse u dans cette travée et de la grandeur P de la charge.

Supposons que le poids P se déplace en partant de l'appui k et se dirige vers l'appui n.

La droite représentative du moment fléchissant dans la travée k oscillera autour du point fixe F.

Chaque fois que le poids P franchira un appui, la droite deviendra horizontale, et les moments X_k et X_{k-1} changeront de signes après avoir passé par zéro. Les signes de ces moments resteront d'ailleurs les mêmes pour toutes les positions occupées par le poids P dans une même travée.

X_k est négatif et X_{k-1} positif quand le numéro

d'ordre m de la travée chargée excède k d'un nombre impair :

$$m = k + 2h + 1.$$

Les signes sont renversés si cette différence est un nombre pair :

$$m = k + 2h.$$

Nous appellerons *premier foyer* ou *foyer de gauche* de la travée k, ce point remarquable F, dont l'abscisse est :

$$a = \frac{\beta}{1 + \beta} l.$$

Le coefficient numérique β étant toujours compris entre o et $\frac{1}{2}$, l'abscisse a est nécessairement plus petite que $\frac{l}{3}$.

Si la charge P est appliquée sur une travée située à gauche de l'appui $k - 1$, on a :

$$X_k = -\gamma X_{k-1}.$$

La courbe représentative des X est une droite passant par un autre point fixe F', *second foyer* ou *foyer de droite* de la travée k, qui jouit des mêmes propriétés que le premier foyer F pour toute charge appliquée à gauche de l'appui $k - 1$.

L'abscisse de ce foyer est :

$$a' = l \left(1 - \frac{\gamma}{1 + \gamma} \right).$$

Elle est toujours plus grande que $\frac{2}{3} l$.

X_{k-1} est négatif et X_k positif quand le numéro de la travée chargée est inférieur à k d'un nombre impair :

$$m = k - 2h - 1.$$

Les signes sont renversés quand la différence est un
nombre pair :

$$m = k - 2h.$$

La figure 43 résume les résultats que nous venons
d'exposer, et indique l'orientation de la droite repré-

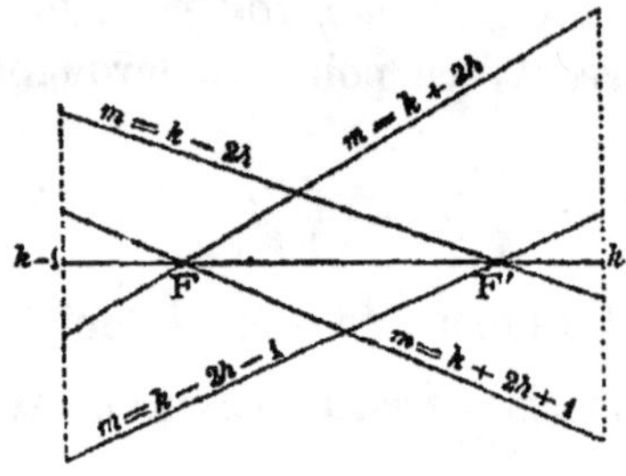

Figure 43.

sentative des moments fléchissants dans les différentes
hypothèses qu'on peut faire sur le rang de la travée
chargée.

Si l'on a calculé à l'avance les abscisses a et a' des
foyers de chaque travée, qui dépendent exclusivement
des ouvertures l_1, l_2... des travées successives de la
poutre, et non de la position du poids P; puis que l'on
ait déterminé les moments fléchissants d'appuis de la
travée chargée m, on pourra se procurer, graphiquement et sans nouveau calcul, tous les autres moments
d'appuis, ainsi que les droites représentatives des X
dans les travées non chargées, en traçant à partir des
sommets d'appui X_{m-1} et X_m deux lignes brisées, aboutissant aux appuis extrêmes, ayant leurs sommets sur
les appuis intermédiaires, et passant par les premiers
foyers des travées dont le numéro d'ordre est plus
petit que m, et par les seconds foyers des travées dont

le numéro est supérieur à m. La figure 42 indique le résultat de cette construction.

Dans la première travée, on a :

$$\beta_0 = o ;$$

D'où :

$$a = o.$$

Le premier foyer coïncide avec l'appui o.

L'abscisse du second foyer a'_1 a l'expression habituelle :

$$a'_1 = l_1 \left(1 - \frac{\gamma_n - 1}{1 + \gamma_n - 1} \right).$$

De même pour la dernière travée, l'abscisse du premier foyer est :

$$a_n = l_n \frac{\beta_n - 1}{1 + \beta_n - 1}.$$

Comme $\gamma_n = o$, on a d'autre part :

$$a'_n = l_n.$$

Le second foyer coïncide avec l'appui extrême n.

Nous verrons plus tard que dans certains cas la considération des foyers des travées extrêmes peut rendre des services, bien que dans le tracé de la figure 42 on ne les fasse pas intervenir.

33. Moments fléchissants produits dans la travée chargée par un poids unique. — Nous avons déjà énoncé les expressions analytiques des moments d'appuis de la travée chargée.

$$X_{m-1} = - \frac{Pu(l-u)}{l^2} \beta . \frac{2l - u - (l+u)\gamma}{1 - \beta\gamma} ;$$

$$X_m = - \frac{Pu(l-u)}{l^2} \gamma . \frac{l+u-(2l-u)\beta}{1 - \beta\gamma}.$$

On peut d'ailleurs, si on le juge plus commode, exprimer ces moments en fonction des abscisses a et a'
des deux foyers de la travée. On trouve sans difficulté,
en partant des relations :

$$\beta = \frac{a}{l-a} \quad \text{et} \quad \gamma = \frac{l-a'}{a'}$$

$$X_{m-1} = -\frac{Pu(l-u)}{l^3}\, a . \frac{(2l-u)\,a' - (l+u)(l-a')}{a'-a} ;$$

$$X_m = -\frac{Pu(l-u)}{l^3}\,(l-a') . \frac{(l+u)(l-a) - (2l-u)\,a}{a'-a} .$$

Les moments fléchissants à l'intérieur de la travée
sont fournis par les deux relations suivantes, applicables l'une à la région située à gauche du point d'application de la charge P, et l'autre à la région située à
droite :

$x < u,$

$$X = \frac{P(l-u)x}{l} + X_{m-1}\frac{(l-x)}{l} + X_m\frac{x}{l} ;$$

$x > u,$

$$X = \frac{Pu(l-x)}{l} + X_{m-1}\frac{(l-x)}{l} + X_m\frac{a}{l} .$$

La ligne représentative des X comprend deux
droites, dont le sommet commun est sur la ligne d'action du poids P, et qui coupent les verticales des appuis aux distances représentatives des valeurs de X_{m-1}
et X_m.

Désignons par b et b' les abscisses des points B et B'
de rencontre de ces droites et de l'horizontale de fermeture de l'épure, qui indiquent les sections transversales où le moment fléchissant s'annule. On calculera
les abscisses b et b' en égalant à zéro les deux expressions analytiques de X. On constate facilement que b

et b' sont toujours réels, que b est nécessairement plus petit que l'abscisse a du premier foyer, et que b' est plus grand que l'abscisse a' du second foyer.

En conséquence les points B et B' sont situés chacun entre un appui et le foyer le plus voisin (1).

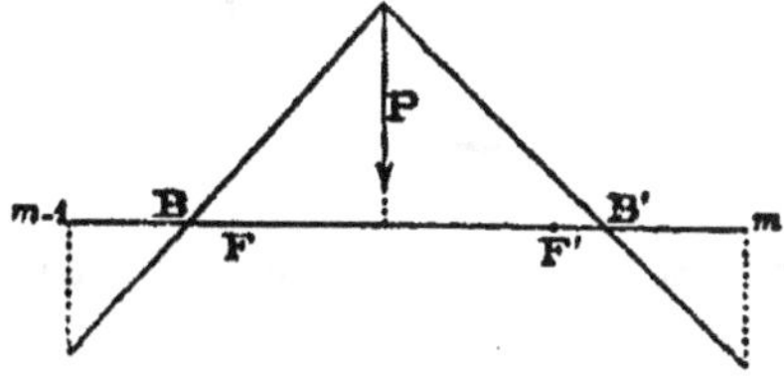

Figure 44.

Quand le poids P, supposé mobile, se déplace à partir du premier appui jusqu'au second, le point B se déplace en même temps de $m - 1$ à F, et le point B' de F' à m. Dans la région FF' comprise entre les deux foyers F et F', le moment fléchissant X est toujours positif, quelle que soit la position du poids mobile.

34. Moments fléchissants produits par la charge uniforme complète d'une seule travée. — Pour la charge uniforme complète, on sait que les valeurs des intégrales fonctions du moment $M = \frac{1}{2}px\,(l - x)$, sont :

$$\int_{o}^{l} M\,(l - x)\,dx = \int_{o}^{l} Mx\,dx = \frac{1}{24}pl^{\,4}.$$

Pour substituer dans la travée m à la charge isolée

(1) L'expression analytique de b est :

$$b = au\;\frac{(2l - u)\,a' - (l + u)\,(l - a')}{l\,(a' - a) + (2l - u)\,au - (l + u)\,(l - a')\,u}.$$

On obtiendrait celle de b' en remplaçant :

b par $l - b'$, a par $l - a'$, a' par $l - a$, et u par $l - u$.

P la charge uniforme complète pl_m, nous n'avons qu'à remplacer dans le second membre de chacune des équations $m - 1$ et m du tableau de la page 174.

$$-Pu\,(l_m - u)\,(2l_m - u)$$

et

$$-Pu\,(l_m - u)\,(l_m + u),$$

par

$$-\tfrac{1}{4}pl^2_m.$$

En appliquant la même méthode de résolution aux équations de ce tableau, on trouvera sans difficulté :

$$X_{m-1} = -\tfrac{1}{4}pl^2\frac{\beta\,(1-\gamma)}{1-\beta\gamma} = -\tfrac{1}{4}pl\frac{a\,(2a'-l)}{a'-a},$$

$$X_m \quad = -\tfrac{1}{4}pl^2\frac{\gamma\,(1-\beta)}{1-\beta\gamma} = -\tfrac{1}{4}pl\frac{(l-a')\,(l-2a)}{a'-a},$$

étant bien entendu que l'ouverture l, les coefficients β et γ, et les abscisses a et a' des foyers se rapportent à la trav' m considérée. Ce sont :

$$l_m,\ \beta_m - ,\ \text{et}\ \gamma_{n-m},\ a_m\ \text{et}\ a'_m.$$

Les deux moments d'appui sont toujours négatifs. La courbe représentative des X, qui est la parabole

$$X = X_{m-1}\left(1 - \tfrac{x}{l}\right) + X_m\tfrac{x}{l} + \tfrac{1}{2}px\,(l-x),$$

coupe l'axe des x en deux points C et C', dont les abscisses c et c' sont les racines de l'équation : $X = o$. On reconnaît sans difficulté, sachant que β et γ sont compris entre o et $\tfrac{1}{2}$, que c et c' sont toujours réels et positifs, et que l'on a nécessairement :

$$c < \tfrac{3}{4}\,a,\ \text{et}\ l - c' > \frac{3\,(l-a')}{4};$$

ou $$m-1C < 3CF,$$

et $$C'm < 3C'F' \text{ (fig. 45).}$$

En ce qui touche les moments d'appuis des travées non chargées, on les obtiendra par la construction géomé-

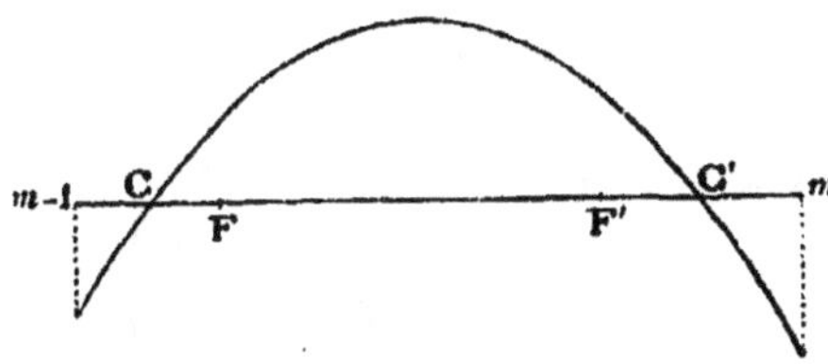

Figure 45.

trique déjà indiquée pour le cas de la charge unique P, en partant des valeurs trouvées pour $X_m - {}_1$ et X_m (fig. 46).

En posant, dans les expressions des moments d'appui, $\beta = \gamma = \frac{1}{2}$, on retombe sur les résultats déjà

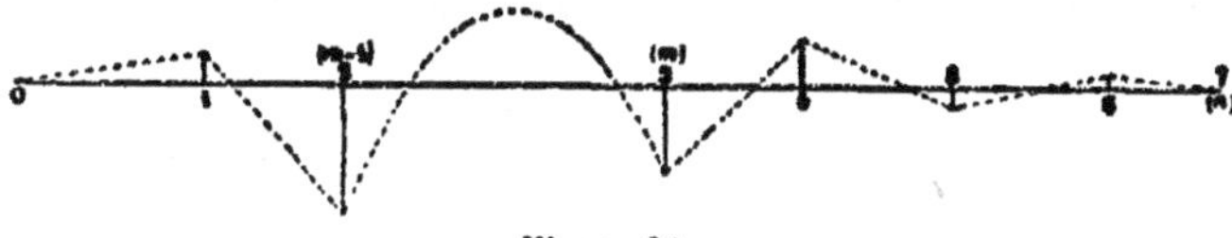

Figure 46.

obtenus pour la travée unique encastrée sur ses deux appuis ; en posant $\beta = \frac{1}{2}$ et $\gamma = o$, on retrouve le moment d'encastrement de la travée encastrée sur son premier appui et appuyée sur le second.

Pour une travée précédée et suivie d'un nombre infini de travées égales, on a :

$$\beta = \gamma = 2 - \sqrt{3}, \text{ et } X_m - {}_1 = X_m = -0,633. \frac{1}{12} pl.$$

35. Moments fléchissants maxima produits par la surcharge uniforme incomplète d'une seule travée. — Nous savons déjà :

1° Qu'un poids quelconque appliqué sur la travée détermine dans les deux sections d'appui des moments fléchissants négatifs, quelle que soit sa position. Donc les maxima de X_{m-1} et X_m sont négatifs, et correspondent à la charge uniforme complète de $m-1$ à m.

2° Qu'un poids quelconque détermine toujours un moment fléchissant positif dans la région interfocale FF'. Donc le moment fléchissant est toujours positif dans cette région, et son maximum correspond encore à la charge complète.

Pour obtenir la valeur du moment fléchissant maximum négatif dû à la surcharge uniforme incomplète dans la section M (x') située dans la première région $m-1$ F de la travée, on devra opérer comme il suit :

1° Calculer l'abscisse u' à attribuer au poids isolé P pour que le moment fléchissant déterminé en M (x') soit nul, à l'aide de la formule indiquée à la page 184 :

$$x' = au' \cdot \frac{(2l - u')\,a' - (l + u')(l - a')}{l^2(a' - a) + (2l - u')\,au' - (l + u')(l - a')\,u'}$$

Cette équation, à résoudre par rapport à u', ne comporte qu'une seule racine admissible, c'est-à-dire comprise entre o et l.

Le produit des deux racines est en effet égal à l^2 : l'une d'elles, plus grande que l, doit être écartée.

2° Évaluer le moment fléchissant développé en M par la surcharge régnant sur toute la partie de travée comprise entre les abscisses u' et l. Cette recherche s'effectuera en substituant à P l'élément de charge uniforme $p\,du$ et effectuant l'intégrale définie :

$$X = \int_{u'}^{l} \Bigg\{ x' - \frac{u(l-x)}{l'(a'-a)}\Big[aa'(2l-u) - a(l-a')(l+u)\Big]$$

$$- \frac{ux'}{l'(a'-a)}\Big((l-a')(l-a)(l+u) - a(l-a')(2l-u)\Big) \Bigg\}$$

$$\frac{p(l-u)}{l}\, du.$$

Ces calculs ne présentent aucune difficulté théorique, mais ils sont très laborieux et conduisent à des formules tellemen^ compliquées qu'elles seraient inutilisables dans la pratique.

En vertu de considérations qu'il nous paraît superflu de développer ici, nous proposerons de s'en tenir à une règle *empirique*, d'un emploi facile, qui donnera en toute circonstance des résultats suffisamment voisins de la réalité, l'erreur commise étant toujours *par excès* et négligeable au point de vue des applications.

Nous nous bornerons à énoncer les formules servant au calcul approximatif de X′ et X″.

La parabole ASB, correspondant à la charge uniforme complète ayant pour équation :

$$X = X_m - {}_1\Big(1 - \frac{x}{l} \Big) + X_m \frac{x}{l} + \tfrac{1}{2} p.r\,(l-x),$$

les expressions analytiques du moment fléchissant maximum négatif X″ seront (fig. 47) :

Pour la première région focale $m - 1\,F$ (courbe AF) :

$$o < x < a,$$

$$X'' = X_{m-1}\,\frac{\Big(1 - \dfrac{x}{a} \Big)^2}{1 - \dfrac{a+a'-l}{2a'-l} \cdot \dfrac{x}{a}}\,;$$

pour la région interfocale FF′ :

$$a' < x < a \quad , \quad X'' = o\,;$$

pour la seconde région focale F'm (courbe F'B) :

$$a' < x < l,$$

$$X'' = X_m \frac{\left(1 - \frac{l-x}{l-a'}\right)^2}{1 - \frac{l-a-a'}{l-2a} \cdot \frac{l-x'}{l-a'}} \cdot$$

La courbe $m - 1$ $fSf'm$ du moment fléchissant positif maximum X', qui correspond nécessairement à la

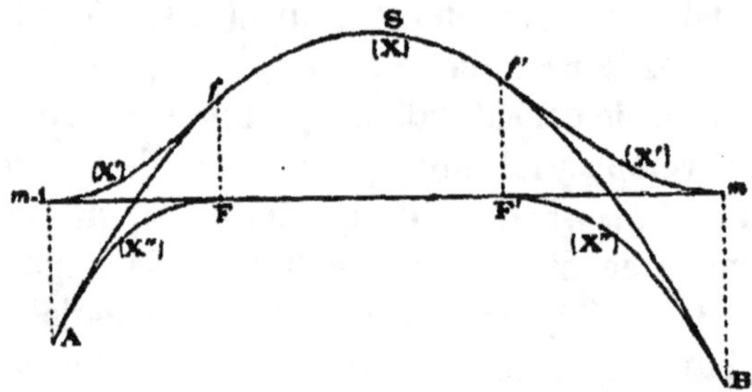

Figure 47.

surcharge complémentaire de celle relative à X'', a pour équation :

$$X' = X - X''.$$

On remarquera que les formules précédentes sont rigoureuses dans le cas particulier de la poutre encastrée à une extrémité et appuyée à l'autre. Dans toute autre hypothèse, elles donnent une erreur par excès, le moment calculé étant supérieur au moment exact.

Dans le cas de la travée encastrée sur ses deux appuis, l'écart maximum est à peu près égal à $\frac{Xm - 1}{25}$: c'est en pratique une erreur tout à fait négligeable.

36. Épure des moments fléchissants pour la charge permanente uniformément répartie. — Supposant la

charge permanente uniformément répartie dans chaque
travée, on calculera sans difficulté les moments fléchissants déterminés dans chaque section d'appui par le
poids de chacune des travées considéré isolément. Puis
on totalisera les résultats obtenus pour un même
appui, et l'on tracera, pour chaque travée, la parabole
à axe vertical relative à son poids propre, en la faisant
partir au droit de chaque appui à la distance de l'horizontale de fermeture représentant le moment d'appui
total, précédemment calculé.

Le plus généralement, on admet que la charge permanente uniforme par mètre courant est la même pour
toutes les travées sans distinction. Dans ces conditions,
il n'y a pas d'épure spéciale à faire pour cette charge ;
les renseignements utiles se déduisent des calculs relatifs à la surcharge, dont il va être parlé ci-après.

Envisageons le cas particulier d'une série indéfinie
de travées de même ouverture, et portant la même
charge permanente p par mètre courant. Tous les β et
γ ont même valeur numérique $2 - \sqrt{3}$. En conséquence,
le moment fléchissant déterminé dans un appui par
les charges permanentes de toutes les travées s'obtient
en faisant la somme de la série suivante :

$$X = - 2 \times \frac{1}{4} p l^2 \frac{\beta\,(1 - \beta)}{1 - \beta^2} (1 - \beta + \beta^2 - \beta^3 + \beta^4 - \ldots)$$

$$= - \frac{1}{2} p l^2 \frac{\beta}{(1 + \beta)^2} = - \frac{1}{2} p l^2 \frac{2 - \sqrt{3}}{(3 - \sqrt{3})^2} = - \frac{1}{12} p l^2.$$

On voit que tout se passe pour la charge permanente comme si chaque travée était encastrée sur ses
deux appuis. Ce résultat doit être considéré comme
évident *a priori*, car en vertu de l'identité de toutes
ces travées, la fibre moyenne doit rester nécessaire-

ment horizontale au droit de chaque appui, comme si celui-ci était double.

37. Epure des moments fléchissants maxima dus à la surcharge uniforme incomplète. — La surcharge p par mètre courant est supposée la même pour toutes les travées.

Admettons d'abord qu'une seule travée porte sa surcharge complète, et calculons dans cette hypothèse ses moments d'appuis ; nous en déduirons ensuite par un calcul simple ou par une construction graphique élémentaire (figure 46), les moments relatifs à tous les autres appuis de la poutre.

Cette opération ayant été effectuée pour toutes les travées, nous connaîtrons pour une section d'appui quelconque k les moments fléchissants produits par la surcharge complète de chacune des travées considérée à part.

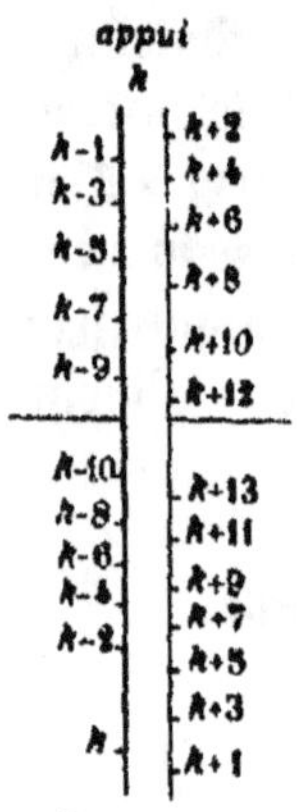

Représentons ces moments, en grandeurs et en signes, par des longueurs portées (figure 48) sur la verticale du point k, et distinguées par les numéros des travées auxquelles elles correspondent. Pour plus de clarté, nous avons séparé sur la figure les moments dus aux surcharges des travées placées en deçà ou à gauche de l'appui k, de ceux dus aux surcharges des travées placées à droite ou au-delà.

Figure 48.

Il sera aisé maintenant de calculer le moment produit en k par les charges d'une série déterminé de travées agissant simultanément; il suffira de faire la somme (en tenant compte, bien entendu, des signes) des moments partiels relatifs à ces travées, considérées chacune en particulier, et laissant au contraire de côté les moments relatifs aux autres, que l'on a supposé ne porter aucune surcharge.

Nous aurons à considérer dans la suite les moments correspondant à six dispositions particulières de surcharge, que nous désignerons par les lettres A, B, C, D, E, J et H. Ces moments se rapportent aux cas indiqués par la figure 49, où l'on a distingué par un trait

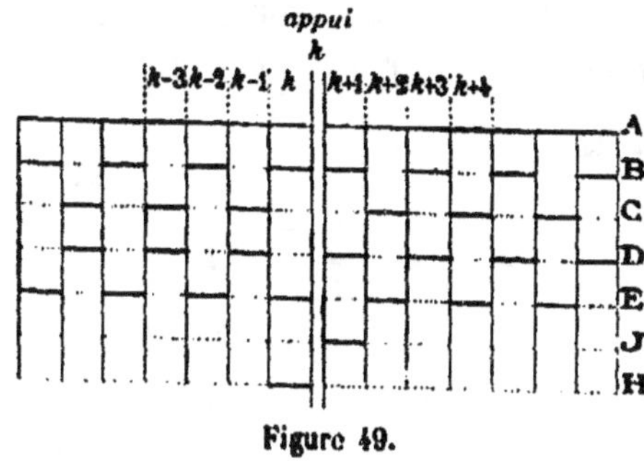

Figure 49.

gras les travées surchargées de celles qui ne le sont pas.

Ce calcul ne présentera aucune difficulté. On peut remarquer, d'ailleurs, que le moment A correspond à la surcharge complète, alors que les moments B et C, d'une part, D et E de l'autre, se rapportent respectivement à des charges complémentaires ; d'où les relations :

$$A = B + C = D + E,$$

qui permettent de se procurer immédiatement C et E, quand on a effectué le calcul de A, B et D. Il n'y a donc en réalité que trois sommations à faire pour A, B et D, puisque les moments J et H, relatifs respectivement à la surcharge d'une seule travée, celle qui suit ou celle qui précède l'appui k, sont déjà connus.

Cette opération terminée pour chaque appui, on tracera la courbe des moments fléchissants développés dans la poutre par la surcharge complète, en se servant pour chaque travée de la formule :

$$X = A \left(\frac{l-x}{l}\right) + A'\frac{x}{l} + \frac{1}{2}px(l-x),$$

où A et A' sont les moments relatifs respectivement à l'appui de gauche et à l'appui de droite.

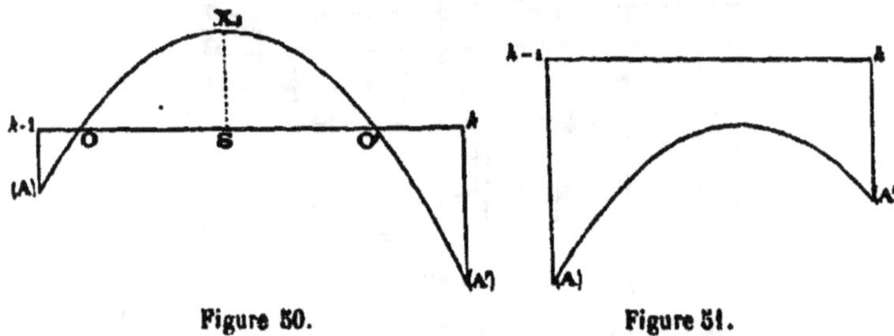

Figure 50.   Figure 51.

Cette courbe est une parabole à axe vertical dont les ordonnées d'appuis sont A et A'. Presque toujours A et A' sont négatifs, et la parabole coupe l'axe des x en deux points O et O' pour lesquels le moment fléchissant est nul.

Les abscisses d et d' de ces deux points sont fournies par la relation :

$$\left.\begin{array}{c} d \\ d' \end{array}\right\} = \frac{l}{2} + \frac{A'-A}{pl} \mp \sqrt{\left(\frac{l}{2}+\frac{A'-A}{pl}\right)^2 + \frac{2A}{p}}.$$

Il peut se faire exceptionnellement que, A et A' étant négatifs et très grands, la quantité placée sous le radical soit négative. En ce cas d et d' sont imaginaires ; la parabole est située toute entière au-dessous de l'axe des x, et le moment fléchissant X est négatif pour une section quelconque de la travée.

Il peut arriver encore que l'un des moments d'appuis A ou A′ soit nul (travée de rive, appui extrème), ou positif, auquel cas la parabole ne coupe l'axe des x qu'en un seul point (fig. 52).

Enfin si A et A′ sont tous deux positifs, on trouve

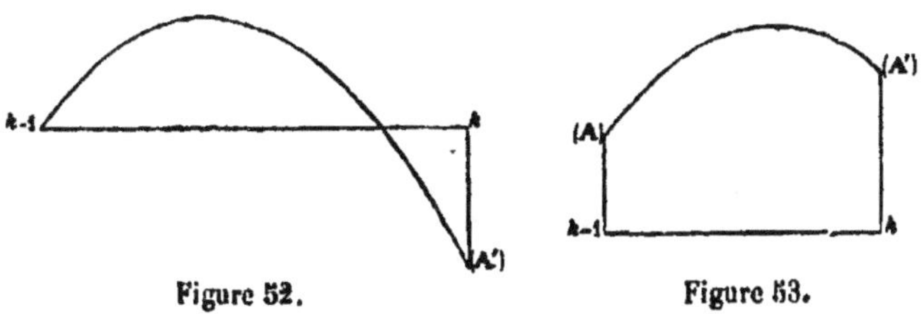

Figure 52.   Figure 53.

pour d une valeur négative et pour d' une valeur plus grande que l : la courbe des moments fléchissants est toute entière au-dessus de l'axe des x, pour la travée considérée (fig. 53).

Nous nous proposerons à présent de tracer dans la travée $k-1.k$ les deux enveloppes des courbes représentatives des moments fléchissants maxima positif X′ et négatif X″.

Faisons tout d'abord abstraction du moment dû à la surcharge propre de cette travée.

En se reportant à la figure 43, on remarque :

1° Que pour tous les points de la région $k-1.F$, comprise entre l'appui de gauche et le premier foyer $(o < x < a)$, la surcharge de toute travée, dont le numéro d'ordre est :

$$m = k - 2h - 1,$$

ou
$$m = k + 2h,$$

donne un moment fléchissant négatif.

Réciproquement le moment est positif si l'on a :

$$m = k - 2h,$$

ou

$$m = k + 2h + 1.$$

2° Dans la région interfocale FF' $(a < x < a')$, le moment est négatif pour :

$$m = k - 2h - 1,$$

ou

$$m = k + 2h + 1 ;$$

et positif pour :

$$m = k - 2h,$$

et

$$m = k + 2h.$$

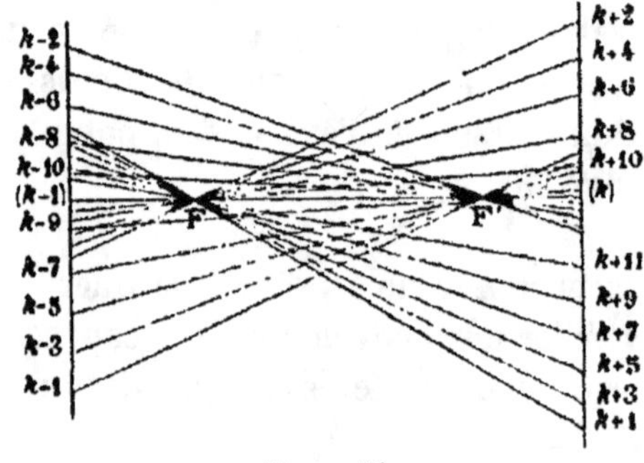

Figure 54.

3° Enfin dans la dernière région F'k, au delà du second foyer, le moment est négatif pour :

$$m = k - 2h,$$

et

$$m = k + 2h + 1.$$

En conséquence, les dispositions de surcharge qui conduisent aux valeurs maxima des moments fléchissants positif X' et négatif X'', correspondent, pour les trois régions de la travée, aux équations suivantes, où nous avons distingué par un accent les lettres qui désignent les moments sur l'appui de droite k.

Moments positifs.

Régions :

$$k\text{—I.F,} \quad o\leqq x\leqq a, \qquad X'=C\left(1-\frac{\varpi}{l}\right)+(B'-H')\frac{x}{l};$$

$$FF', \quad a\leqq x\leqq a', \quad X'=(D-J)\left(1-\frac{x}{l}\right)+(E'-H')\frac{x}{l};$$

$$F'k, \quad a'\leqq x\leqq l, \quad X'=(B-J)\left(1-\frac{x}{l}\right)+C'\frac{x}{l}.$$

Moments négatifs.

Régions :

$$k-1F, \quad o\leqq x\leqq a, \quad X''=(B-J)\left(1-\frac{x}{l}\right)+C'\frac{x}{l};$$

$$FF', \quad a\leqq x\leqq a', \quad X''=E\left(1-\frac{x}{l}\right)+D'\frac{x}{l};$$

$$F'k, \quad a'\leqq x\leqq l, \quad X''=C\left(1-\frac{x}{l}\right)+D'\frac{x}{l}.$$

Ces équations représentent quatre droites M'N'P"Q", M"N"P'Q', N'P' et N"P"; les courbes représentatives des moments fléchissants maxima positif X' et négatif X"

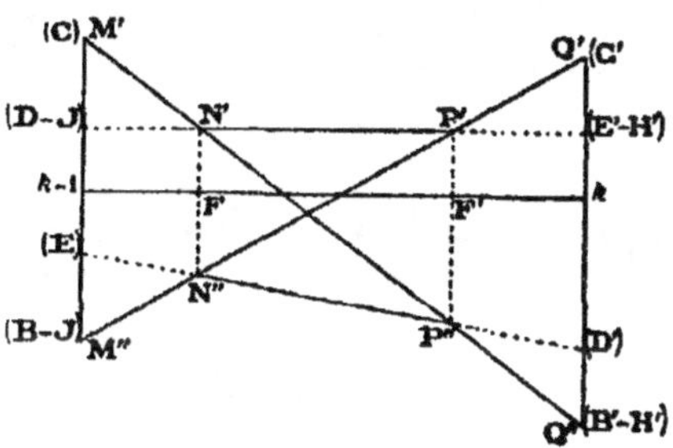

Figure 55.

sont les lignes brisées M'N'P'Q' et M"N"P"Q", dont les sommets sont sur les verticales des foyers F et F' (fig. 55).

Pour compléter l'épure, il n'y a plus qu'à ajouter à ces moments fléchissants limites, correspondant aux dispositions de surcharge les plus défavorables des autres travées, les moments fléchissants maxima, positifs ou négatifs, dus aux surcharges partielles les plus défavorables de la travée $k-1.k$ elle-même. Or nous avons précédemment établi les expressions analytiques de ces moments, que nous reproduisons ci-après, en désignant les moments d'appui par les lettres convenues.

On sait que l'on a toujours :

$$X = J\left(1-\frac{x}{l}\right) + H'\frac{x}{l} + \tfrac{1}{2}px\,(l-x) = X' + X''.$$

Moments positifs :

$k - 1.F \qquad\qquad o < x < a$

$$X' = J\left(1-\frac{x}{l}\right) + H'\frac{x}{l} + \tfrac{1}{2}px\,(l-x) - J\,\frac{\left(1-\frac{x}{a}\right)^2}{1-\frac{o+a'-l}{2a'-l}\cdot\frac{x}{a}}.$$

$FF' \qquad\qquad a < x < a'$

$$X' = J\left(1-\frac{x}{l}\right) + H'\frac{x}{l} + \tfrac{1}{2}px\,(l-x).$$

$F'k \qquad\qquad a' < x < l$

$$X' = J\left(1-\frac{x}{l}\right) + H'\frac{x}{l} + \tfrac{1}{2}px\,(l-x) - H'\,\frac{\left(1-\frac{l-x}{l-a'}\right)^2}{1-\frac{l-a-a'}{l-2a}\cdot\frac{l-x}{l-a'}}.$$

Moments négatifs :

$k - 1.F \qquad\qquad o < x < a$

$$X'' = J\,\frac{\left(1-\frac{x}{a}\right)^2}{1-\frac{a+a'-l}{2a'-l}\cdot\frac{x}{a}}.$$

FF'
$$a < x < a'$$
$$X'' = o.$$

F'.k
$$a' < x < l$$

$$X'' = H' \frac{\left(1 - \frac{l-x}{l-a'}\right)^2}{1 - \frac{l-a-a'}{l-2a} \cdot \frac{l-x}{l-a'}}.$$

Il n'y a qu'à ajouter ces expressions à celles correspondantes de la page 196 pour obtenir les formules représentatives des moments fléchissants maxima totaux, positif X' et négatif X'', déterminés en un point quelconque de la travée par les dispositions de surcharge complémentaires les plus défavorables.

Ces formules sont, pour les trois régions $k-1.F$, FF' et F'.k de la travée :

Moments fléchissants positifs.

$k-1.F$
$$o < x < a$$

$$X' = (C+J)\left(1 - \frac{x}{l}\right) + \frac{B'x}{l} + \frac{1}{2}px\,(l-x)$$

$$- J \frac{\left(1 - \frac{x}{a}\right)^2}{1 - \frac{a+a'-l}{2a'-l} \cdot \frac{x}{a}}.$$

FF'
$$a < x < a'$$

$$X' = D\left(1 - \frac{x}{l}\right) + E'\frac{x}{l} + \frac{1}{2}px\,(l-x).$$

F'.k
$$a' < x < l$$

$$X' = B\left(1 - \frac{x}{l}\right) + (C'+H')\frac{x}{l} + \frac{1}{2}px\,(l-x)$$

$$- H' \frac{\left(1 - \frac{l-a}{l-a'}\right)^2}{1 - \frac{l-a-a'}{l-2a} \cdot \frac{l-x}{l-a'}}.$$

Moments fléchissants négatifs.

$k-1.F$ $\qquad\qquad$ $o < x < a$

$$X'' = (B-J)\left(1-\frac{x}{l}\right) + C'\frac{x}{l} + J\,\frac{\left(1-\frac{x}{a}\right)^2}{1-\frac{a+a'-l}{2a'-l}\cdot\frac{x}{a}}.$$

FF' $\qquad\qquad$ $a < x < a'$

$$X'' = E\left(1-\frac{x}{l}\right) + D'\frac{x}{l}.$$

$F'.k$ $\qquad\qquad$ $a' < x < l$

$$X'' = C\left(1-\frac{x}{l}\right) + (B'-H')\frac{x}{l} + H'\,\frac{\left(1-\frac{l-x}{l-a'}\right)^2}{1-\frac{l-a-a'}{l-2a}\cdot\frac{l-x}{l-a'}}.$$

Les lignes enveloppes des moments sont tracées sur la figure 56, et l'on a indiqué au-dessous la parabole de la surcharge complète, dont l'équation est :

$$X = A\left(1-\frac{x}{l}\right) + A'\frac{x}{l} + \frac{1}{2}px\,(l-x).$$

Nous rappellerons que pour une section quelconque, la valeur de X est égale à $X'+X''$, c'est-à-dire à la différence des valeurs absolues des moments fléchissants limites. Les formules précédentes confirment cette remarque, puisque l'on a :

$$A = B+C = D+E,$$

et

$$A' = B'+C' = D'+E'.$$

Dans le calcul des poutres continues, on ne se préoccupe guère en général des signes des moments fléchissants, mais simplement de leurs grandeurs, parce qu'on admet la même limite de sécurité pour l'extension et la compression, et que par suite un changement du signe du moment fléchissant, sans altération de sa grandeur, n'entraîne aucune modification de la section transversale.

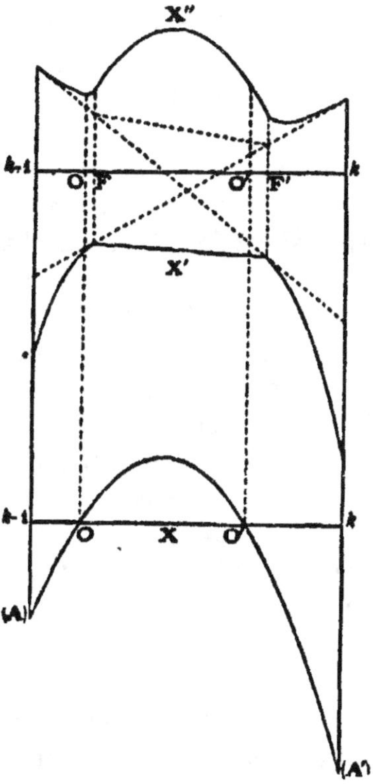

Figure 56.

Il ne semble pas alors nécessaire de tracer complètement les deux courbes représentatives des X' et des X", mais seulement les portions de ces lignes qui correspondent aux moments fléchissants les plus grands en valeur absolue, abstraction faite du signe. Presque toujours les moments d'appuis de la surcharge complète, A et A', sont négatifs, et les points O et O' de rencontre de la parabole et de sa droite de fermeture sont réels, et voisins des deux foyers F et F'. La valeur absolue du moment fléchissant négatif X″ est supérieure à celle du moment fléchissant positif X′ dans les deux régions $k-1.0$ et $O'k$, où X est négatif; dans la région OO' où X est affecté du signe $+$, le moment positif X′ est plus grand que X″.

On se bornera donc à tracer la courbe représentative de X′ dans la région interfocale FF' $(a < x < a')$, et les courbes représentatives de X″ dans les régions latérales $k-1.F$ et $F'.k$. Si les verticales des points O et O' coïncident exactement avec celles des foyers, l'épure sera complète. Mais il n'en est presque jamais ainsi, et il faut encore tracer deux arcs relatifs aux régions intermédiaires OF et O'F', comprises entre les points d'intersection de la parabole de la surcharge complète et les foyers. On construira sans difficulté ces arcs, en remarquant que leur distance aux courbes déjà tracées est précisément égale à la valeur de X correspondante, en vertu de la relation :

$$X' + X'' = X.$$

Dans l'exemple représenté par la figure 57, O est en deçà de F : on substitue à l'arc VQ de la courbe des X″, l'arc VR de la courbe des X′, dont les distances verticales au premier sont égales aux ordonnées de l'arc OR de la parabole des X. De même F' est au delà de O' : on substitue à l'arc WS de la courbe des X′, l'arc WT de la courbe des X″, dont les distances verticales à WS sont égales aux ordonnées de l'arc OT de la courbe des X.

Du moment que l'on ne se préoccupe pas du signe

des moments fléchissants, il n'y a nul intérêt à distinguer les régions où X est positif de celles où il est négatif. C'est pourquoi on renverse la parabole des X entre les points O et O', de façon à réduire la hauteur de l'épure, et à n'avoir qu'une seule horizontale de fermeture, au-dessous de laquelle on porte les X, et au-dessus de laquelle on porte les valeurs maxima de X' ou X", sans distinction de signes.

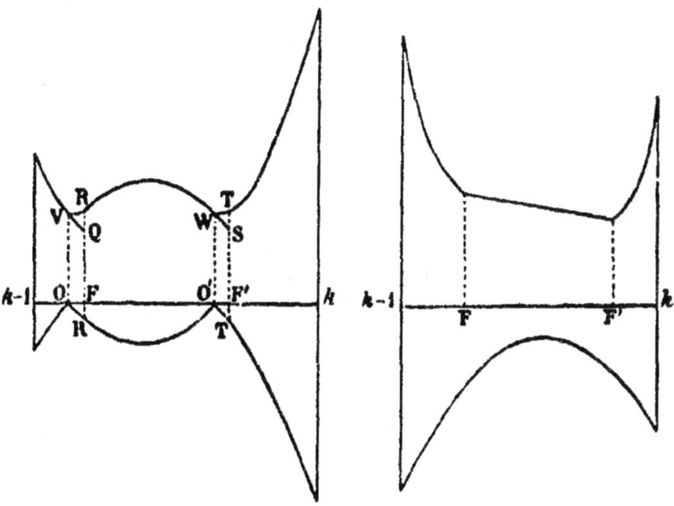

Figure 57.　　　　Figure 58.

Il peut arriver exceptionnellement que les points O et O' soient imaginaires, auquel cas X est toujours négatif : on se borne alors à tracer les trois arcs de la courbe des X" (figure 58).

Si les moments d'appuis A et A' sont positifs, X est au contraire toujours positif : on tracera alors les trois arcs de la courbe des X' (figure 59). Ce dernier cas se présente aussi très rarement.

Pour les travées de rives, où A est nul, le premier foyer coïncide avec l'appui extrême :

$$a = 0.$$

Les formules à employer sont au nombre de trois seulement (fig. 60) :

$$o < x < l,$$

$$X = A\frac{x}{l} + \frac{1}{2}px(l-x) : \text{Parabole de la surcharge complète.}$$

$$o < x < a',$$

$$X' = E'\frac{x}{l} + \frac{1}{2}px(l-x) : \text{Parabole des X'.}$$

$$a' < x < l,$$

$$X'' = (B' - H')\frac{x}{l} + H'\frac{\left(1 - \frac{l-x}{l-a'}\right)^2}{1 - \frac{l-x}{l}}.$$

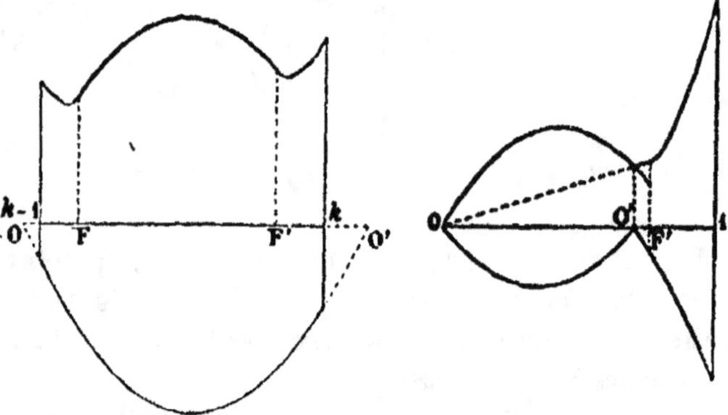

Figure 59.   Figure 60.

Dans la région comprise entre le foyer F' et le point de rencontre O' de la parabole des X avec l'horizontale de fermeture, on tracera un arc complémentaire dont les distances à l'une des courbes précédemment construites seront fournies par les ordonnées correspondantes de la parabole des X.

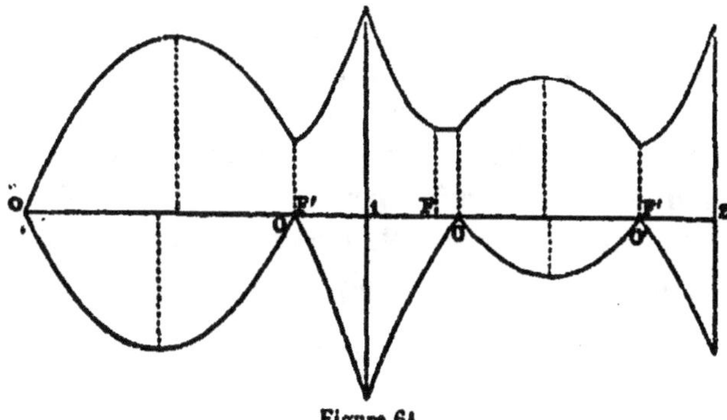

Figure 61.

Les figures 61 et 62 fournissent des exemples de l'épure à laquelle conduit cette méthode..

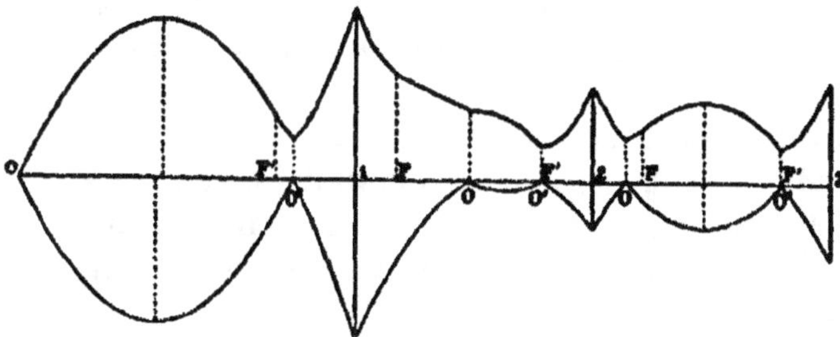

Figure 62.

38. Épure des efforts tranchants. — On obtiendra l'expression analytique de l'effort tranchant, pour une disposition déterminée de surcharge, en prenant la dérivée de l'expression du moment fléchissant.

Pour la surcharge complète, on trouve :

$$(1) \qquad V = -\frac{A}{l} + \frac{A'}{l} + \frac{1}{2}p\,(l-2x).$$

Si l'on suppose que la travée considérée ne porte aucune surcharge, les valeurs extrêmes des moments fléchissants V' et V" correspondent aux dispositions de surcharge des autres travées pour lesquelles l'écart, positif ou négatif, entre les deux moments d'appuis est maximum. On se rendra compte aisément que ces valeurs limites sont fournies, pour une section quelconque de la travée, par les relations suivantes qui se rapportent aux dispositions les plus défavorables :

$$V' = \frac{1}{l}(-\,B + J + C');$$

$$V'' = \frac{1}{l}(-\,C + B' - H').$$

Il convient de compléter ces expressions en y ajoutant les efforts maxima, positif et négatif, produits dans la section transversale considérée par les dispositions de surcharge les plus défavorables de la travée elle-même.

Le calcul exact serait assez compliqué et laborieux, et conduirait à des formules peu utilisables. On pourra se contenter de l'approximation très suffisante fournie par les relations suivantes, qui ne sont pas *rigoureuses* :

$$(2)\;V' = \frac{1}{l}(-\,B + C') + \frac{Jx}{l^2} + \frac{H'(l-x)}{l^2} + \frac{1}{2}p\,\frac{(l-x)^2}{l};$$

$$(3)\;V'' = \frac{1}{l}(-\,C + B') - \frac{Jx}{l^2} - \frac{H'(l-x)}{l^2} - \frac{1}{2}p\,\frac{x^2}{l}.$$

Nous ne nous appesantirons pas sur la justification de ces formules pratiques, qui supposent tout simplement que les courbes représentatives des valeurs de V' et V″ peuvent être, sans erreur sensible, remplacées par des paraboles à axe vertical.

L'épure représentative des efforts tranchants limites s'établit d'après les conventions déjà admises pour celle des moments fléchissants.

On trace au-dessus de l'axe des abscisses une droite oblique correspondant à la relation (1)(surcharge complète), et deux paraboles relatives respectivement aux efforts tranchants maxima, positif V′ et négatif V″ (2)(3).

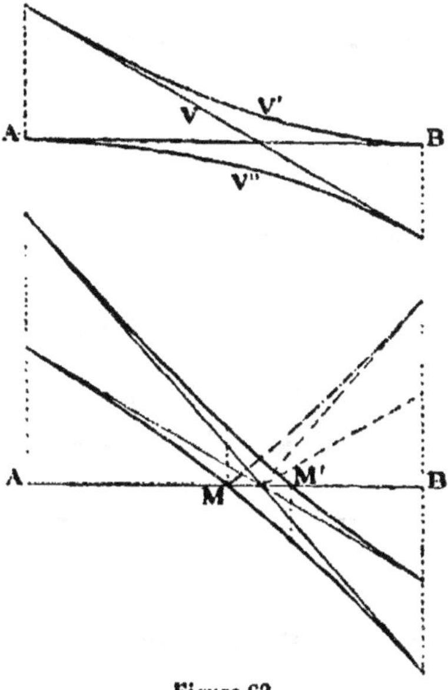

Figure 63.

En combinant les lignes V′ et V″ relatives à la surcharge variable, et celle V relative à la charge permanente fixe, on a deux paraboles représentant les efforts tranchants limites, positif et négatif, dus à la charge et à la surcharge combinées.

Ces deux courbes (fig. 63) coupent l'horizontale de

fermeture aux points M et M', limitant la *région centrale* de la travée, où l'effort tranchant est susceptible de changer de signe sous l'influence de la surcharge. A gauche et à droite de ces points, on a les *régions latérales* de la travée, où l'effort tranchant varie entre deux limites extrêmes de même signe (+ dans le voisinage de l'appui de gauche; — dans le voisinage de l'appui de droite).

39. Déformation. — La ligne élastique de la travée m a pour équation connue :

$$(1) \quad EI \left(y - \theta_{m-1} x' - y_{m-1}\right) = \int_0^{x'} X \left(x' - x\right) dx.$$

On peut également l'écrire sous la forme suivante :

$$(2) \quad EI \left(y + \theta_m (l - x') - y_m\right) = \int_{x'}^{l} X \left(x - x'\right) dx.$$

On sait d'ailleurs que l'on a entre les déviations angulaires sur appuis θ_{m-1} et θ_m la relation :

$$(3) \qquad EI \left(\theta_m - \theta_{m-1}\right) = \int_0^{l} X dx.$$

En éliminant θ_m et θ_{m-1} entre ces trois relations, on obtient l'équation de la ligne élastique :

$$(4) \quad y = y_{m-1} \left(1 - \frac{x'}{l}\right) + y_m \frac{x'}{l} - \frac{l-x'}{EIl} \int_0^{x'} Xx\,dx$$
$$- \frac{x'}{EIl} \int_{x'}^{l} X \left(l - x\right) dx.$$

Remplaçons X par l'expression :

$$X_{m-1} \left(1 - \frac{x}{l}\right) + X_m \frac{x}{l} + M,$$

et intégrons :

$$(5) \quad y = y_{m-1}\left(1 - \frac{x'}{l}\right) + y_m \frac{x'}{l} - X_{m-1}\frac{x'(l-x')}{6EIl}(2l - x')$$

$$- X_m \frac{x'(l-x')}{6EIl}(l + x') - \frac{(l-x')}{EIl}\int_0^{x'} Mx\,dx$$

$$- \frac{x'}{EIl}\int_{x'}^l M(l - x)\,dx.$$

Les deux derniers termes de cette expression représentent la ligne élastique de la travée indépendante d'ouverture l, sollicitée par les charges correspondant à la courbe des moments fléchissants M.

Si l'on suppose invariables les appuis $m-1$ et m, les déplacements y_{m-1} et y_m sont nuls.

On tracera sans difficulté, en se servant de l'équation (5), la courbe décrite par la fibre moyenne déformée de la travée m. Le plus souvent, on ne s'astreint pas à cette besogne peu utile, et on se contente de déterminer la flèche d'abaissement au milieu de la travée.

Si l'on pose :

$$x' = \frac{l}{2},$$

on trouve :

$$(6) \quad f = \frac{(y_{m-1} + y_m)}{2} - \frac{(X_{m-1} + X_m)}{16EI}l^2$$

$$- \frac{1}{2EI}\left[\int_0^{l/2} Mx\,dx + \int_{l/2}^l M(l - x)\,dx\right].$$

Dans le cas particulier de la charge uniformément répartie,

$$M = \frac{1}{2}px(l - x),$$

et l'on trouve :

$$f = \frac{y_{m-1} + y_m}{2} - \frac{(X_{m-1} + X_m)\, l^2}{16EI} - \frac{5}{384} \cdot \frac{pl^4}{EI}.$$

On constatera facilement que, pour une travée quelconque, les valeurs intéressantes de l'abaissement au milieu f sont fournies par les relations suivantes (y_{m-1} et y_m étant supposés nuls).

Surcharge complète.

$$f_1 = -\frac{l^2}{384EI}\,(5\,pl^2 + 24\,(A + A')).$$

Surcharge incomplète.

Maximum négatif :

$$f_2 = -\frac{l^2}{384EI}\,(5\,pl^2 + 24\,(D + E')).$$

Maximum positif (la travée se relève en son milieu) :

$$f_3 = -\frac{24\,l^2}{384\,EI}\,(E + D').$$

L'amplitude de l'oscillation verticale éprouvée par le milieu de la poutre, quand on passe de l'une à l'autre surcharge défavorable, a donc pour expression :

$$F = \frac{l^2}{384\,EI}\,[5\,pl^2 + 24\,(D - D' + E' - E)].$$

Elle diffère en général fort peu de la flèche d'abaissement de la travée indépendante :

$$\frac{5}{384}\,\frac{pl^4}{EI}.$$

40. Dénivellation des appuis. — Il peut se faire que dans une poutre continue les appuis ne se trouvent pas placés au niveau prévu, par suite d'erreurs commises dans la construction des piles, ou dans le ré-

glage de la construction métallique; parfois certains
supports tassent par insuffisance de fondation; dans
les piles métalliques, les changements de température
produisent des contractions ou des dilatations, qui
abaissent ou relèvent les sommets des supports.

Il est utile en pareil cas de se rendre compte des
changements qu'a pu apporter le déplacement vertical
d'un appui dans les conditions de stabilité de la poutre.
En vertu de la loi de Hooke, on effectuera cette recherche par un nouveau calcul, indépendant de celui relatif aux effets produits par la charge et la surcharge.

Désignons par s le déplacement vertical y_m subi par
l'appui de numéro m. Ecrivons l'équation des trois
moments pour les groupes successifs de deux travées,
à partir de l'extrémité o.

Comme nous laissons de côté l'effet produit par les
charges verticales, et comme tous les déplacements
des appuis sont nuls, à l'exception de l'appui m, nous
retrouvons les relations de la page 174, qui se réduisent aux termes en X, sauf pour les *trois* groupes de
deux travées où doit figurer le déplacement vertical s,
en vertu de l'équation générale des trois moments
(III) énoncée à la page 143.

Les trois relations correspondantes sont :

$$(m-1)$$

$$X_{m-2}\, l_{m-1} + 2X_{m-1}\,(l_{m-1} + l_m) + X_m l_m = \frac{6EIs}{l_m};$$

$$(m)$$

$$X_{m-1}\, l_m + 2X_m\,(l_m + l_{m+1}) + X_{m+1}\, l_{m+1}$$

$$= -6EIs\left(\frac{1}{l_m} + \frac{1}{l_{m+1}}\right);$$

$$(m+1)$$

$$X_m\, l_{m+1} + 2X_{m+1}\,(l_{m+1} + l_{m+2}) + X_{m+2}\, l_{m+2}$$
$$= \frac{6\mathrm{EI}s}{l_{m+1}}.$$

En appliquant aux $n-1$ équations du tableau le mode de résolution déjà employé pour le cas du poids unique, on obtiendra sans difficulté les résultats suivants. Nous jugeons inutile d'indiquer le détail du calcul, qui ne présente ni difficulté ni intérêt.

$$X_0 = o$$
$$X_1 = -\beta_1 X_2$$
$$X_2 = -\beta_2 X_3$$

$$\cdots\cdots\cdots\cdots\cdots\cdots\cdots\cdots\cdots\cdots$$

$$X_{m-2} = -\beta_{m-2} X_{m-1}$$
$$X_{m-1} = -\beta_{m-1}\left(6\mathrm{EI}\frac{s}{l_m} - X_m\right)$$
$$X_m = -6\mathrm{EI}s\,\frac{\frac{1}{l_m}\left(1+\beta_{m-1}\right) + \frac{1}{l_{m+1}}\left(1+\gamma_{n-m-1}\right)}{l_m\,(2-\beta_{m-1}) + l_{m+1}\,(2-\gamma_{n-m-1})}$$
$$X_{m+1} = -\gamma_{n-m-1}\left(6\mathrm{EI}\frac{s}{l_{m+1}} - X_m\right)$$
$$X_{m+2} = -\gamma_{n-m-2} X_{m+1}$$

$$\cdots\cdots\cdots\cdots\cdots\cdots\cdots\cdots\cdots\cdots$$

$$X_{n-2} = -\gamma_2 X_{n-3}$$
$$X_{n-1} = -\gamma_1 X_{n-2}$$
$$X_n = o$$

On voit immédiatement :

1° Que le moment X_m sur l'appui m est toujours positif (fig. 6.) quand le déplacement de cet appui est négatif, c'est-à-dire s'il s'est abaissé, et *vice versâ* ;

2° Que les moments X_{m-1} et X_{m+1} sur les appuis précédent et suivant sont de signe contraire à X_m, et *en général* plus petits en valeur absolue (*à moins que les ouvertures l_m et l_{m+1} ne soient très différentes*) ;

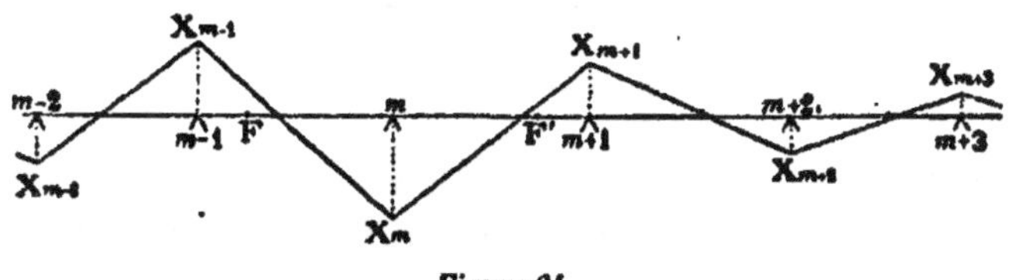

Figure 64.

3° Que la droite représentative des moments pour la travée *m* passe à droite du premier foyer de cette travée ; que la même droite pour la travée $m+1$ passe à gauche du second foyer ;

4° Enfin, que pour les travées précédant l'appui $m-1$, les droites représentatives des moments passent par les premiers foyers F ; que pour les travées suivant l'appui $m+1$, les droites passent par les seconds foyers F''.

Dans le cas particulier où le déplacement vertical s se rapporte au premier appui o, on trouvera sans difficulté :

$$X_0 = o ;$$

$$X_1 = \gamma_{n-1} \frac{6EIs}{l^2} ;$$

$$X_2 = -\gamma_{n-2} X_1, \text{ etc.}$$

Si c'est le second appui 1 qui a subi le déplacement s, on trouve :

$$X_0 = o ;$$

$$X_1 = -\, 6EIs\,\frac{\frac{1}{l_1}+\frac{1}{l_2}(1+\gamma_{n-2})}{2l_1+l_2\,(2-\gamma_{n-2})}\,;$$

$$X_2 = \gamma_{n-2}\left(\frac{6EIs}{l_2^2}-X_1\right);$$

$$X_3 = -\,\gamma_{n-3}\,X_2,\ \text{etc.}$$

Si plusieurs appuis se déplacent simultanément, on fera un calcul séparé pour chacun d'eux, puis on totalisera pour chaque appui de la poutre, en tenant compte des signes, les moments partiels relatifs à chaque déplacement.

On tracera ensuite la ligne brisée ayant ses sommets sur tous les points des verticales d'appuis ainsi déterminés.

La déformation de l'ouvrage se déterminera sans difficulté par la méthode ordinaire.

L'équation de la ligne élastique est pour la travée m :

$$y = \frac{y_{m-1}+y_m}{2} - X_{m-1}\frac{x\,(l-x)}{6EIl}\,(2l-x)$$
$$-\,X_m\frac{x\,(l-x)}{6EIl}\,(l+x).$$

41. Poutre terminée par une console. — Pour toutes les charges appliquées entre les appuis extrêmes, l'épure est la même, aussi bien pour les moments fléchissants que pour les efforts tranchants, que si la poutre était limitée à ces appuis.

Pour une charge appliquée sur la console, on tracera l'épure de celle-ci comme si elle était isolée et encastrée sur son appui; la ligne brisée des moments fléchissants aura, pour le surplus de la poutre, ses sommets sur les verticales d'appui, et passera par les

seconds foyers, si la console précède le premier appui,
ou par le premier, si la console suit le dernier appui.

42. Poutre encastrée sur un appui extrême. — Supposons que la poutre soit encastrée sur son premier
appui o. La déviation θ_0 est nulle. Donc l'équation de
la ligne élastique est, pour la première travée :

$$y_1 - y_0 = \int_0^{l_1} \frac{X(l-x)\,dx}{EI} = \int_0^{l_1} \frac{X_0(l_1-x)^2 + X_1(l_1-x)x + Ml_1(l_1-x)}{l_1 EI}\,dx$$

L'équation des trois moments, appliquée aux travées
1 et 2, devient d'autre part :

$$\frac{y_0}{l_1} - y_1\left(\frac{1}{l_1} + \frac{1}{l_2}\right) + \frac{y_2}{l_2} = X_0 \int_0^{l_1} \frac{x(l_1-x)\,dx}{l_1 EI}$$

$$+ X_1\left[\int_0^{l_1} \frac{x^2\,dx}{l_1^2 EI} + \int_0^{l_2} \frac{(l_2-x)^2\,dx}{l_2^2 EI}\right]$$

$$+ X_2 \int_0^{l_2} \frac{x(l_2-x)\,dx}{l_2^2 EI} + \int_0^{l_1} \frac{Mx\,dx}{l_1 EI} + \int_0^{l_2} \frac{M(l_2-x)\,dx}{l_2 EI}.$$

Dans le cas de la poutre à section constante, on connaît les valeurs des intégrales définies où figurent les
moments d'appui, et ces formules deviennent :

$$\frac{6EI}{l_1}(y_1 - y_0) = 2X_0 l_1 + X_1 l_1 + 6 \int_0^{l_1} \frac{M(l_1-x)\,dx}{EI}.$$

$$6EI\left(\frac{y_0}{l_1} - y_1\left(\frac{1}{l_1} + \frac{1}{l_2}\right) + \frac{y_2}{l_2}\right) = X_0 l_1 + 2X_1(l_1 + l_2) + X_2 l_2$$

$$+ 6 \int_0^{l_1} \frac{Mx\,dx}{l_1} + 6 \int_0^{l_2} \frac{M(l_2-x)\,dx}{l_2}.$$

Les équations des trois moments appliquées aux
travées suivantes, sont celles déjà énoncées pour la
poutre continue ordinaire.

Appliquons à une poutre encastrée la méthode de recherche exposée dans l'article 31. Nous obtiendrons les relations successives suivantes, en posant

$$y_0 = y_1 = y_2 = \dots = 0$$

et

$$M = 0 :$$

$$2X_0 l + X_1 l_1 = 0 ;$$

$$X_0 l_1 + 2X_1 (l_1 + l_2) + X_2 l_2 = 0 ;$$

$$X_1 l_2 + 2X_2 (l_2 + l_3) + X_3 l_3 = 0, \text{ etc.}$$

Posons :

$$X_0 = -\beta_0 X_1 ;$$
$$X_1 = -\beta_1 X_2 ;$$
$$X_2 = -\beta_2 X_3, \text{ etc.}$$

Les relations précédentes deviennent :

$$\beta_0 = +\frac{1}{2} ;$$

$$\beta_1 = \frac{1}{2 + \dfrac{l_1}{l_2}(2 - \beta_0)} ;$$

$$\beta_2 = \frac{1}{2 + \dfrac{l_2}{l_3}(2 - \beta_1)}, \text{ etc.}$$

En définitive, les opérations à faire pour déterminer les moments d'appui sont *identiquement* les mêmes que pour les poutres à appuis extrêmes simples, sauf que le premier terme de la série β, au lieu d'être nul, est égal à $\frac{1}{2}$.

Cela signifie que le premier foyer F de la travée 1, au lieu de coïncider avec l'appui o, est situé au premier tiers de son ouverture.

A part cette unique modification, nous n'avons rien à changer à la méthode précédemment exposée, aussi bien en ce qui touche le calcul des moments et des efforts tranchants que pour la déformation.

La première travée est assimilable, pour les épures, aux travées intermédiaires, avec cette seule particularité que son premier foyer est au tiers de l'ouverture, et que la déviation angulaire de la fibre moyenne est nulle sur l'appui o.

43. Calcul des poutres symétriques. — On qualifie de *poutres symétriques* celles dont les travées extrêmes ont même ouverture l', et dont les travées intermédiaires ont aussi une portée commune l, différente d'ailleurs de l'. C'est d'après ce type que l'on établit presque toujours les ponts à travées solidaires. Il résulte de cette double circonstance :

$$l_1 = l_n,$$

et

$$l_2 = l_3 = \ldots = l_{n-2} = l_{n-1},$$

des simplifications notables dans les formules qui servent à l'établissement des épures des moments fléchissants et des efforts tranchants.

Nous ne croyons pas utile de nous étendre sur ce sujet qui n'offre aucun intérêt théorique ; la méthode précédemment exposée ne subit de ce chef aucun changement, et les opérations numériques sont simplement facilitées et abrégées. D'autre part, l'épure de la poutre est nécessairement symétrique par rapport à la verticale du milieu de sa longueur, correspondant soit à un appui, si n est pair, soit au centre d'une travée si n est impair.

On trouve dans la plupart des traités de construction de ponts et des ouvrages sur la Résistance des Matériaux, non seulement l'indication de la marche à suivre dans les opérations, mais presque toujours des tables numériques fournissant immédiatement les valeurs des moments fléchissants d'appuis, ou les coefficients des équations représentatives de X, X′ et X″, pour une série de valeurs usuelles du rapport $\frac{l}{i}$. On peut dans ces conditions tracer immédiatement les épures sans aucun calcul préalable.

Nous nous bornerons à faire la remarque suivante. Si l'on suppose qu'une travée soit précédée et suivie d'un nombre infini de travées de même ouverture, on trouve que pour cette travée limite :

$$\beta = \gamma = 2 - \sqrt{3} = 26795 \text{ (page 172)}.$$

Les abscisses des deux foyers sont :

$$a = \frac{2 - \sqrt{3}}{1 + 2 - \sqrt{3}}\, l = 0,21132\, l,$$

et

$$a' = l - a = 0,78868\, l.$$

L'équation de la parabole de la surcharge complète est, comme on l'a vu à la page 190, celle relative à la travée unique encastrée sur ses deux appuis :

$$X = -\frac{1}{12} pl^2 + \frac{1}{2} px\, (l - x).$$

Elle coupe son horizontale de fermeture sur les verticales des deux foyers F et F′, qui coïncident avec les points O et O′ de la figure 50.

Il en résulte que l'on n'a plus à considérer pour le cas de la surcharge variable que trois courbes enveloppes, limitées respectivement aux verticales des foyers, qui constituent une ligne symétrique par rapport à la verticale du milieu de la travée (fig. 65).

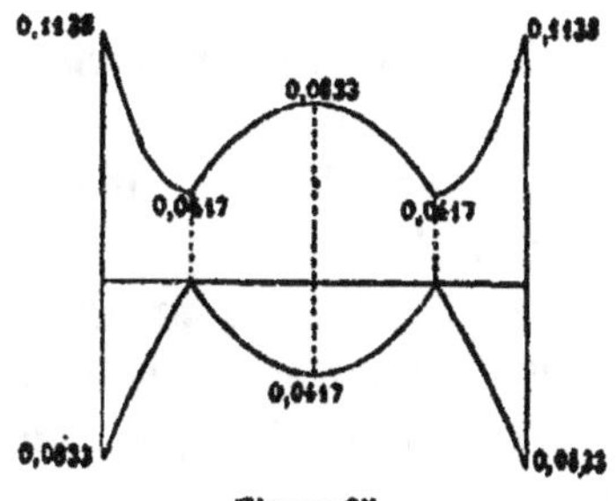

Figure 65.

$$o < x < 0{,}21132\,l :$$

$$X'' = -pl^2 \left(0{,}1138 - 0{,}5914 \frac{x}{l} + 1{,}183 \frac{x^2}{l^2} \right) ;$$

$$0{,}21132\,l < x < 0{,}78868\,l :$$

$$X' = -pl^2 \left(0{,}0417 - \frac{x(l-x)}{2l^2} \right) ;$$

$$0{,}78868\,l < x < l :$$

$$X'' = -pl^2 \left(0{,}1138 - 0{,}5914 \frac{l-x}{l} + 1{,}183 \frac{(l-x)^2}{l^2} \right).$$

Les valeurs les plus intéressantes des moments sont :

Pour $x = o$ et $x = l$:

$$X = -\frac{pl^2}{12} ; \quad X'' = -0{,}1138\, pl^2 ;$$

pour $x = 0{,}21132\,l$,

et $x = 0{,}78868\,l$:

$$X = o ; \quad X'' = -\frac{pl^2}{24} ; \quad X' = +\frac{pl^2}{24} ;$$

pour $x=\frac{l}{2}$:

$$X=\frac{pl^2}{24}\ ;\ X'=0{,}0833\,pl^2=\frac{pl^2}{12}.$$

Quand on étudie une poutre symétrique, on observe que les épures des travées successives oscillent autour de l'épure de la travée limite, les courbes tracées étant alternativement plus élevées ou plus aplaties, de sorte que l'épure de la travée limite représente une moyenne de celles relatives à deux travées successives.

D'autre part l'écart constaté entre l'épure de la travée limite et celle d'une travée choisie est d'autant moindre que celle-ci est plus éloignée des extrémités de la poutre.

Enfin, toutes choses égales d'ailleurs, cet écart, pour une travée de rang déterminé, est d'autant plus faible que le rapport de l'ouverture l' d'une travée extrême à celle l d'une travée intermédiaire est plus voisin de la fraction $\frac{4}{5}$.

Quand le rapport $\frac{l'}{l}$ est compris entre 1,4 et 0,7, les épures relatives aux travées de numéros compris entre 6 et $n-6$ sont, pour une poutre ayant plus de treize appuis, pratiquement identiques à l'épure limite.

Si l'on prend $\frac{l'}{l}=\frac{4}{5}$, l'écart, peu considérable pour les travées de rives (à condition de rogner l'une des parties latérales de l'épure limite, de façon à ramener un des foyers à coïncider avec une extrémité de l'ouvrage), est faible pour les travées 2 et $n-2$, très petit pour les travées 3 et $n-3$, et absolument négligeable pour toutes les autres.

Nous en conclurons :

1° Qu'il y a intérêt, au point de vue de la bonne utilisation du métal et de l'économie, à ne jamais s'écarter beaucoup de la valeur $\frac{4}{5}$ pour le rapport des ouvertures d'une travée de rive et d'une travée intermédiaire ;

2° Qu'en ce cas, l'épure de la travée limite, facile à tracer immédiatement, donne une idée assez exacte des conditions de stabilité dans lesquelles se trouvera une travée quelconque de l'ouvrage, sauf peut-être pour celles de rives, ou plus rigoureusement pour les deux travées les plus voisines de chaque culée.

Les mêmes remarques sont applicables à l'épure des efforts tranchants, qui, pour la travée limite, correspond aux équations :

Surcharge complète.

$$V = \tfrac{1}{2} p\, (l - 2x).$$

Surcharge incomplète.

$$V' = 0{,}0915\, pl + \tfrac{pl}{2}\left(1 - \tfrac{x}{l}\right)^{2};$$

$$V'' = -\,0{,}0915\, pl - \tfrac{px^{2}}{2l}.$$

Les déplacements verticaux au milieu de la travée limite, sont fournis par les relations suivantes :

Surcharge complète.

$$f_1 = -\,\frac{pl^{4}}{384\,EI}\;;$$

Surcharge incomplète.

$$f_2 = -\,\frac{3\,pl^{4}}{384\,EI}\;;$$

$$f_3 = +\,\frac{2\,pl^{4}}{384\,EI}\,.$$

44. Méthode des lignes d'influence. — Considérons les deux équations de l'article 31 (page 176) qui fournissent les valeurs des moments d'appuis de la travée m, produits par la charge P appliquée à la distance u du premier appui de cette travée :

$$X_{m-1} = - \frac{Pu\,(l_m - u)}{l_m}\,\beta_{m-1} \cdot \frac{2l_m - u - (l_m + u)\,\gamma_{n-m}}{l_m - l_m\,\beta_{m-1}\,\gamma_{n-m}} \; ;$$

$$X_m = - \frac{Pu\,(l_m - u)}{l_m}\,\gamma_{n-m} \cdot \frac{l_m + u - (2l_m - u)\,\beta_{m-1}}{l_m - l_m\,\beta_{m-1}\,\gamma_{n-m}} .$$

Si l'on considère u comme une variable comprise entre o et l_m, ces équations sont celles des lignes d'influence des deux moments d'appui X_{m-1} et X_m, pour un poids mobile P, qui se déplacerait de l'appui $m-1$ à l'appui m.

La ligne d'influence correspondante, pour un autre appui $m-1-k$, situé à gauche de la travée, se déduira de la ligne d'influence de X_{m-1} en multipliant ses ordonnées par un coefficient de réduction constant, négatif si k est pair, positif si k est impair.

On a en effet :

$$X_{m-1-k} = - \beta_{m-2} \times - \beta_{m-3} \times \ldots \times - \beta_{m-1-k}\, X_{m-1}.$$

Pour l'appui $m = k$, on a de même :

$$X_{m+k} = - \gamma_{n-m-1} \times - \gamma_{n-m-2} \times \ldots \times - \gamma_{n-m-k}\, X_m.$$

La ligne d'influence de X_{m+k} se déduit ainsi de la ligne d'influence de X_m par une réduction proportionnelle de ses ordonnées, avec changement de signe si k est impair.

Supposons que nous ayions de cette façon tracé pour tous les appuis les lignes d'influence relatives au poids mobile, se déplaçant d'une extrémité à l'autre de la poutre.

On déduira sans difficulté de ces courbes la ligne d'influence relative à une section transversale quelconque intermédiaire entre deux appuis, en appliquant la construction déjà indiquée dans l'article 28 (page 158), à propos de la travée encastrée sur ses deux appuis.

Pour une position quelconque du poids, on a en effet dans la section considérée, d'abscisse x' :

$$X = X_{m-1}\left(1 - \frac{x'}{l}\right) + X_m \frac{x'}{l} + M.$$

X_{m-1} et X_m sont les ordonnées des lignes d'influence des appuis $m-1$ et m, correspondant à l'abscisse u du poids P. M' est l'ordonnée de la ligne brisée qui passe par les points $m-1$ et m, et a son sommet M' sur la verticale de la section d'abscisse x', avec une ordonnée égale à $\frac{Pu(l-u)}{l}$. Nous avons vu comment le calcul de X s'effectue graphiquement quand on dispose des lignes d'influence de X_{m-1} et X_m, après avoir tracé la ligne brisée $m-1\,M'm$. Nous ne reviendrons pas sur cette construction. Rien n'empêche donc de choisir sur chaque travée un certain nombre de sections transversales, et de tracer pour chacune la ligne d'influence complète, correspondant à toutes les positions du poids mobile P, qui se déplace d'une extrémité à l'autre de la poutre.

Cela fait, on pourra, par le procédé habituel, évaluer le moment développé dans la section considérée par une succession de poids constituant un train mobile, placé sur la poutre dans une position arbitrairement choisie; avec quelques tâtonnements, on reconnaîtra la position correspondant au maximum de ce moment fléchissant.

La méthode des lignes d'influence, appliquée à l'étude des poutres continues, est, comme on le voit, très simple en principe. Mais si la poutre comporte plus de trois ou quatre travées, l'opération devient laborieuse, en raison de la multiplicité des lignes d'influence à tracer sur l'épure. C'est pourtant le seul procédé qui puisse fournir des renseignements exacts, quand on veut étudier les effets produits par une surcharge mobile dont la distribution s'écarte notablement de l'hypothèse de la répartition uniforme, comme un train de chemin de fer.

Pour faciliter les recherches, quelques auteurs ont dressé des tables numériques fournissant toutes les indications utiles pour les lignes d'influence des moments d'appui, dans le cas des poutres *symétriques*. Il peut être utile en certain cas, sinon de recourir à cette méthode d'une façon exclusive, du moins d'en faire quelques applications à des sections choisies, pour reconnaître l'importance des erreurs que l'on est exposé à commettre en substituant à la surcharge effective une surcharge hypothétique à répartition uniforme.

D'autres auteurs ont pu, après avoir effectué cette comparaison, dresser des tables numériques indiquant pour les tracés d'épures types de trains de chemins de fer, les surcharges uniformes fictives pouvant être regardées comme équivalentes aux surcharges réelles, au point de vue des effets produits, moments fléchissants ou efforts tranchants.

Ces tables rendent des services, en ce qu'elles indiquent immédiatement en regard de l'ouverture l d'une travée, la surcharge uniforme dont on peut faire usage pour l'application de la méthode usuelle, avec la certitude de ne pas commettre d'erreurs nuisibles. Nous insistons sur ce point que la charge uniforme n'est pas la même pour le moment fléchissant et pour l'effort tranchant : elle est en général plus considérable pour ce dernier, parce que la locomotive, *qui est en tête du train*, pèse beaucoup plus au mètre courant que les wagons qui la suivent.

Nous ne croyons pas que l'on ait jamais songé à appliquer la méthode des lignes d'influence à l'étude de la déformation. Les recherches seraient sans doute trop laborieuses : elles fourniraient pourtant un résultat particulièrement intéressant au point de vue de la discussion des résultats des épreuves des ponts, parce que l'appareil enregistreur des déplacements verticaux d'une section de la poutre fournit précisément le tracé, sur papier quadrillé, de la ligne d'influence en question. On peut donc contrôler sans difficulté les prévisions du calcul par les résultats de l'essai du pont, simplement en superposant les deux courbes théorique et expérimentale, et vérifiant leur concordance.

C. — Calcul des poutres continues a section variable

45. Méthode générale. — La poutre continue étant un ouvrage hyperstatique, il convient tout d'abord d'arrêter les dimensions de ses sections transversales successives, en se donnant les valeurs des moments d'inertie I, sauf à les rectifier ultérieurement, en renforçant les sections reconnues trop faibles, et réduisant celles trouvées trop fortes.

Cela fait, on calculera pour chaque travée les intégrales définies :

$$m = \int_o^l \frac{x\,(l - x)\,dx}{EI} \quad , \quad n = \int_o^l \frac{x^2\,dx}{EI} \quad , \quad r = \int_o^l \frac{(l - x)^2\,dx}{EI} \,,$$

$$s = \int_o^l \frac{x^2\,(l - x)\,dx}{EI} \quad \text{et} \quad t = \int_o^l \frac{x\,(l - x)^2\,dx}{EI}.$$

Nous avons vu (article 25, page 136) comment on peut
effectuer ce calcul par un procédé graphique simple,
basé sur la construction du polygone funiculaire à
distance polaire variable EI.

L'équation des trois moments relative à deux travées
consécutives, d'ouvertures l et l', limitées aux appuis A,
B et C, et portant respectivement les charges uniformes
respectives p et p', sera de la forme :

$$\frac{y_A}{l} - y_B \left(\frac{1}{l} + \frac{1}{l'} \right) + \frac{y_C}{l'} = mA + (n + r') B + m'C$$
$$+ \frac{1}{2}\,ps + \frac{1}{2}\,p's'.$$

Cela fait, il ne restera plus qu'à appliquer la méthode
de recherche exposée, pour les poutres à section constante, dans les articles 30 et suivants. Il n'y aura
absolument rien de changé que les coefficients numériques des moments d'appuis X et des termes où figurent les facteurs p, dans les équations simultanées du
premier degré à résoudre. On déterminera les positions
des foyers, les coefficients des courbes représentatives
des moments fléchissants, etc., toujours d'après les
mêmes règles.

On pourrait également recourir à la méthode des
lignes d'influence ; mais les calculs deviendraient très
laborieux, en ce qu'il faudrait calculer une intégrale

définie spéciale pour chaque position du poids mobile sur la travée considérée.

Une semblable entreprise ne saurait être menée à bonne fin sans un travail considérable, pour une poutre qui reposerait sur un grand nombre d'appuis. On n'aurait d'ailleurs pas la ressource de recourir à des tables numériques, qui n'existent pas. Nous croyons que l'on n'a jamais tenté dans la pratique d'utiliser cette méthode générale à l'étude d'une construction.

46. Poutres symétriques de hauteur constante. — Dans la construction des ponts, on adopte presque toujours le type de la poutre symétrique de hauteur constante. On établit les épures des moments fléchissants et des efforts tranchants comme si l'ouvrage était à section constante, mais après coup on règle les épaisseurs des plates-bandes de façon que le travail maximum à la compression ou à l'extension, correspondant au moment fléchissant limite fourni par l'épure pour le cas de surcharge le plus défavorable, atteigne dans chaque section la limite de sécurité convenue, sans la dépasser. On effectue cette opération par la méthode graphique exposée à l'article 18 page 98, qui permet de proportionner l'épaisseur de la semelle au moment fléchissant.

Par ce procédé, on arrête les dimensions d'une poutre à section variable en se basant sur les résultats de calculs effectués pour une poutre à section constante.

On en a effectivement le droit, parce que, dans la poutre symétrique de hauteur constante, la succession des moments d'inertie est telle que l'épure exacte, basée sur la forme réelle de l'ouvrage, diffère très peu de l'épure fictive établie dans l'hypothèse de la section constante. L'erreur commise, négligeable au point de vue des applications, est d'autant moindre que le rapport des ouvertures d'une travée de rive à une travée intermédiaire est plus voisin de $\frac{4}{5}$.

Mais une semblable convention serait inadmissible pour une poutre non symétrique, dont les travées successives auraient des ouvertures différentes : en pareil cas, l'épure exacte et l'épure théorique basée sur la constance de la section seraient discordantes.

Il en serait de même *a fortiori* pour une poutre de hauteur variable, symétrique ou non : on risquerait de commettre des erreurs très graves et inacceptables en partant de l'épure relative à la section constante pour arrêter les dimensions des membrures (art. 29, p. 163).

Il est donc bien entendu que la section constante ne saurait être admise dans le tracé des épures des moments fléchissants et des efforts tranchants que pour une poutre symétrique de hauteur constante, où le travail maximum à la compression ou à l'extension atteint dans chaque section la limite de sécurité convenue pour le métal. En dehors de ce cas particulier, il faudra toujours recourir à la méthode générale de calcul des poutres de section variable exposée dans l'article 45.

47. Poutres d'égale résistance et de hauteur constante. — Dans le cas d'une poutre d'égale résistance, on peut remplacer $\frac{X}{I}$ par $\frac{R + R'}{h}$. Si la hauteur h est constante, on fera sortir du signe $\int$ le facteur $\frac{R + R'}{h}$, et l'on pourra intégrer sous forme algébrique les termes de l'équation de la ligne élastique.

La fibre moyenne déformée se compose en ce cas

d'une série d'arcs d'une même parabole tournant alternativement leur concavité vers le haut ou vers le bas, suivant que X est positif ou négatif. Ces arcs se raccordent mutuellement avec inflexion dans les sections où X s'annule, et passent par les appuis, considérés comme invariables.

Cette double condition suffit pour permettre la détermination des points d'inflexion de la ligne élastique. Les opérations sont quelquefois laborieuses, parce qu'on doit aborder la résolution d'équations simultanées du second degré, qui conduisent à des équations du 4° degré à une seule inconnue; mais enfin on arrive au résultat après quelques tâtonnements. On peut d'ailleurs recourir à des tables numériques, dressées par M. *Renoust des Orgeries*, auteur de la méthode.

Connaissant ainsi les sections pour lesquelles X s'annule, on construira sans aucune difficulté l'épure des moments fléchissants : il suffira de tracer dans chaque travée la courbe des M, et de mener une ligne brisée de fermeture ayant ses sommets sur les verticales des appuis, et coupant les courbes des M au droit des sections où X s'annule.

Nous ne nous attarderons pas à donner le détail des calculs, qui ne présentent pas d'intérêt pratique, parce qu'en fait cette méthode n'est pas utilisée. Elle ne saurait avoir d'application que pour certains ouvrages assez rares, tels que les ponts-aqueducs, où la distribution de la surcharge est invariable. Pour les ponts à surcharge mobile, pont-rail ou pont-route, elle ne fournirait pas d'indication utile, parce que la poutre, calculée d'après des moments fléchissants limites, qui correspondent à des dispositions de surcharge très différentes suivant les sections considérées, n'est pas assimilable à un solide d'égale résistance : la limite de sécurité n'est pas *simultanément* atteinte dans toutes les sections de l'ouvrage.

Il doit être bien entendu que cette méthode, exposée dans un grand nombre de traités de Résistance des Matériaux ou de construction de ponts, n'est pas utilisable dans tous les cas où la distribution de la surcharge doit être considérée comme variable, et où par conséquent l'épure comporte non des courbes représentatives de moments fléchisssants, relatives à une charge déterminée, mais des courbes-enveloppes relatives à des dispositions de surcharge différentes suivant les régions de poutre envisagées.

---

§ 4. — Calcul graphique des poutres continues hyperstatiques.

48. Rappel des propriétés des polygones funiculaires. — Il nous paraît utile de rappeler ici les propriétés fondamentales du polygogne funiculaire à distance polaire constante, relatif à un système de forces parallèles, dont nous supposerons verticale la direction commune, pour fixer les idées.

— *Lorsque deux polygones correspondent à un même système de forces, les points d'intersection de leurs côtés homologues sont en ligne droite.*

— *Dans un polygone funiculaire, le point de rencontre S de deux côtés quelconques est sur la ligne d'action de la résultante F de toutes les forces appli-*

quées aux sommets du polygone intermédiaires entre ces côtés.

— Le moment statique Fa de cette résultante par rapport à une verticale du plan est égal au produit,

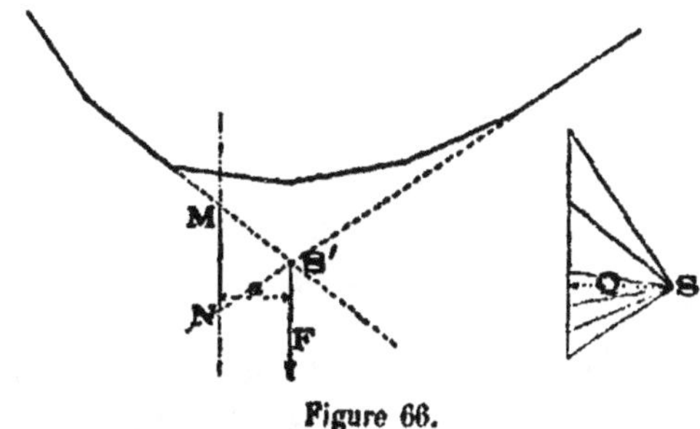

Figure 66.

par la distance polaire Q de l'épure, du segment MN intercepté sur la verticale par les deux côtés qui se rencontrent sur la ligne d'action de la force F. Si la distance polaire a été prise égale à l'unité, la longueur du segment intercepté sur la verticale fournit la valeur du moment statique Fa.

— Quand on remplace les forces appliquées à tous les sommets intermédiaires entre deux côtés par une ou plusieurs forces ayant même résultante que les premières, on ne modifie le polygone que dans la région comprise entre les deux côtés limites : mais ceux-ci gardent leurs directions primitives.

Les propriétés relatives aux côtés des polygones funiculaires se retrouvent dans les tangentes des courbes funiculaires.

49. Théorème de Desargues. — Soient deux systèmes de deux droites issues des points O et S, et se rencontrant mutuellement en A, A', B et B'. Menons par le

point B′ une parallèle à la droite AA′, qui rencontre en M
la droite AB.

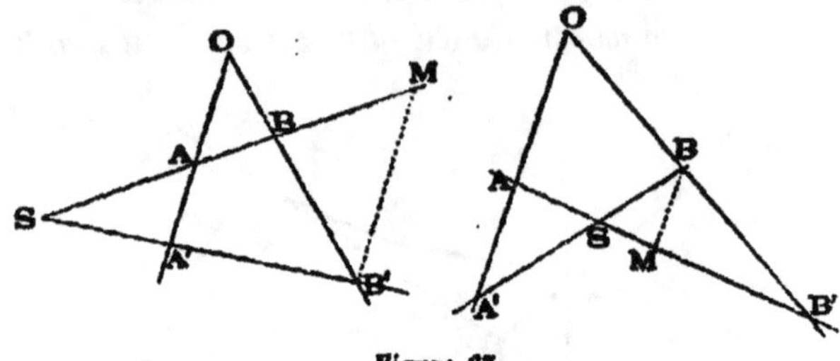

Figure 67.

On vérifie facilement, par la similitude des triangles
SAA′ et SMB′, OAB et BMB′, les relations suivantes :

$$\frac{SA'}{SB'} = \frac{AA'}{B'M} ;$$

$$\frac{OA}{OB} = \frac{B'M}{BB'} .$$

D'où, en multipliant membre à membre ces deux
égalités, et supprimant le facteur commun B′M :

$$\frac{OA \cdot SA'}{OB \cdot SB'} = \frac{AA'}{BB'} .$$

Considérons à présent le triangle ABC, dont les trois
sommets A, B et C sont sur trois droites issues du
point O, et dont les trois côtés coupent en S, U et V une
autre droite A′ C′ B′ du plan.

La relation précédente, appliquée aux droites OAA′ et
OBB′, SAB et SA′B′, devient :

$$\frac{OA \cdot SA'}{OB \cdot SB'} = \frac{AA'}{BB'} .$$

On trouve de même pour les droites OAA′ et OC′C,
AUC et A′UC′ :

$$\frac{OC \cdot UC'}{OA \cdot UA'} = \frac{CC'}{AA'} \cdot$$

Enfin considérons en dernier lieu le système des droites OC'C et OBB', CVB et C'VB' :

$$\frac{OB \cdot VB'}{OC \cdot VC'} = \frac{BB'}{CC'} \cdot$$

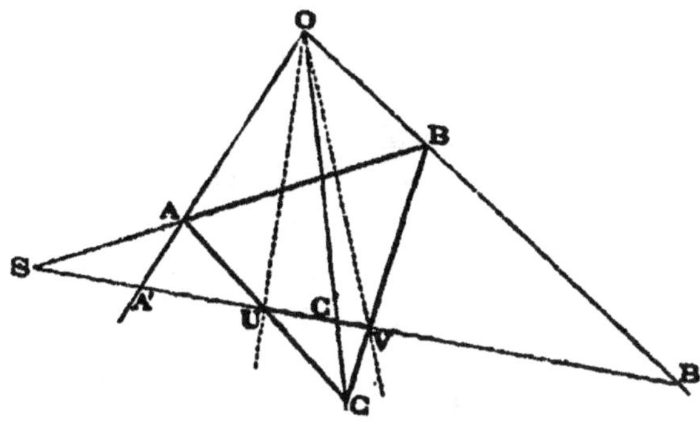

Figure 68.

Multiplions membre à membre ces trois égalités, et supprimons les facteurs communs au numérateur et au dénominateur. Il restera finalement :

$$\frac{SA' \cdot UC' \cdot VB'}{SB' \cdot UA' \cdot VC'} = 1.$$

Supposons que les trois sommets du triangle ABC se déplacent sur les droites issues du point O, sans que les côtés AB et AC cessent de rencontrer la droite A'C'B' aux deux points S et U, considérés comme des *points fixes*. Il résulte de la relation précédente que le point V sera également fixe.

En conséquence, lorsque les trois sommets d'un triangle se déplacent sur trois droites concourantes, avec la condition que deux de ses côtés AB et AC passent par des points fixes S et U, le troisième côté BC passe également par un point fixe V, en ligne droite avec les deux premiers.

Réciproquement si, les trois côtés du triangle passant par trois points fixes en ligne droite S, U et V, deux des sommets A et B se déplacent sur deux droites, le troisième C se déplace également sur une ligne droite issue du point de rencontre O des deux autres.

Supposons à présent que maintenant fixes les points S, A et B, qui sont en ligne droite, nous déformions le triangle UVC, dont les trois côtés passent par les points ci-dessus indiqués, en assujettissant le sommet U et le sommet C à se déplacer sur les droites UO et CO. En vertu du théorème précédent, le troisième sommet V devra lui-même se déplacer sur la droite VO, concourante avec les deux autres.

En conséquence, si, les trois sommets A, B, C d'un triangle étant assujettis à se déplacer sur les droites concourantes OA, OB et OC, alors que ses trois côtés passent par les points fixes en ligne droite S, U et V, on maintient invariable un de ces points, S par exemple, tandis que l'on fait subir à un second U un déplacement sur une droite UO concourant avec les précédentes, le troisième point fixe V éprouvera de son côté un déplacement sur la droite VO, qui passe par le même point O.

On peut énoncer le même théorème sous une forme un peu différente en disant que si, le point fixe S restant invariable, le point U a pour lieu géométrique la droite UO, le lieu géométrique du troisième point fixe sera la droite VO.

Il est évident que ces démonstrations subsistent si l'on suppose que le point O est rejeté à l'infini, les trois droites OA, OB et OC devenant parallèles : ce cas particulier se prête même à une démonstration géométrique plus simple.

On verrait de même que si l'un des points fixes, S par exemple, est rejeté à l'infini, le côté AB du triangle est assujetti à avoir sa direction parallèle à celle de la droite A'B'.

Ce théorème joue, comme nous le verrons plus loin, un rôle extrêmement important dans les théories de la statique graphique, relatives à la stabilité des constructions.

Nous ferons remarquer que le théorème de *Desargues* est un cas particulier d'un théorème plus général qui se déduit aisément d'une propriété géométrique des polygones funiculaires (Résistance des Matériaux, art. 12) : *Quand deux polygones correspondent à un même système de forces, les points de rencontre de leurs côtés homologues sont en ligne droite.* Par conséquent, si l'on assujettit deux côtés arbitrairement choisis d'un polygone funiculaire à passer par des points fixes, les autres côtés passeront aussi par des points fixes, en ligne droite avec les deux premiers.

Si l'on réduit à deux le nombre des forces du système, et par conséquent à trois celui des côtés du polygone funiculaire, on retombe sur le théorème de *Desargues*. En effet, dans la figure 69, la ligne brisée MABN est un polygone funiculaire relatif aux deux forces P et P', dont

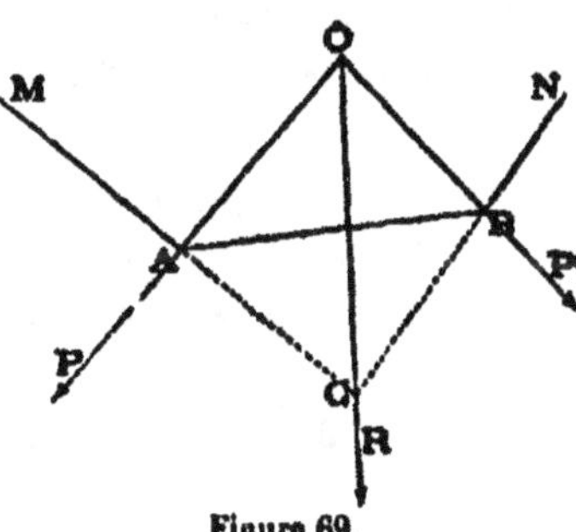

Figure 69.

les directions se coupent en O, puisque les deux côtés

MA et BN se rencontrent en C, sur une droite qui, passant également par le point O, peut être considérée comme la ligne d'action de la résultante R des deux forces P et P'.

50. Simplification de la ligne élastique d'une poutre continue à section constante. Directrices et lignes en croix. — Dans ce qui suit, nous envisagerons tout d'abord de façon exclusive le cas particulier de la poutre continue à section constante, en renvoyant à la fin de cette étude l'exposé de la méthode applicable au cas général de la section variable.

Considérons une travée OL de poutre continue : sa ligne élastique est une courbe funiculaire relative aux moments fléchissants X considérés comme des forces verticales. Or on sait que l'expression de ce moment fléchissant est :

$$X = M + X' \left(1 - \frac{x}{l}\right) + X'' \frac{x}{l}.$$

La lettre M désigne le moment fléchissant qui serait développé dans la section considérée par les charges extérieures, si cette travée était indépendante. Le moment M est toujours immédiatement calculable, d'après l'énoncé du problème : il doit être considéré comme une donnée de la question.

X' et X'' sont les moments sur les deux appuis O et L de la travée. Ils sont inconnus *a priori* : leur détermination constitue précisément le but des recherches auxquelles nous allons nous livrer.

Chaque force élémentaire Xdx peut être considérée comme la résultante des trois forces :

$$M dx, \quad X' \left(1 - \frac{x}{l}\right) dx \text{ et } X'' \frac{x}{l} dx.$$

Remplaçons toutes les forces à répartition continue Xdx qui sollicitent la travée OL, non par leur résultante totale $\int_0^l Xdx$, mais par les trois résultantes partielles :

$$\int_0^l \mathrm{M}dx, \quad \int_0^l \mathrm{X}'\left(1 - \frac{x}{l}\right) dx \quad \text{et} \int_0^l \mathrm{X}'' \frac{x}{l} dx,$$

qui constituent un système équivalent.

Nous substituerons de la sorte à la ligne élastique continue, qui est la fibre moyenne déformée de la poutre, une ligne brisée OABCL, ayant ses sommets

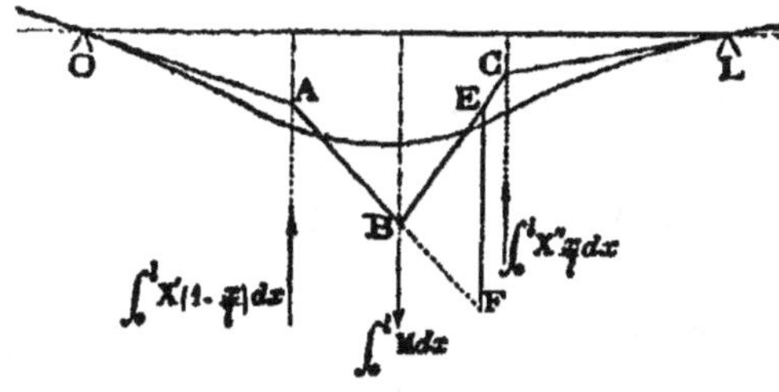

Figure 70.

A, B et C sur les lignes d'action des résultantes partielles précitées. D'après ce qui a été dit à l'article précédent, les côtés extrêmes de ce polygone, aboutissant aux deux appuis O et L de la travée, seront tangents à la ligne élastique continue, puisque l'on n'aura effectué la substitution aux forces extérieures Xdx à répartition continue, de trois forces isolées ayant même résultante, que dans l'intervalle OL, et que par suite on n'aura pas modifié la courbe funiculaire en dehors de cette région.

C'est en O et en L que la ligne brisée conventionnelle vient se raccorder tangentiellement avec la courbe funiculaire exacte.

Considérons d'abord le sommet B, qui est situé sur

la résultante des moments fléchissants $M dx$. Ceux-ci étant tous positifs, l'angle ABC est tourné vers le haut de la figure.

Il est toujours possible, en utilisant les données du problème posé, de tracer la courbe représentative des moments M relatifs à la charge directement appliquée à la travée OL, en supposant la poutre coupée sur les deux appuis O et L.

Si l'on construit ensuite, avec la distance polaire déjà adoptée pour la ligne élastique de la figure 70, une courbe funiculaire PR (fig. 71) correspondant aux forces à répartition continue $M dx$, puis que l'on mène à cette courbe ses tangentes extrêmes, correspondant aux verticales des appuis O et L, le point mutuel de rencontre D de ces tangentes sera sur la résultante des forces $M dx$, et par conséquent sur la verticale du sommet B de la ligne élastique modifiée.

D'autre part, la longueur du segment EF, intercepté par ces deux tangentes sur une verticale du plan, représentera le moment statique de la résultante $\int_o^l M dx$ par rapport à cette verticale. Cette longueur sera égale à celle du segment EF intercepté sur la même verticale par les deux côtés AB et BC de la ligne élastique, dont le sommet commun est sur la même résultante $\int_o^l M dx$.

En conséquence cette première construction fournit les deux *lignes en croix* PS et QR, dont le point de rencontre D est sur la verticale du sommet B de la ligne élastique, et dont la distance verticale mutuelle est sur une même ordonnée égale à la distance mutuelle des deux côtés aboutissant au point B.

Dans l'étude graphique des poutres continues, la

première opération à faire consiste dans la détermination de ces lignes en croix, tangentes extrêmes de la
courbe funiculaire relative aux moments M. Quand la

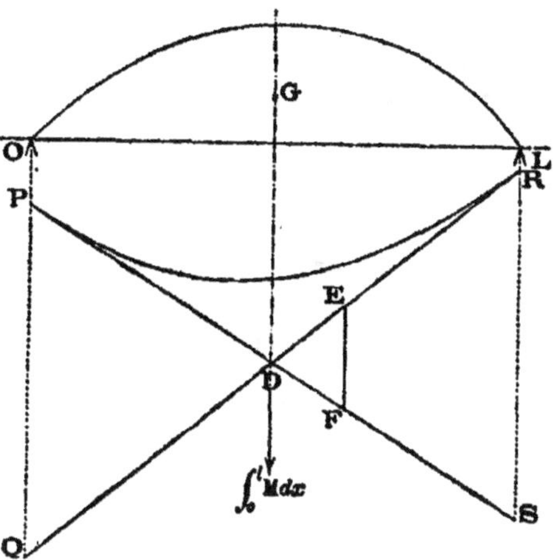

Figure 71.

valeur du moment fléchissant M est définie analytiquement ou géométriquement, on peut souvent se dispenser
de tracer par points la courbe funiculaire, parce que
l'on sait déterminer immédiatement les directions de
ses tangentes extrêmes.

Par exemple, dans le cas d'une charge uniformément
répartie, on a :

$$M = \tfrac{1}{2} px\,(l - x).$$

La verticale du point D est au milieu de l'ouverture.
On a d'ailleurs :

$$\int_0^l M\,dx = \frac{pl^3}{12},$$

et

$$PQ = RS = \frac{l}{2} \int_0^l M\,dx = \frac{pl^4}{24}.$$

On portera donc sur les deux verticales des appuis les longueurs représentatives de $\frac{1}{24}\,pl^{4}$, et l'on joindra en croix les extrémités de ces segments.

Considérons encore le cas d'un poids isolé π appliqué en N, à la distance u de l'appui de gauche O. La courbe représentative des M est le triangle ON'L, dont la hauteur est :

$$NN' = \frac{\pi u\,(l - u)}{l}.$$

La surface du triangle est :

$$\frac{\pi u\,(l - u)}{2} = \int_{0}^{l} M dx.$$

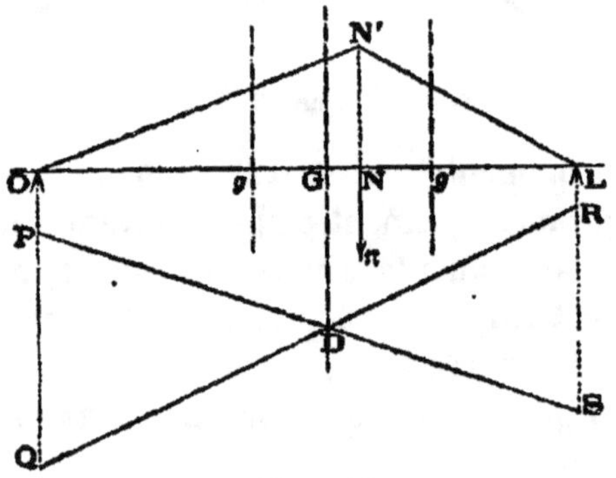

Figure 72.

Pour déterminer son centre de gravité, il suffit de tracer la verticale g, située aux deux tiers de la base horizontale ON du triangle ONN', qui passe par le centre de gravité de ce triangle ; la verticale g', aux deux tiers à partir de L de la longueur LN, qui passe par le centre de gravité du triangle LNN' ; puis la verticale G, dont la distance à la verticale g est égale à la distance de NN' à la verticale g' : $gG = Ng'$, ou $Gg' = gN$. Cette droite passe par le centre de gravité du triangle ONL.

On a :

$$OG = \frac{l+u}{3} \quad ; \quad GL = \frac{2\,l-u}{3}.$$

Les distances verticales mutuelles des lignes en croix, au droit des appuis, ont pour expressions connues :

$$PQ = \frac{\pi u\,(l-u)\,(l+u)}{6} \;;$$

$$RS = \frac{\pi u\,(l-u)\,(2l-u)}{6}.$$

Nous admettrons en définitive que l'on a commencé par tracer pour toutes les travées de la poutre continue, *considérées comme indépendantes*, les lignes en croix relatives aux moments M, dont les intersections D seront sur les verticales des sommets B de la ligne élastique, et dont les distances verticales mutuelles auront mêmes longueurs que celles des côtés aboutissant aux dits sommets.

Nous remarquerons maintenant que le sommet A de la ligne élastique (fig. 70) est situé sur la résultante des forces $X' \left(1 - \frac{x}{l}\right) dx$, proportionnelles aux ordonnées d'une droite oblique coupant la verticale de l'appui O à la hauteur X' et rencontrant l'horizontale de fermeture en L ; or la verticale menée par le centre de gravité du triangle déterminé par cette droite et par l'horizontale OL, passe au tiers de l'ouverture à partir de l'appui O.

De même le lieu géométrique du sommet C, situé

sur la résultante des forces $X'' \frac{x}{l}$, est au tiers de l'ouverture à partir de l'extrémité L.

En général, les moments d'appui sont négatifs : par suite les angles A et C sont tournés vers le bas de la figure.

Considérons maintenant les deux triangles correspondant, pour deux travées consécutives OL et OL', au moment fléchissant X' de l'appui commun O (fig. 74); leurs aires sont respectivement :

$$\int_0^l X' \frac{x\,dx}{l} = \frac{X'l}{2},$$

et

$$\int_0^{l'} X' \left(1 - \frac{x}{l'}\right) dx = \frac{X'l'}{2}.$$

Pour l'une ou l'autre, le centre de gravité du triangle correspondant est sur la verticale menée au tiers de son ouverture à partir de l'appui O :

$$Oa = \frac{l}{3}; \quad Oc' = \frac{l'}{3}.$$

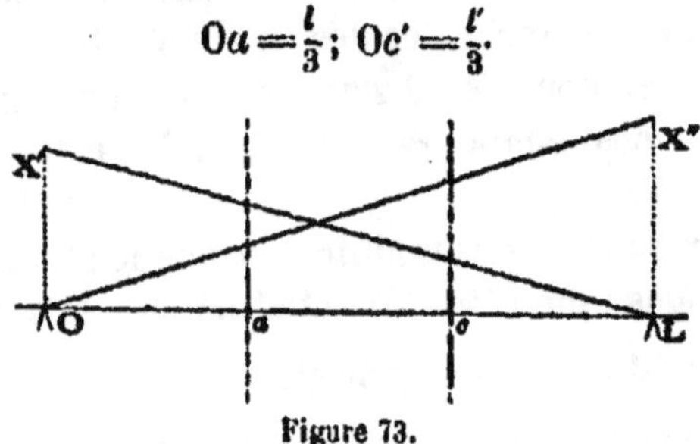

Figure 73.

Menons la verticale passant par le point g, défini par la condition :

$$gc' = \frac{l}{3} = Oa,$$

ou

$$ga = \frac{l'}{3} = Oc'.$$

Cette droite, qui, par rapport aux verticales c' et a, se trouve dans une position inverse de la verticale d'appui O, passe par le centre de gravité du triangle L'O'L : c'est donc la ligne d'action de la résultante générale de toutes les forces relatives aux deux travées consécutives, qui dépendent du moment d'appui X'.

Par conséquent, les deux côtés de la ligne élastique qui, de part et d'autre de l'appui O, aboutissent aux sommets C' et A correspondant pour les deux travées au moment de cet appui, se rencontrent sur la dite

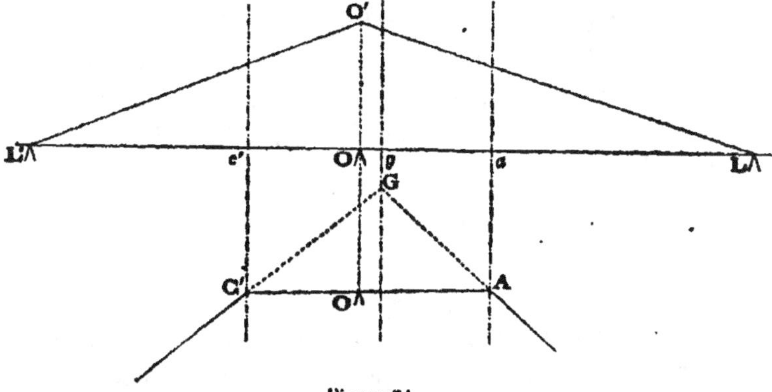

Figure 74.

verticale g, en vertu des propriétés des polygones funiculaires, puisque le point G est sur la résultante des forces appliquées en C' et A.

Nous admettrons qu'ayant à établir l'épure de stabilité d'une poutre continue à section constante, on ait tout d'abord construit (fig. 76) :

1° Les lignes en croix relatives aux moments M de chaque travée, considérée comme indépendante ;

2° Les verticales passant par le point de rencontre des lignes en croix, par le premier et par le deuxième tiers de l'ouverture, que nous appellerons les *directrices de la travée : première directrice* ou *directrice de gauche* (premier tiers) ; *deuxième directrice* ou *directrice centrale*, correspondant aux lignes en croix, et nécessairement située dans le tiers moyen de l'ouverture ; *troisième directrice* ou *directrice de droite* (deuxième tiers de l'ouverture) ;

3° Enfin la verticale correspondant, pour deux travées consécutives, aux moments relatifs à l'appui commun. Nous lui donnerons le nom de *directrice d'appui.*

Nous remarquerons d'ailleurs que si une travée de rive repose sur un appui extrême simple, il n'y a pas de directrice passant au tiers de l'ouverture à partir de cet appui, parce que le premier moment d'appui X' est nul, et que l'expression du moment fléchissant se réduit à :

$$X = M + X'' \frac{x}{l}.$$

Si une travée ne porte aucune charge, M est nul pour une section quelconque ; la directrice centrale disparaît, et la ligne élastique ne présente plus de sommet B : les points A et C sont reliés par une droite.

51. Points et lignes d'inflexion. Foyers. — Considérons la poutre continue 0123... n dont tous les appuis sont simples.

Soit :

$$OB_1C_1 \ (1) \ A_2B_2C_2 \ (2) \ A_3B_3C_3 \ (3)...$$

la ligne brisée élastique que nous avons définie précédemment. Elle part de l'appui de gauche O, et a son premier sommet B_1 sur la directrice *centrale* de la première travée, son second C_1 sur la directrice de *droite* de la même travée ; puis passe par l'appui 1, et a ses trois sommets suivants A_2, B_2 et C_2 sur les trois directrices de la seconde travée, etc...

Les prolongements des côtés B_1 C_1 et A_2 B_2 se rencontrent en G_1 sur la directrice de l'appui 1.

La distance verticale OO', au droit de l'appui O, des deux côtés aboutissant au sommet B_1, représente sur l'épure le moment statique par rapport à cet appui de la force $\int_0^l M dx$ appliquée au sommet B_1. Or ce moment statique nous est fourni, comme on l'a vu, par les lignes en croix de la première travée, dont la distance verticale mutuelle est précisément OO' au droit de l'appui O. Nous pouvons donc marquer sur l'épure le point O', dont la distance à O nous est connue (fig. 75).

Considérons le triangle C_1 G_1 A_2 ; ses trois sommets sont sur des verticales connues, qui sont des directrices de l'épure. Le côté C_1G_1 passe par un point également connu O', et le côté C_1A_2 passe par l'appui 1. Donc, en vertu du théorème de Desargues, le point d'intersection V_1 du troisième côté G_1A_2 et de, la droite O'1, est également un point fixe, commun aux côtés homologues de tous les triangles remplissant les conditions précédentes.

En conséquence, si nous menons par O' une droite de direction *arbitraire*, qui rencontre en C'_1 et G'_1 les directrices C_1 et G_1 ; puis si nous joignons les points C'_1 et 1, et prolongeons cette droite jusqu'à sa rencontre en A'_2 avec la directrice A_2 : la droite $G'_1A'_2$, troisième côté du triangle $C'_1G'_1A'_2$, coupera la droite O'1 au même point V_1. Ce dernier se trouvera ainsi déterminé par une construction géométrique simple.

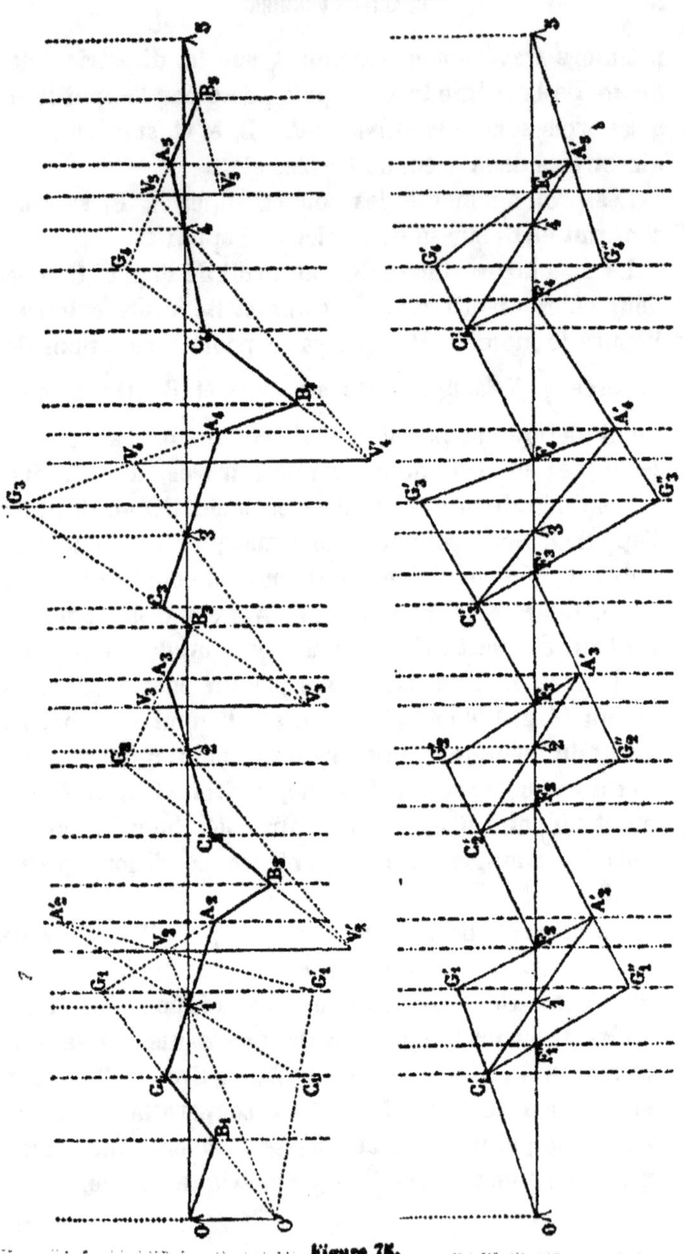

Figure 75.

Passons à la seconde travée : le côté A_2B_2 passe par le point fixe V_2, que nous venons de marquer sur l'épure. La distance verticale mutuelle $V_2V'_2$ des deux côtés A_2B_2 et B_2C_2, dont l'intersection est sur la directrice centrale, est le moment statique par rapport à la verticale V_2 de la résultante $\int_0^l \mathrm{M}dx$ qui passe par B_2 : la valeur de ce moment statique nous est fournie par les lignes en croix de la seconde travée.

Nous pouvons donc, connaissant le point V_2, marquer sur sa verticale le point V'_2, dont la distance au premier aura été relevée sur l'épure des lignes en croix pour la seconde travée 1, 2.

Nous remarquerons à présent que le triangle C_2 G_2 A_2 a ses sommets sur trois directrices verticales connues. Deux de ses côtés passent par des points fixes, V'_2 que nous venons de déterminer, et l'appui 2. Donc le troisième G_2 A_2 passe par un point fixe V_3, en ligne droite avec les deux autres, dont nous déterminerons la position par une construction identique à celle déjà employée pour la première travée, en partant d'une droite de direction arbitraire issue du point V'_2, et prolongée jusqu'à ses points de rencontre avec les verticales C_2 et G_2.

En continuant de la même façon de proche en proche, nous déterminerons dans chaque travée de la poutre un point fixe V, appartenant au côté de la ligne élastique compris entre la première directrice et la directrice centrale.

Si ensuite nous appliquons la même méthode en partant du dernier appui N de la poutre, au lieu du premier O, nous obtiendrons une seconde série de points fixes W, situés dans chaque travée sur le côté de la ligne élastique compris entre la directrice centrale et la directrice de droite.

De sorte qu'en définitive nous aurons obtenu deux points fixes V et W par travée intermédiaire, et un seul point par travée de rive, W_1 pour la première, V_n pour la dernière. On qualifie ces points fixes de *points d'inflexion* de l'épure.

Supposons que nous fassions varier la charge propre d'une travée, par exemple la seconde : la résultante $\int_0^l M dx$ changera de valeur, ainsi que son moment par rapport à la verticale V_2. Le point V'_2 se déplacera donc sur la verticale V_2, et comme le point 2 demeurera immobile, nous en conclurons, en vertu du théorème de Desargues, que le troisième point fixe V_3 subira lui aussi un déplacement vertical.

Le lien géométrique d'un point V ou W est donc une verticale : on lui donne le nom de *ligne d'inflexion.* En prenant arbitrairement les longueurs représentatives des moments statiques OO', $V_2 V'_2$, $V_3 V'_3$, NN', $W_{n-1} W'_{n-1}$, etc., et effectuant la construction de la figure 75, on obtiendra une série de points situés sur les verticales d'inflexion, sans avoir besoin de consulter l'épure des lignes en croix.

La solution la plus simple consiste à supposer nuls tous les moments statiques relatifs aux verticales d'inflexion, c'est-à-dire à admettre qu'aucune travée ne porte de charge. Dans ces conditions, le point O' coïncide avec le point O, le point V'_2 avec le point V_2, et ainsi de suite, et tous les points fixes de l'épure se trouvent ramenés sur l'horizontale des appuis. On obtient de la sorte l'épure représentée par la seconde partie de la figure 75, qui fournit les intersections des deux lignes d'inflexion de chaque travée avec l'horizontale des appuis. Nous avons désigné ces points par les lettres F et F'. Ce sont, en effet, les *foyers* de la travée.

Il serait facile de démontrer que la construction géométrique de la figure 75 fournit bien la solution graphique des deux séries d'équations numériques 3 et 4 de l'article 30, où les coefficients numériques β et γ sont liés aux distances a et a' des deux foyers à l'appui de gauche, par les relations :

$$\beta = \frac{a}{l-a'}, \quad \gamma = \frac{l-a'}{a'}.$$

Il n'y aurait qu'à résoudre les triangles successifs de la figure, de façon à se procurer les valeurs de ces abscisses, en fonction des ouvertures l_1, l_2... des travées successives.

Mais nous donnerons plus loin une démonstration plus simple de ce fait, que nous nous bornons actuellement à affirmer : *les lignes verticales d'inflexion d'une travée passent par ses foyers.*

Nous remarquerons que dans la figure 75 on a, dans un but de simplification, employé les mêmes côtés d'*appuis* pour la construction partant de l'extrémité de gauche, et pour celle partant de l'extrémité de droite : on a pu ainsi utiliser à deux fins chacun de ces côtés d'appuis.

52. Lignes de bases et ligne élastique. — Nous admettrons que l'on ait tracé sur l'épure, pour toutes les travées de la poutre continue : les lignes en croix, les directrices, et les lignes d'inflexion passant par les foyers.

Portons (fig. 76) sur la verticale du premier appui O,

LIGNES EN CROIX
DIRECTRICES
FOYERS ET LIGNES
D'INFLEXION
LIGNES DE BASES
LIGNE ÉLASTIQUE

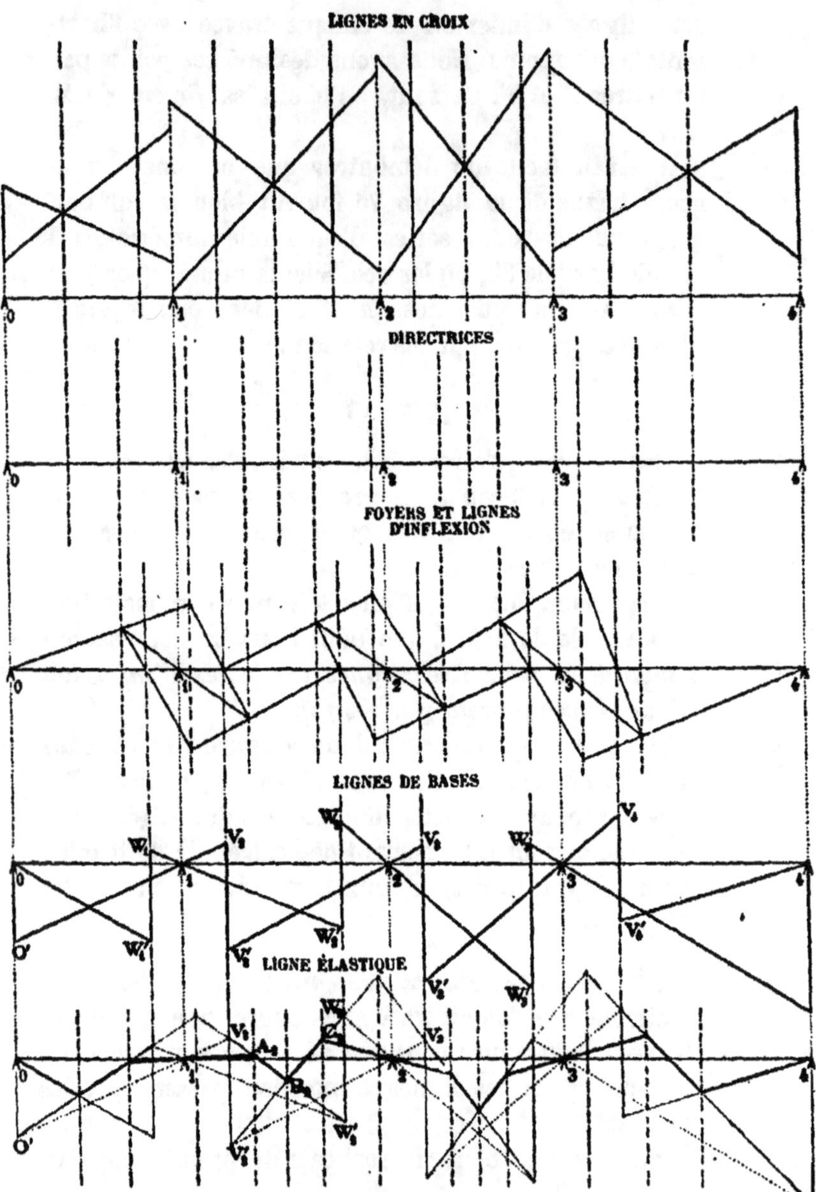

Figure 76.

et au-dessous de cet appui, le moment statique OO' fourni par les lignes en croix de la première travée, et joignons O'1 ; l'intersection de cette droite avec la première ligne d'inflexion de la deuxième travée nous fournira le premier point d'inflexion V_2 de cette travée. On portera au-dessous de V_2 la longueur $V_2V'_2$, représentative du moment statique fourni par les lignes en croix de la deuxième travée ; on joindra $V'_2 2$, et l'intersection de cette droite avec la première ligne d'inflexion de la troisième travée sera son premier point d'inflexion V_3, etc., etc. Nous tracerons de la sorte une ligne brisée qui viendra finalement se terminer au dernier appui de la poutre. Puis, partant de ce dernier appui et refaisant identiquement la même construction en marchant de droite à gauche, on construira une seconde ligne brisée ayant pour sommets les seconds points d'inflexion W des travées successives. Nous qualifierons ces deux lignes brisées de *lignes de bases* de l'épure. Elles sont complètement définies par les trois conditions suivantes : leurs côtés obliques passent par les appuis ; leurs côtés verticaux coïncident avec les lignes d'inflexion de la série de gauche ou de la série de droite de toutes les travées ; la longueur de chaque côté vertical est fournie par les lignes en croix de la travée.

Ayant ainsi marqué dans chaque travée les quatre points V, V', W et W', sommets des deux lignes de base, il suffira de les réunir *en croix*, pour obtenir les côtés AB et BC de la ligne brisée, qui sont les diagonales VW' et V'W du quadrilatère VWW'V' (fig. 77).

Ces droites devront être arrêtées à leur intersection mutuelle B sur la directrice centrale, et à leurs points de rencontre A et C avec les directrices de gauche et de droite de la travée. Puis on joindra chaque point A ou C à l'appui le plus voisin.

Si l'épure a été correctement exécutée, cette construction donnera la ligne élastique cherchée ; par conséquent, chaque appui sera en ligne droite avec les deux sommets précédent C et suivant A.

53. Détermination des moments d'appuis. — Prolongeons dans la travée NS le côté BA jusqu'à la verticale de l'appui le plus voisin N, et le côté BC jusqu'à la verticale de l'autre appui S. NN' représente, à l'échelle de l'épure, le moment statique par rapport à la verticale N de la force appliquée en A. Or, cette force a pour grandeur :

$$\int_0^l X' \left(1 - \frac{x}{l}\right) dx = \frac{X'l}{2} .$$

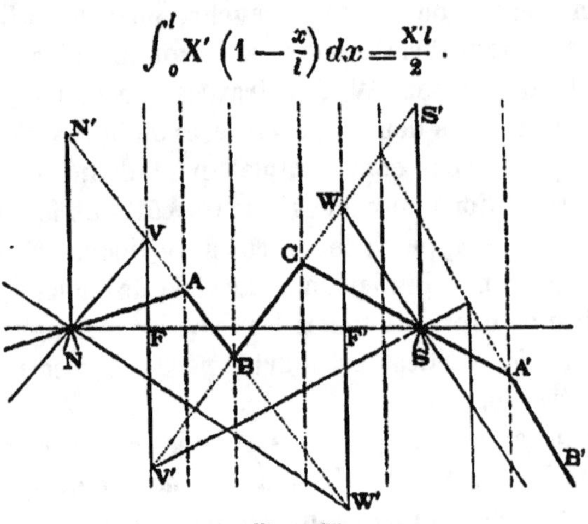

Figure 77.

La directrice A est au premier tiers de l'ouverture. Donc, sa distance horizontale à l'appui étant $\frac{l}{3}$, le moment statique de la force $\frac{X'l}{2}$ par rapport à la verticale N est $\frac{X'l^2}{6}$.

En conséquence, il suffit de mesurer sur l'épure la longueur NN′, et de multiplier le résultat par $\frac{6}{l^2}$ pour avoir la valeur numérique du moment X′ relatif à l'appui N.

De même le produit de la longueur′ SS′ par $\frac{6}{l^2}$ fournira la valeur du moment d'appui X″ sur l'appui S.

A titre de vérification, on devra constater que les valeurs obtenues pour un même moment d'appui, en partant des mesurages effectués sur les épures des deux travées qui l'encadrent, sont identiques, ce qui suppose tout simplement que les deux côtés considérés BC et A′B′ se rencontrent sur la directrice d'appui.

54. Cas d'une seule travée chargée. — Supposons que la travée de numéro m soit seule chargée. La ligne de base à sommets V et V′ disparaîtra, ou, si l'on veut, coïncidera avec l'horizontale des appuis jusqu'au premier foyer de la travée m, au-dessous duquel on portera la longueur représentative du moment statique, fournie par les lignes en croix.

A partir de cette travée, la ligne de base restera séparée de l'horizontale d'appui ; mais comme dans la travée suivante la charge est supposée nulle, et que par suite la résultante $\int_0^l M dx$ l'est également, les points V et V′ coïncideront. La ligne de base ne comportera plus de côtés verticaux, mais simplement des côtés obliques successifs, dont chacun passera par un appui et sera limité aux verticales des premiers foyers des deux travées adjacentes à cet appui (fig. 78).

De même, la ligne de base à sommets W et W′ ne se séparera de l'horizontale des appuis qu'à partir du second foyer de la travée *m*. Pour les travées de numéro inférieur à *m*, elle se réduira à une ligne brisée passant par les appuis et ayant ses sommets sur les verticales des seconds foyers des travées successives.

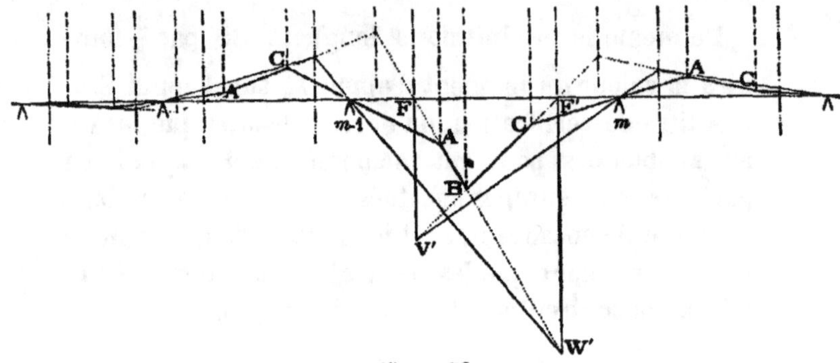

Figure 78.

Pour tracer la ligne élastique, nous joindrons en croix les quatre sommets des lignes de base dans la travée chargée, et nous arrêterons ces deux lignes à leur intersection mutuelle et à leurs points de rencontre avec les directrices de gauche et de droite.

Dans toute travée non chargée, le sommet B, correspondant à la résultante $\int_0^l M dx$, qui est nulle, a disparu. On n'a donc qu'à réunir par une seule droite, pour les travées de numéro inférieur à *m*, le point W', situé sur la verticale du deuxième foyer F', au premier foyer F ; et pour les travées de numéro supérieur à *m* le point V, situé sur la verticale du premier foyer F, au second foyer F'. Ces droites seront limitées à leurs rencontres avec les deux directrices de gauche et de droite. Enfin, on complètera la ligne élastique en traçant les côtés reliant les points d'appuis aux sommets déjà marqués sur les directrices de gauche et de droite voisines de ces appuis.

On obtiendra de la sorte, pour chaque travée non chargée, une ligne brisée telle que NACS (fig. 79), ayant ses deux sommets A et C au premier et au second tiers de l'ouverture. On relèvera sur l'épure les longueurs

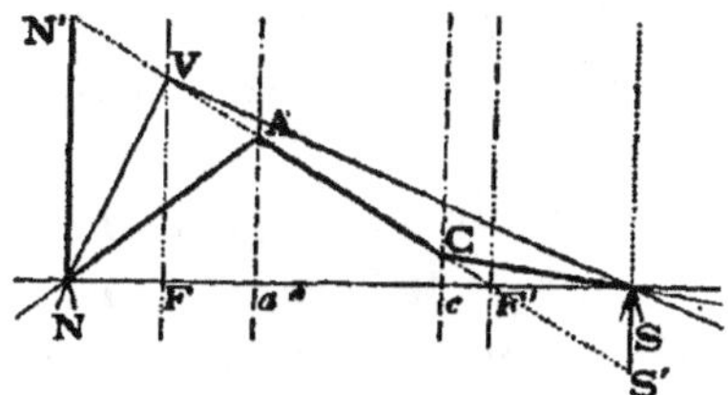

Figure 79.

représentant les moments fléchissants d'appui en prolongeant la droite AC jusqu'aux verticales d'appui N et S. On trouvera :

$$X' = NN' \times \frac{6}{l^2}, \text{ et } X'' = SS' \times \frac{6}{l^2}.$$

Comme la droite N'ACS' coupe l'horizontale NS sur un foyer, par exemple le second F' dans le cas de la figure 79, on a, en considérant les triangles semblables ayant leur sommet commun en F' :

$$\frac{NN'}{SS'} = \frac{X'}{X''} = \frac{NF'}{F'S}.$$

La ligne représentative des moments fléchissants de la travée non chargée :

$$X = X' \left(1 - \frac{x}{l}\right) + X'' \frac{x}{l},$$

est une droite qui coupe l'horizontale de fermeture au droit du point F, ce qui vérifie, *a posteriori*, l'assertion formulée par nous précédemment, que les *lignes d'inflexion* sont les *verticales des foyers*, dont la définition est précisément basée sur cette propriété (art. 32).

On donne en statique graphique le nom de *ligne d'inflexion* à la verticale du foyer, précisément parce qu'elle coïncide, pour les travées non chargées, avec la section où, le moment fléchissant changeant de signe après avoir passé par zéro, la ligne élastique présente un *point d'inflexion*, avec renversement de sa courbure.

Il résulte de cette étude que lorsque la travée m est seule chargée, on peut se borner à contruire la portion d'épure limitée entre les appuis $m - 1$ et m de la figure 78 ; on en tirera les valeurs des moments d'appuis X_{m-1} et X_m, après quoi on déterminera les autres moments d'appuis par la construction indiquée sur la figure 42, page 178, qui suppose que les positions des foyers ont été marquées au préalable sur tout le développement de la poutre.

55. Epures des moments fléchissants et des efforts tranchants. — Nous venons de voir comme on peut se procurer, par une méthode graphique, les valeurs de tous les moments d'appuis développés dans une poutre continue par une charge quelconque, définie par l'énoncé du problème à résoudre. Nous remarquerons que toutes les constructions indiquées ci-dessus ne constituent qu'une solution géométrique des équations des trois moments énoncés dans le paragraphe précédent. On part des mêmes données pour arriver au même résultat en suivant exactement la même marche, et passant par des phases identiques ; mais on substitue le tracé graphique au calcul algébrique, pour effectuer, dans le même ordre, les mêmes opérations.

La méthode graphique offre cet avantage qu'elle permet de déterminer par une unique épure les moments d'appuis relatifs à une charge à répartition quelconque couvrant toutes les travées à la fois, alors que le calcul algébrique oblige à rechercher isolément ceux dus à la charge de chaque travée considérée à part, les autres travées étant supposées libres, puis ensuite à totaliser les résultats partiels obtenus. D'autre part, la méthode graphique ne présente pas plus de complication avec une surcharge à répartition irrégulière qu'avec une surcharge uniforme : après que l'on a tracé la courbe des M et les lignes en croix, on procède identiquement de même dans les deux cas. Au contraire, la méthode algébrique est plus laborieuse si la charge n'est pas uniforme, et les tables numériques établies pour les poutres symétriques deviennent inutilisables en pareil cas.

Pour tracer les courbes enveloppes des moments fléchissants maxima, dus aux surcharges les plus défavorables, il y a lieu d'envisager successivement toutes les dispositions de surcharge indiquées précédemment à propos du calcul algébrique (art. 37). On peut faire toutes les constructions sur la même épure, les changements opérés dans la distribution des travées chargées n'influant que sur les *lignes de bases*. Nous croyons inutile de faire ressortir que pour tracer toutes les paraboles centrales des travées, comprises entre les deux foyers, il suffit de considérer pour l'ensemble de la poutre deux dispositions différentes de surcharge, couvrant soit les travées de rang impair, soit celles de rang pair.

Pour déterminer les parties latérales des courbes, situées entre chaque foyer et l'appui le plus voisin, chaque disposition de surcharge envisagée ne servira que pour les deux travées adjacentes à l'appui sur

lequel on se propose de réaliser le moment maximum :
cela fait en somme autant de surcharges différentes
qu'il y a d'appuis intermédiaires.

Pour une poutre de n travées, on a en définitive n
constructions distinctes à faire, soit 2 pour les parties
centrales des courbes et $n - 2$ pour les régions avoisinant les appuis.

Possédant l'épure des moments fléchissants, il est
facile d'établir celle des efforts tranchants, en construisant d'abord la courbe des efforts tranchants N pour
chaque travée considérée comme indépendante, puis
traçant les droites de fermeture horizontales, dont les
positions dépendent des moments d'appui correspondants :

$$V = N - \left(\frac{X' - X'}{l}\right).$$

**56. Recherche des surcharges incomplètes les plus
défavorables dans une travée.** — La méthode que nous
venons d'exposer suppose que chaque travée est, soit
libre, soit complètement surchargée. Or on sait que,
pour obtenir les enveloppes des moments fléchissants
maxima dans la région comprise entre les appuis et
les foyers, il est nécessaire d'envisager pour la travée
considérée le cas des surcharges incomplètes. On a
également vu que par la méthode algébrique cette
recherche est extrêmement compliquée et laborieuse :
nous avons indiqué en conséquence une règle pratique
fournissant une solution approximative suffisamment
exacte, et péchant d'ailleurs par excès.

Il est intéressant de faire voir que la résolution graphique du même problème est assez simple en théorie,
et s'opère à l'aide de constructions tout à fait élémen-

taires. Nous trouverons d'ailleurs plus commode d'en faire la démonstration par l'algèbre, plutôt que de recourir à la géométrie, qui exigerait d'assez longs développements.

Si l'on veut reconnaître la disposition de surcharge la plus défavorable pour une section donnée, il suffit de rechercher la position à attribuer à un poids mobile P, pour que le moment fléchissant développé dans cette section soit nul ; en effet, suivant que l'on déplacera le poids à droite ou à gauche, on obtiendra alors un moment positif ou négatif.

Pour réaliser la disposition de surcharge donnant le moment maximum en valeur absolue, il convient par suite de limiter la région surchargée à la section d'application du poids en question.

Réciproquement, si l'on trace l'épure des moments fléchissants relatifs à une position donnée du poids, les points de rencontre de la droite de fermeture et de la courbe des M indiqueront les sections par lesquelles la surcharge la plus défavorable devra être limitée au droit du poids considéré.

Le problème consiste en définitive à déterminer graphiquement pour un poids isolé P, appliqué sur la travée à la distance u de l'appui de gauche, les sections d'abscisses x' dans lesquelles le moment fléchissant sera nul.

On sait que l'expression générale du moment fléchissant dû au poids P a pour expression algébrique :

$$\left.\begin{array}{l} o < x < u; \quad X - \dfrac{P(l-u)x}{l} = \\[2ex] u < x < l; \quad X - \dfrac{Pu(l-x)}{l} = \end{array}\right\}$$

$$- \frac{Pu(l-u)}{l} \left[\frac{a}{a'-a} \cdot \frac{(2l-u)\,a' - (l+u)(l-a')}{l^2} \left(1 - \frac{x}{l}\right) \right.$$
$$\left. + \frac{l-a'}{a'-a} \cdot \frac{(l+u)(l-a) - (2l-u)\,a}{l^2} \cdot \frac{x}{l} \right].$$

Il s'agit de calculer les valeurs x' de la variable x pour lesquelles X s'annule, c'est-à-dire les abscisses des points de rencontre de la ligne brisée y' :

$$
\left.
\begin{array}{l}
o < x < u, \\[2mm]
u < x < l,
\end{array}
\right\}
\quad y' = \quad
\left\{
\begin{array}{l}
\dfrac{P(l-u)x}{l}, \\[2mm]
\dfrac{Pu(l-x)}{l};
\end{array}
\right.
$$

et de la droite de fermeture y'' :

$$y'' = + \frac{Pu(l-u)}{l} \left[\frac{a}{a'-a} \frac{(2l-u)\,a' - (l+u)(l-a')}{l^2} \left(1 - \frac{x}{l}\right) \right.$$
$$\left. + \frac{l-a'}{a'-a} \cdot \frac{(l+u)(l-a) - (2l-u)\,a}{l^2} \cdot \frac{x}{l} \right].$$

On peut, sans rien changer aux valeurs cherchées de x, amplifier dans le même rapport les quantités y' et y'', c'est-à-dire modifier l'échelle des ordonnées.

Si l'on a $y' - y'' = o$, on aura, pour la même abscisse x' :

$$(y' - y'') \frac{l}{Pu(l-u)} = o.$$

La problème peut donc se ramener à la recherche des points d'intersection de la ligne brisée y' :

$$
\left.
\begin{array}{l}
o < x < u \\[2mm]
u < x < l
\end{array}
\right\}
\quad y' = \quad
\left\{
\begin{array}{l}
\dfrac{x}{u}, \\[2mm]
\dfrac{l-x}{l-u};
\end{array}
\right.
$$

et de la droite y'' :

$$y'' = \frac{a}{a'-a} \cdot \frac{(2l-u)\,a' - (l+u)\,(l-a)}{l^2} \cdot \left(1 - \frac{x}{l}\right)$$

$$+ \frac{l-a'}{a'-a} \cdot \frac{(l+u)\,(l-a) - (2l-u)\,a}{l^2} \cdot \frac{x}{l}$$

Le lieu géométrique du sommet M de la ligne brisée y', dont les extrémités sont sur les appuis O et L, est l'horizontale PQ, située à la distance 1 de l'axe des x. Il s'agit maintenant de tracer la droite de fermeture y''. Menons les verticales des deux foyers F et F', et cherchons leurs intersections avec la droite de fermeture en question, dans les deux cas particuliers où l'on a $u = o$ et $u = l$: le poids P est alors appliqué au droit de l'appui O, ou au droit de l'appui L.

On trouve :

Pour $u = o$:

$$x = a,\, y'' = \frac{2a}{l} \qquad , \qquad \text{point A ;}$$

$$x = a',\, y'' = \frac{l-a'}{l} \qquad , \qquad \text{point A'.}$$

Pour $u = l$:

$$x = a,\, y'' = \frac{a}{l} \qquad , \qquad \text{point B ;}$$

$$x = a',\, y'' \frac{2\,(l-a')}{l} \qquad , \qquad \text{point B'.}$$

Si l'on mène les deux diagonales PL et OQ du rectangle OLQP, et si l'on joint les deux points O et L au milieu R du côté opposé PQ, on constate :

Que le point A est à la rencontre de la verticale du foyer F et de la droite OR ;

Que le point B est à la rencontre de la verticale du foyer F et de la droite OQ ;

Que le point A′ est à la rencontre de la verticale du foyer F′ et de la droite LP ;

Que le point B′ est à la rencontre de la verticale du foyer F′ et de la droite LR.

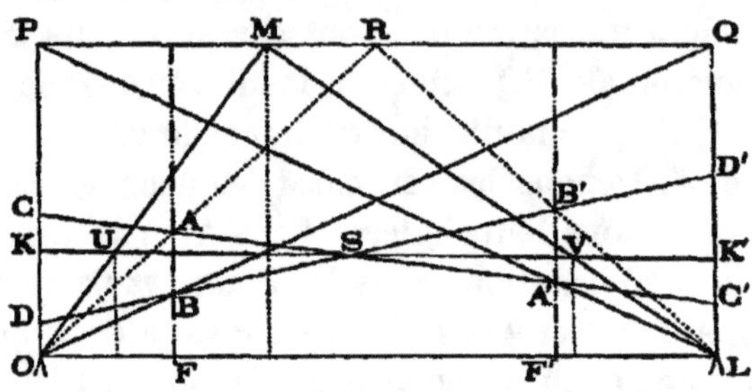

Figure 80.

Ayant ainsi marqué les points A, A′, B, B′, nous les joindrons en croix pour avoir les deux droites de fermeture CSC′ et DSD′, correspondant respectivement aux deux cas où u est égal à zéro ou à l.

Nous remarquerons ensuite que y' et y'' sont des fonctions linéaires de l'abscisse u du point d'application de la force. En conséquence, si l'on divise en m parties égales les longueurs CD et C′D′, ainsi que le côté PQ, toute droite KK′ passant par le point S, et réunissant deux points de division des côtés verticaux symétriques par rapport à ce point S, sera la ligne de fermeture correspondant à la ligne brisée OML, dont le sommet M est sur le point de division correspondant du côté PQ :

$$\frac{CK}{CD} = \frac{C'K'}{C'D'} = \frac{PM}{PQ}.$$

Les points U et V de rencontre de la ligne brisée OML et de sa droite de fermeture indiquent les sections de la poutre pour lesquelles X s'annule quand le poids P est appliqué en M. Pour ces sections U et V, les surcharges les plus défavorables doivent donc être limitées à la verticale L. Nous remarquerons d'ailleurs que les points U et V sont toujours en dehors de la région interfocale FF'.

En effectuant la même construction pour un certain nombre de positions du poids P, on déterminera les limites de la surcharge pour autant de sections comprises entre O et F, et entre F' et L, qu'on le voudra.

On constate sur la figure 80, ce que nous avions déjà signalé, que pour toute section comprise entre les foyers F et F', le moment fléchissant est toujours positif, quelle que soit la position du poids. La valeur du moment fléchissant positif maximum correspond donc au cas où la travée est *complètement* surchargée ; le moment négatif maximum ne peut être réalisé que si la travée ne porte aucune surcharge.

Ce procédé graphique permet d'évaluer les moments maxima dus à une surcharge incomplète de *distribution quelconque,* avec autant de facilité que si la répartition était uniforme. Il peut donc rendre des services pour les poutres soumises à des charges irrégulières (train de chemin de fer), alors que la méthode algébrique serait d'un emploi laborieux.

57. Dénivellation des appuis. — Ainsi que nous l'avons déjà fait remarquer, on a le droit, en vertu de la loi de *Hooke*, d'étudier les effets produits par le déplacement vertical d'un appui indépendamment de ceux dus aux charges et surcharges, sauf à totaliser ensuite les résultats fournis par les deux calculs distincts. Nous n'avons donc qu'à rechercher les moments de flexion produits par la dénivellation des appuis dans une poutre non chargée.

Nous porterons en ordonnées, au-dessous ou au-dessus de l'horizontale figurant la fibre moyenne primitive de la poutre, les longueurs représentatives des déplacements négatifs ou positifs des appuis, puis nous construirons les deux lignes de bases de l'épure, d'après les positions des appuis résultant de leur dénivellation, conformément à la règle posée précédemment : la première, qui part de l'extrémité de gauche O, est une ligne brisée qui passe par les appuis et a ses sommets sur les premiers foyers des travées successives ; la seconde qui part de l'extrémité de droite n, a ses sommets sur les deuxièmes foyers. Comme la poutre ne porte aucune charge, et que par suite les moments statiques correspondant aux forces Mdx sont nuls, il n'y a pas de *décrochement* sur les verticales des foyers.

La figure 81 se rapporte au cas particulier où un seul des appuis, celui désigné par la lettre D, a éprouvé un

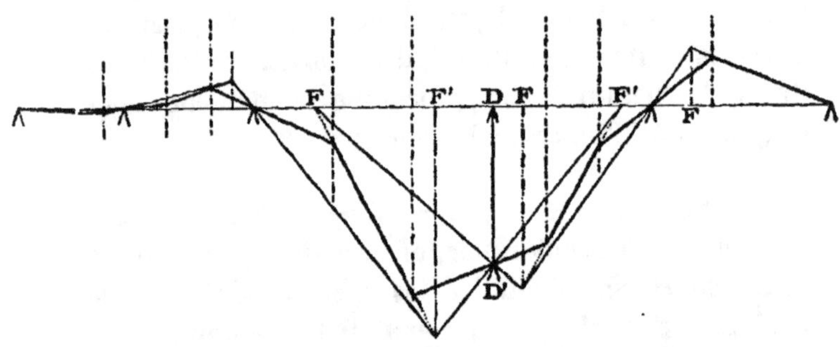

Figure 81.

déplacement DD', supposé négatif.

La figure 82 se rapporte au cas où les appuis successifs se sont déplacés, les uns par abaissement, les autres par relèvement.

En joignant dans chaque travée les deux sommets

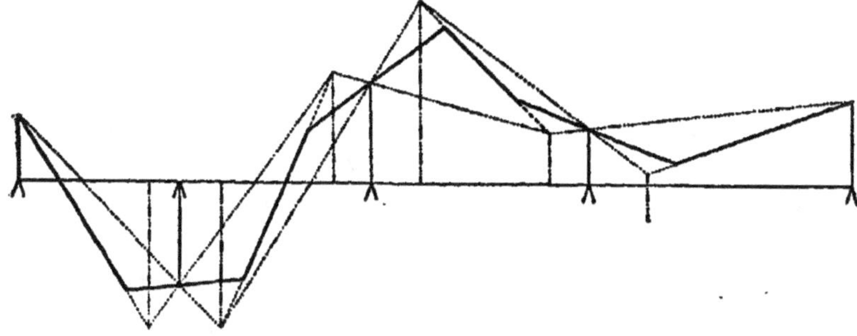

Figure 82.

des lignes de bases situés sur les verticales des foyers, et arrêtant cette droite aux directrices de droite et de gauche, on aura le côté central de la ligne élastique.

Soit m la distance verticale de l'appui M au côté central de la ligne élastique de la travée MN (fig. 83).

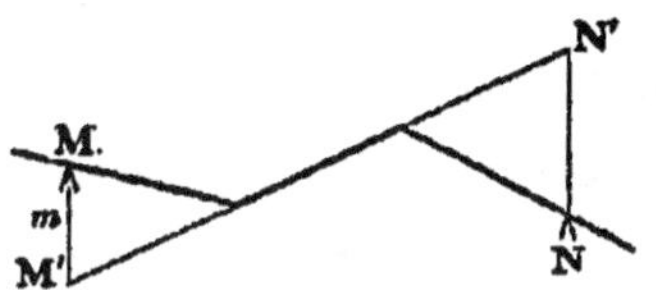

Figure 83.

Si l'on désigne par X' le moment fléchissant sur l'appui en question, la longueur m représentera le moment statique $\frac{X'b}{6}$, à l'échelle admise pour l'épure. Mais nous remarquerons que pour établir la concordance entre l'échelle des moments et celle des déplacements verticaux, il aura fallu multiplier ceux-ci sur l'épure par le facteur EI, auquel cas ou aura bien : $X = \dfrac{6m}{l^2}$. Réciproquement, si l'on a porté les déplacements en vraies grandeurs, la longueur m représentera la quantité $\dfrac{X'l^2}{6EI}$.

D'où l'on tirera : $X' = \dfrac{6EI}{l^2}\, m$.

S'il n'y a de déplacement que pour un seul appui, chaque ligne de base se confond avec l'horizontale jusqu'au foyer de la travée qui précède cet appui (fig. 81).

58. Poutres encastrées. — Dans le cas particulier d'un appui extrême double, la travée adjacente a l'un de ses foyers situé au tiers de l'ouverture à partir de cet appui extrême.

Cela est évident *a priori*, car au droit de l'encastrement la tangente extrême à la fibre moyenne demeure l'horizontale. Donc le premier côté de la ligne brisée élastique est horizontal jusqu'à sa rencontre avec la première directrice, située au tiers de l'ouverture.

Nous porterons au-dessous de ce premier point fixe le moment statique de la résultante $\int_0^l M dx$ fourni par les lignes en croix, et nous continuerons le tracé de la ligne de base en suivant la marche habituelle.

La seule différence avec le cas de la poutre à appuis extrêmes simples, est que, dans chaque travée extrême encastrée, on a deux foyers comme dans une travée intermédiaire, et que l'un de ces foyers est au tiers de l'ouverture à partir de l'appui double.

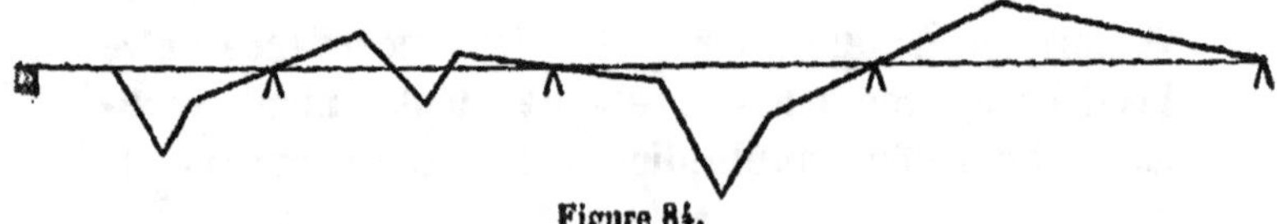

Figure 84.

Les figures 84 et 85 se rapportent à une poutre comportant plusieurs travées et encastrée à gauche.

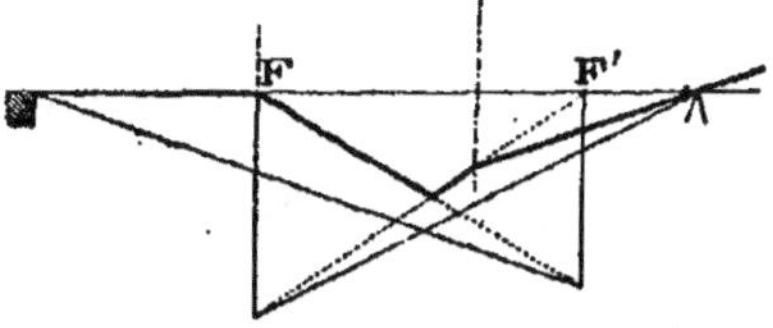

Figure 85.

La figure 86 se rapporte à une travée unique encastrée à gauche et appuyée à droite.

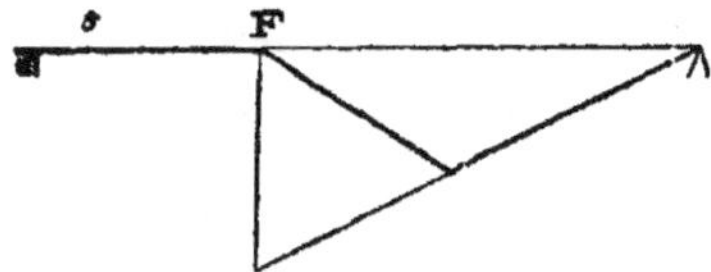

Figure 86.

La figure 87 se rapporte à une travée unique encastrée à ses deux extrémités.

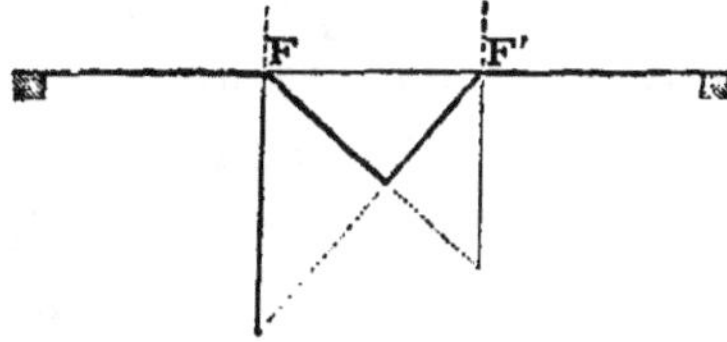

Figure 87.

La figure 88 est l'épure de la ligne élastique pour

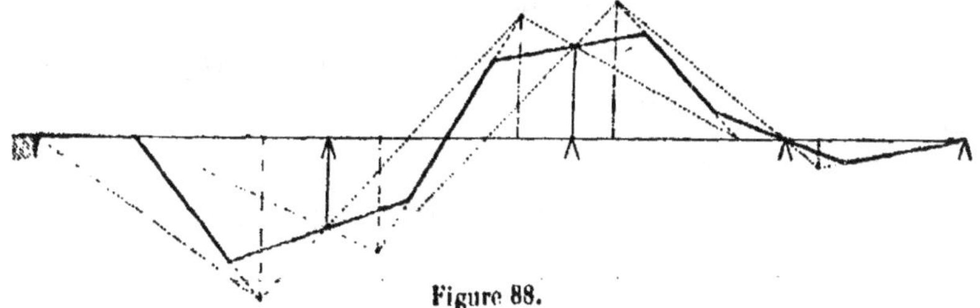

Figure 88.

le cas de la dénivellation des appuis dans une poutre à plusieurs travées, encastrée à gauche.

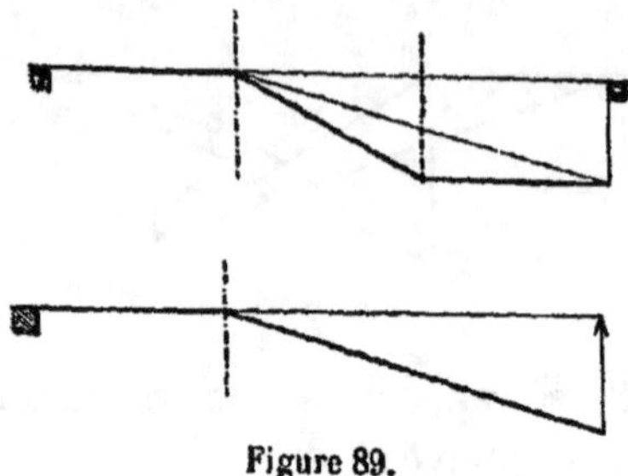

Figure 89.

La figure 89 se rapporte à deux travées uniques, à un ou deux appuis doubles, dont l'un aurait subi un déplacement vertical.

Figure 90.

Enfin la figure 90 se rapporte au cas où la fibre moyenne aurait subi une déviation angulaire ε sur l'appui double O : une seule des lignes de bases, celle qui a son origine en O, se sépare de l'horizontale, avec laquelle l'autre ligne reste confondue. Le tracé de la ligne élastique s'effectue comme d'habitude.

Il faut toujours, bien entendu, tenir compte, pour l'évaluation des moments d'appui, de ce que l'échelle des déplacements doit être multipliée par le facteur EI, si l'on veut obtenir les longueurs verticales représentatives de $\frac{X'\varphi}{6}$; ou réciproquement, si l'on porte les déplacements en vraies grandeurs, ce sont les longueurs accusées par les verticales des appuis qu'il convient de multiplier par EI.

59. Poutres à section variable. — Supposons que nous ayons affaire à une poutre à section variable.

Epure des moments fléchissants. — Nous tracerons dans chaque travée la courbe des moments M correspondant à sa charge propre, dans l'hypothèse où elle serait arrêtée à ses deux appuis. Puis nous construirons la courbe funiculaire relative, non aux forces à répartition constante $M\,dx$, mais aux forces $\frac{M}{EI}\,dx$, c'est-à-dire que nous ferons usage pour ce tracé d'une distance polaire variable EI.

Les tangentes extrêmes de cette courbe seront les lignes en croix de l'épure de la ligne élastique, dont le point de rencontre nous fournira la directrice centrale de la travée.

Nous construirons ensuite, toujours avec la distance polaire variable EI, la courbe funiculaire relative aux forces $A\left(1 - \frac{x}{l}\right) dx$, A étant un moment de flexion dont la valeur numérique, choisie arbitrairement (par exemple 1.000, ou 10.000, ou 100.000 kilogrammes-mètres), sera représentée sur l'épure par la longueur correspondante à l'échelle adoptée pour la courbe des moments M.

Les tangentes extrêmes de cette courbe se rencontreront en un point situé sur la directrice de gauche de la travée, qui, en général, ne sera plus située au tiers de l'ouverture. La distance verticale mutuelle s de ces deux tangentes au droit de l'appui de gauche, représentera le moment statique :

$$A \int_{o}^{l} \frac{\left(1 - \frac{x}{l}\right) x\,dx}{EI}.$$

Nous construirons de même, avec la distance polaire

variable EI, la courbe funiculaire relative aux forces
$A \frac{x}{l} dx$, et nous mènerons ses tangentes extrêmes, don$_t$
le point de rencontre sera sur la directrice de droite.
La distance verticale mutuelle s de ces tangentes, au
droit de l'appui de droite, représentera le moment statique :

$$A \int_o^l \frac{x}{\text{IEI}} (l - x) \, dx.$$

On devra constater, à titre de vérificatioŋ des calculs, que cette longueur est égale à celle déjà fournie
par l'épure précédente.

Ayant ainsi établi pour chaque travée de la poutre
les lignes en croix relatives aux moments M, ainsi que
les trois directrices, nous suivrons exactement la même
marche que s'il s'agissait d'un ouvrage à section constante, en ce qui touche la détermination des foyers,
le tracé des deux lignes de bases, et la construction de
la ligne élastique.

Pour évaluer les moments sur appuis X′ et X″, nous
n'aurons qu'à mesurer les longueurs m et n, interceptées
sur les verticales des appuis par les côtés de la ligne
élastique ayant leur sommet commun sur la directrice,
de gauche ou de droite, la plus voisine de cet appui.
On voit immédiatement qu'en raison de la marche
suivie pour le tracé des lignes en croix et des directrices, ces deux longueurs correspondront respective
ment aux moments statiques des résultantes

$$\int_o^l X' \left(1 - \frac{x}{l}\right) \frac{dx}{\text{EI}}$$

et

$$\int_o^l X'' \frac{x \, dx}{\text{EI}},$$

par rapport à l'appui de gauche et à l'appui de droite.

D'où :

$$m = X' \int_0^l \left(1 - \frac{x}{l}\right) \frac{x\,dx}{EI} = \frac{X'}{A} \cdot A \int_0^l \left(1 - \frac{x}{l}\right) \frac{x\,dx}{EI} = \frac{X'}{A}\, s\;;$$

$$n = X'' \int_0^l \frac{x}{l}(l - x) \frac{dx}{EI} = \frac{X''}{A} \cdot A \int_0^l \left(1 - \frac{x}{l}\right) \frac{x\,dx}{EI} = \frac{X''}{A}\, s\;;$$

et enfin :

$$X' = A \frac{m}{s} \quad ; \quad X'' = A \frac{n}{s}.$$

La valeur numérique A ayant été choisie arbitrairement, et la longueur s ayant été relevée sur une construction précédente, on voit que les valeurs de X' et X'' se déduiront sans difficulté des longueurs m et n mesurées sur l'épure de la ligne élastique.

La même règle sera applicable à l'épure établie pour le cas de la dénivellation des appuis. Mais il n'y aura plus ici à faire intervenir le facteur EI dans l'interprétation du résultat, puisque ce facteur aura été introduit dans les constructions préliminaires, relatives au calcul de s.

On voit que pour les poutres à section variable, la méthode graphique n'est pas d'un emploi sensiblement plus compliqué et laborieux que pour les poutres à section constante, tandis que la méthode algébrique devient presque inabordable, en raison de la longueur et de la complication des calculs numériques qu'elle nécessite.

Recherche de la déformation élastique. — Ayant déterminé les moments sur appuis pour une disposition de surcharge déterminée, ou une dénivellation connue des appuis, on tracera sans difficulté la droite de fermeture complétant, avec la courbe des M, l'épure du moment fléchissant de chaque travée. Après quoi il suffira de construire la courbe funiculaire relative à ces moments considérés comme des forces, avec la distance polaire EI, constante ou variable suivant les cas, pour avoir la fibre moyenne déformée. Si l'on veut se contenter de déterminer les déplacements verticaux de certains points de l'axe longitudinal, par exemple au milieu de chaque travée, on calculera les aires et on déterminera les centres de gravité des parties de la surface représentative des moments comprises entre les ordonnées verticales des appuis et du milieu de la travée. On obtiendra de la sorte une ligne brisée qui sera tangente à la fibre déformée au droit de chaque ordonnée limite, et fournira par conséquent les valeurs exactes des déplacements aux centres des travées.

A titre de vérification des calculs précédents, on devra constater que le déplacement d'un appui quelconque est nul si celui-ci est supposé fixe, ou bien égal soit au tassement soit au relèvement, connu *a priori*, si l'on a admis une dénivellation des appuis.

Il est bien entendu que l'épure des efforts tranchants se déduit toujours par le même procédé de celle des moments fléchissants, que la poutre soit à section constante ou variable.

§ 5. — Poutres discontinues.

60. Poutres instables, isostatiques et hyperstatiques.
— Considérons une poutre de n travées, reposant sur
$n+1$ supports, numérotés de o à n. Le appuis intermédiaires sont nécessairement simples, ainsi que nous
l'avons déjà remarqué (art. 9, page 49). Les appuis
extrêmes peuvent être simples ou doubles.

Nous envisagerons d'abord le cas où les appuis extrêmes sont simples, comme les appuis intermédiaires.
La poutre est divisée en $a+1$ tronçons par a articulations.

Nous avons déjà démontré que la poutre ne saurait
être stable que si le nombre a des articulations est
inférieur ou tout au plus égal à celui des appuis diminué de deux unités, ou à celui des travées diminué
d'une unité. Mais nous avons dit également que cette
condition $n > a+1$ ne suffit pas.

La condition nécessaire et suffisante pour qu'une
poutre soit en état d'équilibre statique peut s'exprimer
géométriquement comme il suit :

Traçons arbitrairement une série de courbes reliant
chaque appui au suivant, que nous pourrons considérer comme les lignes représentatives des moments fléchissants M développés dans les travées successives
supposées indépendantes, par les charges qui leur seraient directement appliquées.

Pour que la poutre discontinue soit en équilibre statique, il sera nécessaire et suffisant que l'on puisse tracer au moins une ligne brisée de fermeture coupant
ces courbes des moments M sur les verticales des ar-

ticulations, ayant ses sommets sur les verticales des appuis, et se terminant aux appuis extrêmes.

On peut traduire algébriquement cette condition comme il suit.

Soit x le numéro d'ordre d'un appui intermédiaire, et y le nombre des articulations qui *précèdent* cet appui. Il faut que l'on ait :

$$x \gtreqless u.$$

Désignons par y le numéro d'ordre d'un appui intermédiaire situé à gauche de l'appui x, et par v le nombre des articulations qui précèdent. On doit avoir de même ;

$$y \gtreqless v.$$

Mais il faut de plus que pour la portion de poutre comprise entre ces deux appuis intermédiaires, le nombre $u - v$ des articulations soit tout au plus égal à $x - y + 1$:

$$x - y \gtreqless u - v - 1.$$

Nous en conclurons facilement : 1° qu'une travée de rive ne peut comporter plus d'une articulation ; 2° qu'une travée intermédiaire ne peut comporter plus de deux articulations ; 3° que deux travées à double articulation ne peuvent être consécutives ; 4° qu'entre deux travées non consécutives à double articulation, il doit exister au moins une travée dépourvue d'articulation ; 5° qu'entre une travée à double articulation et une extrémité de la poutre, il doit exister au moins une travée sans articulation.

Pour qu'une poutre soit *isostatique*, il est nécessaire et suffisant qu'après avoir tracé arbitrairement la série des courbes reliant les appuis successifs, on ne puisse construire qu'une seule ligne brisée de fermeture coupant ces courbes au droit des articulations et ayant ses sommets sur les verticales des appuis. Cette condition géométrique se traduit algébriquement comme il suit, en conservant les notations précédentes.

On doit avoir tout d'abord :

$$n = a + 1.$$

Le nombre total des articulations doit être inférieur d'une unité à celui des travées de la poutre.

On doit avoir en outre :

$$u \leq x \leq u + 1.$$

Ce qui signifie que le nombre u des articulations existant sur un groupe de x travées consécutives à partir d'une extrémité de la poutre, doit être égal soit à x, soit à $x - 1$.

On déduit immédiatement, comme conséquence de cette condition, que le nombre des articulations existant sur un groupe de $x - y$ travées intermédiaires consécutives ne peut être égal qu'à :

$$x - y - 1,$$

$$x - y,$$

ou

$$x - y + 1.$$

La condition d'équilibre statique :

$$x - y \geq u - v - 1$$

est ainsi satisfaite.

De la double condition :

$$n = a + 1,$$

et

$$u \leq x \leq u + 1,$$

nous conclurons facilement :

1° Que toutes les travées peuvent être à simple arti_
culation, sauf une seule, de rive ou intermédiaire, qui
en est dépourvue ;

2° Que pour chaque travée à double articulation, il
en faut une autre dépourvue d'articulation ;

3° Qu'entre deux travées à double articulation, il en
existe nécessairement une, et une seule, dépourvue
d'articulation, les autres étant à simple articulation ;

4° Que deux travées sans articulation ne peuvent
être consécutives, et doivent être séparées par une
seule travée à double articulation, les autres étant à
simple articulation.

Une poutre discontinue est *hyperstatique* quand le
nombre de ses articulations est inférieur d'au moins
deux unités à celui de ses travées :

$$n \geq a + 2.$$

Pour que la poutre soit stable, il faut d'ailleurs que
les conditions précédemment énoncées soient rem-
plies :

$$x \geq u ;$$

$$x - y \geq u - v - 1.$$

En pareil cas, on peut toujours tracer une infinité
de lignes brisées de fermeture, parce qu'il y a indétermination pour une travée au moins, et quelquefois
pour toutes.

Quand une poutre discontinue comporte un appui

double d'extrémité, le moyen le plus simple pour vérifier son équilibre statique, et reconnaître si elle est isostatique ou hyperstatique, consiste à dédoubler l'appui extrême, en le considérant comme une travée supplémentaire sans articulation, d'ouverture infiniment petite, et à appliquer à l'ouvrage ainsi modifié les règles énoncées pour la poutre dont tous les appuis sont simples.

Pour que la poutre soit isostatique, il faut que la travée de rive adjacente à un appui extrême double possède au moins une articulation; elle peut d'ailleurs en comporter deux, puisqu'elle suit la travée supplémentaire fictive qui est sans articulation.

61. Courbes des moments fléchissants et des efforts tranchants d'une poutre isostatique. Lignes d'influence. — On construira pour chaque travée, considérée comme indépendante, la courbe des M correspondant à sa charge propre, puis on tracera la ligne brisée de fermeture en partant soit d'une travée de rive pourvue d'une articulation, soit d'une travée intermédiaire à double articulation.

Cette construction s'effectue toujours sans aucune difficulté : nous en avons indiqué quelques exemples sur la figure 91.

Ayant ainsi l'épure des moments fléchissants, on en déduira celle des efforts tranchants par la règle habituelle : si l'on a tracé la courbe des V dans l'hypothèse de la travée indépendante, l'horizontale de fermeture correspondra au rayon polaire du polygone dynamique parallèle à la droite de fermeture de la courbe des X pour la même travée.

La dénivellation des appuis ne modifie en rien les conditions de stabilité d'une poutre isostatique.

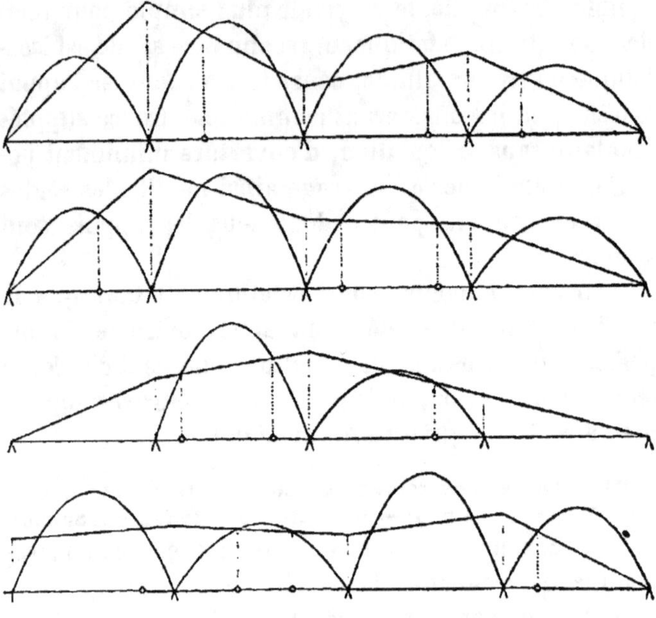

Figure 91.

Lignes d'influence. — La figure 92 représente les
lignes d'influence des moments fléchissants produits
par un poids mobile, pour un certain nombre de sections transversales choisies sur des poutres isostatiques, à appuis d'extrémités simples ou doubles.

Chaque ligne d'influence passe par les appuis simples
et a ses sommets sur les verticales de la section considérée et des articulations.

Si deux articulations se succèdent sans appui intermédiaire, la ligne d'influence s'arrête à l'une d'elles, au
droit de laquelle elle rencontre sa droite de fermeture.
Il en est de même lorsque la section considérée est suivie d'une articulation sans appui intermédiaire : la

ligne d'influence s'arrête, soit à la section, soit à l'articulation.

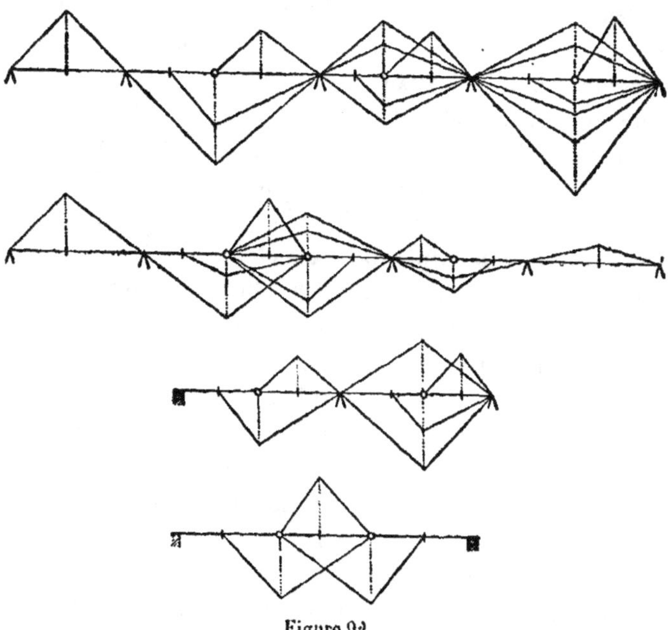

Figure 92.

Le poids mobile ne détermine donc de moment fléchissant dans la section choisie que lorsqu'il se trouve placé dans une région déterminée de la poutre : cette région est limitée dans chaque sens, soit par un appui extrême simple, soit par une articulation, soit par la section considérée elle-même.

Il nous a paru inutile de fournir un exemple de la ligne d'influence des efforts tranchants, qui se déduit sans difficulté de celle des moments fléchissants.

68. Ligne élastique d'une poutre isostatique. — On construira, avec la distance polaire EI, constante ou variable suivant la nature de la poutre, une courbe funiculaire continue correspondant aux moments fléchissants fournis par le calcul précédent ; on aura d'ailleurs soin, si l'on procède graphiquement et que l'on remplace la courbe par un polygone dont les sommets correspondent aux centres de gravité d'aires partielles découpées par des verticales dans la surface des moments fléchissants, de faire passer les ordonnées de division de cette surface par les appuis et les articulations, pour que le polygone soit tangent sur leurs verticales à la courbe funiculaire exacte.

On construira ensuite une ligne brisée de fermeture passant par les appuis et ayant ses sommets sur les verticales des articulations. C'est de cette ligne brisée à la courbe funiculaire que seront mesurés les déplacements verticaux de l'axe de la poutre. L'angle mutuel de deux côtés consécutifs de la ligne brisée sera la déviation angulaire de l'axe au droit de l'articulation correspondante, qui, on le sait, correspond à un point anguleux de la ligne élastique.

Pour avoir la courbe décrite par celle-ci, il suffit d'ailleurs de rectifier la ligne brisée, en rapportant les déplacements fournis par l'épure précédente à une horizontale de fermeture.

Il nous paraît inutile de démontrer qu'il existe toujours une, et une seule ligne brisée de fermeture remplissant les conditions énoncées ci-dessus.

63. Calcul des poutres hyperstatiques. — Quand une poutre discontinue comprend une travée à double articulation, on peut toujours tracer la droite de fermeture des moments fléchissants pour cette travée, puisqu'elle est complètement définie par la condition de couper la courbe des M sur les verticales des articulations ; on peut également prolonger cette ligne brisée dans toutes les travées adjacentes pourvues d'une articulation, mais on se trouve arrêté dès que l'on rencontre une travée sans articulation.

Quand une travée de rive, partant d'un appui extrême simple, comporte une articulation, on peut également tracer sa droite de fermeture, qui coupe la courbe des M au droit de l'appui extrême et de l'articulation, puis prolonger la ligne brisée dans les travées suivantes jusqu'à ce que l'on en trouve une dépourvue d'articulation.

On arrive ainsi à construire certaines fractions de la ligne brisée de fermeture, qui correspondent à des portions isostatiques de l'ouvrage (fig. 93).

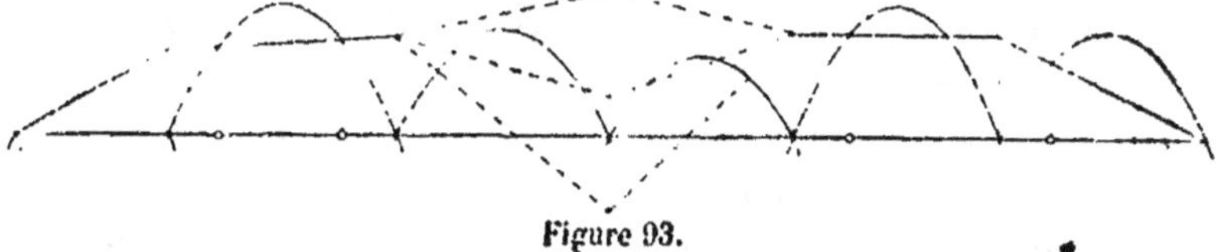

Figure 93.

Mais si la poutre ne comporte ni travée intermédiaire à double articulation, ni travée de rive à simple arti-

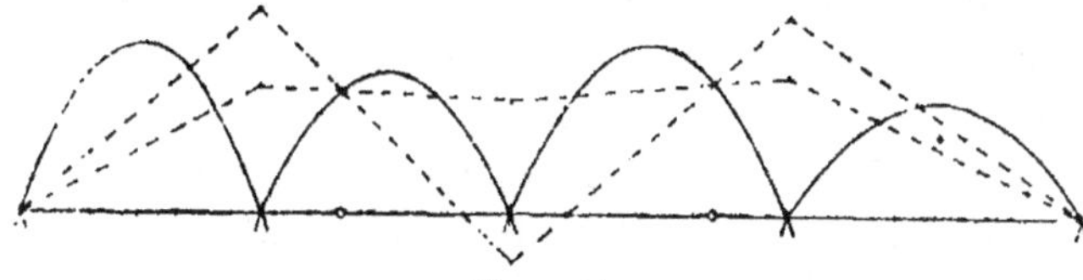

Figure 94.

culation (fig. 94), la ligne de fermeture est indéterminée sur tout son développement.

Pour toute poutre, ou portion de poutre, hyperstatique, on fera disparaître l'indétermination des équations d'équilibre statique en recourant aux formules de la déformation élastique des pièces droites. Mais on est alors obligé d'arrêter au préalable les dimensions des sections transversales des régions hyperstatiques de l'ouvrage, en se donnant les moments d'inertie I, auxquels on attribue les valeurs qui *a priori* semblent devoir convenir.

S'il arrive qu'on se soit grossièrement trompé et que la loi de variation admise pour les moments d'inertie ne corresponde en aucune façon à la succession des moments fléchissants, les calculs déjà faits ne sont d'aucune utilité et il faut repartir sur nouveaux frais.

Si la poutre est de hauteur constante, la solution la plus simple consiste à effectuer les calculs dans l'hypothèse de la section constante, sauf à se baser ensuite sur les indications fournies par la courbe des moments fléchissants ainsi obtenue, pour arrêter définitivement les dimensions des sections.

On peut, pour plus de sûreté, recommencer une seconde fois le calcul en partant des résultats du premier, pour s'assurer que la seconde courbe des moments fléchissants ne diffère pas beaucoup de la courbe primitive, établie dans l'hypothèse de la section constante. Si l'écart paraît excessif, on recommencera encore les opérations en partant des indications fournies par la seconde tentative.

Nous avons exposé dans l'article 7 la méthode générale de calcul des poutres discontinues hyperstatiques. On peut le plus souvent simplifier les recherches et abréger les calculs en répartissant les relations de condition en un certain nombre de groupes d'équations, susceptibles chacun d'être résolu isolément et indépendamment des autres.

Les dispositions particulières de l'ouvrage que l'on étudie permettent aisément en pareil cas de reconnaître la marche la plus commode à adopter dans les calculs.

Après avoir tracé la courbe des moments fléchissants dans les parties isostatiques de l'ouvrage, il est toujours possible de rendre également isostatiques les autres parties, en supprimant certains appuis, de façon à faire disparaître autant de sommets de la ligne brisée de fermeture. On peut alors tracer sans difficulté la courbe des moments fléchissants de la poutre, ainsi modifiée par la suppression d'un certain nombre d'appuis.

Puis on trace sa ligne élastique, en s'attachant à déterminer les déplacements verticaux a, b, c, etc., subis par les sections de l'ouvrage correspondant aux appuis supprimés, et qui par suite ont cessé d'être maintenues à un niveau invariable.

Appliquons à la section transversale du premier appui supprimé de cette poutre isostatique, une charge arbitraire A (par exemple 10.000 k. ou 100.000 k.).

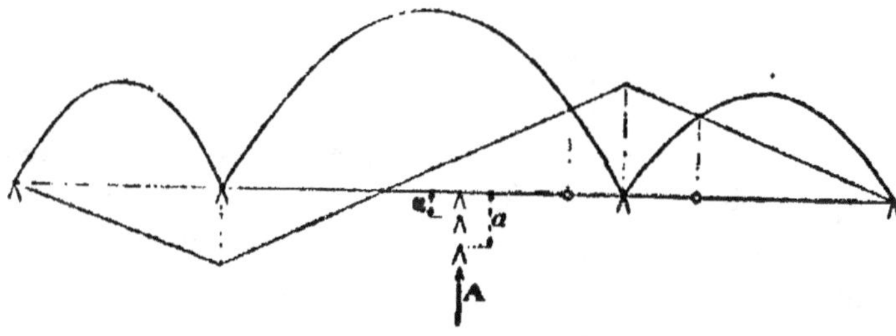

Figure 95.

Nous pourrons, pour cette charge considérée isolément, tracer les courbes des moments fléchissants correspondants dans la poutre isostatique, et déterminer les déplacements verticaux qu'elle produit dans les sections des appuis supprimés. Soient α, β, γ... ces déplacements.

Nous ferons de même pour la section correspondant au second appui supprimé, et calculerons pour la charge A les déplacements α', β', γ', etc. Enfin nous appliquerons la même méthode au troisième appui pour obtenir les déplacements α'', β'', γ'', etc.

Cela fait, si nous désignons par S, S', S''.., les réactions extérieures inconnues de ces appuis dans la poutre hyperstatique à calculer, nous remarquerons que l'effet produit par ces réactions agissant simultanément sur l'ouvrage est de maintenir fixes les sections correspondant aux appuis, et par conséquent d'annuler les déplacements a, b, c, etc., que subiraient ces sections par l'effet des charges appliquées à la poutre, si les appuis avaient disparu. Nous écrirons en conséquence les équations de condition :

$$\frac{S}{A}\,\alpha + \frac{S'}{A}\,\alpha' + \frac{S''}{A}\,\alpha'' +\ldots = a\,;$$

$$\frac{S}{A}\,\beta + \frac{S'}{A}\,\beta' + \frac{S''}{A}\,\beta'' +\ldots = b\,:$$

$$\frac{S}{A}\,\gamma + \frac{S'}{A}\,\gamma' + \frac{S''}{A}\,\gamma'' +\ldots = c\,;\ \text{etc}\ldots$$

Nous obtiendrons de la sorte, entre les réactions des appuis supprimés, autant d'équations simultanées du premier degré que nous aurons d'inconnues. Il n'y aura plus qu'à les résoudre pour aboutir à la solution complète cherchée.

Le problème se ramène ainsi à l'étude d'une poutre isostatique fictive, complétée par la résolution d'un système d'équations simultanées du premier degré.

Il est facile de se rendre compte que ce mode de calcul permet également de déterminer les effets produits par la dénivellation des appuis. Il suffit en effet de résoudre les équations simultanées du premier degré entre les réactions inconnues des appuis, en introduisant dans leurs seconds membres les valeurs a, b, c, etc., des déplacements verticaux effectifs des appuis.

Un autre procédé, qui facilite également l'étude d'une poutre hyperstatique, consiste à la couper au droit d'un certain nombre d'articulations, de façon à la diviser en portions isostatiques (fig. 96).

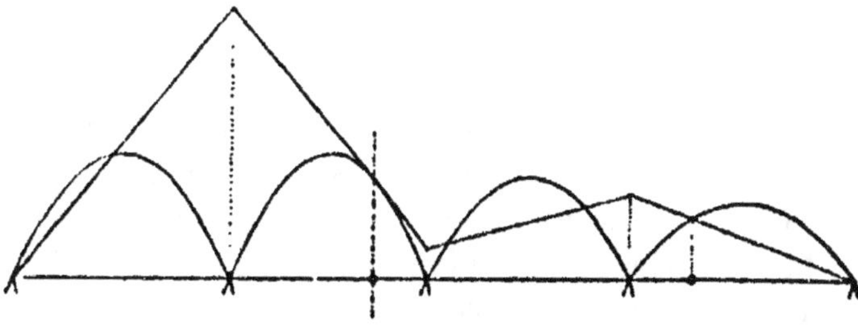

Figure 96.

On construit pour chaque portion la courbe des moments fléchissants correspondant aux charges qui lui sont directement appliquées ; puis on trace sa ligne élastique, en s'attachant spécialement à déterminer les déplacements des extrémités libres correspondant aux articulations supprimées dans l'ouvrage. Ces déplacements ne sont pas les mêmes pour les deux abouts opposés de deux parties consécutives, qui, n'étant plus reliés l'un à l'autre, peuvent se séparer.

Soit a le déplacement vertical ainsi constaté pour l'une des extrémités libres d'une poutre partielle. On calculera d'autre part les déplacements z et z' subis par cette même extrémité sous l'influence d'une charge arbitraire A appliquée soit à cette extrémité elle-même, soit à l'autre about de la même poutre partielle.

Désignons par T et T' les réactions mutuelles inconnues qui, dans la poutre hyperstatique, sont transmises par les articulations que nous avons hypothétiquement supprimées. Le déplacement vertical effectif de l'extrémité considérée aura pour valeur :

$$a + \frac{\alpha T}{A} + \frac{\alpha T'}{A}.$$

Nous pourrons établir une expression analogue pour l'extrémité contiguë de la poutre partielle suivante :

$$b + \frac{\beta T}{A} + \frac{\beta'' T'}{A}.$$

Puisqu'en fait ces deux extrémités sont reliées par articulation, leurs déplacements sont identiques. Nous les égalerons, ce qui nous donnera une relation de condition entre les réactions inconnues T, T' et T".

Nous opérerons de la même façon pour toutes les articulations supprimées, et nous obtiendrons en fin de compte autant d'équations du premier degré que de réactions mutuelles inconnues.

On ramène ainsi l'étude de la poutre hyperstatique à celle de plusieurs poutres partielles isostatiques ; puis on complète les résultats en résolvant une série d'équations simultanées du premier degré, en nombre égal à celui des articulations supprimées.

On conçoit que cette méthode puisse être combinée avec la précédente ; on rendra isostatique l'ouvrage étudié en supprimant à la fois certains appuis et certaines articulations. Il conviendra pour chaque cas particulier d'employer la solution qui semblera la plus avantageuse, d'après la forme géométrique de l'ouvrage.

Quand une poutre hyperstatique comporte plusieurs travées successives sans articulations, il y a lieu de considérer ces travées comme formant une poutre continue, et de séparer leur calcul de celui du surplus de l'ouvrage.

Par exemple, la figure 97 représente une poutre

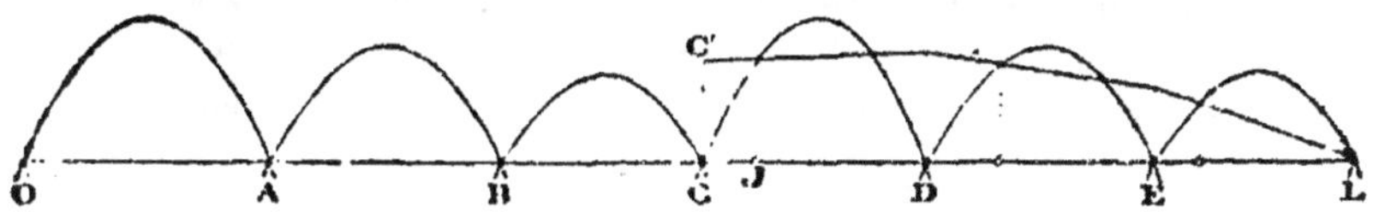

Figure 97.

comportant de O à C trois travées sans articulations, suivies de trois travées à articulation unique formant un système isostatique pour lequel on tracera sans difficulté la courbe des moments fléchissants. Nous connaissons par conséquent le moment fléchissant CC', ou μ, au droit de l'appui C.

Envisageons maintenant les trois travées de poutre continue OABC, et traçons par la règle habituelle la courbe des moments fléchissants pour les charges qui leur sont directement appliquées. Il n'y aura plus pour compléter l'étude qu'à tenir compte de l'effet produit par le moment μ, développé dans la section extrême C de la poutre continue. Or on sait que la courbe des moments dus à ce couple est une ligne brisée ayant ses sommets sur les verticales des appuis, et passant par les premiers foyers de chaque travée. On composera cette ligne avec l'épure des moments fléchissants précédemment construite, et l'on arrivera au résultat cherché.

Dans le cas de la figure 98, où les trois travées consécutives sans articulation sont suivies d'une poutre discontinue hyperstatique, il faudra couper l'articula-

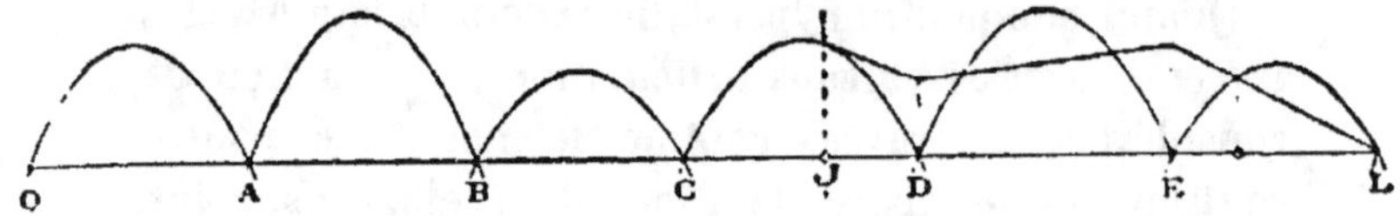

Figure 98.

tion J. On aura à droite une poutre isostatique, dont on tracera la courbe des moments. Puis on effectuera la même opération pour la poutre continue OABCJ terminée par la console CJ.

Enfin on calculera pour l'une et l'autre poutres les déplacements verticaux des abouts de consoles J.

Soit m l'écart mutuel de ces déplacements. Après avoir évalué les déplacements α et β dus à la charge arbitraire A appliquée à l'un et à l'autre abouts, on n'aura qu'à résoudre l'équation :

$$\frac{T}{N}\,\alpha - \frac{T}{N}\,\beta = m,$$

qui exprime que la réaction mutuelle T a pour effet de ramener les deux abouts au même niveau.

On aurait pu également supprimer l'appui D, de façon à rendre isostatique la partie CL ; puis étudier tout d'abord celle-ci, et en déduire le moment d'appui CC' ou μ, avant de s'occuper de la poutre OABC.

Nous voyons en définitive que l'étude des poutres discontinues hyperstatiques peut être simplifiée et abrégée par les artifices de calcul consistant : 1° à décomposer l'ouvrage en portions hyperstatiques et portions isostatiques, et à tracer immédiatement les courbes des moments relatives à ces dernières ; 2° à supprimer dans une portion hyperstatique certains appuis, de façon à la rendre isostatique, puis à déterminer ensuite les réactions de ces appuis par la résolution d'équations simultanées du premier degré ; 3° à couper la poutre au droit de certaines articulations, de façon à la diviser en poutres isostatiques, puis à déterminer ensuite les réactions mutuelles correspondant à ces articulations par la résolution d'équations simultanées du premier degré : 4° à appliquer les méthodes exposées pour les poutres continues hyperstatiques, aux régions dépourvues d'articulations.

La ligne élastique d'une poutre continue hyperstatique se construit absolument de la même façon que si elle était isostatique, dès que l'on a tracé les courbes des moments fléchissants.

L'exactitude des calculs effectués se vérifie par la condition que la ligne brisée de fermeture de la ligne élastique passe par les articulations, et ait ses sommets sur les verticales d'appuis : pour une poutre hyperstatique, il y a surabondance de sujétions, et par suite la ligne de fermeture ne peut satisfaire à toutes s'il a été commis des erreurs de calcul.

CHAPITRE DEUXIÈME

PIÈCES COURBES ET ARCS

SOMMAIRE :

CHAPITRE DEUXIÈME

PIÈCES COURBES ET ARCS

§ 1er. Méthode générale de calcul.

64. Formules de déformation des pièces courbes. —
Nous n'étudierons que les pièces prismatiques courbes
ayant pour axe longitudinal une ligne plane, dont le
plan contienne toutes les forces extérieures, connues ou
inconnues (réactions des supports), et coupe chaque
section transversale suivant un axe principal d'inertie.

Dans ces conditions, le couple de torsion, dont on ne
sait calculer rigoureusement les effets que pour le cas
particulier de la section circulaire, est toujours nul, et
la déformation de l'axe longitudinal s'effectue dans son
propre plan.

Nous laisserons de côté les pièces dont l'axe longitudinal est une courbe gauche, et celles soumises à
l'action de forces obliques au plan de la fibre moyenne,
parce que ces pièces sont nécessairement soumises à
des phénomènes de torsion : — ainsi que les pièces
dont le plan de fibre moyenne ne coupe pas chaque
section transversale suivant un axe principal d'inertie,
parce que les déplacements élastiques des divers points

de la fibre moyenne ne sont plus renfermés dans son propre plan.

On sait qu'une pièce courbe comprimée est susceptible de flamber en se voilant dans le sens perpendiculaire au plan de sa fibre moyenne. Nous admettrons qu'elle soit maintenue transversalement de façon suffisante pour que ce phénomène, qui rendrait gauche l'axe longitudinal, ne soit pas à redouter. Il sera entendu que l'axe ne peut en aucun cas sortir de son plan, dans lequel s'opère nécessairement sa déformation élastique.

Les formules générales de déformation des pièces courbes ainsi définies, sont les suivantes (Résistance des Matériaux, art. 55, page 247), quand on envisage les effets produits simultanément par les forces extérieures appliquées à l'ouvrage et par un changement de température t.

Variation du rayon de courbure de la fibre moyenne :

$$\frac{1}{\rho'} - \frac{1}{\rho} = \frac{X}{EI} - \frac{\alpha t}{\rho} - \frac{F}{EI\rho} ;$$

Changement de longueur de la fibre moyenne développée :

$$\delta s_1 = \int_0^{s_1} \frac{F}{E\Omega} \, ds + s_1 \alpha t ;$$

Déplacement angulaire d'une section transversale :

$$\delta \theta_1 = \delta \theta_0 + \int_0^{s_1} \frac{X \, ds}{EI} ;$$

*Déplacements horizontal et vertical d'un point de la
fibre moyenne :*

$$\delta x_1 = \delta x_0 - \delta\theta_0 (y_1 - y_0) - \int_0^{s_1} \frac{X (y_1 - y)\, ds}{EI}$$

$$+ \int_0^{s_1} \frac{F}{E\Omega}\, dx + \alpha t (x_1 - x_0) ;$$

$$\delta y_1 = \delta y_0 + \delta\theta_0 (x_1 - x_0) - \int_0^{s_1} \frac{X (x_1 - x)\, ds}{EI}$$

$$+ \int_0^{s_1} \frac{F}{E\Omega}\, dy + \alpha t (y_1 - y_0).$$

Nous ne nous servirons que des trois dernières
équations.

Quand on fait l'étude d'une pièce courbe, il est d'usage
de remplacer chaque force extérieure connue par ses
deux composantes parallèles aux axes ox et oy, de façon
à obtenir deux systèmes de forces, respectivement
parallèles à ces directions rectangulaires, dont on
recherche séparément les effets, sauf à composer ensuite
les résultats obtenus dans les deux opérations. Nous
verrons que ce procédé a pour avantage de simplifier
et d'abréger les calculs.

Une pièce courbe est *isostatique* ou *hyperstatique*
suivant que les réactions inconnues de ses supports sont
complètement déterminées par les seules équations
d'équilibre statique, ou suivant qu'il est nécessaire de
faire intervenir les formules de déformation, où figurent les moments d'inertie I et les aires Ω des sections
transversales.

Une pièce courbe est *continue* ou *discontinue*, suivant que sa hauteur ne tombe pas à zéro en dehors de
ses extrémités, ou suivant que, cette hauteur s'annulant en différents points, l'ouvrage est constitué par une

série de tronçons successifs reliés bout à bout par des articulations, dont les axes sont perpendiculaires au plan de la fibre moyenne et des forces extérieures.

65. Calcul graphique des intégrales définies. — Si les intégrales définies qui figurent dans les équations de déformation ne peuvent être obtenues sous forme algébrique, on les détermine par quadrature. En général on recourt à la statique graphique.

L'intégrale $\int_o^{s_1} \dfrac{X(x_1 - x)\,ds}{EI}$ est représentée par l'ordonnée correspondant à la section transversale considérée (s_1, x_1, y_1), de la courbe funiculaire construite pour les forces verticales à répartition continue $X\,ds$ avec la distance polaire variable EI : cette ordonnée doit être mesurée entre la courbe et sa tangente horizontale à l'origine des distances s mesurées sur l'axe longitudinal.

De même l'intégrale $\int_o^{s_1} \dfrac{X(y_1 - y)\,ds}{EI}$ s'obtiendra en construisant la courbe funiculaire relative aux forces

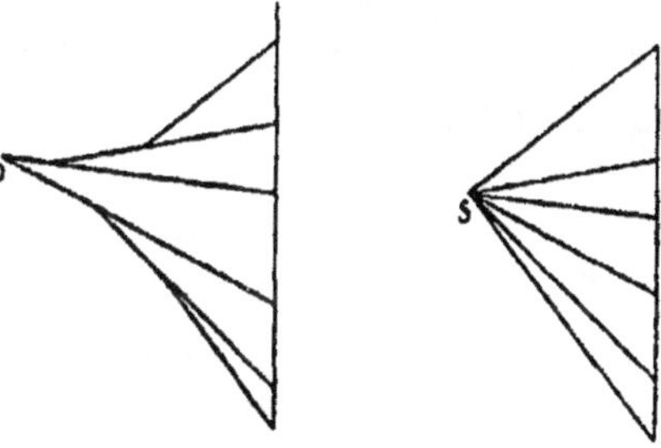

Figure 99.

horizontales $X\,ds$, avec distance polaire EI, et mesurant les abscisses de cette courbe par rapport à sa tangente verticale à l'origine.

Pour obtenir la valeur de l'intégrale $\int_o^{s_1} \frac{Xds}{EI}$, on construira le polygone dynamique des forces Xds avec EI comme distance polaire. Puis, par un point S du plan, on mènera des parallèles aux rayons polaires successifs : les segments interceptés par ces rayons sur une parallèle à la droite de fermeture du polygone dynamique, située à la distance 1 du point S, fourniront les valeurs de l'intégrale. On obtiendra de même celles des intégrales définies :

$$\int_o^{s_1} \frac{F}{E\Omega}\, ds, \qquad \int_o^{s_1} \frac{Fdx}{E\Omega}, \qquad \int_o^{s_1} \frac{Fdy}{E\Omega},$$

en considérant les forces Fds, Fdx, Fdy, et se servant de la distance polaire variable $E\Omega$.

On voit donc qu'une épure de statique graphique fournira toutes les valeurs de chaque intégrale relatives aux sections transversales successives de la pièce courbe.

66. Poutres courbes. — Supposons que l'on attribue à une poutre un axe décrivant une courbe accentuée. Considérons une section transversale MN, faisant l'angle α avec la verticale, direction commune des forces extérieures.

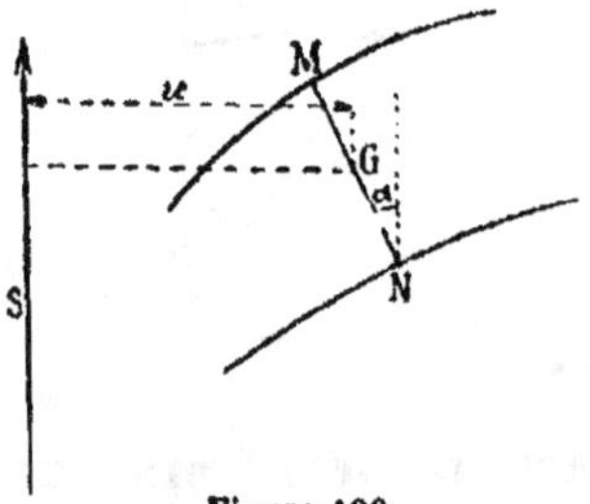

Soit S la résultante de toutes les forces, charges et réactions d'appui, appliquées entre la section M et l'une des extrémités de la poutre.

Le moment fléchissant X sera représenté pour cette section par le produit Su, comme s'il s'agissait d'une

Figure 100.

poutre droite. Mais l'effort tranchant V, au lieu d'être égal à S, sera seulement S cos α ; de plus il y aura un effort normal F, représenté par S sin α.

En ce qui touche la déformation, il y a lieu de signaler ce fait que les déplacements horizontaux ne seront plus nuls ou négligeables, comme dans le cas de la poutre droite.

Si l'un des appuis de la poutre est absolument fixe, les sections transversales successives se déplaceront horizontalement par rapport à cet appui. On s'en rendra compte en remarquant que dx n'est pas identiquement et nécessairement nul, puisque $y_1 - y$ et F ne le sont pas dans les expressions :

$$\int_0^{s_1} \frac{X(y_1 - y)\,ds}{EI} \qquad \text{et} \qquad \int_0^{s_1} \frac{F\,dx}{E\Omega}.$$

Les autres appuis de la poutre, supposés mobiles dans le sens horizontal, se rapprocheront ou s'écarteront, suivant les cas, de l'appui fixe, et l'ouverture de chaque travée augmentera ou diminuera.

D'une manière générale, si l'axe longitudinal est au-dessus de la droite joignant deux appuis successifs, il y a surécartement des sections d'appui par l'effet des charges ; s'il est au-dessous, il y a rapprochement de ces sections.

67. Calcul d'un maillon de chaîne. — Considérons, pour simplifier le problème, un maillon dont l'axe soit rigoureusement circulaire, en équilibre sous l'action de deux forces de traction P, égales et directement opposées, qui sont appliquées aux extrémités d'un diamètre AA'. Nous désignerons par ρ le rayon de courbure de l'axe de l'anneau.

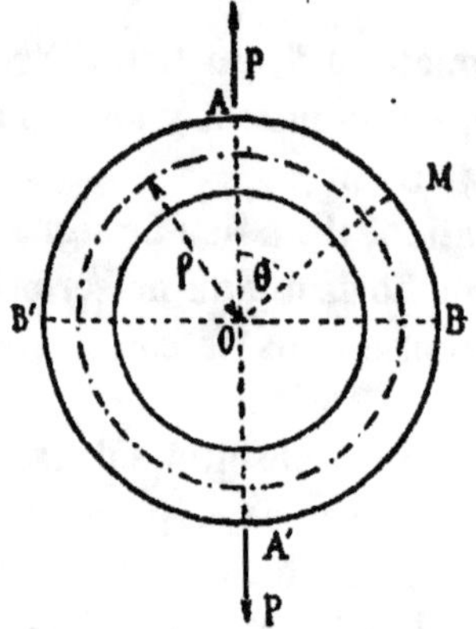

Figure 101.

Anneau brisé. — Supposons d'abord l'anneau coupé à l'une des extrémités du diamètre vertical AA'. C'est un système isostatique.

Pour une section transversale M, faisant avec AA' l'angle θ, les résultantes d'actions moléculaires seront :

Effort normal :

$$F = \frac{P}{2} \sin \theta ;$$

Effort tranchant :

$$V = \frac{P}{2} \cos \theta ;$$

Moment fléchissant :

$$X = \frac{P}{2} \rho \sin \theta ;$$

On trouvera en particulier pour les sections verticales A et A' ($\theta = o$) :

$$F = o, \quad V = \frac{P}{2}, \quad \mu = o ;$$

et pour les sections horizontales B et B' ($\theta = \frac{\pi}{2}$) :

$$F = \frac{P}{2}, \quad V = o, \quad \mu' = + \frac{P\rho}{2}.$$

Anneau soudé. — Supposons l'anneau continu. C'est un système hyperstatique.

Désignons par μ le moment fléchissant dans la section transversale A, que sollicite la force extrême P. En raison de la symétrie de l'ouvrage, il est évident que les sections transversales B et B' ne peuvent subir aucune déviation angulaire.

D'où :

$$\int_A^B \frac{X\,ds}{EI} = 0.$$

Nous supposerons que l'anneau soit à section constante, ce qui nous permettra de faire sortir le dénominateur EI du signe $\int$. D'autre part, on a :

$$X = \mu + \frac{P}{2}\rho\sin\theta\,;$$

$$ds = \rho\,d\theta.$$

D'où :

$$\int_0^{\frac{\pi}{2}} \left(\mu + \frac{P}{2}\rho\sin\theta\right)\rho\,d\theta = 0,$$

ou, en intégrant :

$$\left[\mu\rho\theta - \frac{P}{2}\rho\cos\theta\right]_0^{\frac{\pi}{2}} = 0.$$

D'où :

$$\mu = -\frac{P\rho}{\pi}.$$

Le moment fléchissant μ', dans la section horizontale B $\left(\theta = \frac{\pi}{2}\right)$, a pour valeur :

$$\mu' = \mu + \frac{P}{2}\rho = + P\rho\left(\frac{1}{2} - \frac{1}{\pi}\right).$$

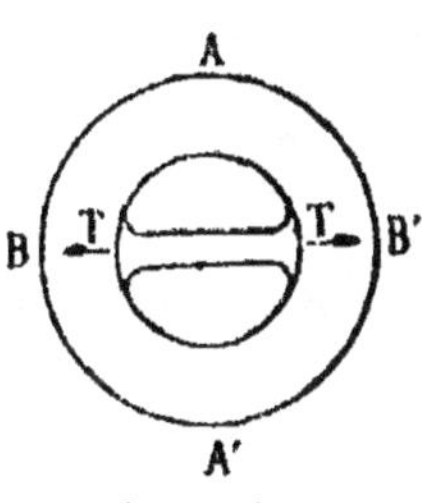

Figure 102.

Anneau étançonné. — Supposons que les points B et B' de l'axe longitudinal soient maintenus à une distance mutuelle invariable par un étançon BB', qui exerce sur l'anneau deux réactions mutuelles égales et directement opposées, dont la grandeur est inconnue *a priori*.

En conservant les notations précédentes, on a :
Pour la section A :

$$F = \frac{T}{2}, \ V = \frac{P}{2}, \ X = \mu;$$

Pour la section B :

$$F = \frac{P}{2}, \ V = -\frac{S}{2}, \ X = \mu + \frac{P\rho}{2} - \frac{T}{2}\rho:$$

Pour la section M :

$$F = \frac{P}{2} \sin \theta + \frac{T}{2} \cos \theta;$$

$$V = \frac{P}{2} \cos \theta - \frac{T}{2} \sin \theta;$$

$$X = \mu + \frac{P}{2}\rho \sin \theta - \frac{T}{2}\rho (1 - \cos \theta).$$

La double condition pour que la section B reste horizontale et à la distance invariable ρ du centre de l'anneau, s'exprimera en écrivant :

$$(1) \ \int_0^{\frac{\pi}{2}} X\rho d\theta = o \quad \text{et} \quad (2) \int_0^{\frac{\pi}{2}} X\rho' \cos \theta d\theta = o.$$

Or :

$$\int X\rho d\theta = \mu\rho\theta - \frac{P}{2}\rho^2 \cos \theta - \frac{T}{2}\rho^2\theta + \frac{T}{2}\rho' \sin \theta;$$

et

$$\int X\rho' \cos \theta d\theta = \mu\rho^2 \sin \theta + \frac{P}{4}\rho' \sin^2 \theta - \frac{T}{2}\rho' \sin \theta$$

$$+ \frac{T}{4}\rho' \cos \theta \sin \theta + \frac{T}{4}\rho^2\theta.$$

Les conditions (1) et (2) s'expriment donc comme il suit :

$$(1) \qquad \frac{\pi}{2}\mu + \frac{P}{2}\rho - \frac{\pi}{4}T\rho + \frac{T}{2}\rho = o;$$

$$(2) \qquad \mu + \frac{P}{4}\rho - \frac{T}{2}\rho + \frac{\pi}{8}T\rho = o.$$

D'où :

$$T = P.\frac{8 - 2\pi}{\pi^2 - 2} = 0{,}92\ P.$$

$$\mu = -\frac{P\rho}{4}\left(1 - \frac{(4-\pi)^2}{\pi^2 - 8}\right) = -P\rho\,\frac{2\pi - 6}{\pi^2 - 8}.$$

Le moment fléchissant dans la section horizontale B a pour valeur :

$$\mu' = \mu + \frac{P}{2}\rho - \frac{T\rho}{2} = -\frac{P\rho}{4}\left(-1 + \frac{4\pi - \pi^2}{\pi^2 - 8}\right).$$

Pour permettre la comparaison de ces trois types de maillons de chaîne, nous donnons ci-après les valeurs numériques correspondantes de μ et μ' dans les sections transversales A et B.

	SECTION A	SECTION B
Anneau brisé :	$\mu\ =0$	$\mu'=+0{,}50$
Anneau soudé :	$\mu=-0{,}3183$	$\mu'=+0{,}1817$
Anneau étançonné :	$\mu=-0{,}1515$	$\mu'=+0{,}1106$

(colonnes A et B multipliées par $P\rho$)

On voit qu'au point de vue de la stabilité l'anneau brisé est le plus mauvais, et l'anneau étançonné le plus avantageux.

D'autre part c'est dans la section verticale A, à laquelle est transmise la charge P, que le travail est le plus élevé, et que l'anneau est exposé à se rompre. Cette section devra donc être renforcée, si l'on veut avoir une pièce d'égale résistance.

Pour calculer exactement le travail développé dans un maillon de chaîne par le moment fléchissant, il peut être utile de recourir à la formule spécialement applicable aux pièces à forte courbure (*Résistance des Matériaux*. Art. 69).

A titre de renseignement intéressant, nous indiquerons sans démonstration que pour un maillon allongé, composé de deux demi-cercles raccordés par un carré, les moments de flexion seraient :

Anneau brisé : $\mu = 0$ $\left.\right\}$ $\mu' = 0{,}50$ $\left.\right\}$
Anneau soudé : $\mu = -0{,}389$ $\left.\right\}$ $P\rho$. $\mu' = 0{,}111$ $\left.\right\}$ $P\rho$
Anneau étançonné: $\mu = -0{,}3143$ $\left.\right)$ $\mu' = 0{,}0734$ $\left.\right)$

Le rôle que joue l'étançon a beaucoup diminué d'importance.

68. Définition des arcs. — Considérons une poutre courbe tournant sa convexité vers le haut, et reposant sur plusieurs appuis, dont un seul fixe, les autres étant mobiles dans le sens horizontal. Admettons que sous l'action de charges verticales, l'un de ceux-ci tende à s'écarter de l'appui fixe, avec augmentation de leur distance horizontale mutuelle.

Pour le ramener à sa position primitive, il faudra exercer sur la section d'appui correspondante un effort horizontal qui le rapproche de l'appui fixe, et détermine par conséquent dans la matière un travail de compression.

Nous en conclurons immédiatement que si l'on fixe invariablement le second appui, de manière à maintenir constante sa distance au premier, les réactions de ces deux appuis ne seront plus verticales ; elles auront des composantes horizontales, égales et de sens opposés en vertu des lois de l'équilibre statique, puisque toutes les autres forces sont verticales.

Nous qualifierons de *poussée* cette composante horizontale, qui est l'effort nécessaire pour ramener le second appui de la poutre à sa position primitive, s'il s'en est écarté sous l'influence des charges verticales.

On donne le nom d'*arc* à la pièce courbe convexe ainsi définie par la condition d'avoir deux appuis fixes (qu'on appelle les *retombées* de l'arc), disposés de façon que les composantes horizontales de leurs réactions tendent à rapprocher les deux sections correspondantes de l'ouvrage.

Un arc peut être *continu* ou *discontinu*, *isostatique* ou *hyperstatique*. Il est simple lorsqu'il ne comporte pas d'autres appuis que ses deux appuis fixes ou retombées. Il est *appuyé* lorsqu'il comporte en outre un certain nombre d'appuis invariables dans le sens vertical, mais mobiles dans le sens horizontal, comme ceux d'une poutre.

Les retombées peuvent être à articulation où à encastrement : dans le premier cas, la réaction est une force inclinée sur la verticale qui passe par le centre de l'articulation ; dans le second, elle est la résultante d'une force oblique et d'un couple d'encastrement.

Supposons que l'on fixe invariablement plus de deux appuis : on aura un arc *à retombées multiples*, qui pourra être suivant les cas simple ou appuyé, continu ou discontinu, isostatique ou hyperstatique.

La poussée change alors généralement de valeur quand on franchit une retombée intermédiaire.

69. Poussée et courbe des pressions. — Considérons une portion d'arc comprise entre deux sections transversales, situées entre deux retombées consécutives. Désignons par S et S′ les résultantes des réactions moléculaires relatives à ces deux sections. La portion d'arc comprise entre elle n'étant directement sollicitée que par des charges verticales, les projections horizontales de toutes les forces extérieures se réduisent à celles des résultantes S et S', qui sont égales et de directions opposées, puisqu'il y a équilibre. En conséquence, la projection horizontale de la résultante S relative à une section quelconque, est une constante pour toute portion d'arc comprise entre deux retombées consécutives : c'est la *poussée* de l'arc.

Nous en concluons immédiatement que les lignes d'action des résultantes S sont les côtés du polygone funiculaire correspondant aux forces verticales qui sollicitent l'arc, et construit avec une distance polaire égale à la poussée Q.

Si les charges verticales sont à répartition continue, les résultantes S ont pour lignes d'action les tangentes à la courbe funiculaire construite avec la distance polaire Q.

On appelle *courbe de pression* ou *courbe des pressions* de l'arc ce polygone ou cette courbe funiculaire, dont le côté ou la tangente fournit pour une section quelconque la direction de la résultante des actions moléculaires. La grandeur de cette résultante est déterminée par la condition que sa projection horizontale soit égale à la poussée Q.

On sait que pour définir complètement une courbe funiculaire relative à des forces parallèles données, il faut trois conditions : soit trois points de la courbe ; soit deux points et une tangente ; soit deux points et la distance polaire Q ; soit un point, une tangente et la distance polaire. Le tracé de cette courbe est donc subordonné à la recherche préalable de ces trois conditions.

70. Expressions du moment fléchissant, de l'effort normal et de l'effort tranchant en fonction de la poussée. — Supposons tracée la courbe des pressions d'un arc. Soit A le point de rencontre de cette ligne et de la verticale menée par le centre de gravité G de la section transversale MM', arbitrairement choisie. Cette verticale

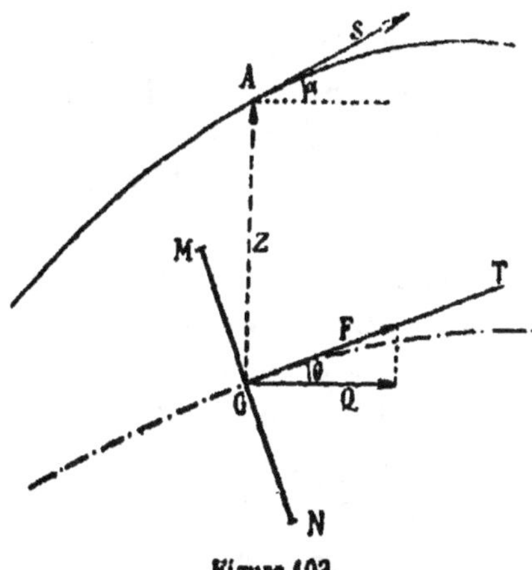

Figure 103.

est la ligne séparative des charges appliquées sur la fibre moyenne à gauche et à droite de la section transversale.

Désignons par z la distance verticale GA de l'axe longitudinal de l'arc à la courbe des pressions, par α et θ les angles que font avec l'horizontale les tangentes en A à la courbe des pressions et en G à l'axe longitudinal.

Le moment de la résultante d'actions moléculaires S, dirigée tangentiellement à la courbe A, par rapport au point G, centre de la section transversale correspondante, est :

$$X = S \cos \alpha \times z.$$

Or la projection horizontale de la force S est égale à la poussée :

$$S \cos \alpha = Q.$$

D'où :

$$X = Qz.$$

Le moment fléchissant s'obtient donc en effectuant le produit de la poussée par la distance verticale z de la courbe des pressions à l'axe longitudinal. Nous retrouvons une propriété connue des courbes funiculaires, que nous avons déjà utilisée pour l'étude des poutres.

Bien que la poussée soit une force de compression, on a l'habitude de lui attribuer le signe +, pour plus de simplicité dans les calculs. Le moment fléchissant Qz est donc positif quand la courbe des pressions est au-dessus de l'axe longitudinal : par suite, la distance verticale z est comptée positivement dans ce cas. Si la courbe des pressions est au-dessous de l'axe, z sera affecté du signe —.

L'effort normal F est la projection de la force S sur la tangente GT à l'axe longitudinal. D'où :

$$F = S \cos (\alpha - \theta) = \frac{Q}{\cos \alpha} \cos (\alpha - \theta)$$

$$= \frac{Q}{\cos \theta}\left(1 + \frac{\sin \theta}{\cos \alpha}\sin (\alpha - \theta)\right).$$

Il arrive le plus souvent que l'angle mutuel $\alpha - \theta$ des tangentes correspondantes de la courbe des pressions et de l'axe longitudinal, est très petit. Dans ces conditions, on peut négliger le terme $\frac{\sin \theta}{\cos \alpha} \sin (\alpha - \theta)$ devant l'unité, et l'expression $\frac{Q}{\cos \theta}$ fournit une valeur *très approchée* de l'effort normal, dont la projection sur l'horizontale diffère peu de la poussée Q. En général on admet cette simplification, qui facilite et abrège les recherches et les calculs, sans nuire à l'exactitude des résultats.

L'effort tranchant V, projection de S sur la direction MM', a pour expression :

$$V = S \sin (\alpha - \theta) = \frac{Q}{\cos \alpha} \sin (\alpha - \theta).$$

Toutes les fois que l'angle $\alpha - \theta$ est petit, l'effort tranchant est, comme on le voit, peu important. C'est d'habitude ce qui arrive, et l'on peut alors se dispenser de calculer cet effort, auquel ne correspondent que des valeurs de travail au glissement tout à fait insignifiantes et négligeables.

71. Equations de la ligne élastique d'un arc. — Remplaçons, dans les équations de déformation des pièces courbes (art. 64), X par son expression analytique Qz, F par sa valeur approximative $-\dfrac{Q}{\cos \theta}$, qui, au point de vue de la pratique, est ici toujours suffisamment exacte. Nous devrons affecter $\dfrac{Q}{\cos \theta}$ du signe —, parce que la poussée est une force de compression, qui détermine un raccourcissement de la fibre moyenne.

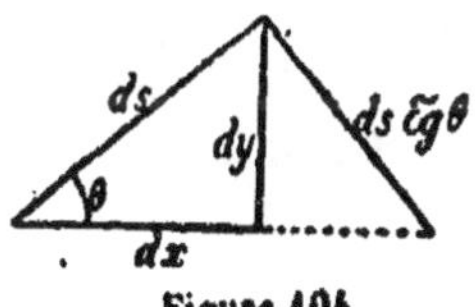

Figure 104.

Remarquons d'autre part que dx et dy sont les projections horizontale et verticale de l'élément ds de la fibre moyenne (fig. 104) :

$$dx = ds \cos \theta, \qquad dy = ds \sin \theta.$$

Les équations de la ligne élastique prennent alors la forme :

$$\frac{1}{\rho'} - \frac{1}{\rho} = \frac{Qz}{EI};$$

$$\delta s_1 = -Q \int_o^{s_1} \frac{ds}{E\Omega \cos \theta} + s_1 \alpha t ;$$

$$\delta \theta_1 = \delta \theta_0 + Q \int_o^{s_1} \frac{z\,ds}{EI};$$

$$\delta x_1 = \delta x_0 - \delta \theta_0 (y_1 - y_0) - Q \int_o^{s_1} \frac{z\,(y_1 - y)\,ds}{EI}$$

$$- Q \int_o^{s_1} \frac{ds}{E\Omega} + \alpha t (x_1 - x_0) ;$$

$$\delta y_1 = \delta y_0 + \delta \theta_0 (x_1 - x_0) + Q \int_o^{s_1} \frac{z\,(x_1 - x)\,ds}{EI}$$

$$- Q \int_o^{s_1} \frac{ds}{E\Omega} tg\theta + \alpha t (y_1 - y_0).$$

Telles sont les formules dont nous nous servirons pour l'étude des arcs.

A chaque retombée simple ou à articulation, on a :

$$\delta x_1 = o, \quad \delta y_1 = o ;$$

A chaque retombée double ou à encastrement :

$$\delta x_1 = o, \quad \delta y_1 = o, \quad \delta \theta_1 = o ;$$

A chaque appui simple : $\delta y_1 = o$; δx_1 n'est pas
A chaque appui double : $\delta y_1 = o, \delta \theta_1 = o$;   nul.

Quand la courbe des pressions est tracée, le calcul des intégrales définies :

$$\int_o^{s_1} \frac{z\,(y_1 - y)\,ds}{EI} \quad \text{et} \quad \int_o^{s_1} \frac{z\,(x_1 - x)\,ds}{EI}$$

s'effectue sans difficulté par la statique graphique, en construisant les courbes funiculaires relatives aux forces $z\,ds$, horizontales pour la première intégrale, verticales pour la seconde, avec la distance polaire EI.

Nous remarquerons qu'à chaque changement de signe de z correspond un renversement de la courbure de la ligne funiculaire, avec inflexion dans la section où z passe par zéro.

Toutes les fois que y ou x atteint un maximum, dy ou dx change de signe, après avoir passé par zéro ; la courbure présente alors un point de rebroussement, sans inflexion si z n'a pas en même temps changé de signe.

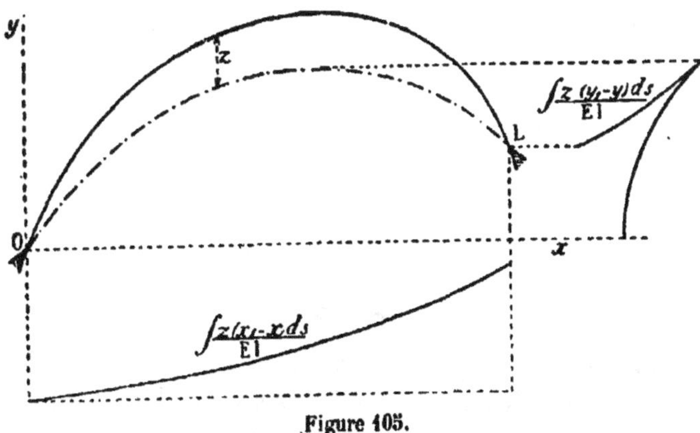

Figure 105.

Les figures 105 et 106 représentent les courbes funiculaires relatives à deux arcs simples continus, dont l'un est articulé et l'autre encastré sur ses deux retombées.

On voit que si la courbe des pressions d'un arc a été préalablement tracée, on est en mesure de déterminer les valeurs numériques des coefficients qui, sous forme d'intégrales définies, multiplient la poussée Q dans les équations de la ligne élastique.

Quant aux intégrales :

$$\int_o^{s_1} \frac{ds}{E\Omega \cos\theta} \ , \ \int_o^{s_1} \frac{ds}{E\Omega} \ , \ \int_o^{s_1} \frac{ds}{E\Omega} \, ly\theta,$$

qui ne dépendent que de la forme de la pièce, nous avons déjà vu précédemment comment on se procure leurs valeurs (figure 99).

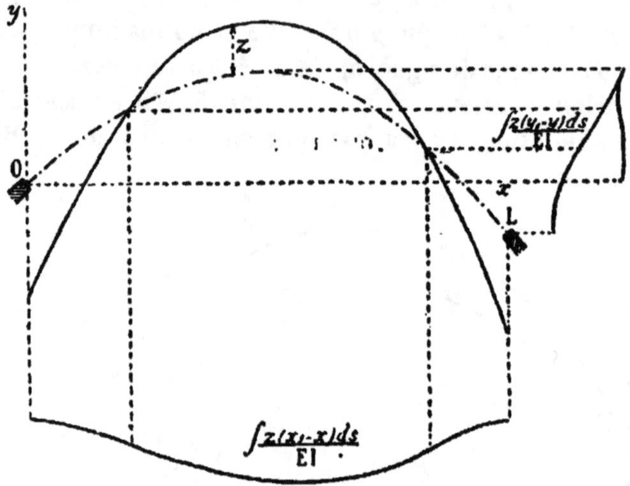

Figure 106.

Il ne reste plus qu'à déterminer les constantes d'intégration δx_o, δy_o et $\delta\theta_o$ (cette dernière changeant de valeur au droit de toute articulation intermédiaire de l'arc, où la ligne élastique présente un point anguleux). On y parvient toujours en utilisant les données du problème relatives à la fixité des retombées et des appuis.

Nous allons voir maintenant comment l'on arrive toujours, quel que soit le type d'arc envisagé, à se procurer les trois conditions nécessaires et suffisantes pour permettre le tracé de la courbe des pressions ; après quoi le calcul des résultantes d'actions moléculaires et la construction de la ligne élastique s'effectuent sans difficulté.

§ 2. Arcs simples isostatiques.

Ces arcs sont insensibles, au point de vue du *travail élastique*, aux changements de température, qui n'influent que sur leur forme géométrique.

79. Arc à triple articulation. Tracé de la courbe des pressions. — Considérons un arc ne comportant que deux retombées simples d'extrémités, O et L, sans appuis supplémentaires. Supposons-le divisé en deux tronçons par une articulation intermédiaire A.

Nous admettrons : 1° que cette articulation est au-dessus de la droite OL joignant les retombées ; 2° que la fibre moyenne de l'ouvrage, qui pour chaque tronçon est une courbe continue, mais peut présenter un angle à l'articulation A, est toute entière comprise entre les verticales des deux retombées O et L.

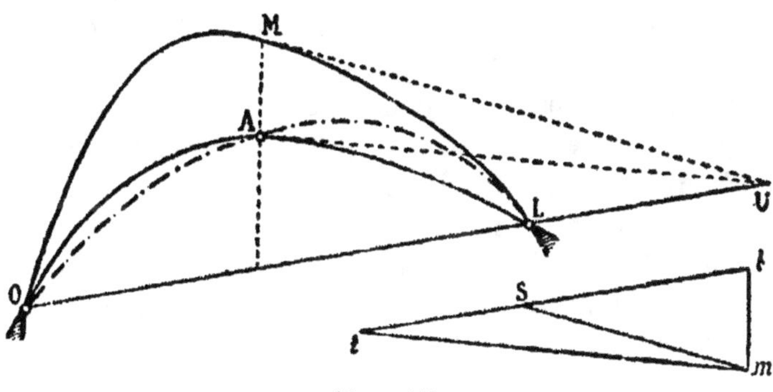

Figure 107.

Le moment fléchissant étant nul au droit de chaque articulation O, A et L, nous avons les trois conditions nécessaires pour déterminer la courbe des pressions.

Cas d'une charge quelconque. — Traçons, avec une distance polaire arbitraire, une courbe funiculaire OML, relative aux forces qui sollicitent l'arc et passant par les centres des retombées O et L. La courbe des pressions cherchée est aussi une courbe funiculaire se terminant en O et L, et qui doit de plus passer par l'articulation intermédiaire A. Menons la verticale AM : les tangentes aux deux courbes en A et en M sont homologues, et doivent donc, en vertu du théorème rappelé à la page 234, se couper sur la droite OL. Nous mènerons donc la tangente en M à la courbe funiculaire primitivement tracée, et nous joindrons à l'articulation A son point de rencontre U avec la droite des retombées OL.

Considérons le polygone des forces relatif à la courbe funiculaire OML : soient S son pôle, S*m* et S*l* les rayons parallèles respectivement à la tangente MU et à la droite de fermeture OL.

Nous mènerons par *m* une parallèle à la tangente AU, et son point de rencontre *l* avec le rayon S*l* sera le pôle du polygone des forces relatif à la courbe des pressions OAL. Le problème sera donc résolu.

Si une force isolée est appliquée à l'articulation elle-même (fig. 108), la courbe funiculaire présente un point anguleux en M, et par conséquent comporte deux tangentes MU et MV. On joindra à l'articulation A leurs points de rencontre U et V avec la droite de retombée, et l'on aura les tangentes correspondantes de la courbe des pressions.

On peut se dispenser de tracer la courbe OML, si l'on a au préalable déterminé les lignes d'action : de la résultante P des charges directement appliquées sur le

premier tronçon de l'arc OA : de la résultante P' des
charges appliquées sur le second tronçon AL ; enfin de

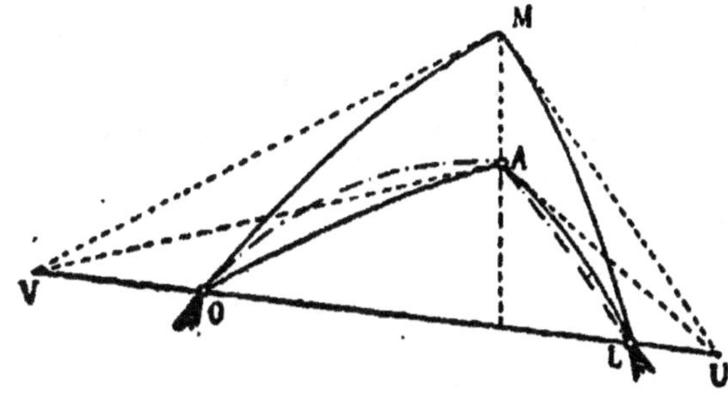

Figure 108.

la résultante totale π des charges sollicitant l'arc. Joignons un point quelconque B de la verticale π aux
retombées O et L. Les droites OB et BL coupent les

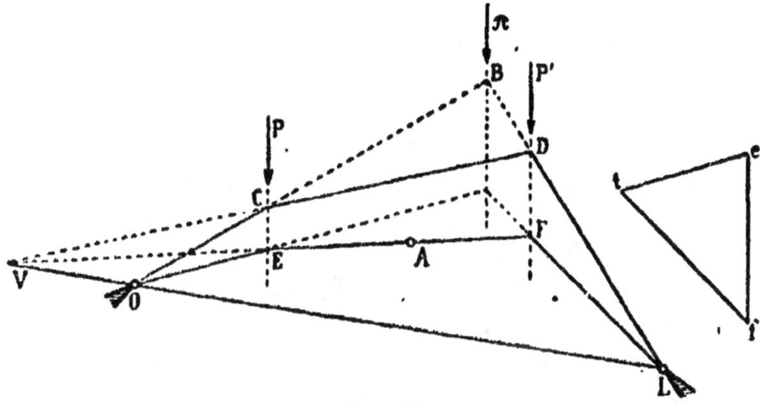

Figure 109.

directions P et P' en C et D. Menons la droite CD,
que nous prolongerons jusqu'à sa rencontre V avec la
droite des retombées. Le trapèze OCDL est un polygone
funiculaire relatif aux deux forces P et P'. Traçons la

droite VA, et joignons à O et L ses points de rencontre
avec les verticales P et P' : le trapèze OEAFL sera la
courbe des pressions relatives aux forces P et P'. Il sera
facile de déterminer la poussée en construisant le polygone des forces ayant pour base verticale *ef* la charge
totale π, et pour rayons polaires extrêmes les parallèles
et et *fl* aux côtés extrêmes de la courbe des pressions
OE et FL.

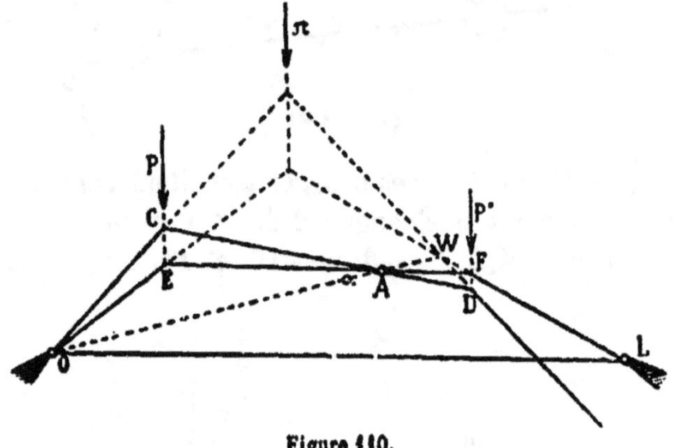

Figure 110.

On peut modifier la construction en prenant pour
points fixes initiaux, au lieu de O et de L, une retombée
O et l'articulation intermédiaire A.

Joignons le point O au point B, pris arbitrairement
sur la verticale π. La droite OB coupe la verticale P en
C. Joignons ce sommet à l'articulation A, et prolongeons cette droite jusqu'à sa rencontre en D avec la
verticale P'. Enfin menons la droite BD. La ligne brisée
OCADM est un polygone funiculaire relatif aux forces P
et P', dont les deux côtés OB et CD passent par les
points fixes O et A. Par conséquent le point d'intersection W de la droite OA et du troisième côté BD est

également un point fixe. Menons la droite WL, qui coupe en F la direction de P'. Menons la droite FA, qui coupe en E la direction de P. Enfin joignons E et O. La ligne brisée OEAFL est la courbe des pressions cherchées.

Charge uniformément répartie. — Dans le cas de la charge uniformément répartie complète, la courbe des pressions est une parabole à axe vertical. Désignons par a et b, l et h les coordonnées de l'articulation intermédiaire A et de la retombée de droite L par rapport aux axes menés par la retombée de gauche O.

L'équation de la courbe des pressions est :

$$y = \frac{-(bl - ha)x^2 + (bl^2 - ha^2)x}{al^2 - a^2l}.$$

La poussée a pour valeur :

$$Q = \frac{p\,(al^2 - a^2l)}{2\,(bl - ha)}.$$

Si la charge est incomplète et ne couvre que le premier tronçon OA, la courbe des pressions se compose

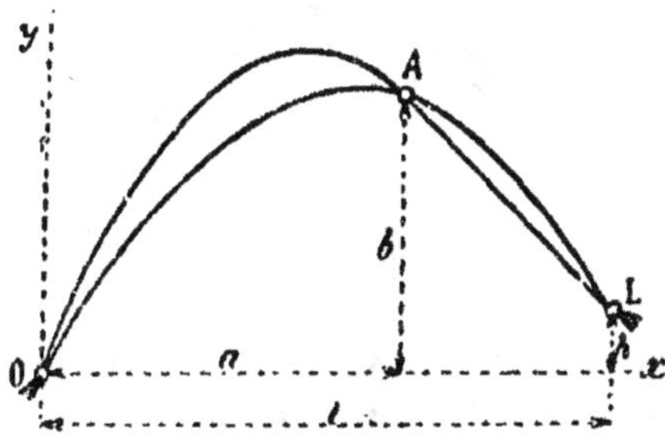

Figure 111.

d'une parabole à axe vertical, correspondant à la région chargée, et de la droite AL, tangente à cette parabole.

L'équation de la parabole est :

$$y = - \frac{a(b-h) + b(l-a)}{(l-a)a^2} x^2 + \frac{2b(l-a) + a(b-h)}{(l-a)a} x.$$

La poussée est :

$$Q = \frac{pa^2(l'-a)}{2a(b-h) + 2b(l-a)}.$$

Dans le cas de l'arc *symétrique* $\left(a = \frac{l}{2}\ \text{et}\ h = o\right)$, l'équation de la parabole pour la charge complète est :

$$(1) \qquad y = \frac{4b}{l^2} x(l-x); \qquad Q = \frac{pl^2}{8b}.$$

L'équation de la parabole pour la charge limitée à l'articulation est :

$$(2) \qquad y = - \frac{8b}{l^2} x^2 + \frac{3bx}{a}; \qquad Q = \frac{pl^2}{16b}.$$

La parabole (1) divise en parties égales les distances verticales de la parabole (2) et de la corde OA, courbe des pressions dans le cas où la charge couvre le second tronçon.

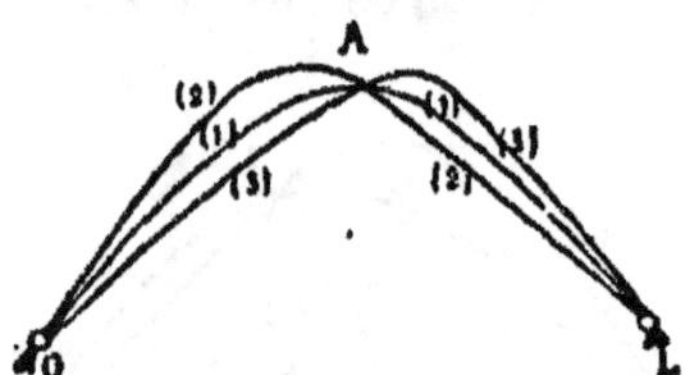

Figure 112.

Il est logique de faire décrire par la fibre moyenne de l'arc une ligne funiculaire correspondant à sa charge permanente, lorsque cela semble possible. Dans ces conditions il y a coïncidence entre l'arc et la courbe des pressions, et le moment fléchissant est nul.

Sous l'influence de la surcharge incomplète, la courbe se sépare de l'axe, et il se manifeste un moment fléchissant, qui dans le cas envisagé atteint son maximum aux reins de l'arc, c'est-à-dire au quart et aux trois quarts de l'ouverture.

73. Ligne d'intersection des réactions. Détermination de la surcharge la plus défavorable. — Considérons le cas d'une charge isolée P sollicitant le premier tronçon de l'arc, à la distance horizontale u de la retombée O.

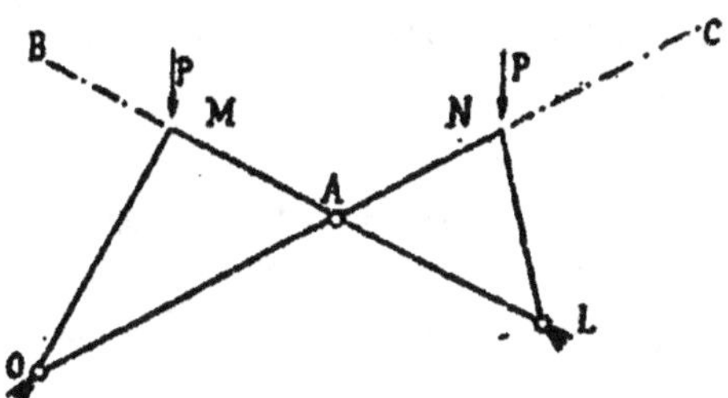

Figure 113.

La courbe des pressions est la ligne brisée OML, obtenue en joignant à la retombée O le point de rencontre de la force P et de la corde AL.

La poussée est :

$$Q = \frac{Pu\,(l - a)}{bl - ah}.$$

Si la force P est appliquée au second tronçon de l'arc, la courbe des pressions est la ligne brisée ONL, qui comprend la corde OA du premier tronçon ; la poussée a pour expression :

$$B = \frac{Pa\,(l - u)}{bl - ah}.$$

Si l'arc est symétrique, les deux expressions de Q deviennent respectivement :

$$\frac{Pu}{2b} \text{ et } \frac{P\,(l - u)}{2b}.$$

On appelle *ligne d'intersection des réactions* de l'arc la ligne brisée BAC, constituée par les prolongements des cordes OA et AL des deux tronçons. Cette ligne brisée est le lieu géométrique des points de rencontre des réactions des deux appuis, quand la charge de l'arc se réduit à un poids isolé.

Pour construire la courbe des pressions, il suffit de joindre aux centres des deux retombées le point de rencontre de la force isolée avec la ligne d'intersection des réactions.

Quand, pour une disposition de charge quelconque, on a tracé la courbe des pressions, on détermine sans difficulté sur l'épure la résultante S des actions moléculaires relatives à une section déterminée ; cette résultante est dirigée suivant la tangente à la courbe sur la verticale du centre de gravité de la section, et a pour projection horizontale la poussée.

La projection de cette résultante sur une perpendiculaire à la section est l'effort normal F, force de compression, par conséquent *négative*. Le moment fléchissant X s'obtient enfin en calculant le produit Qz.

Cela fait, on évalue sans difficulté les valeurs du travail relatives aux deux fibres extrêmes de la pièce par les relations connues :

$$R = -\frac{Xn}{I} + \frac{F}{\Omega};$$

$$R' = \frac{Xn'}{I} + \frac{F}{\Omega}.$$

Supposons que l'on ait tracé sur l'épure la projection du noyau central de l'arc (Résistance des Matériaux, art. 65). Dans le cas de la section rectangulaire, on sait que ce noyau occupe le tiers moyen de la hauteur.

Pour la section en double té, ses limites s'écartent peu du contour extérieur de l'arc. Si l'âme a une faible épaisseur comparativement aux semelles, et peut être négligée dans le calcul du moment d'inertie, on sait que le noyau central comprend presque toute l'étendue de la section.

Dans la section transversale MM', la condition pour que R soit de même signe que $\frac{F}{\Omega}$, c'est-à-dire que la fibre extrême supérieure M travaille à la compression, est que la résultante S des actions moléculaires rencontre le plan de la section *au-dessus* de la limite *inférieure* N' de la région centrale, qui est située au-delà du centre de gravité G par rapport au point M.

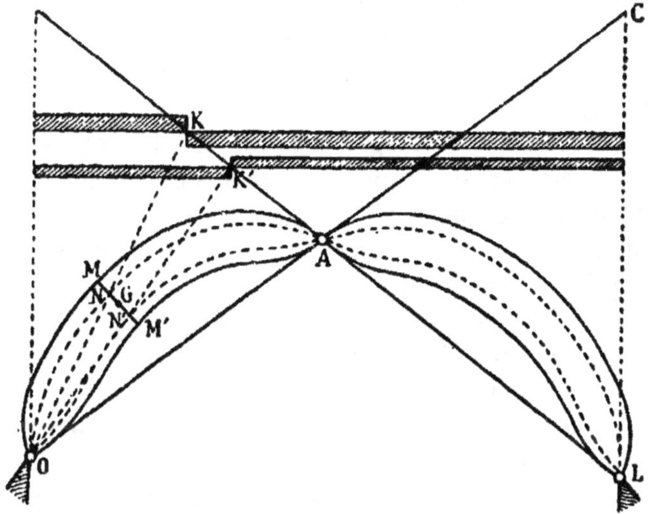

Figure 114.

De même la condition pour que R' soit négatif, c'est-à-dire que la fibre extrême M' travaille à la compression, est que la résultante S rencontre le plan de la section *au-dessous* de la limite *supérieure* N de la région centrale.

Joignons les points N et N' au centre de la retombée la plus voisine, qui dans le cas de la figure est celle de gauche O, et prolongeons les droites ON et ON' jusqu'à leurs rencontres, en K et K', avec la ligne des intersections des réactions.

Toute charge appliquée sur l'arc à gauche du point K' fera travailler la membrure supérieure M à la compression, puisque la réaction de la retombée O passera au-dessus du point N'.

Donc les deux dispositions de surcharge les plus défavorables, pour cette membrure M, seront celles comprises soit entre la retombée O et la verticale K' (travail maximum à la compression), soit entre la verticale K' et l'autre retombée (travail maximum à l'extension).

De même les deux dispositions les plus défavorables pour la membrure inférieure M' sont celles comprises soit entre la retombée O et la verticale K (travail à l'extension), soit entre la verticale K et l'autre retombée (travail à la compression).

Si donc l'on veut déterminer pour la section MM' les valeurs extrêmes du travail développé dans l'une et l'autre membrure, il faudra tracer les courbes de pression relatives à ces quatre dispositions de surcharge, qui sont complémentaires deux à deux.

En opérant ainsi pour un certain nombre de sections transversales choisies, on obtiendra les enveloppes des effets maxima à l'extension et à la compression pour les deux membrures de l'arc, et l'on pourra arrêter les dimensions de ces membrures d'après les limites de sécurité admises.

On s'attache parfois à faire décrire par l'axe longitudinal de l'arc une courbe funiculaire correspondant à la charge permanente : dans ces conditions l'axe coïncide avec la courbe des pressions, et le moment fléchissant est nul dans une section quelconque, qui ne travaille qu'à la compression simple, sous l'influence de l'effort normal F. Mais avec la surcharge à disposition variable, cette coïncidence ne persiste pas, et les deux lignes s'écartent l'une de l'autre. Si, en raison de la prépondérance de la charge permanente, la surcharge la plus défavorable ne fait sortir dans aucune section la courbe des pressions du noyau central, on voit que dans tous les cas imaginables les deux membrures travailleront nécessairement à la compression. Il ne sera donc pas nécessaire de réunir les éléments successifs de l'arc à l'aide d'assemblages susceptibles de résister à des efforts de traction, ce qui permettra d'employer des voussoirs en fonte ou en acier moulé, se transmettant les efforts de compression par simple contact, et simplement reliés par des boulons destinés à fixer leurs positions relatives, qui n'offriront qu'une résistance relativement faible aux efforts de la traction.

Si la courbe des pressions est susceptible de sortir du noyau central sous l'influence des surcharges les plus défavorables, il faut recourir à des assemblages se prêtant indifféremment à la transmission des efforts de compression ou d'extension, et constituer l'arc au moyen d'éléments en fer ou acier laminé, réunies par des pièces rivées.

On ne se préoccupe guère en général de l'effort tranchant qui est nul ou insignifiant pour la charge permanente, si du moins la courbe des pressions s'écarte peu de la fibre moyenne. Pour la surcharge, toutefois, cet effort, obtenu en projetant la résultante S sur la section transversale MM', peut avoir une valeur qui ne soit pas négligeable.

Soit MM' une section transversale du tronçon OA. Abaissons sur elle du point O une perpendiculaire OH, et prolongeons-la jusqu'à sa rencontre H' avec la ligne d'intersection des réactions.

Toute charge appliquée entre la verticale de retombée OO' et la verticale GG' du centre de gravité de la section, déterminera dans cette section un effort tranchant *négatif*.

Toute charge appliquée entre GG' et la verticale du point H' déterminera un effort tranchant *positif*.

Toute charge appliquée entre H' et l'autre verticale de retombée LL' déterminera un effort tranchant *négatif*.

En conséquence les dispositions de surcharge les plus défavorables sont celle régnant de O' à G' et de H' à L', et celle régnant de G' à H'.

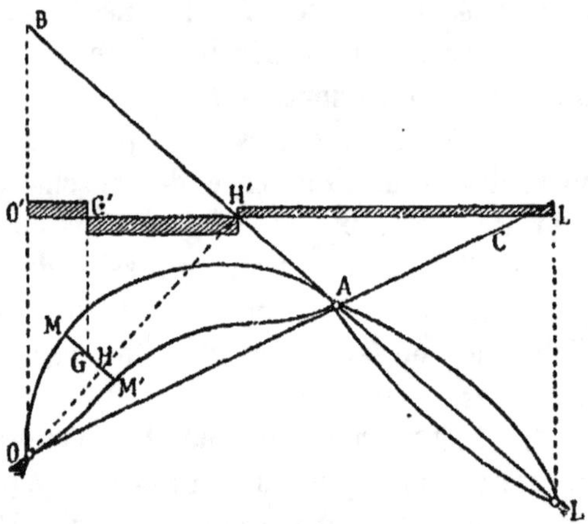

Figure 115.

Dans le cas particulier où la perpendiculaire OH à la

section transversale passe au-dessous de l'articulation centrale A, le point H′ disparaît. Les dispositions de surcharge les plus défavorables sont, comme dans les poutres, celle régnant de O′ à G′ (effort tranchant négatif), et celle régnant de G′ à L′ (effort tranchant positif). Cette particularité s'observe en général dans la région avoisinant l'articulation centrale.

On procèdera de la même façon pour le second tronçon de l'arc, en partant de la retombée L.

Après avoir tracé les courbes de pression relatives aux surcharges les plus défavorables pour une section transversale choisie, on obtiendra l'effort tranchant en projetant la résultante S, tangente à chaque courbe, sur le plan de la section. On évaluera ensuite sans difficulté le travail tangentiel correspondant.

Si l'on a affaire à un arc de hauteur variable, il faudra tabler non sur l'effort tranchant V, mais sur l'effort tranchant réduit, calculé par la règle habituelle :

$$W = V - \frac{X}{h} \cdot \frac{dh}{ds} \cdot$$

Dans le cas particulier d'un arc *symétrique*, portant une charge p et une surcharge q réparties uniformément suivant l'horizontale, on peut tracer les lignes enveloppes des courbes de pression relatives à toutes les dispositions de surcharge imaginables, par la règle suivante :

Pour une section transversale d'abscisse $x < \frac{l}{2}$, les surcharges complémentaires les plus défavorables sont celles qui s'étendent entre l'une des verticales de retombée et la verticale dont l'abscisse u est fournie par la relation :

$$u = \frac{l}{3l - 2x} \cdot$$

u est comme x compris entre o et $\frac{l}{2}$.

Les poussées correspondant à la charge totale pl, ainsi qu'aux trois cas de surcharges : complète (ql), régnant de o à u, et régnant de u à l, ont pour expressions :

$$Q = \frac{pl^2}{8b} + \frac{ql^2}{8b} \, ;$$

$$Q' = \frac{pl^2}{8b} + \frac{qu^2}{4b} \, ;$$

$$Q'' = \frac{pl^2}{8b} + \frac{q(l^2 - 2u^2)}{8b} \, .$$

L'équation de la parabole correspondant à la surcharge complète est :

$$y = \frac{1}{2Q} (p+q) x (l-x) = \frac{4bx (l-x)}{l^2} \, .$$

Les équations des deux lignes enveloppes, dont les ordonnées se rapportent pour chaque section d'abscine x aux deux cas de surcharge (o à u, et u à l) les plus défavorables sont :

$$y' = \frac{1}{2Q'} \left(px (l-x) + \frac{qu (2l - u) x}{l} - qx^2 \right) ;$$

$$y'' = \frac{1}{2Q''} \left(px (l-x) + \frac{q(l - u)^2 x}{l} \right) .$$

On tracera sans difficulté ces deux lignes pour la première moitié de l'arc, comprise entre la retombée de gauche et l'articulation de clef. Pour l'autre moitié, on n'aura qu'à tracer les courbes symétriques, dont les équations se déduisent des précédentes en remplaçant x par $l-x$, et u par $l-u$.

Il suffit que les limites du noyau central coïncident avec ces deux courbes pour que le travail développé en un point quelconque de l'arc soit toujours une pression, quelle que soit la disposition de la surcharge.

74. Tracé de la ligne élastique. — Construisons les deux courbes :

$$\delta x_1 = -Q \int_0^{s_1} \frac{z\,(y_1 - y)\,ds}{EI} - Q \int_0^{s_1} \frac{ds}{E\Omega},$$

et

$$\delta y_1 = Q \int_0^{s_1} \frac{z\,(x_1 - x)\,ds}{EI} - Q \int_0^{s} \frac{ds}{E\Omega}\,tg\theta.$$

Nous savons que le premier terme de chaque équation se rapporte à une courbe funiculaire relative aux forces horizontales $Qzds$ pour la première, et aux forces verticales $Qzds$ pour la deuxième. Le second terme s'évalue à l'aide d'un polygone dynamique.

Ces courbes correspondraient à la ligne élastique de l'arc, si le déplacement angulaire à l'origine $\delta\theta_0$ était nul, ainsi que la déviation angulaire de la fibre moyenne τ au droit de l'articulation. Mais en général il n'en est pas ainsi, et le calcul précédent indique, pour

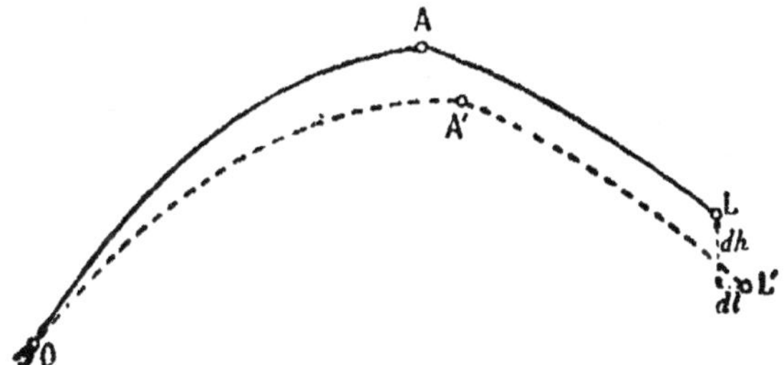

Figure 116.

l'extrémité de retombée L, des déplacements horizontal et vertical qui ne sont pas nuls : désignons-les par δl et δh. Il s'agit de faire tourner l'arc tout entier autour du point O d'un angle $\delta\theta_o$, et le second tronçon seulement autour du point A de l'angle τ, de façon à rendre nuls, comme ils doivent l'être, ces deux déplacements de l'extrémité L.

On doit avoir (fig. 116) :

$$\theta_o h + \tau (h - b) = \delta l \,;$$
$$\theta_o l + \tau (l - a) = - \delta h.$$

D'où :

$$\theta_o = \frac{(l - a)\,\delta l + (h - b)\,\delta h}{h\,(l - a) - l\,(h - b)} \,;$$
$$\tau = \frac{-\,l\delta l - h\delta h}{h\,(l - a) - l\,(h - b)} \cdot$$

Soient $MN = \delta h$, $MP = -\delta l$ (fig. 117). Menons par le point N une perpendiculaire à la droite des retombées

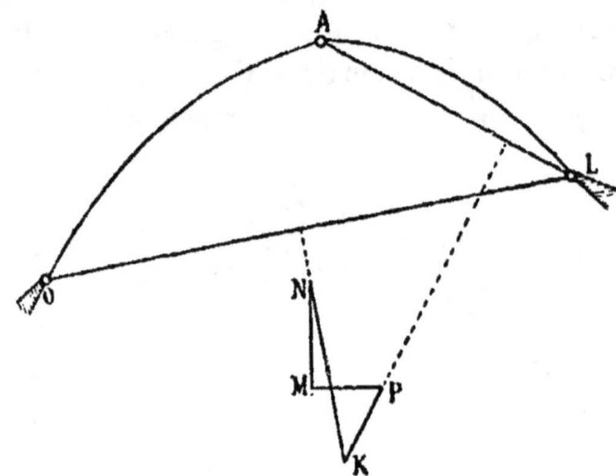

Figure 117.

OL, et par P une perpendiculaire à la corde du second tronçon AL : ces deux droites se rencontrent en K. Le segment NK est l'arc à faire décrire par le point L avec O pour centre, et le segment PK l'arc à faire décrire ensuite par le même point L avec le centre A : le double mouvement ramène ce point à sa position fixe sur la retombée.

D'où :

$$\theta_0 = -\frac{NK}{OL}, \quad \text{et} \quad \tau = +\frac{KP}{AL}.$$

Connaissant ces deux angles, il est facile de rectifier les deux courbes de la ligne élastique, en modifiant convenablement leurs lignes de fermeture, de façon à tenir compte des déplacements angulaires en O et en A.

Déformation produite par un changement de température. — Nous avons déjà dit que les changements de température n'influent pas sur les conditions de stabilité, mais modifient simplement la forme géométrique de l'arc.

Les équations de déformation à employer sont :

$$\delta x_1 = -\delta\theta_0 \, (y_1 - y_0) + \alpha t \, (x_1 - x_0).$$
$$\delta y_1 = \delta\theta_0 \, (x_1 - x_0) + \alpha t \, (y_1 - y_0).$$

Le dernier terme de chacune de ces équations représente (fig. 118) la courbe décrite par la fibre moyenne de l'arc, mais réduite dans le rapport de l'unité à αt,

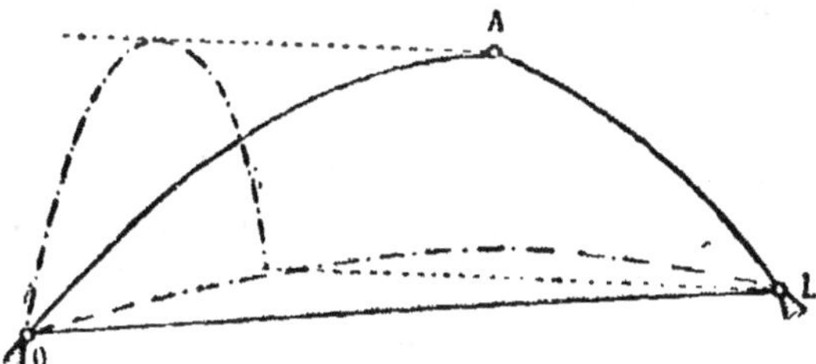

Figure 118.

soit dans le sens horizontal $(x_1 - x_0)$, soit dans le sens vertical $(y_1 - y_0)$. On tracera facilement ces deux lignes. On déterminera ensuite $\delta\theta_0$ et τ par le procédé indiqué ci-dessus.

En général, on se préoccupe principalement des déplacements de l'articulation centrale A : δa et δb. On reconnaîtra aisément que :

$$\delta a + \delta (l - a) = o \quad ; \quad \delta b = \delta (b - h) ;$$

$$a\delta a + b\delta b = \alpha\tau (a^2 + b^2) ;$$

$$(l - a)\, \delta (l - a) + (b - h)\, \delta (b - h) =$$
$$\alpha\tau \left((l-a)^2 + (b - h)^2 \right).$$

D'où :

$$\delta a = \alpha l.\ \frac{(a^2 + b^2)(b - h) - [(l - a)^2 + (b - h)^2]\, b}{a (b - h) + (l - a)\, b} ;$$

$$\delta b = \alpha l.\ \frac{(a^2 + b^2)(l - a) + [(l - a)^2 + (b - h)^2]\, a}{a (b - h) + (l - a)\, b}.$$

75. Arcs simples isostatiques encastrés. — Un arc simple isostatique comporte toujours trois articulations. Il peut donc être composé de trois tronçons, avec deux articulations intermédiaires, à condition d'être encastré sur une retombée et articulé sur l'autre ; ou de quatre tronçons, avec trois articulations intermédiaires, à condition d'être encastré sur ses deux retombées.

Le tracé de la courbe des pressions s'effectue toujours sans aucune difficulté, puisqu'on en connaît trois points, qui sont les centres des trois articulations. Il en est de même de la ligne élastique, dont on connaît deux points fixes correspondant aux retombées, et une tangente ou deux correspondant aux encastrements.

Nous ne nous étendrons pas davantage sur ce sujet

qui ne présente pas d'intérêt pratique, parce que les constructeurs n'ont guère recours à des types de ce genre.

---

§ 3. Arcs isostatiques divers.

76. Arcs à appuis extérieurs. — Considérons un arc à triple articulation OAL, dont chaque tronçon soit prolongé au-delà du plan vertical de sa retombée par une console, telle que OO'C, articulée avec un dernier tronçon de poutre, lequel est supporté lui-même à son extrémité opposée par un appui simple. Nous avons représenté cet appui sur la figure par une bielle verticale, articulée à ses deux bouts avec le tronçon CD et avec un massif de fondation invariable.

Cet arc à *appuis extérieurs* est un ouvrage isostatique. Pour tout poids appliqué entre les retombées O et L, il se comporte comme un arc simple à triple articulation, la courbe des pressions passant par les trois points O, A et L, sans que les travées latérales soient influencées par la charge.

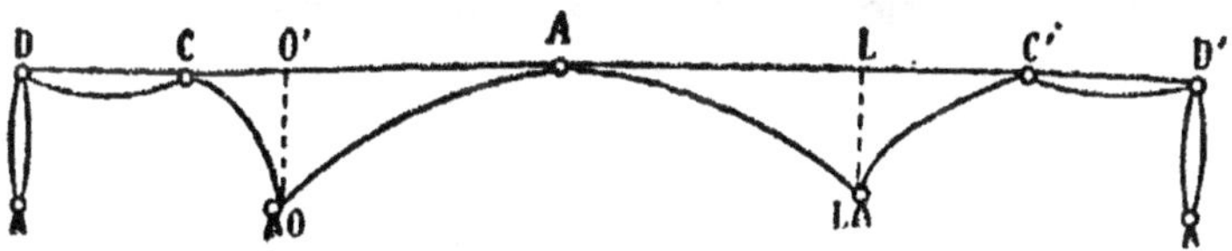

Figure 119.

Pour tout poids appliqué sur l'une des travées latérales, par exemple OCD, on considèrera cette travée comme une poutre discontinue simplement appuyée en D et encastrée en OO' ; on tracera en conséquence la courbe des moments fléchissants, qui fournira la valeur du moment μ dans la section OO'. La courbe des pressions dans la travée centrale est en ce cas la droite LAB, et le moment μ de la section de retombée est représenté par l'ordonnée OB (fig. 120). Nous en concluons que la poussée a pour valeur :

$$Q = \frac{\mu}{OB} \cdot$$

Le couple d'encastrement μ étant négatif, il en est de même de la poussée, qui est *négative*, c'est-à-dire tend à écarter l'extrémité O de l'arc de son extrémité opposée L.

Considérons le cas où les deux consoles sont simultanément chargées, et désignons par μ et μ' les couples

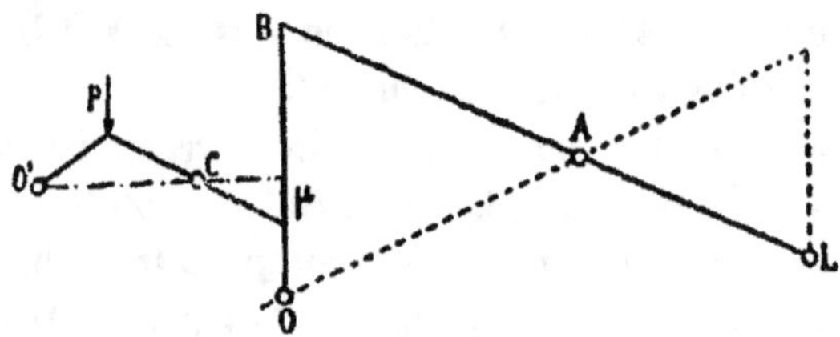

Figure 120.

d'encastrement relatifs à ces charges, qui sont les moments de flexion dans les sections de retombée. Portons sur les verticales O et L les longueurs OK et

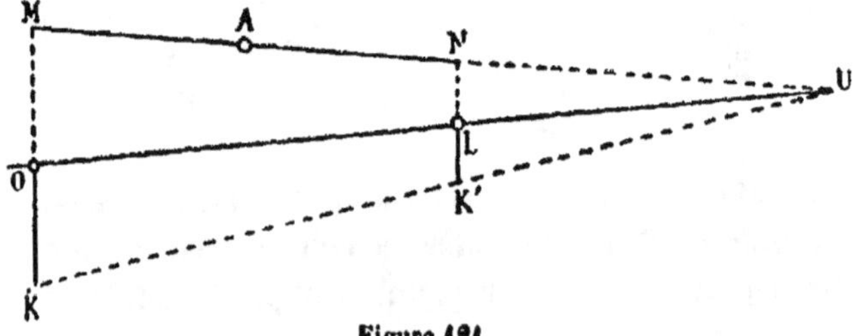

Figure 121.

LK′ respectivement proportionnelles aux valeurs numériques de ces moments μ et μ', qui sont négatives (fig. 121).

La droite KK′ coupe en U la ligne des retombées OL. La droite UA est la courbe des pressions de l'arc central correspondant aux deux moments μ et μ'.

La poussée Q est encore négative.

$$Q = + \frac{\mu}{OM} = + \frac{\mu'}{LN}.$$

Enfin envisageons le cas général où toutes les travées de l'ouvrage sont chargées. Calculons les moments négatifs dans les sections de retombée, μ et μ', qui sont dus aux charges appliquées sur les travées latérales.

Prenons une poussée arbitraire Q′, et portons sur les verticales O et L les longueurs

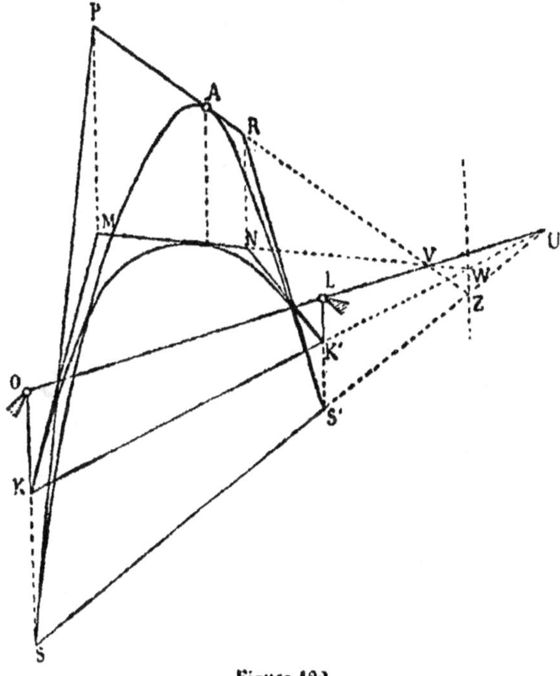

Figure 122.

$$OK = \frac{\mu}{Q} \quad \text{et} \quad LK' = \frac{\mu'}{Q'} \text{ (fig. 122)}.$$

Traçons maintenant sur la droite de fermeture KK', avec la distance polaire Q', une courbe funiculaire relative aux charges sollicitant la travée centrale. Nous pourrons d'ailleurs, pour plus de simplicité, substituer à cette courbe le trapèze KMNK', relatif aux résultantes des charges appliquées sur chacun des tronçons, OA et AB, de l'arc (art. 72, page 312).

La droite KK' coupe la ligne des retombées OL en U.

La droite MN coupe la ligne OL en V.

Les droites MN et KK' se rencontrent en W.

Les points U et V sont fixes ; le point W a pour lieu géométrique une verticale.

Joignons le point V à l'articulation centrale A.

La droite AV coupe en Z la verticale du point W.

Joignons Z et U. Cette droite coupe les verticales des retombées en S et S'. La courbe des pressions est le trapèze SPRS', qui a pour droite de fermeture SS', et dont les sommets P et R sont les intersections de VA et des verticales M et N. La poussée a pour expression :

$$Q = -\frac{\mu}{OS} = -\frac{\mu'}{LS'}.$$

S'il arrive que les points S et S' soient au-dessus de la ligne des retombées OL, la poussée est *négative*, et la courbe des pressions est concave au lieu d'être convexe (fig. 123).

Nous remarquerons que les charges portées par les travées latérales ont pour effet de diminuer la poussée positive de l'arc central, en abaissant la droite de fermeture de la courbe des pressions au-dessous de la ligne des retombées. Toutes les fois que la poussée négative, due au poids des travées latérales, est supérieure en

valeur absolue à la poussée positive due au poids de
la travée centrale, la droite de fermeture passe au-des-

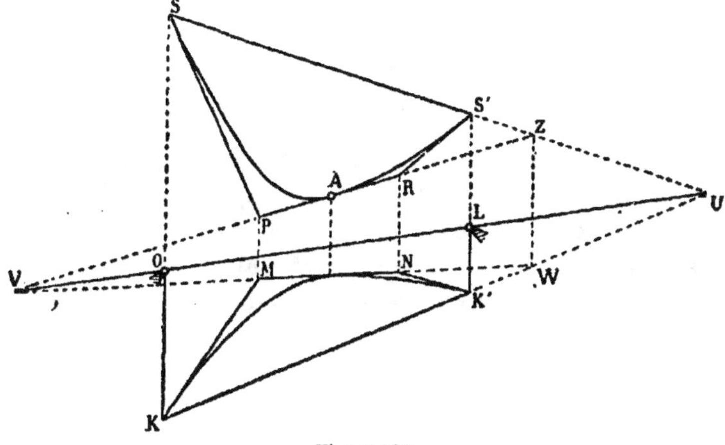

Figure 123.

sus de la droite des retombées et de la courbe des
pressions (fig. 123).

Le type d'arc à appuis extérieurs peut rendre des
services pour les ouvrages très surbaissés, dont la
flèche, c'est-à-dire la distance verticale de l'articulation
centrale A à la ligne des retombées, est une faible fraction de l'ouverture : on peut ainsi réduire à volonté la
poussée, à l'aide de consoles extérieures prolongeant
l'ossature.

Au lieu de relier l'extrémité F de la console avec un
massif d'appui par une bielle verticale, on peut la sus-
pendre par une bielle très courte à l'extrémité d'une
console opposée, faisant partie d'un autre arc appuyé.
On a ainsi une série d'arcs appuyés consécutifs, mais
indépendants : une travée sur deux est constituée par
une poutre à deux articulations encastrée sur les arcs à
triple articulation précédent et suivant (fig. 124). Le

calcul de chaque arc appuyé s'effectuera comme s'il
était isolé.

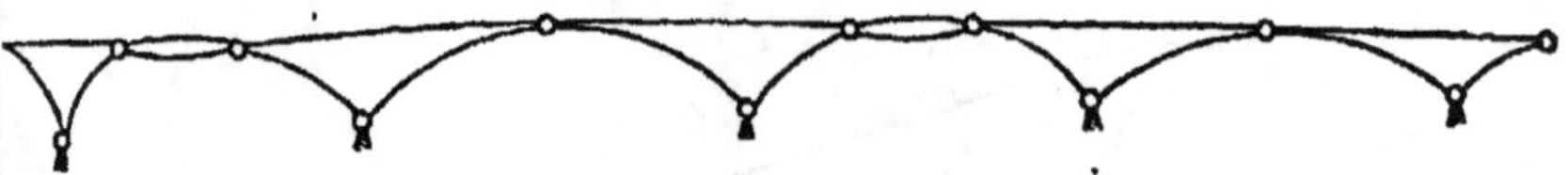

Figure 124.

78. Arcs à appuis intérieurs. — Supposons qu'entre
les deux parties OA et AL d'un arc à triple articulation,
ou intercale une série de tronçons articulés bout à bout
par leurs extrémités, et portés chacun par un appui
simple de poutre, représenté sur la figure 125 par une

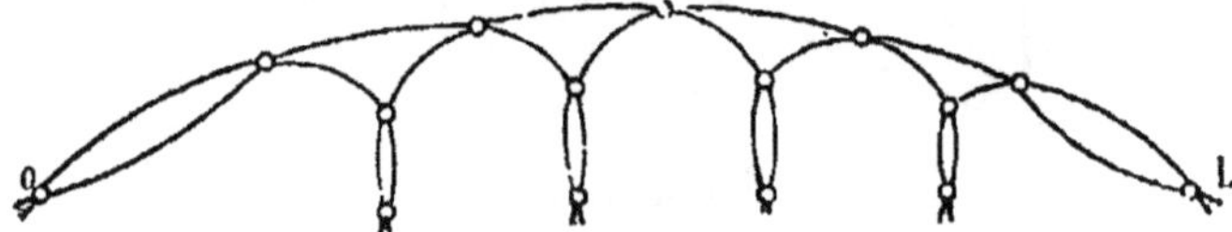

Figure 125.

bielle verticale articulée à ses deux extrémités. On
aura une construction isostatique, sur laquelle les
appuis intermédiaires exerceront des réactions verticales, et les retombées extrêmes des réactions obliques, ayant chacune pour composante horizontale la
poussée Q, projection horizontale de la résultante des
actions moléculaires relative à une section transversale quelconque.

Tracé de la courbe des pressions. — Remplaçons
par leur résultante toutes les charges appliquées à
chaque portion d'ouvrage comprise entre une articulation de jonction et une verticale d'appui ou de retombée. De cette façon nous substituerons à la courbe des
pressions effective une ligne brisée, qui lui sera tangente

sur les verticales de chaque articulation et de chaque appui. Cette ligne brisée passera par les retombées et les articulations de jonction, et aura un sommet sur chaque verticale d'appui et sur chaque résultante de charges.

Considérons la première travée, comprise entre la retombée de gauche O et l'appui suivant M. Construisons arbitrairement un trapèze funiculaire relatif aux deux forces P et P', appliquées respectivement aux por-

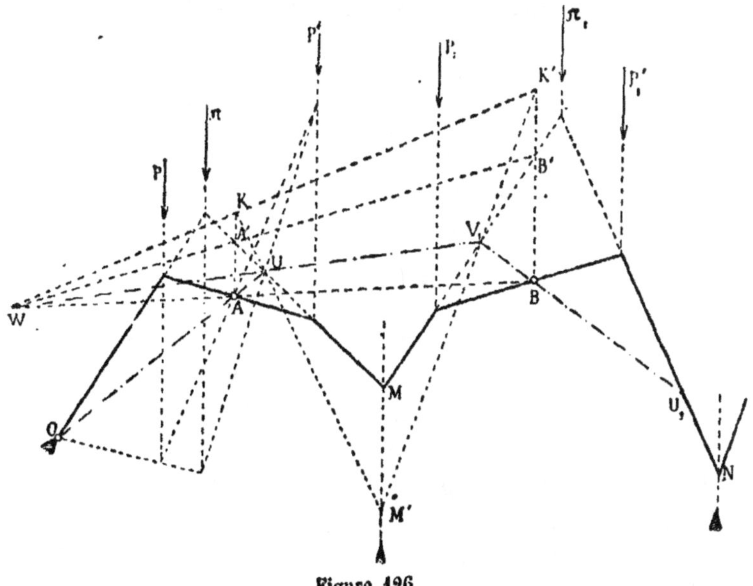

Figure 126.

tions de fermes OA et AM, dont la résultante est π.

Les deux premiers côtés de ce trapèze passent par la retombée O et l'articulation de jonction A. L'intersection U du troisième côté et de la droite OA est donc également un point de passage obligatoire. Cette première construction nous donnera un point fixe U du troisième côté de la courbe des pressions.

Considérons à présent le triangle A'MB', constitué par les deux côtés qui se coupent sur la verticale du premier appui M, et que l'on a prolongés jusqu'aux verticales des deux articulations de jonction A et B, situées dans la première et la seconde travées. Les points A', M et B' sont assujettis à se déplacer sur les verticales des deux articulations et de l'appui intermédiaire. Le côté A'M passe par le point fixe U déjà déterminé. D'autre part les longueurs AA' et BB' sont proportionnelles aux moments statiques de deux forces connues, P et P_1, par rapport aux articulations voisines A et B. Donc le côté A'B' rencontre la droite AB, qui joint les deux articulations, en un point fixe W, tel que l'on ait, en désignant par a et b les distances horizontales respectives des articulations A et B aux verticales des poids P' et P_1 :

$$\frac{AA'}{BB'} = \frac{P'a}{P_1 b}.$$

En conséquence, si nous portons au-dessus des articulations A et B deux longueurs verticales AK et BK' respectivement proportionnelles à $P'a$ et $P_1 b$, la droite joignant les points K et K' rencontrera la droite AB au point fixe W, par lequel passe obligatoirement la droite A'B'.

Les côtés A'M et A'B' passant par les points fixes ainsi déterminés U et W, le troisième MB' passera également par un point fixe V_1, en ligne droite avec les deux premiers. Traçons la droite KU, prolongeons-là jusqu'en M', sur la verticale de l'appui M : la droite M'K' coupera la droite WU en V_1.

Considérons la seconde travée de l'ouvrage : la courbe des pressions y comporte deux côtés latéraux, partant des verticales d'appui M et N, qui se coupent sur la résultante totale π_i des charges P_i et P'_i de la travée ; et un côté central, qui joint les points de rencontre des deux premiers avec les verticales des forces P_i et P'_i. Le côté partant de la verticale M passe par le point fixe V_i précédemment déterminé ; le côté intermédiaire passe par l'articulation B. Donc le troisième côté passe également par un point fixe U_i, en ligne droite avec les premiers, qui se déterminera en construisant arbitrairement un polygone funiculaire relatif aux forces P_i et P'_i, dont les deux premiers côtés passent par V_i et B.

Nous obtiendrons ainsi un point U_i du côté qui aboutit sur la verticale de l'appui N. Nous reprendrons la construction déjà indiquée pour l'appui M, qui nous donnera un point fixe V_2 du côté du polygone qui part de la verticale d'appui N, et ainsi de suite.

En continuant de la même manière, nous finirons par arriver à la dernière travée, pour laquelle nous déterminerons un point fixe U_n sur le dernier côté de la courbe des pressions, qui doit aboutir à la retombée L.

Possédant ainsi deux points de ce côté, U_n et L, nous le tracerons, en l'arrêtant sur la verticale du poids P'_n

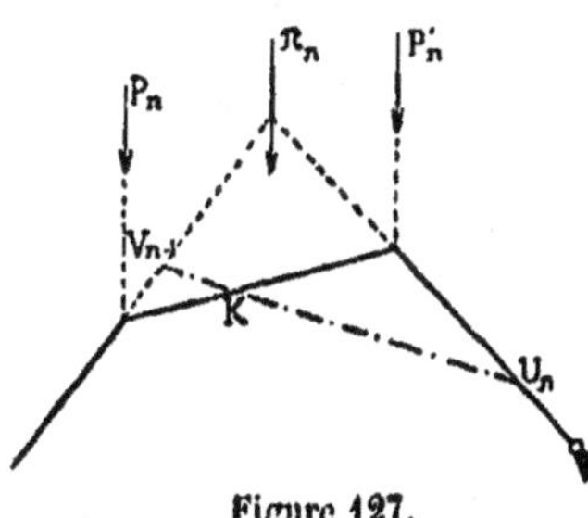

Figure 127.

qui sollicite le dernier tronçon d'arc, ce qui nous donnera le dernier sommet de la courbe des pressions. Après quoi, nous poursuivrons sans difficulté le tracé de la ligne brisée, puisque chaque côté sera déterminé par son point de départ sur une verticale de charge ou de retombée, et par un point intermédiaire : articulation de jonction, ou bien point fixe U ou V.

Le problème sera résolu.

Quant à la poussée Q, on l'obtiendra en mesurant la longueur a du segment intercepté par deux côtés consécutifs sur une verticale d'appui. En effet, le moment statique Pm, par rapport à l'appui, de la force connue P appliquée au sommet commun des deux côtés considérés, dont la distance m à l'appui est également connue, est égal à Qa.

On calculera donc la poussée par la formule :

$$Q = \frac{Pm}{a}.$$

Cette poussée sera positive ou négative suivant que l'angle dont le sommet est sur la verticale P, s'ouvrira vers le bas ou vers le haut de l'épure.

Cas d'une charge unique. Vérification de l'équilibre statique d'un arc à appuis intermédiaires. — Considérons le cas d'une charge unique, appliquée

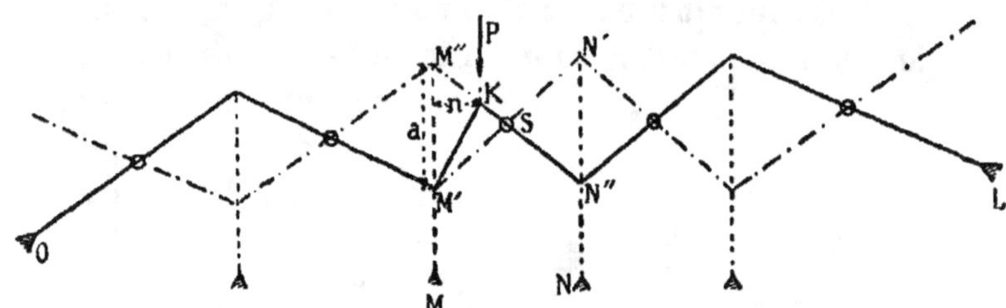

Figure 128.

entre un appui à gauche M et une articulation à droite S. La courbe des pressions est d'un côté une ligne brisée partant de la retombée O, passant par les articu-

22

lations de jonction, ayant ses sommets sur les verticales des appuis, et se terminant en M′ sur la verticale de l'appui M. De l'autre côté, elle part de la retombée L, se construit de la même façon, et vient enfin, après avoir passé par l'articulation S, rencontrer en K la direction de la force P. On complète la ligne brisée en menant le dernier côté KM′.

On voit que les deux lignes brisées, issues chacune de l'une des retombées, passant par les articulations et ayant leurs sommets sur les verticales des appuis, sont les *lignes d'intersection des réactions :* elles remplacent les deux droites OA et AL de l'arc simple à triple articulation (fig. 113).

On obtient la poussée Q en mesurant la longueur a du segment M′M″ intercepté sur la verticale de l'appui M par les deux côtés qui se coupent sur la verticale du poids P, évaluant le moment statique Pn du poids P par rapport à la verticale M, et divisant Pn par a.

Plus la longueur a sera petite, et plus la poussée sera grande.

S'il arrivait que a fût trouvé nul, on aurait une poussée infinie, et l'ouvrage serait instable. Ce cas serait analogue à celui d'un arc simple à trois articulations, où celles-ci seraient en ligne droite.

Dans le cas présent, il faudrait, pour qu'il en fût ainsi, que la droite SN″ se trouvât dans le prolongement du côté SM′.

Or, nous remarquerons qu'il en est forcément ainsi pour un arc appuyé *symétrique* par rapport à la verticale située à mi-distance de ses deux extrémités O et L, quand cet axe de symétrie passe par un appui, c'est-à-dire quand l'ouvrage comporte un nombre *impair* d'appuis. En ce cas, les deux lignes brisées d'intersection des réactions partant de O et de L se superposent, et l'on trouve une poussée infinie, ce qui indique que l'ouvrage n'est pas en équilibre statique.

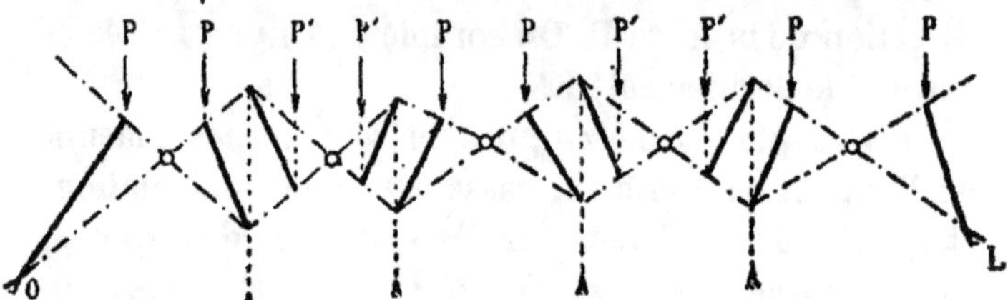

Figure 129.

Un arc symétrique doit donc, pour être stable, comporter un nombre pair d'appuis intermédiaires. C'est là un résultat assez curieux, en ce que c'est, à notre connaissance, le seul exemple de construction où intervienne, au point de vue des nécessités de l'équilibre statique, la question de parité du nombre des appuis.

Si l'ouvrage n'est pas symétrique, l'équilibre statique peut être assuré en théorie, alors même que le nombre des appuis serait impair. Mais si la dissymétrie n'est pas très accentuée, on obtient pour la poussée due à

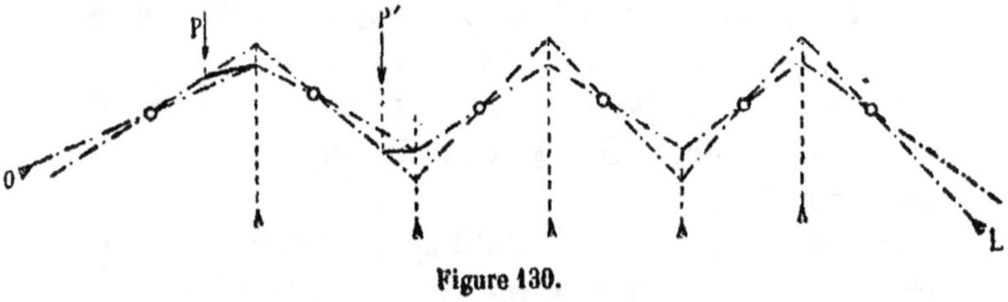

Figure 130.

une charge unique une valeur extrêmement grande, ce qui rend ce type inadmissible dans la pratique des constructions.

Pour remédier à ce défaut, il faudrait renverser l'un des tronçons d'extrémité, en plaçant la retombée au-dessus de l'articulation voisine, et non au-dessous. Mais une disposition de ce genre, qui conduit à une retombée située à grande hauteur, ne semble pas pratiquement acceptable.

L'arc à appuis intérieurs entre les retombées doit donc en principe comporter un nombre pair d'appuis intermédiaires entre les retombées.

La figure 129 est relative à un arc comportant un nombre *pair* d'appuis intermédiaires. On a tracé, pour chacune des positions que peut occuper un poids mobile P ou P' entre une verticale d'appui et une articulation, le côté qui, reliant les deux lignes d'intersection des réactions, complète entre ces lignes la courbe des pressions. Pour toutes les travées de numéros *impairs*, qui comprennent les travées extrêmes, l'angle ayant son sommet sur la verticale du poids P tourne sa concavité vers le bas : la poussée est donc positive, et tend à augmenter l'écartement des retombées O et L.

Pour toute travée de numéro *pair*, l'angle en question tourne sa concavité vers le haut : la poussée est négative, et l'ouvrage exerce une traction sur chacune de ses retombées.

La figure 130 se rapporte à un arc ayant un nombre *impair* d'appuis. Comme cet ouvrage n'est pas *rigoureusement* symétrique par rapport à sa section médiane, les deux lignes d'intersection des réactions ne se superposent pas exactement. L'équilibre statique semblerait donc à la rigueur strictement assuré ; mais la poussée due à un poids P est alors extrêmement grande, l'angle dont le sommet est sur la verticale du poids étant très ouvert et voisin de 180°.

Ce cas est assimilable à celui d'un arc simple à triple articulation qui serait excessivement surbaissé, c'est-à-dire où la flèche, distance de l'articulation centrale à la droite des retombées, serait très petite. La poussée est alors énorme, et les déplacements élastiques très considérables : l'ouvrage peut être pratiquement inexécutable, parce qu'il exigerait des culées exceptionnellement massives, et des éléments d'une résistance extraordinaire, par suite lourds et coûteux.

Nous n'avons pas connaissance que le type d'arc à appuis intermédiaires ait été jamais réalisé : il semble qu'il conviendrait pour la couverture de grands espaces, halles, gares de chemins de fer, marchés, ainsi que pour l'exécution des viaducs de grande hauteur. Il a l'avantage de ne faire travailler qu'à la compression simple les supports intermédiaires, qui peuvent être établis très légèrement et très économiquement, même si leur hauteur est grande et leur charge considérable. C'est en somme une combinaison de l'arc et de la poutre discontinue, et l'on peut à volonté, en réglant convenablement les ouvertures des travées successives, se rapprocher de l'un ou l'autre type, en augmentant ou réduisant la poussée dans la mesure convenable.

78. Arcs-consoles. — Au début de l'étude de l'arc à triple articulation, nous avons spécifié que *la fibre moyenne de l'ouvrage était tout entière comprise entre les verticales des retombées.*

Supposons qu'il en soit autrement, et que l'arc déborde sur ses retombées, l'axe longitudinal venant toucher les verticales H et K situées respectivement en deçà et au-delà des points O et L.

Un ouvrage de ce genre, pourvu d'une articulation

intermédiaire et de deux articulations de retombée, se
calculera exactement par la même méthode que l'arc à
triple articulation : la ligne d'intersection des réactions
sera constituée par les droites joignant l'articulation
aux deux retombées : le polygone funiculaire relatif à
une disposition de charge donnée s'obtiendra par le
procédé graphique déjà exposé (art. 72).

Nous n'aurions donc rien de plus à ajouter, si les
résultats de ces calculs ne présentaient pas certaines
particularités qu'il semble utile de signaler.

Nous remarquerons tout d'abord que la poussée est
nulle pour toute charge dirigée suivant la verticale
d'une retombée.

1° Si l'articulation A est située entre les verticales
des retombées O et L, la pous-
sée Q est positive pour toute
charge appliquée entre O et L,
et négative pour toute charge
appliquée en dehors de la région comprise entre les retombées : de H en O, ou de L
en K (fig. 131).

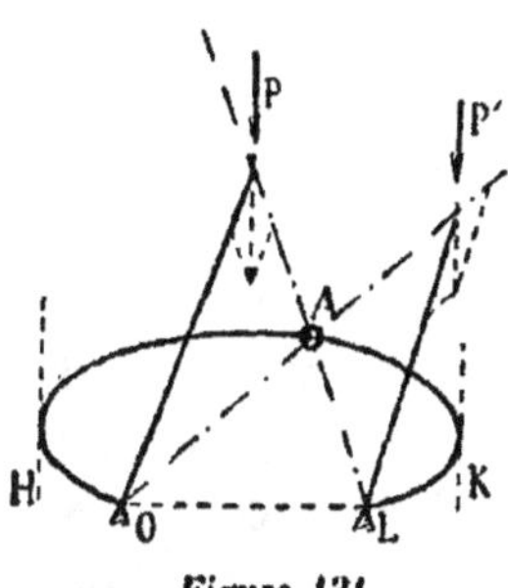

Figure 131.

Si la charge est continue,
et appliquée à toute la lon-
gueur de la pièce, la courbe des pressions est concave

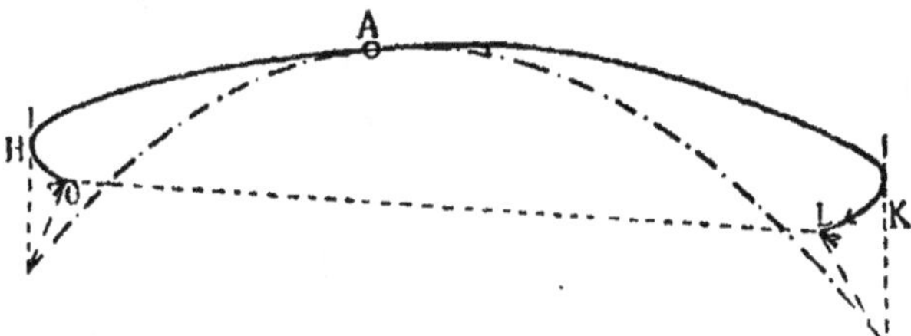

Figure 132.

et descendante à partir de l'articulation O, présente un point de rebroussement sur la verticale H, puis devient convexe, passe par l'articulation A, présente un nouveau point de rebroussement sur la verticale K, au-dessous de la ligne des retombées, enfin redevient concave et se termine en L.

2° Si l'articulation A est sur la verticale d'une retombée, celle de droite par exemple, la poussée est nulle pour toute charge appliquée à gauche de cette articulation, sur le tronçon OA dont la corde est oblique, et négative pour toute charge appliquée à droite sur le tronçon AL,

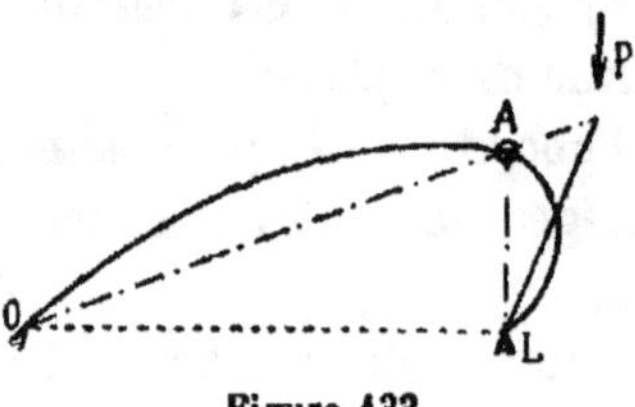

Figure 133.

dont la corde est verticale. La courbe des pressions n'existe donc que si une partie de la charge sollicite le deuxième tronçon.

Si la charge est tout entière appliquée au tronçon OA, celui-ci se comporte comme une poutre courbe, appuyée sur un support également courbe AL.

3° Si l'articulation A est en dehors des verticales des retombées, par exemple à droite de la verticale L (fig. 134), la poussée est positive pour toute force appliquée entre O et K.

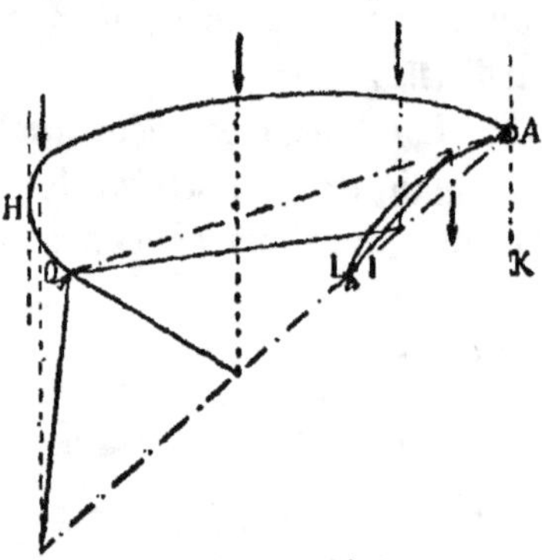

Figure 134.

La figure 135 représente la courbe des pressions OHOMNAKANL relative à deux forces P et P'

sollicitant respectivement les deux tronçons : on voit
qu'il y a rebroussement sur les verticales H et K ; que
le segment OH du côté HM est double pour le premier
tronçon, le segment NA du côté MK double et commun
aux deux tronçons, et enfin le segment AK double pour
le second tronçon.

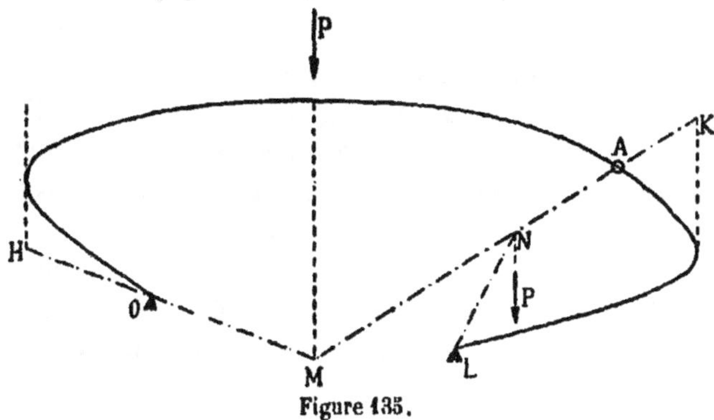

Figure 135.

La figure 136 indique la courbe des pressions relatives à une charge continue, appliquée sur tout le
développement de l'arc. Cette courbe présente deux
points de rebroussement sur les verticales H et K ; les

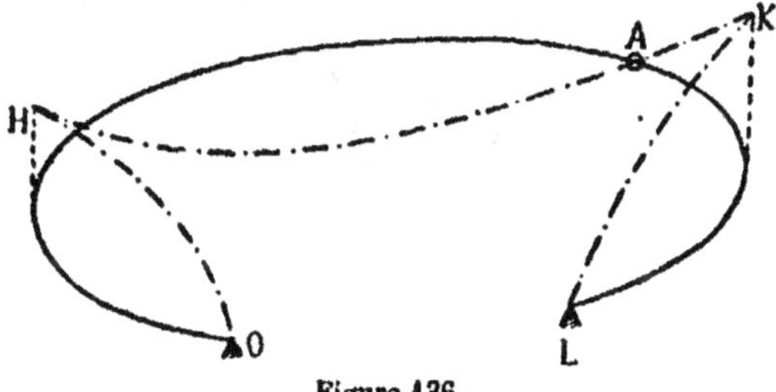

Figure 136.

parties latérales OH et LK sont ascendantes et convexes ; la partie intermédiaire HAK est concave et passe
par l'articulation A : la poussée est ici *négative*.

Ce type d'arc-console peut, le cas échéant, être appliqué à la construction d'ouvrages en encorbellement sur leurs bases d'appui.

79. Calcul de l'arc à triple articulation sollicitée par des forces horizontales. — Nous avons jusqu'à présent étudié les conditions de stabilité de l'arc à triple articulation soumis à l'action de charges verticales. Mais il peut arriver qu'un ouvrage de ce genre soit sollicité par des forces horizontales (poussée du vent sur un toit), ou obliques (poussée de l'eau sur un vannage incliné, soutenu par une contrefiche). En ce cas l'arc fonctionne comme un arc-console, l'articulation centrale se trouvant en dehors de la région du plan limitée par les deux parallèles à la direction des forces qui passent par les centres des retombées : la poussée est toujours orientée perpendiculairement à cette direction.

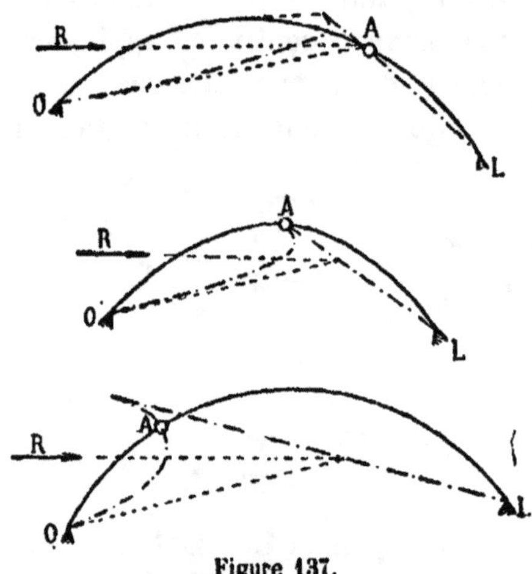

Figure 137.

Nous n'avons aucune indication supplémentaire à ajouter à celles fournies dans l'article précédent.

La figure 137 indique pour différents cas l'épure de stabilité d'un arc à triple articulation soumis sur l'un de ses versants à l'action de forces horizontales parallèles (vent) : la poussée est verticale. La figure 138 se rapporte à un arc soumis sur l'un de ses versants à l'action de forces normales (pression de l'eau) : la poussée a la direction AO. On retrouve ici les profils de courbes déjà obtenus pour l'arc-console.

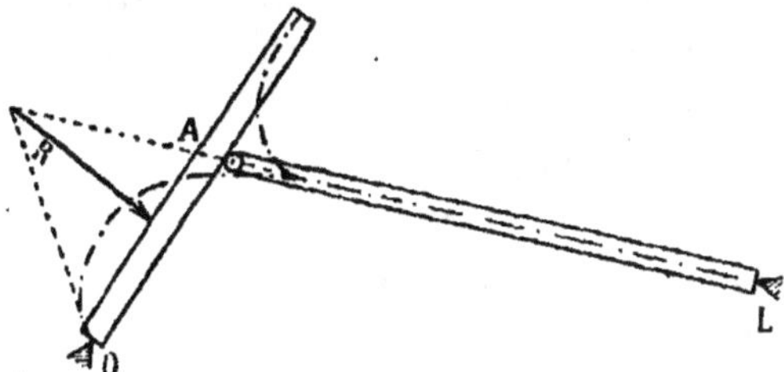

Figure 138.

Nous ne croyons pas utile de nous étendre sur le calcul des arcs appuyés lorsqu'ils sont sollicités par des forces horizontales. Avec un peu d'attention, on tracera toujours sans difficulté les courbes de pression, en appliquant simplement et strictement la méthode générale exposée précédemment.

80. Arcs à retombées multiples. — Un arc isostatique ne peut comporter plus de deux retombées, à moins que celles-ci ne soient réparties en groupes de deux respectivement séparés par des portions de poutres discontinues, non susceptibles de transmettre des poussées horizontales (fig. 124). Dans ces conditions, on a affaire à plusieurs arcs successifs et indépendants au point de vue de la stabilité, dont les poussées seront calculées et les courbes de pression tracées isolément.

81. Lignes élastiques. — Pour tous les arcs isostatiques, le tracé de la ligne élastique s'effectuera toujours
par la règle habituelle, déjà énoncée à propos des arcs
simples.

On construira les courbes funiculaires :

$$\int \frac{X\,(y_1 - y)\,ds}{E\,I} \qquad \text{et} \qquad \int \frac{X\,(x_1 - x)\,ds}{EI},$$

en se servant des valeurs de X fournies par la courbe
des pressions, sans se préoccuper tout d'abord des déviations angulaires θ sur les retombées et τ aux articulations. Puis on déterminera les valeurs de ces inconnues en résolvant un système d'équations du premier
degré, en nombre égal, qui exprimeront que les déplacements verticaux et horizontaux sont nuls pour les
retombées, et que les déplacements verticaux seuls sont
nuls pour les appuis. Du moment que l'ouvrage est en
équilibre statique, ces équations auront toujours une
solution complète et unique.

Connaissant les déplacements angulaires θ et τ, on rec-
tifiera en conséquence la ligne élastique obtenue par
la composition des deux courbes funiculaires relati-
ves aux déplacements δy et δx. Nous verrons d'ailleurs
dans le prochain chapitre (*Systèmes articulés*) comment
on peut résoudre graphiquement ces équations de condition, et déterminer, par des constructions purement
géométriques, les droites de fermeture de l'épure de la
ligne élastique, pour tout système composé de tronçons
successifs reliés bout à bout par articulations.

82. Ponts suspendus rigides. — Considérons un arc
isostatique, et faisons-le tourner de 180 degrés autour
de l'horizontale Ox passant par la retombée de gauche,

de façon à le ramener dans son plan primitif : nous aurons un *pont suspendu rigide*. Il n'y aura rien à modifier dans les calculs effectués pour l'arc, si du moins on a conservé la même distribution pour les charges ; mais la poussée aura changé de signe, ce qui, sans modifier la courbe des pressions, entraînera le même renversement de signe pour chaque effort normal F et chaque moment fléchissant Qz. Les déplacements élastiques $\delta\theta$, δy et δx conserveront leurs valeurs numériques, mais en changeant de signes si on les rapporte à l'axe horizontal Ox et à l'axe vertical Oy' descendant, qui fait un angle de 180° avec l'axe vertical ascendant Oy adopté dans l'épure de l'arc. Si l'on conserve l'axe vertical primitif Oy, les déplacements garderont leurs valeurs et leurs signes.

Pour un pont suspendu rigide, la marche des calculs et les résultats numériques sont *identiques* à ceux relatifs à l'arc symétrique de ce pont par rapport à une horizontale, qui serait soumis à l'action des mêmes forces verticales, mais *ascendantes*, c'est-à-dire dirigées en sens inverse de la pesanteur.

---

§ 4. Arcs hyperstatiques simples.

83. Méthode générale de calcul. — Les équations de la ligne élastique d'un arc sont :

$$(1) \qquad d\theta_1 = d\theta_0 + Q \int_0^{s_1} \frac{z\,ds}{E\Omega} \; ;$$

$$(2) \qquad \delta.x_1 = \delta.x_0 - \delta\theta_0 (y_1 - y_0) - Q \int_0^{s_1} \frac{z(y_1 - y)\,ds}{EI}$$

$$- Q \int_0^{s_1} \frac{ds}{E\Omega} + \alpha t (x_1 - x_0) \; ;$$

$$(3) \qquad \delta y_1 = \delta y_0 + \delta \theta_0 (x_1 - x_0) + Q \int_0^{s_1} \frac{z (x_1 - x)\, ds}{EI}$$
$$- Q \int_0^{s_1} \frac{ds}{E\Omega}\, tg\,\theta + \alpha l (y_1 - y_0).$$

Charges verticales. — Nous ne nous occuperons tout d'abord que des charges verticales, et laisserons de côté l'influence des changements de température.

Les équations de la ligne élastique supposent que la courbe des pressions a été tracée, puisque la distance variable z de cette courbe à l'axe longitudinal figure sous les signes $\int$ des intégrales définies. Or, *a priori*, cette courbe est inconnue, et pour la déterminer il faut précisément recourir aux formules de déformation de la pièce.

Il est donc tout d'abord nécessaire de transformer ces formules, de façon à y faire apparaître les trois inconnues dont le calcul préalable permettra de tracer la courbe des pressions.

Supposons qu'avec une poussée Q' choisie arbitrairement, nous ayions construit une courbe funiculaire, relative aux forces verticales connues qui sollicitent l'arc, et passant par les centres O et L des sections de retombées. Désignons par w' la distance verticale variable N' M' de cette courbe OB'L à la droite des retombées OL, qui joint ses deux extrémités.

Le produit $Q'w'$ représente le moment fléchissant X, qui serait développé dans la section correspondante d'une travée indépendante OL par le système des charges qui sollicitent l'arc.

Soit ABC la courbe des pressions de l'ouvrage, qui est, quant à présent, inconnue. Désignons par Q la poussée correspondante, que nous nous proposons de

déterminer, et par w la distance verticale variable NP
de cette courbe à sa corde. On a : $Qw = Q'w'$.

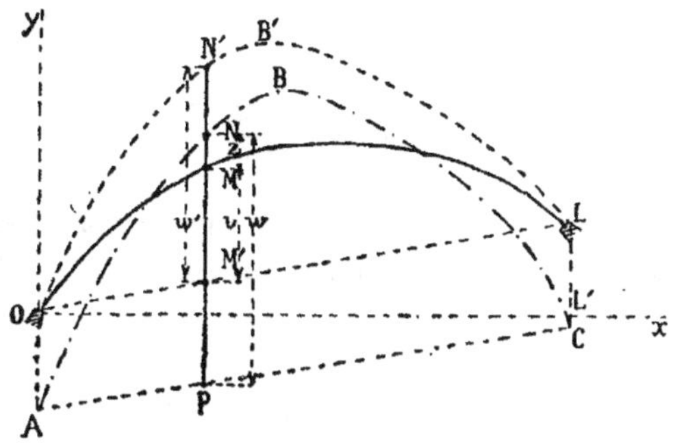

Figure 139.

C'est la relation qui existe entre deux courbes funiculaires à distances polaires différentes Q et Q', quand
elles correspondent au même système de forces, et sont
rapportées respectivement à leurs cordes comme droites
de fermeture.

La longueur NP peut être décomposée en trois parties
NM, MM' et M'P. La distance verticale NM de la courbe
des pressions à l'axe longitudinal de l'arc, a déjà été
désignée par la lettre z.

La distance verticale variable MM' de l'axe longitudinal de l'arc à la droite des retombées OL, est une
donnée du problème, que nous représenterons par la
lettre v.

Enfin désignons par $-\dfrac{\mu}{Q}$ et $-\dfrac{\mu'}{Q}$ les distances verticales OA et LC des extrémités de la courbe aux retombées O et L, comptées positivement *au-dessous* de la
droite OL. Les quantités μ et μ' sont les moments de
flexion dans les deux sections de retombée, qui sont
négatifs si, A et C étant *au-dessous* de O et de L, les
longueurs OA et AC sont affectées du signe $+$.

La distance verticale M'P d'un point de la droite des retombées OL à la droite de fermeture AC, comptée positivement au-dessus de cette dernière, a pour expression :

$$-\frac{\mu}{Q}\left(1-\frac{x}{l}\right)-\frac{\mu'}{Q}\cdot\frac{x}{l}.$$

La lettre x représente la distance horizontale de la verticale NP à l'origine des coordonnées, et l l'ouverture OL' de l'arc.

On a :

$$NP = NM + MM' + M'P ;$$

ou :

$$w = z + v - \frac{\mu}{Q}\left(1-\frac{x}{l}\right) - \frac{\mu'}{Q}\left(\frac{x}{l}\right).$$

D'où :

$$Qw = Q'w' = Qz + Qv - \mu\left(1-\frac{x}{l}\right) - \mu'\frac{x}{l} ;$$

et :

$$Qz = Q'w' - Qv + \mu\left(1-\frac{x}{l}\right) + \mu'\frac{x}{l}.$$

Nous porterons cette expression de Qz dans les équations de déformation de l'arc. Celles-ci deviennent :

$$(1) \qquad \delta\theta_1 - \delta\theta_0 = Q'\int_0^{s_1}\frac{w'\,ds}{E\Omega} - Q\int_0^{s_1}\frac{v\,ds}{E\Omega}$$
$$+ \mu\int_0^{s_1}\left(1-\frac{x}{l}\right)\frac{ds}{E\Omega} + \mu'\int_0^{s_1}\frac{x\,ds}{E\Omega} ;$$

$$(2)\;\; \delta x_1 = \delta x_0 - \delta\theta_0(y_1 - y_0) - Q'\int_0^{s_1}\frac{w'\,(y_1 - y)\,ds}{EI}$$
$$+ Q\int_0^{s_1}\frac{v\,(y_1 - y)\,ds}{EI} - \mu\int_0^{s_1}\left(1-\frac{x}{l}\right)(y_1 - y)\frac{ds}{EI}$$
$$- \mu'\int_0^{s_1}\frac{x}{l}(y_1 - y)\frac{ds}{EI} - Q\int_0^{s_1}\frac{ds}{E\Omega} ;$$

$$(3) \quad \delta y_1 = \delta y_0 + \delta \theta_0 \, (x_1 - x_0) + Q' \int_0^{s_1} \frac{w' \, (x_1 - x) \, ds}{EI}$$

$$- Q \int_0^{s_1} \frac{v \, (x_1 - x) \, ds}{EI} + \mu \int_0^{s_1} \left(1 - \frac{x}{l}\right) (x_1 - x) \frac{ds}{EI}$$

$$+ \mu' \int_0^{s_1} \frac{x}{l} (x_1 - x) \frac{ds}{EI} - Q \int_0^{s_1} \frac{ds \, tg \, \theta}{E\Omega} .$$

Toutes les variables placées sous les signes $\int$ sont connues : I et Ω dépendent des dimensions transversales de l'arc, qui ont dû être arrêtées *a priori*, puisqu'il s'agit d'un ouvrage hyperstatique ; v et y sont les distances verticales de l'axe longitudinal à sa corde OL et à l'axe des x ; w' est l'ordonnée de la courbe funiculaire OB'L, construite avec la distance polaire arbitraire Q'.

Nous pouvons donc calculer toutes ces intégrales définies au moyen de courbes funiculaires ou de polygones dynamiques. Il ne nous restera plus comme inconnues que les constantes d'intégration δx_0, δy_0 et $\delta \theta_0$, ainsi que les trois quantités Q, μ et μ', qui définissent complètement la courbe des pressions, en fournissant sa poussée et ses deux points de passage A et C sur les verticales des retombées.

Nous tirerons les valeurs de ces inconnues des relations de condition établies en écrivant que les déplacements δx et δy sont nuls pour chaque retombée simple ou à articulation, et que $\delta \theta$ l'est également pour chaque retombée double ou à encastrement ; et le problème sera résolu. Connaissant μ, μ' et Q, nous calculerons les ordonnées OA et LC, égales respectivement à $- \dfrac{\mu}{Q}$ et $- \dfrac{\mu'}{Q}$, et nous tracerons la courbe funiculaire ABC, avec la distance polaire Q.

Effets des forces horizontales. — La solution du problème est exactement la même : il n'y a qu'à faire tourner de 90° les axes de coordonnées pour retomber sur le cas précédent, ce qui dispense de modifier les formules pour tenir compte de ce que la poussée Q, composante de la réaction d'une retombée dans la direction perpendiculaire à celle des forces extérieures connues, est devenue *verticale*.

Effets des changements de température. — L'arc n'étant plus soumis à l'action des forces extérieures, la courbe funiculaire auxiliaire OB'L se réduit à la droite OL. Les intégrales où figurent les deux lettres Q' et w', disparaissent des formules, dans lesquelles il faut, par contre, rétablir les termes $\alpha t (x_1 - x_0)$ et $\alpha t (y_1 - y_0)$. A part ce changement, les calculs sont identiquement les mêmes que dans le cas précédent.

Les arcs simples hyperstatiques peuvent être classés comme il suit :

1° *Arc articulé sur ses deux retombées, sans articulation intermédiaire ;*

2° *Arc encastré sur ses deux retombées, sans articulation intermédiaire ;*

3° *Arc encastré sur ses deux retombées, avec une articulation intermédiaire ;*

4° *Arc encastré sur ses deux retombées, avec deux articulations intermédiaires ;*

5° *Arc articulé sur une retombée et encastré sur l'autre, sans articulation intermédiaire ;*

6° *Arc articulé sur une retombée et encastré sur l'autre, avec articulation intermédiaire.*

Nous nous bornerons à étudier spécialement les deux premiers types, qui présentent seuls de l'intérêt au point de vue des constructions. Mais il est bien entendu que l'étude des quatre autres ne présenterait aucune difficulté spéciale, et motiverait l'emploi de méthodes tout à fait analogues, qu'il serait fort aisé d'établir.

84. Arc à deux articulations. — Considérons un arc continu articulé sur ses deux retombées d'extrémités O et L. Les moments de flexion sont nuls pour les sections extrêmes, où la hauteur de la pièce se réduit à zéro :

$$\mu = \mu' = o.$$

On a d'ailleurs (première retombée O) :

$$\delta x_0 = \delta y_0 = o.$$

Enfin les déplacements vertical et horizontal de la deuxième retombée L sont nuls.

Formules générales pour le calcul de la poussée produite par des charges verticales. — Désignons par S la longueur totale développée de la fibre moyenne de O en L, par h et l l'ordonnée et l'abcisse du point L par rapport aux axes issus du point O. La double condition énoncée ci-dessus nous conduit aux relations :

$$o = h\delta\theta_0 - Q' \int_0^s \frac{w'\,(h-y)\,ds}{EI} + Q \int_0^s \frac{v\,(h-y)\,ds}{EI} - Q \int_0^s \frac{ds}{E\Omega} ;$$

$$o = l\delta\theta_0 + Q' \int_0^s \frac{w'\,(l-x)\,ds}{EI} - Q \int_0^s \frac{v\,(l-x)\,ds}{EI} - Q \int_0^s \frac{ds\,tg^b}{E\Omega} ;$$

Nous obtiendrons sans difficulté les valeurs numériques des deux intégrales figurant dans la première équation :

$$\int_0^s \frac{w'\,(h-y)\,ds}{EI} \qquad \text{et} \qquad \int_0^s \frac{v\,(h-y)\,ds}{EI},$$

en traçant les courbes funiculaires relatives aux forces horizontales $w'ds$ et vds appliquées à la fibre moyenne, avec la distance polaire EI.

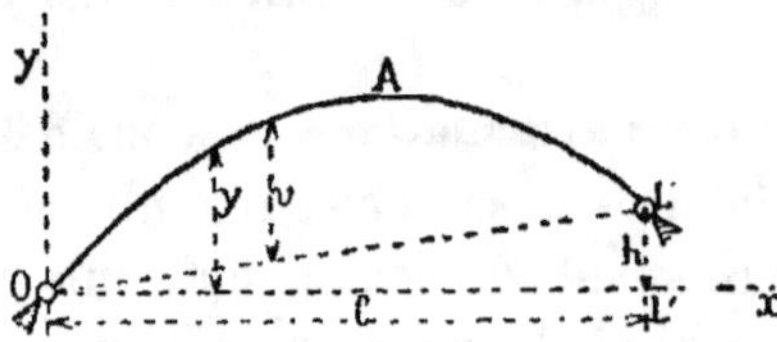

Figure 140.

Pour la seconde équation, il faudra considérer les mêmes forces $w'ds$ et vds, mais dirigées verticalement. Enfin le dernier terme de chaque équation se calculera à l'aide d'un polygone dynamique, à ligne de base horizontale pour la première équation et verticale pour la seconde.

Cela fait, on éliminera $\delta\theta_0$ entre les deux équations et l'on obtiendra la valeur de Q :

$$Q = Q' \times \frac{+ h \int_0^s \dfrac{w'(l-x)\,ds}{EI} - l \int_0^s \dfrac{w'(h-y)\,ds}{EI}}{+ h \int_0^s \dfrac{v(l-x)\,ds}{EI} - l \int_0^s \dfrac{v(h-y)\,ds}{EI} + l \int_0^s \dfrac{ds}{E\Omega} + h \int_0^s \dfrac{ds\,tg\vartheta}{E\Omega}}.$$

Nous savons que la courbe des poussées passe par les points O et L : elle est complètement déterminée dès que l'on connait sa distance polaire Q.

Arcs à retombées de niveau. — Il arrive le plus souvent dans les constructions que les appuis O et L de l'arc sont de niveau : h est nul, et v est égal à y. Ce qui entraine une simplification notable dans la relation précédente :

$$Q = Q' \times \frac{\displaystyle\int_0^s \frac{w'\,y\,ds}{EI}}{\displaystyle\int_0^s \frac{y^2\,ds}{EI} + \int_0^s \frac{ds}{E\Omega}}.$$

C'est la formule la plus usitée dans la pratique des constructions. On la simplifie parfois en supprimant du dénominateur le terme $\int_0^s \frac{ds}{E\Omega}$, qui est en général très petit. Cette modification n'est admissible que si la fibre moyenne s'écarte sensiblement d'une courbe funiculaire relative aux charges de l'arc. S'il en était autrement, l'erreur commise ne serait plus négligeable. Elle deviendrait très importante si l'axe de l'arc était une courbe funiculaire.

Prenons, dans cette hypothèse, pour courbe des pressions initiale, définie par la poussée Q', cet axe longitudinal lui-même. On a : $w' = y$, et la formule exacte devient :

$$Q = Q' \frac{\displaystyle\int_0^s \frac{y^2\,ds}{EI}}{\displaystyle\int_0^s \frac{y^2\,ds}{EI} + \int_0^s \frac{ds}{E\Omega}}$$

Si l'on néglige le second terme du dénominateur, on trouve : $Q = Q'$. La courbe des pressions coïncide avec l'axe, et par conséquent le moment fléchissant est nul pour une section transversale quelconque. Or cela est faux : en réalité Q est plus petit que Q', et le moment fléchissant est positif dans chaque section. Il atteint sa valeur maximum à la clef, c'est-à-dire dans la section transversale la plus éloignée de l'horizontale des retombées.

Nous ne reviendrons pas sur le cas des forces hori-

zontales, au sujet duquel nous n'aurions qu'à repro-
duire l'observation déjà faite à la page 346 : les mêmes
formules de calcul sont applicables, à condition de
faire tourner de 90° les axes Ox et Oy.

Effets de la température. — La courbe des pressions est la droite des retombées OL. La poussée a
pour expression :

$$Q = \frac{(l^2 + h^2)\, \alpha t}{h \int_0^s \frac{v\,(l-x)\,ds}{EI} - l \int_0^s \frac{v\,(h-y)\,ds}{EI} + l \int_0^s \frac{ds}{E\Omega} + h \int_0^s \frac{ds\,tg\theta}{E\Omega}}$$

Elle est positive (effort de compression) pour un
relèvement de température, et négative pour un abaissement.

Dans le cas particulier des retombées de niveau,
cette formule se simplifie :

$$Q = \frac{l\alpha t}{\int_0^s \frac{y^2 ds}{EI} + \int_0^s \frac{ds}{E\Omega}}.$$

On peut généralement négliger sans erreur sensible
le terme $\int_0^s \frac{ds}{E\Omega}$ du dénominateur (sauf pour les arcs
très surbaissés).

Charge isolée. Courbe des poussées. — Considérons
le cas d'un poids unique P appliqué à la distance horizontale u de la retombée de gauche. La courbe funiculaire Q' (w') se compose de deux droites dont le sommet commun est sur la verticale du poids P.

Pour $x < u$, on a :

$$w' = \frac{P\,(l-u)\,x}{Q'l} :$$

Pour $x > u$, on a :

$$w' = \frac{Pu\,(l-x)}{Q'l}.$$

Désignons par σ la longueur de la portion de fibre comprise entre l'origine O et le point d'application de la charge.

L'intégrale définie

$$\int_0^s \frac{w'(l-x)}{EI}\,ds$$

prend la forme :

$$\frac{P}{Q'}\left[\frac{(l-u)}{l}\int_0^\sigma \frac{x\,(l-x)}{EI}\,ds + \frac{u}{l}\int_\sigma^s \frac{(l-x)^2}{EI}\,ds\right].$$

Remarquons l'analogie existant entre l'expression placée entre parenthèses et celle du moment fléchissant développé dans la section d'abscisse u d'une travée indépendante.

$$X = \frac{l-u}{l}\int_0^x \pi x\,dx + \frac{u}{l}\int_0^l \pi\,(l-x)\,dx.$$

Nous en conclurons que, si l'on construit la courbe funiculaire relative aux charges verticales $(l-x)\,ds$, avec la distance polaire variable EI, le binôme entre parenthèses représentera l'ordonnée β de cette courbe, par rapport à sa corde prise pour droite de fermeture, correspondant à la section définie par l'abscisse u.

De même l'intégrale

$$\int_0^s \frac{w'(h-y)\,ds}{EI}$$

prend la forme :

$$\frac{P}{Q'}\left[\frac{(l-u)}{l}\int_0^\sigma \frac{x\,(h-y)\,ds}{EI} + \frac{u}{l}\int_\sigma^l \frac{(l-x)\,(h-y)\,ds}{EI}\right].$$

On obtiendra la valeur de l'expression entre parenthèses en construisant la courbe funiculaire relative aux charges verticales $(h - y)\, ds$, avec distance polaire EI, et mesurant, pour la section définie par l'abscisse u, la distance γ de cette courbe à sa corde.

Nous voyons en définitive qu'il suffit de tracer deux courbes funiculaires pour être en mesure de calculer la valeur de la poussée Q relative à une position *quelconque* du poids P, définie par l'abscisse u de son point d'application.

On a en effet :

$$Q = P \frac{h\beta - l\gamma}{h\displaystyle\int_0^s \frac{v\,(l-x)\,ds}{EI} - l\displaystyle\int_0^s \frac{v\,(h-y)\,ds}{EI} + l\displaystyle\int_0^s \frac{ds}{E\Omega} + h\displaystyle\int_0^s \frac{ds\,tg_1}{E\Omega}}$$

En général, les ordonnées β sont positives et les ordonnées γ négatives, parce que le facteur $h - y$ est négatif pour la plus grande partie de l'arc, qui se trouve au-dessus de l'horizontale du point L. Après avoir tracé ces deux courbes, il suffit de multiplier leurs ordonnées par un rapport constant pour chacune d'elles, puis de prendre la différence des deux résultats obtenus pour avoir la poussée.

Si les deux retombées sont de niveau $(h = o,\ v = y)$, les calculs se trouvent abrégés et simplifiés. On n'a plus à tracer qu'une seule courbe funiculaire, relative aux forces verticales yds, dont la lettre γ désigne la distance verticale variable à sa corde. La poussée Q se calcule, pour une position quelconque du poids P, par la formule :

$$Q = P \frac{\gamma}{\displaystyle\int_0^s \frac{y^2 ds}{EI} + \displaystyle\int_0^s \frac{ds}{E\Omega}}.$$

En conséquence, l'ordonnée γ de la courbe, réduite dans le rapport

$$\text{à} \qquad \frac{1}{\displaystyle\int_0^s \frac{y^2 ds}{EI} + \int_0^s \frac{ds}{E\Omega}},$$

fournit la valeur de la poussée.

Ligne d'intersection des réactions. — Connaissant la poussée, on tracera sans difficulté la courbe des pressions relatives au poids P, qui est une ligne brisée passant par les centres des retombées O et L, ayant son sommet sur la verticale du poids, à la hauteur $\dfrac{Pu\,(l-u)}{Ql}$ au-dessus de l'axe Ox. On pourra ainsi construire par points le lieu géométrique de ce sommet, qui est la *ligne d'intersection des réactions de l'arc.*

Cette ligne tracée, on reconnaîtra les dispositions de surcharge les plus défavorables par le procédé graphique déjà exposé pour l'arc à triple articulation (page 318), ce qui permettra d'obtenir, par les règles usuelles, le travail maximum développé dans chacune des membrures d'une section transversale quelconque, pour la disposition de surcharge la plus défavorable

Dans le cas d'un arc symétrique par rapport à la verticale passant par le milieu de l'ouverture, on peut simplifier le calcul de la poussée correspondant à une charge isolée P (u), en observant qu'elle est la moitié de la poussée correspondant aux deux charges symétriques P (u) et P $(l-u)$.

Considérons le triangle OA'L', dont la base O'L' est égale à l'ouverture l, et dont la hauteur A'B' représente la quantité $\dfrac{Pl}{2Q'}$, Q' étant une poussée choisie arbitraiment. Divisons l'ouverture O'L' en $2n$ parties égales. Le polygone funiculaire relatif aux deux forces P appliquées symétriquement au premier point de division 1

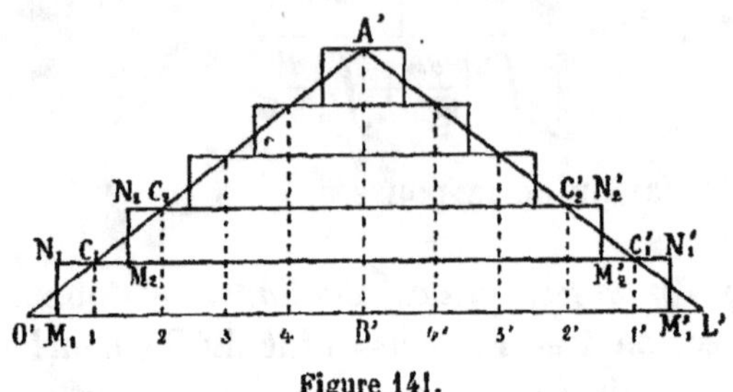

Figure 141.

et à l'avant-dernier 1', et construit avec la distance polaire Q', sera le trapèze O'C₁C₁'L', auquel on peut substituer sans erreur sensible le rectangle équivalent M₁N₁N₁'M₁', de même hauteur $\frac{Pl}{2nQ}$, et limité aux verticales passent par les milieux des segments extrêmes O'.1 et 1'.L' de l'ouverture.

Soit δs la longueur de l'élément de fibre moyenne correspondant à la projection horizontale $\frac{l}{2n}$·

Nous effectuerons pour chaque section le produit $\frac{Pl}{2nQ}$ δs, qui en général différera très peu du produit $\frac{Pl}{2nQ} \cdot \frac{l}{2n}$, et pourra être remplacé par lui sans erreur sensible, si l'arc est suffisamment surbaissé. Puis nous construirons pour une moitié de l'arc, avec la distance polaire variable El, le polygone funiculaire relatif aux n forces horizontales $\frac{Pl}{2nQ}$ δs, appliquées aux points de l'arc situés sur les verticales de division de la demi-ouverture O'B'.

Soient I, II, III... N les points de rencontre des côtés

successifs de ce polygone avec l'horizontale de clef. La distance horizontale AN ou λ_1 nous fournira la valeur numérique de l'expression

$$\int_{o}^{B'} \frac{Pl}{2nQ'} \, y \, \frac{ds}{EI}.$$

La poussée Q_1 relative à *un seul* poids P, appliqué à l'arc en 1 ou en 1', sera évaluée par la relation :

$$Q_1 = Q' \, \frac{\lambda_1}{\displaystyle\int_{o}^{s} \frac{y^2 ds}{EI} + \int_{o}^{s} \frac{ds}{E\Omega}}.$$

Désignons par λ_2 la distance IN. La figure 141 nous montre que, pour deux poids P appliqués symétrique-

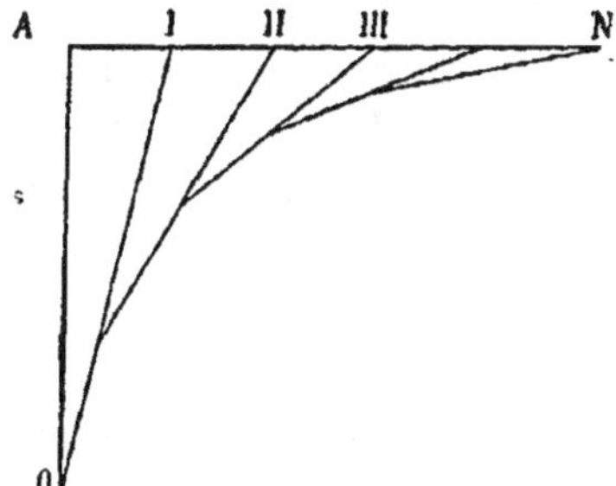

Figure 142.

ment au droit de la seconde division 2 et de l'avant-dernière 2', le polygone funiculaire est un trapèze, auquel on peut substituer deux rectangles superposés, celui déjà considéré $M_1N_1N_1'M_1'$, et le rectangle supérieur de même hauteur $M_2N_2N_2'M_2'$, mais dont la base est réduite de deux divisions $\frac{l}{2n}$. On voit immédiatement que, pour ce second rectangle, la distance horizontale λ_2 à considérer sera fournie par l'épure de la figure 142 : $\lambda_2 = $ IN.

Par suite, la poussée Q_2, relative à un poids unique dirigé suivant la verticale 2, aura pour expression :

$$Q_2 = Q'. \frac{\lambda_1 + \lambda_2}{\int_o^s \frac{y^2 ds}{EI} + \int_o^s \frac{ds}{E\Omega}}.$$

On verrait de même que, pour le poids appliqué sur la verticale 3, la poussée aura pour valeur, en désignant par λ_3 la longueur II. N : ,

$$Q_3 = Q'. \frac{\lambda_1 + \lambda_2 + \lambda_3}{\int_o^s \frac{y^2 ds}{EI} + \int_o^s \frac{ds}{E\Omega}}.$$

En définitive, on pourra, en se servant de l'unique polygone funiculaire de la figure 142, déterminer successivement les valeurs de la poussée pour les différentes positions de la charge P, appliquée aux sections 1, 2, 3, etc., jusqu'à la clef A. On tracera sans difficulté la courbe des poussées, et on en déduira ensuite, par la méthode indiquée ci-dessus, la ligne d'intersection des réactions.

Arc à section constante. — Il peut se faire que les intégrales contenues dans les formules de déformation puissent être résolues sous forme analytique. Ce cas se présente en particulier quand, la section étant constante, l'axe longitudinal décrit une courbe algébrique simple.

Pour faire l'étude d'un ouvrage hyperstatique, dont les dimensions transversales doivent être arrêtées *a priori*, sauf à vérifier après coup si elles sont convenables, la marche la plus commode consiste souvent à effectuer un calcul préalable dans l'hypothèse de la section constante, puis à établir provisoirement, d'après les résultats de cette première étude, les dimensions qui serviront de base aux recherches définitives. De cette façon, les épures de stabilité provisoires sont plus aisées à établir, parce que le dénominateur EI peut être retiré du signe $\int$.

On trouve dans presque tous les traités de Résistance des Matériaux ou de Construction de ponts, des tables numériques fournissant les valeurs de la poussée pour les cas usuels de la charge uniforme complète, ou d'un poids isolé, quand l'axe longitudinal décrit un arc de cercle. Nous ne nous étendrons pas ici sur les détails des calculs qui ont permis d'établir ces tables.

Nous indiquerons seulement les formules relatives à un arc symétrique à section constante décrivant une parabole très surbaissée, c'est-à-dire où la flèche soit une fraction très faible de l'ouverture. Dans ces conditions, l'ordonnée y est représentée par l'expression $\frac{4b}{l^2} x (l - x)$, b étant la hauteur à la clef, sommet de l'arc, que l'on appelle le plus souvent sa flèche.

D'autre part, en raison du fort surbaissement de l'arc, la fibre moyenne s'écarte peu de l'horizontale, et on peut sans grande erreur remplacer sous le signe $\int$ la différentielle ds par sa projection horizontale dx. Ceci permet d'effectuer les intégrations sous forme algébrique, et d'obtenir les résultats suivants, où r^2 représente le carré du rayon de gyration constant de la section transversale.

Charge uniformément répartie :
Poussée :

$$Q = \frac{pl^2}{8b} \times \cfrac{1}{1 + \frac{15}{8} \cdot \frac{r^2}{b^2}} \cdot$$

Moment de flexion dans une section transversale :

$$X = Qz = \frac{15}{8} \cdot \frac{r^2}{b^2} \cdot \frac{1}{1 + \frac{15}{8} \cdot \frac{r^2}{b^2}} \times \frac{1}{2} px(l - x).$$

Charge isolée P (u) :

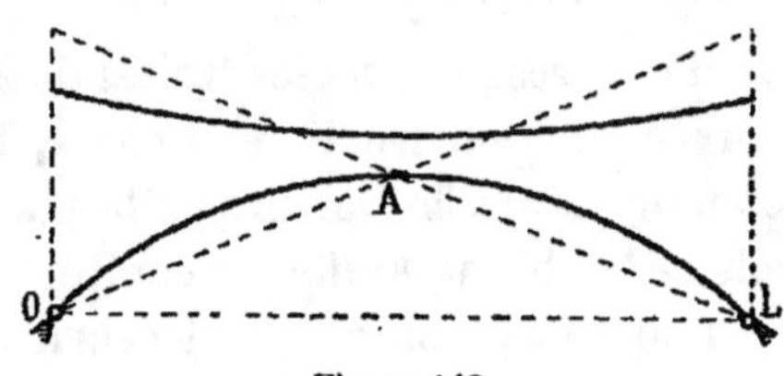

Figure 143.

Courbe des poussées :

$$Q = \frac{5}{8} P. \frac{1}{1 + \frac{15}{8} \cdot \frac{r^2}{b^2}} \cdot \frac{u(l-u)(l^2 + lu - u^2)}{bl^3}.$$

Ligne d'intersection des réactions :

$$y = \frac{8}{5} b. \frac{l^2}{l^2 + lx - x^2} \left(1 + \frac{15}{8} \cdot \frac{r^2}{b^2}\right) \text{(fig. 143)}.$$

Effet d'un changement de température.
Poussée :

$$Q = E\Omega\alpha t. \frac{15}{8} \cdot \frac{r^2}{b^2} \cdot \frac{1}{1 + \frac{15}{8} \cdot \frac{r^2}{b^2}}.$$

Moment fléchissant :

$$X = -Qy = -E\Omega\alpha t. \frac{15}{2} \cdot \frac{r^2}{b} \cdot \frac{1}{1 + \frac{15}{8}\frac{r^2}{b^2}} \cdot \frac{x(l-x)}{l^2}.$$

Ces formules sont assez commodes pour donner un premier aperçu des conditions de stabilité d'un arc circulaire ou parabolique, et permettre d'arrêter provisoirement, dans des conditions assez voisines du résultat final cherché, les dimensions transversales qui serviront de point de départ pour les calculs définitifs.

Déformation. — Pour déterminer les déplacements horizontal δx_1 et vertical δy_1 du point $(x_1 y_1)$ de la fibre moyenne, il faut recourir aux relations suivantes, lesquelles supposent que l'origine des coordonnées coïncide avec le centre de la retombée de gauche O.

$$\delta x_1 = -\, y_1 \delta\theta_0 - Q' \int_o^{s_1} \frac{w'\,(y-y)\,ds}{EI} + Q \int_o^{s_1} \frac{v\,(y_1-y)\,ds}{EI}$$
$$- Q \int_o^{s_1} \frac{ds}{E\Omega} ;$$

$$\delta y_1 = x_1 \delta\theta_0 + Q' \int_o^{s_1} \frac{w'\,(x_1-x)\,ds}{EI} -- Q \int_o^{s_1} \frac{v\,(x_1-x)\,ds}{EI}$$
$$- Q \int_o^{s_1} \frac{ds\,tg\,\theta}{E\Omega} .$$

Les intégrales définies qui figurent dans ces relations nous seront fournies par les distances à leurs droites de fermeture des courbes funiculaires déjà construites pour le calcul de la poussée. Nous connaissons d'ailleurs cette poussée Q et la déviation angulaire $\delta\theta_0$, dont les valeurs numériques ont été obtenues par la résolution de deux équations simultanées du premier degré.

Le tracé par points des deux courbes représentatives de δx_1 et δy_1, puis celui de la ligne élastique, dont les premières sont les projections horizontale et verticale, ne soulèvera donc aucune difficulté.

Le plus souvent, on ne se préoccupe pas des déplacements horizontaux δx_1, généralement très petits, et l'on ne construit que la courbe des déplacements verticaux δy_1.

Les déplacements dus aux changements de température se calculent en supprimant le terme en w' des relations précédentes, et ajoutant les termes $x_1 \alpha t$ et $y_1 \alpha t$.

Dans le cas particulier de l'arc symétrique à section constante, dont l'axe longitudinal est une parabole assez surbaissée pour qu'on puisse substituer dx à ds sans erreur sensible, les intégrations peuvent s'effectuer algébriquement. Nous croyons inutile de donner le résultat de ce calcul fort simple. Nous nous bornerons à énoncer les formules donnant le déplacement vertical de la clef, pour le cas d'une charge uniforme complète et d'un changement de température t :

$$\delta b = -\frac{15}{8} \cdot \frac{pl^2}{E\Omega b^2} \cdot \frac{1}{1+\dfrac{15}{8}\dfrac{r^2}{b^2}} \left(\frac{5}{385} l^2 + \frac{b^2}{15}\right) ;$$

$$\delta b = \left(\frac{75}{384} l^2 + b^2\right) \frac{\alpha t}{b \left(1+\dfrac{15}{8}\dfrac{r^2}{b^2}\right)}.$$

85. Arc encastré. — *Formules générales.* — Considérons un arc encastré sur ses deux retombées. Les moments de flexion μ et μ' ne sont pas nuls. On a d'ailleurs pour la première retombée O, prise pour origine des coordonnées : $\delta x_0 = \delta y_0 = \delta \theta_0 = o$; et pour la seconde retombée L $(l.h)$: $\delta l = \delta h = \delta \theta_L = o$.

Ces conditions s'expriment par les relations suivantes :

$$(1) \qquad o = Q'\int_o^s \frac{w\,ds}{EJ} - Q\int_o^s \frac{v\,ds}{EJ} + \mu\int_o^s \left(\frac{l-x}{l}\right)\frac{ds}{EI}$$
$$+ \mu'\int_o^s \frac{x\,ds}{lEI} ;$$

$$(2) \quad o = - Q' \int_0^s \frac{w'(h-y)\,ds}{EI} + Q \int_0^s \frac{v\,(h-y)\,ds}{EI}$$

$$- \mu \int_0^s \left(\frac{l-x}{l}\right)(h-y)\frac{ds}{EI} - \mu' \int_0^s \frac{x}{l}\,(h-y)\,\frac{ds}{EI}$$

$$- Q \int_0^s \frac{ds}{E\Omega} + l\alpha t\,;$$

$$(3) \quad o = Q' \int_0^s \frac{w'(l-x)\,ds}{EI} - Q \int_0^s \frac{v\,(l-x)\,ds}{EI}$$

$$+ \mu \int_0^s \frac{(l-x)^2\,ds}{lEI} + \mu' \int_0^s \frac{x}{l}\,(l-x)\,\frac{ds}{EI} - Q \int_0^s \frac{ds\,tg\,\theta}{E\Omega} + h\alpha t.$$

Nous calculerons les intégrales définies au moyen des polygones funiculaires relatifs aux forces $\frac{w'ds}{EI}$, $\frac{vds}{EI}$, $\frac{(l-x)\,ds}{lEI}$ et $\frac{x}{l}\cdot\frac{ds}{EI}$, et nous aurons trois équations du premier degré à coefficients numériques connus, dont nous tirerons les inconnues Q, μ et μ'. Après quoi, le tracé de la courbe des pressions ne présentera plus aucune difficulté.

Si les retombées sont de niveau ($h = o$), ces équations se simplifient :

$$(1) \quad o = Q' \int_0^s \frac{w'ds}{EI} - Q \int_0^s \frac{yds}{EI} + \mu \int_0^s \frac{(l-x)\,ds}{lEI}$$

$$+ \mu' \int_0^s \frac{xds}{lEI}\,;$$

$$(2) \quad o = + Q' \int_0^s \frac{w'yds}{EI} - Q \int_0^s \frac{y^2ds}{EI} + \mu \int_0^s \frac{(l-x)\,yds}{lEI}$$

$$+ \mu' \int_0^s \frac{x}{l}\cdot\frac{yds}{EI} - Q \int_0^s \frac{ds}{E\Omega} + l\alpha t\,;$$

$$(3) \quad o = Q' \int_0^s \frac{w'(l-x)\,ds}{EI} - Q \int_0^s \frac{y\,(l-x)\,ds}{EI} + \mu \int_0^s \frac{(l-x)\,ds}{lEI}$$

$$+ \mu' \int_0^s \frac{x\,(l-x)\,ds}{lEI} - Q \int_0^s \frac{ds\,tg\,\theta}{E\Omega}.$$

On voit que le nombre des intégrales définies à calculer est sensiblement réduit, certains coefficients étant communs à μ et μ'.

Charge isolée. — Ligne d'intersection et lignes enveloppes des réactions. — Considérons le cas du poids unique $P(u)$.

Les trois termes des équations (1), (2) et (3), dont les intégrales définies dépendent de la distribution de la charge, prennent les formes suivantes :

$$Q' \int_o^s \frac{w'\,ds}{EI} = P\left[(l-u)\int_o^\sigma \frac{x\,ds}{EI} + u\int_\sigma^s \frac{(l-x)\,ds}{EI}\right];$$

$$Q' \int_o^s \frac{w'\,(h-y)\,ds}{EI} = P\left[(l-u)\int_o^\sigma \frac{x\,(h-y)\,ds}{EI}\right.$$
$$\left. + u\int_\sigma^l \frac{(l-x)\,(h-y)\,ds}{EI}\right];$$

$$Q' \int_o^s \frac{w'\,(l-x)\,ds}{EI} = P\left[(l-u)\int_o^\tau \frac{x\,(l-x)\,ds}{EI}\right.$$
$$\left. + u\int_l^\sigma \frac{(l-x)^2\,ds}{EI}\right].$$

On sait que, si dans chacune de ces expressions on fait varier u de o à l, les valeurs successives de l'intégrale seront fournies par les distances à sa corde d'une même courbe funiculaire.

Comme les autres intégrales contenues dans les relations de condition ne dépendent que de la forme de l'arc, et non pas de l'abscisse variable u, il sera aisé de déterminer, avec une seule série de courbes funiculaires, les valeurs de Q, μ et μ' relatives à toutes les positions successives de la charge P.

La courbe des pressions sera une ligne brisée dont le sommet, situé sur la verticale du poids, aura pour lieu géométrique la *ligne d'intersection des réactions*, et dont les deux côtés seront respectivement tangents à deux courbes-enveloppes relatives chacune à une retombée. Si l'on a pu tracer la ligne d'intersection et les deux courbes-enveloppes, la recherche des surchar-ges les plus défavorables s'effectuera avec la même facilité que pour un arc à triple articulation : chaque courbe de pression, relative à un poids isolé, sera une ligne brisée ayant son sommet sur la ligne d'intersec-tion, et ses deux côtés tangents respectivement aux enveloppes.

Dans le cas de l'arc symétrique, on réalise dans les calculs des simplifications et des abréviations analo-gues à celles indiquées pour l'arc à double articulation. Il nous semble inutile de nous appesantir sur cette question, qui ne présente aucune difficulté théorique, et n'offre pas un grand intérêt pratique, parce que le type de l'arc encastré n'est guère en usage pour les ponts métalliques. Nous reviendrons toutefois sur ce sujet dans l'étude des voûtes en maçonnerie, qui sont assimilables à des arcs encastrés.

Arc à section constante. — Quand la section est constante et les retombées de niveau, les calculs se simplifient, parce qu'on fait sortir le dénominateur EI des signes $\int$, et qu'on remplace EΩ par $\dfrac{EI}{r^2}$. Si la fibre moyenne décrit une courbe algébrique, les intégra-tions peuvent se faire analytiquement. Nous nous bor-nerons à énoncer quelques formules simples, relatives au cas particulier de l'arc parabolique très surbaissé, à retombées de niveau.

Charge uniforme complète.

Poussée :

$$Q = \frac{pl^2}{8b} \cdot \frac{1}{1 + \frac{45}{4} \cdot \frac{r^2}{b^2}} \cdot$$

Couples d'encastrement :

$$\mu = \mu' = - \frac{pl^2}{12} \cdot \frac{\frac{45}{4} \cdot \frac{r^2}{b^2}}{1 + \frac{45}{4} \cdot \frac{r^2}{b^2}} \cdot$$

Moment fléchissant à la clef :

$$+ \frac{pl^2}{24} \cdot \frac{\frac{45}{4} \cdot \frac{r^2}{b^2}}{1 + \frac{45}{4} \frac{r^2}{b^2}} \cdot$$

Charge isolée P (*u*).

Courbe des poussées :

$$Q = \frac{45}{4} \cdot \frac{Pu^2(l-u)^2}{bl^3} \cdot \frac{1}{1 + \frac{45}{4} \cdot \frac{r^2}{b^2}} ;$$

Couples d'encastrement :

$$\mu = - \frac{Pu(l-u)}{l} \left(\frac{(l-u)}{l} - \frac{5}{2} \cdot \frac{u(l-u)}{l^2} \times \frac{1}{1 + \frac{45}{4} \frac{r^2}{b^2}} \right) ;$$

$$\mu' = - \frac{Pu(l-u)}{l} \left(\frac{u}{l} - \frac{5}{2} \cdot \frac{u(l-u)}{l^2} \times \frac{1}{1 + \frac{45}{4} \frac{r^2}{b^2}} \right) \cdot$$

Effet de la température.

$$Q = \frac{45}{4} \cdot \frac{r^2}{b^2} \cdot \frac{1}{1 + \frac{45}{4} \frac{r^2}{b^2}} \cdot E\Omega z l.$$

Couple d'encastrement :

$$\mu = \mu' = \tfrac{2}{3} bQ.$$

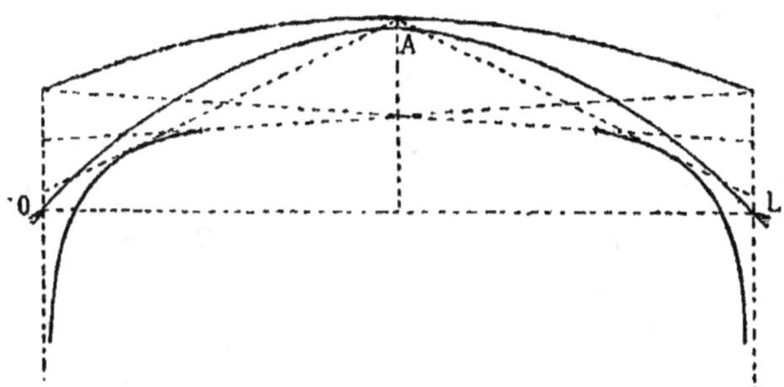

Figure 144.

La courbe des poussées est une horizontale qui passe aux $\tfrac{2}{3}$ de la flèche de l'arc à partir de la ligne des retombées.

Déformation. — On tracera la ligne élastique à l'aide des équations générales de déformation.

$$\delta x_1 = - Q' \int_0^{s_1} \frac{w'\,(y_1 - y)\,ds}{EI} + Q \int_0^{s_1} \frac{r\,(y_1 - y)\,ds}{EI}$$

$$- \mu \int_0^{s_1} \frac{(l - x)}{EI}\,(y_1 - y)\,\frac{ds}{EI} - \mu' \int_0^{s_1} \frac{x}{l}\,(y_1 - y)\,\frac{ds}{EI}$$

$$- Q' \int_0^{s} \frac{ds}{E\Omega} + x_1 \alpha t \; ;$$

$$\delta y_1 = Q' \int_0^{s_1} \frac{w'\,(x_1 - x)\,ds}{EI} - Q \int_0^{s_1} \frac{r\,(x_1 - x)\,ds}{EI}$$

$$+ \mu \int_0^{s_1} \frac{(l - x)}{l}\,(x_1 - x)\,\frac{ds}{EI} + \mu' \int_0^{s_1} \frac{x}{l}\,(x_1 - x)\,\frac{ds}{EI}$$

$$- Q \int_0^{s_1} \frac{ds\,tg\,\theta}{E\Omega} + y_1 \alpha t .$$

Dans le cas particulier des retombées de niveau, les formules se simplifient, parce que v est remplacé par y. Toutes les variables placées sous le signe $\int$ sont connues, et les valeurs des intégrales définies sont fournies par les distances à leurs droites de fermeture des courbes funiculaires déjà tracées en vue du calcul de la poussée Q. Le tracé par points des deux courbes représentatives de δx_i et δy_i, qui ne contiennent aucune constante d'intégration, ne présente donc pas de difficulté.

Dans le cas de l'arc parabolique très surbaissé, pour lequel dx peut être substitué à ds, on peut recourir, si les retombées sont de niveau, aux formules usuelles suivantes pour le calcul du déplacement à la clef.

Charge uniformément répartie :

$$\delta b = -\, \frac{45}{4} \cdot \frac{p l^2}{E \Omega b^2} \cdot \frac{1}{1 + \dfrac{45}{4}\dfrac{r^2}{b^2}} \left(\frac{l^2}{384} + \frac{b^2}{90} \right).$$

Changement de température :

$$\delta b = \left(\frac{90}{384} l^2 + b^2 \right) \frac{\alpha t}{b \left(1 + \dfrac{45}{4}\dfrac{r^2}{b^2} \right)}.$$

On voit que pour deux arcs identiques, sauf la nature des retombées, et supportant les mêmes charges, les déplacements de la clef sont plus importants pour l'arc encastré que pour l'arc articulé aux naissances. Mais, en revanche, on peut constater qu'aux reins de l'arc (soit au quart et aux trois quarts de l'ouverture), les déplacements de l'arc encastré sont insignifiants comparativement à ceux de l'arc articulé. Or, sous l'influence de charges mobiles telles qu'un train de chemin de fer, c'est aux reins que l'on constate, pour l'arc articulé, les déplacements les plus considérables.

86. — Arcs à appuis supplémentaires ou à retombées multiples. — Lorsqu'on a affaire à un ouvrage hyperstatique ne rentrant pas dans la catégorie des arcs simples, ou peut faire usage de la méthode générale de calcul des pièces courbes que nous avons déjà exposée (art. 64). On exprime analytiquement, en recourant aux équations de déformation, les conditions nécessaires pour que certains points de la fibre moyenne soient fixes dans le sens vertical (*appuis simples*), ou dans les sens vertical et horizontal (*articulation de retombée*) ; s'il y a encastrement sur un appui ou une retombée, la direction de la fibre moyenne est invariable.

On opérera de la sorte, par exemple, pour un arc-console, ou pour un arc ordinaire sollicité par des forces horizontales.

Pour calculer un arc à appuis supplémentaires, extérieurs ou intérieurs, ne différant de ceux déjà étudiés dans les articles 76 et 77, que par la suppression de quelques articulations de jonction : ou bien un arc à retombées multiples (art. 80), il est en général commode de répartir les relations de condition en un certain nombre de groupes, que l'on peut résoudre séparément et successivement, ainsi que nous l'avons déjà signalé à propos des poutres discontinues hyperstatiques (art. 63).

A cet effet, on commence par rendre isostatique l'ouvrage étudié en lui faisant subir, dans la mesure voulue, les modifications suivantes :

1° Suppression d'un appui simple, ce qui revient à admettre provisoirement que la réaction verticale exercée par cet appui est nulle.

2° Suppression d'un appui double : on suppose nuls le couple d'encastrement et la réaction verticale.

3° Suppression d'une retombée simple, ou d'une retombée double, ce qui revient à supposer nulles dans les deux cas les réactions verticale et horizontale (poussée), et en outre, dans le second cas, le couple d'encastrement.

4° Coupure de l'arc au droit d'une articulation, ce qui revient à supposer nulles les deux composantes verticale et horizontale (poussée) de la réaction mutuelle transmise par cette articulation.

5° Introduction d'une articulation supplémentaire, ce qui revient à supposer nul le moment de flexion dans la section modifiée.

6° Coupure de l'arc continu dans une section choisie, ce qui revient à supposer nulles toutes les résultantes d'actions moléculaires relatives à cette section.

Cela fait, on effectue sans difficulté les calculs de stabilité de l'ouvrage rendu isostatique, et on détermine, aussi bien sous l'effet des charges extérieures verticales ou horizontales que sous l'effet des changements de température, les déplacements vertical, horizontal et angulaire de chaque section relative soit à un appui supprimé ou modifié, soit à une coupure faite dans la construction.

Enfin on calcule pour le même ouvrage les déplacements élastiques de ces mêmes sections sous l'influence, considérée isolément, de chacune des réactions d'appui ou mutuelles que l'on a rendues nulles par la modification de l'ouvrage, en attribuant à cette réaction une

valeur numérique arbitraire, soit par exemple 100.000
kilogs, s'il s'agit d'une force, et 100.000 kilogrammes-
mètres s'il s'agit d'un couple.

Supposons que ces réactions soient au nombre de m
et que l'on ait ainsi obtenu pour chacune d'elles, et
pour chaque section modifiée, les valeurs numériques
des déplacements horizontal, vertical et angulaire, correspondant à la donnée arbitraire 100.000.

Soit l l'un de ces déplacements : si l'on connaissait
la valeur réelle F ou μ de cette réaction, le déplacement
correspondant serait, en vertu de la loi de Hooke,

$$l \times \frac{F}{100.000} \text{ ou } l \times \frac{\mu}{100.000} \cdot$$

On peut établir une proportion semblable entre toute
réaction et tout déplacement corrélatifs. Si l'on totalise
pour une même section tous les déplacements *de même
nature*, calculés pour les charges et les changements
de température, ainsi que pour les réactions inconnues
F et μ, on doit, dans l'ouvrage hyperstatique, arriver à
un résultat connu d'avance, en vertu des données du
problème. Par exemple, le déplacement vertical d'un
appui doit être nul. Pour une articulation de retombée,
les deux déplacements vertical et horizontal sont égaux
à zéro, etc. Pour deux abouts de l'arc reliés par articulation, les déplacements vertical et horizontal sont les
mêmes, etc. On n'a donc qu'à écrire ces conditions, et
on dispose finalement d'autant d'équations simultanées
du premier degré que d'inconnues ; on en tire les
valeurs des réactions F et μ, et le problème est résolu.

Prenons à titre d'exemple le pont *Mirabeau*, à Paris,
dont la figure 145 donne la représentation schématique.
C'est un arc à triple articulation OAL, prolongé au-delà
de ses retombées, et relié à deux appuis simples exté-

rieurs B et B', constitués par des bielles verticales articulées à leurs deux extrémités. Les bielles exercent des réactions verticales F et F', inconnues *a priori*.

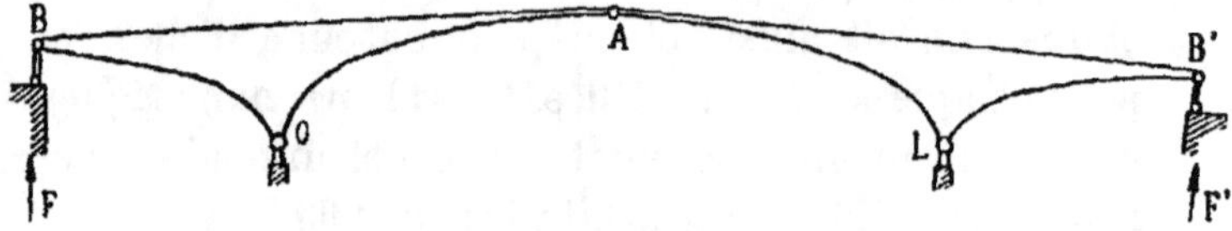

Figure 145.

Cet ouvrage hyperstatique peut être rendu isostatique par suppression des deux appuis. Mais alors, sous l'influence des charges verticales ou d'un changement de température, les points B et B', au lieu de rester à un niveau horizontal fixe, subiront des déplacements verticaux b et b'.

Appliquons en B une charge verticale de 100.000 kgs, et calculons les déplacements subis par les deux extrémités libres B et B' sous l'influence de cette charge agissant isolément : soient β et β' ces déplacements. Appliquons de même en B' une charge de 100.000 kgs, et calculons les déplacements correspondants γ et γ'. Les conditions pour que les points B et B', maintenus à un niveau fixe par les bielles d'appuis, ne subissent aucun déplacement vertical, seront exprimées comme il suit :

$$b + \beta \; \frac{F}{100.000} + \gamma \; \frac{F'}{100.000} = 0 \; ;$$

$$b' + \beta' \; \frac{F}{100.000} + \gamma' \; \frac{F'}{100.000} = 0.$$

On en tirera F et F', et le problème sera résolu.

Supposons que l'articulation centrale A ait été supprimée dans l'ouvrage : la section A sera soumise à un moment de flexion inconnu μ, que nous suppose-

rons nul tout d'abord, en rétablissant l'articulation A
pour rendre l'ouvrage isostatique. Nous calculerons
l'ouvrage modifié, en déterminant, outre les déplacements verticaux b et b', le déplacement angulaire a relatif des deux sections situées respectivement à droite et
à gauche du point A, dans le voisinage immédiat de
cette articulation.

Pour les forces F et F', supposées égales chacune à
100.000 kgs, on évaluera de même les déplacements
angulaires relatifs en A : α et α'.

Enfin nous appliquerons aux deux sections séparées
par l'articulation A, deux moments de flexion égaux et
opposés, fixés arbitrairement à 100.000 kgms, et nous
calculerons de même les déplacements verticaux δ pour
B, δ' pour B', et le déplacement angulaire relatif α''
en A.

Les équations à résoudre pour se procurer les valeurs
de F, F' et μ dans l'ouvrage hyperstatique seront en
fin de compte .

$$b + \beta \frac{F}{100.000} + \gamma \frac{F'}{100.000} + \delta \frac{\mu}{100.000} = 0 ;$$

$$b' + \beta' \frac{F}{100.000} + \gamma' \frac{F'}{100.000} + \delta' \frac{\mu}{100.000} = 0 ;$$

$$a + \alpha \frac{F}{100.000} + \alpha' \frac{F'}{100.000} + \alpha'' \frac{\mu}{100.000} = 0.$$

Nous pourrions compliquer le problème, en remplaçant les articulations de retombée O et L par des
encastrements. Nous augmenterions de la sorte de deux
le nombre des inconnues (couples d'encastrement), et
d'autant le nombre des équations de condition (déviations angulaires nulles en O et L). Mais il nous
paraît inutile d'insister sur l'emploi de la méthode de
calcul exposée ci-dessus, qui ne saurait présenter de

difficultés d'ordre théorique, bien que dans les applications elle puisse exiger des recherches longues et laborieuses, si le nombre des réactions à déterminer devient considérable. Nous reviendrons d'ailleurs sur ce sujet en parlant des systèmes rigides, dont l'étude constituera le quatrième chapitre du cours.

87. Ponts suspendus rigides. — Si l'on considère l'ouvrage symétrique, par rapport à une horizontale, d'un arc hyperstatique quelconque, on a un pont suspendu rigide.

Il n'y a aucun changement à apporter dans les procédés de calcul, et les résultats sont identiques, sauf les signes. Tout se passe comme si l'on avait renversé le sens des charges verticales, en supposant qu'elles agissent de bas en haut dans l'arc hyperstatique : la poussée est remplacée par une traction horizontale sur les retombées, le travail à la compression par un travail à l'extension de même valeur, et *vice versa*.

Les déplacements élastiques sont les mêmes, sauf que leurs sens sont changés par rapport à la figure géométrique de l'ouvrage : un déplacement vertical qui tendrait à rapprocher la clef de l'arc de l'horizontale de ses *retombées*, ferait place à un déplacement vertical égal, qui éloigne le milieu du pont suspendu de l'horizontale de ses *amarrages*.

CHAPITRE TROISIÈME

SYSTÈMES ARTICULÉS

SOMMAIRE :

CHAPITRE TROISIÈME

SYSTÈMES ARTICULÉS

---

§ 1er. — Méthode générale de calcul des systèmes à trois dimensions.

88. Définition et classification des systèmes articulés.
— Un système articulé se compose d'un certain nombre d'éléments rectilignes, répondant à la définition des pièces prismatiques droites, qui sont assemblés les uns avec les autres par leurs extrémités respectives, au moyen d'articulations sphériques. On qualifie de *barres* ces éléments, et de *nœuds* les sommets de la construction, où viennent se terminer les barres.

Chaque appui du système correspond à un nœud, maintenu absolument fixe dans l'espace, ou assujetti soit à rester sur une droite déterminée, soit à ne pas sortir d'un plan défini par l'énoncé du problème.

On admet, dans l'étude des ouvrages de ce genre, que toutes les forces extérieures sont appliquées aux nœuds. S'il arrive qu'une charge P agisse en un point d'une barre intermédiaire entre ses deux extrémités, il conviendra tout d'abord de substituer à cette force ses deux composantes passant par les articulations d'about de la barre. Dans ces conditions, un élément du système ne peut travailler qu'à l'extension simple ou à la compression simple. L'effort tranchant et le moment fléchissant sont nécessairement nuls, car une pièce droite articulée à ses deux extrémités ne saurait être en équilibre statique que si elle est sollicitée par deux forces égales et directement opposées, qui lui sont transmises par ses articulations d'about, et ont pour direction commune l'axe rectiligne de l'élément.

Nous laisserons de côté pour l'instant les moments de flexion dits *secondaires*, généralement très petits, qui peuvent être produits par une force appliquée en un point intermédiaire d'une barre, laquelle fonctionne, en ce cas, comme une travée indépendante, et reporte la charge en question aux deux nœuds d'extrémités, qui constituent ses appuis.

Pour vérifier la stabilité d'un pareil ouvrage, il faut d'abord déterminer les forces extérieures inconnues, qui sont les réactions S des appuis.

Pour un nœud absolument fixe, la direction de la réaction n'est pas définie *a priori* : on a donc à rechercher trois inconnues distinctes, qui sont les projections de la force sur trois axes arbitrairement choisis. Si le nœud est assujetti à se déplacer sur une droite fixe, la réaction est dans un plan perpendiculaire à cette direction : le nombre des inconnues se réduit à deux. Pour un nœud assujetti à ne pas sortir d'un plan défini, la réaction est perpendiculaire à ce plan : il n'y a plus qu'une inconnue à déterminer.

Ce premier calcul effectué, on connait toutes les forces extérieures qui sollicitent l'ouvrage, charges fournies par l'énoncé du problème et réactions des appuis.

On peut alors déterminer les forces intérieures, qui

sont les efforts normaux F, sollicitant les diverses
barres de la construction. Le problème est ainsi complètement résolu, puisque l'on est en mesure, soit de
calculer le travail élastique développé dans une barre
de section arrêtée à l'avance, soit d'arrêter la section à
attribuer à cette barre pour que le travail n'y dépasse
pas la limite de sécurité convenue.

Un système articulé est *continu* quand on ne peut
le diviser en deux parties par une surface indéfinie,
sans que celle-ci coupe au moins six barres ; ou, passant par un nœud, rencontre au moins une barre.

Autrement, il est *discontinu*. Si l'on peut faire passer par deux nœuds une surface continue divisant le
système en deux parties, sans que cette surface rencontre une barre n'aboutissant à aucun de ces deux
nœuds, les deux nœuds constituent une articulation
cylindrique, autour de laquelle une des portions de
l'ouvrage peut tourner par rapport à l'autre. L'ouvrage
doit être considéré comme formé par la juxtaposition
de deux tronçons successifs, reliés l'un à l'autre par
une articulation cylindrique. La réaction mutuelle T,
transmise de l'un à l'autre par l'articulation, peut être
remplacée par une force, de direction inconnue *a
priori*, passant par l'un des nœuds d'articulation, et
par un couple dont le plan renferme l'axe de l'articulation : ce qui fait cinq inconnues à déterminer, trois
projections de forces et deux projections de couples.

On peut, si l'on veut, définir autrement ces cinq
inconnues ; il faut calculer pour chaque nœud deux
forces de directions rectangulaires situées dans un plan
normal à l'axe de l'articulation ; et, en outre, une troisième force dirigée suivant l'axe de l'articulation, soit
cinq inconnues en tout.

Si l'on peut faire passer par un nœud une surface continue divisant le système en deux parties, sans rencontrer aucune barre n'aboutissant pas au nœud, celui-ci constitue une articulation sphérique, reliant deux tronçons de l'ouvrage. La réaction mutuelle T est une force de direction indéterminée passant par le nœud d'articulation ; sa recherche exige donc la détermination de trois inconnues, qui sont les projections de la force T sur trois axes rectangulaires.

Si le nœud envisagé appartient à une articulation cylindrique, la surface continue peut ne rencontrer que deux barres n'aboutissant pas au nœud ; pour un nœud ne faisant pas partie d'une articulation, la surface ne peut rencontrer moins de trois barres.

Un système continu ou discontinu est *isostatique* quand on peut effectuer le calcul de ses réactions d'appuis sans faire intervenir les formules de la déformation élastique. S'il en est autrement, il est *hyperstatique*.

Un système continu ou discontinu est *complet* si l'on peut, après avoir déterminé ou s'être donné arbitrairement les valeurs des réactions d'appuis qui doivent équilibrer les charges extérieures connues, effectuer le calcul de toutes les forces intérieures, efforts normaux des barres, sans faire intervenir les formules de la déformation élastique.

Dans l'hypothèse contraire, il est *surabondant*.

86. Équations d'équilibre. — Désignons : par P les forces extérieures connues en vertu de l'énoncé du problème, ou charges du système, qui sont appliquées aux nœuds de l'ossature ; par P cos α, P cos α', P cos α''

leurs projections sur trois axes rectangulaires menés
arbitrairement dans l'espace ; — par S les réactions inconnues exercées par les supports sur les nœuds
d'appuis ; par $S \cos \beta$, $S \cos \beta'$, $S \cos \beta''$ leurs projections sur les trois axes de coordonnées ; — par T les réactions mutuelles transmises par les articulations
cylindriques ou sphériques ; par $T \cos \gamma$, $T \cos \gamma'$, $T \cos \gamma''$
leurs projections sur les axes ; — enfin par F les forces
intérieures inconnues, efforts normaux de compression
ou d'extension, qui sollicitent les barres ; par $F \cos \theta$,
$F \cos \theta'$, $F \cos \theta''$ leurs projections.

Équations d'équilibre statique. — Pour déterminer
les réactions d'appuis inconnues S d'un système continu, on disposera des équations universelles d'équilibre, qui expriment que les forces extérieures sollicitant
l'ouvrage ont une résultante et un couple résultant
nuls, puisque l'ouvrage est immobile dans l'espace.

$$
1 \begin{cases}
\Sigma\, P \cos \alpha + \Sigma\, S \cos \beta = 0 \\
\Sigma\, P \cos \alpha' + \Sigma\, S \cos \beta' = 0 \\
\Sigma\, P \cos \alpha'' + \Sigma\, S \cos \beta'' = 0 \\
\Sigma\, M_x P + \Sigma\, M_x S = 0 \\
\Sigma\, M_y P + \Sigma\, M_y S = 0 \\
\Sigma\, M_z P + \Sigma\, M_z S = 0
\end{cases}
$$

Cela fait en tout six conditions utilisables pour la
recherche des forces S.

On n'a pas intérêt à diviser le système en deux parties par un plan, puisque ce plan sectionnerait six
barres, dont les forces intérieures F viendraient figurer
dans les équations d'équilibre statique des deux portions de l'ouvrage. On aurait bien douze équations
d'équilibre statique, à raison de six par portion ; mais,

comme on aurait introduit six inconnues nouvelles F,
on n'aurait rien gagné à cette opération.

Il n'en est pas de même pour un ouvrage discontinu.
Si on le partage en deux tronçons reliés par une articulation cylindrique, on pourra écrire pour chaque tronçon six équations d'équilibre où figureront les composantes de la réaction mutuelle T, alors que l'on n'aura
introduit dans le problème que cinq inconnues auxiliaires, relatives à cette réaction.

Si les deux tronçons sont reliés par une articulation
sphérique, les inconnues relatives à la réaction mutuelle ne seront plus qu'au nombre de trois.

Dans ces conditions, les équations universelles d'équilibre, relatives à un tronçon continu, relié par des articulations avec le précédent et le suivant, seront de la
forme :

$$\left\{\begin{array}{l}
(1)\ \Sigma\,P\cos\alpha + \Sigma\,S\cos\beta + \Sigma\,T\cos\gamma = o \\
(2)\ \Sigma\,P\cos\alpha' + \Sigma\,S\cos\beta' + \Sigma\,T\cos\gamma' = o \\
(3)\ \Sigma\,P\cos\alpha'' + \Sigma\,S\cos\beta'' + \Sigma\,T\cos\gamma'' = o \\
(4)\ \Sigma\,M_x\,P + \Sigma\,M_x\,S + \Sigma\,M_x\,T = o \\
(5)\ \Sigma\,M_y\,P + \Sigma\,M_y\,S + \Sigma\,M_y\,T = o \\
(6)\ \Sigma\,M_z\,P + \Sigma\,M_z\,S + \Sigma\,M_z\,T = o
\end{array}\right.$$

Désignons par u le nombre des articulations cylindriques, et par v celui des articulations sphériques
d'un système continu, comportant par conséquent
$u + v + 1$ tronçons. On a six équations d'équilibre par
tronçon, soit $6\,(u + v + 1)$. D'autre part, les inconnues
relatives aux réactions mutuelles des tronçons successifs sont au nombre de cinq par articulation cylindrique et de trois par articulation sphérique, soit en tout
$5u + 3v$.

Pour que l'ouvrage soit isostatique, il faut que l'on

puisse tirer des $6 (u + v + 1)$ équations d'équilibre les valeurs de toutes les réactions mutuelles et d'appuis. Il est donc nécessaire que le nombre des inconnues relatives aux réactions d'appuis soit égal à :

$$6 (u + v + 1) - (5u + 3v) = 6 + u + 3v.$$

L'ouvrage est instable si le nombre des inconnues d'appui est moindre ; il en est de même si, même avec un nombre plus grand d'inconnues d'appuis, il y a incompatibilé entre les équations d'équilibre, de telle sorte que l'on obtienne, pour une réaction S ou T, deux valeurs différentes, ou une valeur infinie.

Si le nombre des inconnues relatives aux réactions d'appuis est supérieur à $6 + u + 3v$, l'ouvrage est hyperstatique. Certaines réactions mutuelles ou d'appuis, que les équations d'équilibre laissent dans l'indétermination, ne peuvent plus être calculées sans faire intervenir les formules de la déformation élastique.

On peut, en ce cas, rendre l'ouvrage isostatique en supprimant certains appuis, dont les réactions inconnues soient susceptibles d'être annulées sans que les équations d'équilibre statique cessent d'être satisfaites par des valeurs convenables attribuées aux autres, dont le nombre se trouve ramené à $6 + u + 3v$.

Équations d'équilibre élastique. — Considérons d'abord un système continu. Chaque nœud de la construction est immobile dans l'espace ; il est donc en équilibre sous l'action de toutes les forces *extérieures* connues (charge P) ou inconnues (réaction d'appui S) qui lui sont directement appliquées, et des forces *intérieures* F qui lui sont transmises par les barres issues de lui.

Comme toutes ces forces, passant par le centre du nœud, sont concourantes, les équations exprimant que leur résultante est nulle sont au nombre de trois, relatives aux sommes des projections sur les axes de coordonnées, qui doivent être séparément nulles.

$$\text{II}\begin{cases} (1) \; P \cos \alpha + S \cos \beta + \Sigma F \cos \theta = 0 \\ (2) \; P \cos \alpha' + S \cos \beta' + \Sigma F \cos \theta' = 0 \\ (3) \; P \cos \alpha'' + S \cos \beta'' + \Sigma F \cos \theta'' = 0 \end{cases}$$

Soit n le nombre des nœuds de l'ouvrage. On a trois équations particulières d'équilibre par nœud, soit en tout $3n$.

Faisons la somme de toutes les équations (1) de ce tableau : les termes en $\Sigma F \cos \theta$ disparaîtront, car chaque composante $F \cos \theta$ figure avec des signes opposés dans les équations relatives aux deux nœuds qui terminent la barre dont il s'agit. Mais les termes $P \cos \alpha$ et $S \cos \beta$ demeureront, et l'on retombera sur l'équation (1) du tableau I.

On retrouverait de même les équations (2) et (3) du tableau I en totalisant les équations (2) et (3) du tableau II.

Multiplions maintenant chaque équation (2) par le z du nœud, et chaque équation (3) par l'y, puis totalisons les résultats obtenus. Pour chaque force P, la somme $Pz \cos \alpha' + Py \cos \alpha''$ représente le moment par rapport à l'axe des x. Il en est de même pour chaque force S.

Pour les forces F, les termes correspondants s'annulent deux à deux, puisque les moments des deux forces égales et opposées, qui sollicitent les deux nœuds extrêmes d'une même barre, sont égaux et de signes contraires. On retombe de la sorte sur l'équation (4) du tableau I.

On retrouverait par le même procédé l'équation (5) du tableau I en partant des équations (1) et (3) du tableau II, et l'équation (6) du tableau I, en partant des équations (1) et (2) du tableau II.

Nous constatons en définive que les six équations universelles d'équilibre du tableau I sont contenues implicitement dans les $3n$ équations d'équilibre élastique du tableau II, puisqu'on peut les en faire sortir par un procédé algébrique simple. Cela était d'ailleurs évident *a priori*, car un système dont les nœuds sont immobiles dans l'espace est forcément lui-même en équilibre statique, ce qui implique que toutes les forces extérieures qui lui sont appliquées ont une résultante et un couple résultant nuls.

Nous en conclurons que les $3n$ équations d'équilibre des nœuds ne correspondent qu'à $3n - 6$ conditions *nouvelles*, que l'on puisse utiliser pour le calcul des forces intérieures F, puisque l'on en peut tirer six relations où ne figurent pas ces forces.

Considérons maintenant un système discontinu. Nous allons écrire les équations d'équilibre des nœuds, en envisageant chaque tronçon comme un système isolé et indépendant, sauf à faire intervenir les réactions mutuelles T exercées sur lui par les tronçons voisins, au même titre que les charges P et les réactions d'appuis S. Cela nous conduira à des relations de la forme :

$$\text{II}\begin{cases} (1) \ P\cos\alpha + S\cos\beta + T\cos\gamma + \Sigma\, F\cos\theta = o \\ (2) \ P\cos\alpha' + S\cos\beta' + T\cos\gamma' + \Sigma\, F\cos\theta = o \\ (3) \ P\cos\alpha'' + S\cos\beta'' + T\cos\gamma'' + \Sigma\, F\cos\theta'' = o \end{cases}$$

Nous remarquerons ici qu'à chaque nœud faisant partie d'une articulation correspondent deux groupes de trois équations d'équilibre, puisque ce nœud appartient à deux tronçons considérés à part, et que l'on a, de la sorte, réparti les barres qui y aboutissent en deux fractions distinctes, dont les forces intérieures sont respectivement équilibrées par la réaction mutuelle T. Nous aurons donc trois équations de plus pour chaque articulation sphérique. Il semblerait *a priori* qu'il dût y en avoir six de plus pour chaque articulation cylindrique, qui comporte deux nœuds. Mais ce chiffre doit être en réalité réduit à cinq, nombre des inconnues relatives à la réaction mutuelle de l'articulation cylindrique, parce que la résolution des équations conduit au partage entre les deux nœuds de la composante de réaction orientée suivant l'axe de l'articulation cylindrique. Or ce résultat ne présente d'intérêt ni en ce qui touche l'équilibre du tronçon, ni en ce qui touche la détermination des forces intérieures. Les équations d'équilibre élastique renferment ainsi une solution étrangère au problème étudié.·

En définitive il ne faut tabler que sur $3n + 3u + 3v$ équations d'équilibre des nœuds.

Nous démontrerions, comme dans le cas de l'ouvrage continu, qu'elles contiennent implicitement les $6(u+v+1)$ équations d'équilibre statique I des tronçons, et ne fournissent par conséquent que $3n + 3u + 3v - 6(u+v+1)$, ou $3n - 6 - u - 3v$ conditions utilisables pour la recherche des forces intérieures F.

Pour qu'un système articulé soit *complet*, il faut que les valeurs de toutes les forces intérieures inconnues F, sollicitant les différentes barres de l'ouvrage, puissent être tirées des équations d'équilibre élastique.

Si le système est continu, il est donc nécessaire que leur nombre ne dépasse pas celui des relations de condition distinctes des équations universelles d'équilibre, soit $3n - 6$.

Avec un système discontinu, la limite inférieure est égale à $3n - 6 - u - 3v$.

Si le nombre des barres est inférieur à ce minimum, l'ouvrage n'est pas stable ; il en est d'ailleurs de même, en tout état de cause, si, par suite d'une incompatibilité entre les équations II, on trouve pour une force F deux valeurs différentes ou une valeur infinie.

Cette dernière hypothèse étant écartée, il suffit que le nombre b des barres soit égal à $3n - 6 - u - 3v$, pour que l'on ait affaire à un ouvrage complet.

Quand le nombre b est supérieur à $3n - 6 - u - 3v$, l'ouvrage est *surabondant*. On est obligé de recourir aux formules de déformation pour calculer les forces intérieures, ou certaines d'entre elles. On peut d'ailleurs ramener l'ouvrage à être complet et à ne plus comporter que $3n - 6 - u - 3v$ éléments, en supprimant certaines barres choisies de façon que la disparition des termes correspondants en F ne rende pas incompatibles les équations d'équilibre des nœuds.

90. Formules de déformation élastique. — Considérons une barre AA′ de longueur l. Nous désignerons par x, y et z, x', y' et z' les coordonnées de ses deux nœuds d'about A et A′.

On a :

$$l^2 = (x - x')^2 + (y - y')^2 + (z - z')^2.$$

Supposons que, l'ouvrage ayant subi une déformation élastique, les points A et A′ aient, de ce chef, éprouvé des déplacements très petits suivant les axes : $\delta x, \delta y$ et δz, $\delta x', \delta y'$ et $\delta z'$. La variation de longueur δl

de la barre sera liée à ces déplacements par la relation suivante, tirée par différenciation de l'équation qui précède :

$$l\delta l = (x - x')\,(\delta x - \delta x') + (y - y')\,(\delta y - \delta y') + (z - z')\,(\delta z - \delta z').$$

Figure 146.

Soit F l'effort normal qui sollicite la barre : le changement de longueur δl sera fourni par l'expression $\dfrac{Fl}{E\omega}$, où ω désigne l'aire de la section transversale de l'élément.

D'où :

$$\frac{Fl}{E\omega} = (x - x')\,(\delta x - \delta x') + (y - y')\,(\delta y - \delta y') + (z - z')\,(\delta z - \delta z').$$

Nous remarquons que les cosinus des angles θ, θ' et θ'', que fait la barre considérée avec les trois axes, ont pour expressions, en fonction des coordonnées des nœuds : $\dfrac{x - x'}{l}$, $\dfrac{y - y'}{l}$, $\dfrac{z - z'}{l}$.

On peut donc modifier la formule précédente en y introduisant les angles en question, qui figurent déjà dans les équations d'équilibre élastique, et l'écrire comme il suit :

$$(\mathrm{III}) \qquad \frac{Fl}{E\omega} = \cos\theta\,(\delta x - \delta x') + \cos\theta'\,(\delta y - \delta y') + \cos\theta''\,(\delta z - \delta z').$$

Nous aurons pour chaque barre une relation semblable.

Ces équations III nous fourniront, pour les ouvrages hyperstatiques, les conditions nécessaires pour déterminer complètement les réactions des appuis ; pour les ouvrages surabondants, elles serviront à calculer les forces intérieures qui ne peuvent être tirées des équations II.

Considérons en effet un ouvrage continu, que nous supposerons hyperstatique et surabondant.

Soient : a le nombre des inconnues relatives aux réactions d'appui, b le nombre des barres, et n celui des nœuds.

Nous aurons à déterminer :

a inconnues S,

b inconnues F,

et $(3n - a)$ inconnues δx, δy, δz, seulement.

Si, en effet, pour un nœud ordinaire, les déplacements inconnus sont au nombre de trois, il n'en est pas de même pour un nœud d'appui : quand celui-ci est absolument fixe, les trois déplacements δx, δy et δz sont nuls, mais la réaction d'appui comporte alors les inconnues $S \cos \beta$, $S \cos \beta'$ et $S \cos \beta''$; si le nœud est maintenu sur une droite déterminée, le nombre des inconnues est de une pour le déplacement et de deux pour la réaction ; si le nœud est maintenu sur un plan fixe, le nombre des inconnues est de deux pour le déplacement, et de une pour la réaction.

En définitive la somme des nombres des inconnues relatives aux réactions d'appuis et aux déplacements des nœuds δx, δy et δz, est nécessairement égale à $3n$.

Nous aurons donc en tout $3n + b$ inconnues, pour le calcul desquelles nous disposerons de $3n$ équations d'équilibre I et II, et de b équations de déformation des barres, en tout $3n + b$.

Le problème est ainsi complètement déterminé, puisque l'on a autant de relations de condition que d'inconnues.

Dans le cas d'une poutre discontinue, les inconnues à déterminer sont les suivantes :

    a inconnues S ;

    $5u + 3v$ inconnues auxiliaires T (réactions mutuelles) ;

    b inconnues F ;

    $3n - a$ inconnues δx, δy et δz ;

soit en tout $3n + 5u + 3v + b$ inconnues.

On dispose pour cette recherche de $3n + 5u + 3v$ équations d'équilibre distinctes I et II, et de b équations de déformation III, en tout $3n + 5u + 3v + b$ relations de condition. Le problème est encore complètement déterminé.

91. Calcul des systèmes articulés. — Supposons d'abord qu'il s'agisse d'un système continu, isostatique et complet : $a = 6$, $b = 3n - 6$.

On déterminera les réactions inconnues en se servant des équations universelles d'équilibre I. Puis on tirera les forces F des équations d'équilibre des nœuds II, qu'il sera presque toujours possible de résoudre *successivement*, en les classant dans un ordre convenable. Comme le nombre de barres est inférieur de six à celui des équations II, on devra constater que les six relations considérées en dernier lieu sont satisfaites identiquement, sans quoi il faudrait admettre que le calcul des réactions d'appuis a été fait de façon inexacte.

Le type de l'ouvrage le plus simple de cette catégorie est représenté par la figure 147, où l'on a numéroté

les nœuds dans l'ordre où il faut les suivre pour la
résolution successive des équations II. Nous avons noté

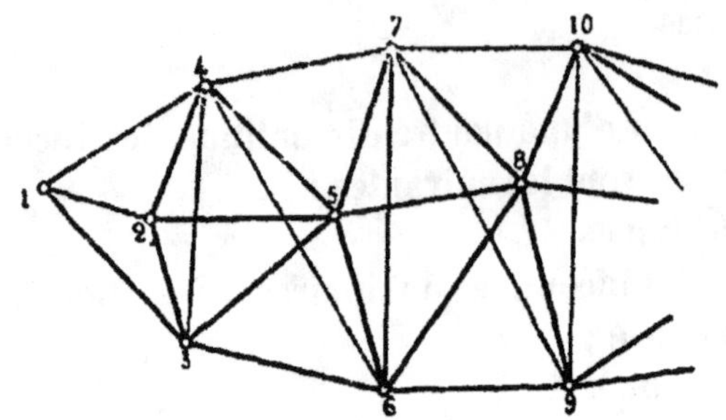

Figure 147.

ci-après le nombre des barres aboutissant à chaque
nœud.

Numéros des nœuds :   1, 2, 3, 4, 5 .... n-4, n-3, n-2, n-1, n.
Nombre de barres par nœud :   3, 4, 5, 6, 6 6,   6,   5,   4,   3.

On voit :

1° que le nombre des barres est bien égal à :

$$\frac{6\,(n-6)+2\,(5+4+3)}{2} = 3n - 6.$$

2° qu'en suivant l'ordre indiqué, on n'a jamais, pour
chaque nœud, que trois forces F *inconnues*, dont les
valeurs peuvent être tirées des trois équations particulières d'équilibre correspondant à ce nœud.

Il est d'ailleurs aisé d'imaginer une infinité de systèmes différents, ayant tous pour caractère commun
de présenter à chaque extrémité trois nœuds constitués respectivement par 3, 4 et 5 barres, mais dont les
nœuds intermédiaires peuvent ne comporter que trois
barres au minimum, les éléments en excès se trouvant
reportés sur des nœuds voisins, où aboutissent en ce
cas plus de 6 barres.

Pour un système discontinu, isostatique et complet, on suivra la même marche de calcul.

On déterminera tout d'abord à l'aide des équations I les réactions mutuelles et d'appuis.

Ensuite on utilisera les équations II pour la détermination des forces F, et il restera, en fin de compte, plusieurs équations d'équilibre élastique, en nombre égal à celui des inconnues de réactions mutuelles et d'appuis, qui seront identiquement satisfaites par les valeurs déjà calculées pour les forces intérieures.

Toutes les fois que l'ouvrage étudié est isostatique et complet, on peut, après avoir effectué les calculs précédents, attribuer à chaque barre une section ω telle que le travail maximum $\frac{F}{\omega}$ y atteigne la limite de sécurité convenue R, ce qui conduit à la meilleure utilisation du métal, sans insuffisance ni excès. C'est à ce point de vue le type le plus économique de système articulé.

Pour calculer un ouvrage hyperstatique et complet, il faut d'abord se donner *a priori* les sections ω de toutes les barres. Puis on détermine les réactions, en suivant la marche déjà exposée pour les poutres discontinues.

On rend l'ouvrage isostatique en supprimant un nombre suffisant d'appuis, ou en le sectionnant à quelques articulations de jonction, etc. On effectue, pour le système ainsi modifié, les calculs de stabilité relatifs à la charge et à la surcharge, puis aux réactions correspondant aux appuis ou aux articulations coupées, en attribuant à ces réactions des valeurs numériques arbitraires. On détermine les déplacements relatifs aux appuis supprimés, aux articulations de jonction coupées, etc. Il reste ensuite à se procurer les valeurs effectives des réactions correspondant à ces appuis ou à ces articulations de jonction, en résolvant les équations du premier degré exprimant que les déplacements sont nuls pour les appuis, et égaux deux à deux pour les nœuds reliant les différents tronçons.

Cela fait, la recherche des forces intérieures F s'opère sans difficulté par la résolution des équations II. Puis on calcule le travail R de chaque barre en divisant la force F correspondante par la section transversale ω arrêtée *a priori*, dès le début des recherches.

Si les résultats trouvés ne semblent pas satisfaisants, on peut modifier les sections des barres et refaire tous les calculs pour l'ouvrage ainsi remanié. Avec quelques tâtonnements, plus ou moins laborieux, on peut toujours arriver, pour un ouvrage *complet*, à faire travailler à la limite de sécurité toutes les barres sans exception.

Pour étudier un système *surabondant*, il convient tout d'abord de le ramener à être complet, en supprimant les barres en excès, et ne conservant que celles reconnues nécessaires pour assurer l'équilibre statique. Après avoir effectué les calculs de stabilité relatifs au système ainsi modifié, on ajoute les barres surabondantes en se donnant *a priori* leurs sections transversales, et on détermine toutes les forces F par la résolution simultanée des équations II et III.

Il y a lieu ici de signaler que, même en modifiant après coup les sections attribuées à toutes les barres, et reprenant les calculs sur nouveaux frais, on ne peut jamais arriver à faire travailler tous les éléments à la même limite R. Il y a incompatibilité absolue entre ce désidératum et les données du problème, ou du moins le résultat indiqué ne peut être atteint qu'en attribuant aux barres en excès des sections *nulles*, c'est-à-dire en les supprimant purement et simplement.

On s'en rendra compte de la façon suivante : remplaçons chaque force F par le produit équivalent Rω dans les équations II, ce qui reviendra, si la limite de sécurité R est arrêtée *a priori*, à substituer les inconnues ω aux inconnues F. En effectuant la même opération dans les équations III, où figure le rapport $\frac{F}{\omega}$ égal à R, ou éliminera à la fois les deux inconnues. On ne pourra donc tirer les sections ω que des équations II, parce qu'elles ne figureront point dans les équations III. Il y aura indétermination pour les équations II, et incompatibité pour les équations III, plus *nombreuses* que les inconnues δx, δy et δz.

Par suite on ne pourra résoudre le problème qu'en faisant disparaître un certain nombre de ces équations III, c'est-à-dire en supprimant les barres en excès.

Au point de vue de la bonne utilisation du métal et de l'économie, un ouvrage surabondant est critiquable, parce qu'il comporte des éléments inutiles, conduisant à un surcroît de dépense non justifié. C'est pourquoi les ouvrages bien conçus sont en général complets, et ne renferment pas d'éléments surabondants.

92. Contrebarres. — Il arrive souvent que dans un système complet certaines barres soient sujettes à travailler tantôt à l'extension, tantôt à la compression, si la répartition ou la direction des forces extérieures est variable (charges verticales mobiles, action du vent, etc., etc...).

Ce *renversement* des efforts peut offrir des inconvénients au point de vue pratique, soit que les assemblages à articulation ne s'y prêtent pas dans des conditions convenables, soit que certaines barres, constituées par des tiges cylindriques ou des lames minces, soient aptes à la transmission d'efforts de traction, mais non pas à celle d'efforts de compression, par suite de leur rigidité insuffisante. Il peut se faire aussi que des éléments en bois ne conviennent pas pour les efforts de traction, parce que leurs assemblages mutuels n'offrent pas à ce point de vue une solidité suffisante.

On peut toujours éviter le renversement des efforts en ajoutant au système des pièces supplémentaires disposées de façon judicieuse. L'ouvrage ainsi complété est, au point de vue théorique, surabondant. Mais, en pratique, il peut être considéré comme résultant de la combinaison de deux ou plusieurs ouvrages complets, ayant presque tous leurs éléments communs, et seulement un petit nombre de pièces spéciales à chacun d'eux ; ces pièces doivent être regardées comme fonctionnant *alternativement*, et jamais *simultanément*.

Dans les calculs relatifs à une disposition de surcharge déterminée, on ne doit envisager qu'un système complet, en laissant de côté les barres en excès, qui seraient exposées à travailler dans des conditions incompatibles avec leur forme ou leurs assemblages.

On est ainsi conduit à effectuer plusieurs calculs séparés, relatifs à autant d'ouvrages complets et distincts qu'en comporte la construction.

En général cette règle pratique conduit, pour les ouvrages métalliques, à doubler dans certaines régions les barres tendues, ou *tirants*, par des *contrebarres* également propres à résister à la traction, ou *contre-tirants*, qui forment, avec les précédentes, des croix de St-André. Dans les fermes mixtes en bois et fer, on aime mieux, en général, doubler les pièces comprimées ou *bras*, et faire usage de *contrebras*.

Les contrebarres se reconnaissent aisément dans les systèmes articulés : elles croisent les barres qu'elles sont destinées à suppléer, en des points intermédiaires entre leurs abouts. Dans les calculs ou épures de stabilité, on ne doit jamais considérer qu'une seule de ces deux barres en croix, celle dont le travail, calculé pour la disposition de surcharge envisagée, correspond au rôle qui lui a été attribué, tirant ou bras. L'autre barre est laissée de côté, sauf à être prise elle-même en considération pour une disposition de surcharge différente, à condition d'omettre, à son tour, la précédente.

Cette question des barres alternatives paraîtra plus claire lorsque nous aurons donné des exemples de fermes ainsi constituées pour les systèmes articulés plans.

93. Moments de flexion secondaires. Barres à section variable. Systèmes à éléments courbes. — Nous avons dit que, dans l'étude des systèmes articulés, on admettait toujours en principe que les forces extérieures étaient exactement appliquées aux nœuds de la construction. S'il arrive qu'une charge sollicite une section transversale intermédiaire d'une barre, celle-ci fait office de travée indépendante, et reporte le poids aux deux nœuds qui constituent ses appuis d'extrémité. Il en résulte qu'elle est soumise de ce chef à un moment de flexion fourni par l'expression analytique connue :

$$X = \frac{l-x}{l}\,\Sigma_0^x\,Pu + \frac{x}{l}\,\Sigma_x^l\,P\,(l-u).$$

Le plus souvent, le travail de flexion correspondant a peu d'importance en comparaison du travail d'extension ou de compression dû à l'effort normal F, que subit la barre comme élément constitutif du système articulé.

Il peut cependant arriver que les moments secondaires de flexion acquièrent une importance suffisante pour qu'il y ait lieu d'attribuer à la barre, envisagée comme une travée indépendante, une section variable ω, croissant depuis chaque extrémité jusqu'au milieu.

On calculera néanmoins le système articulé par la méthode habituelle, mais on introduira dans les équations de déformation III une valeur moyenne Ω de l'aire de la section transversale, définie par la condition que l'allongement δl de la barre fictive ainsi considérée soit, pour un effort normal F, égal à l'allongement effectif de la pièce à section variable ω.

On tirera sans difficulté cette aire moyenne Ω de la relation :

$$\frac{1}{\Omega} = \frac{1}{l}\int_0^l \frac{dx}{\omega}.$$

Nous avons, d'autre part, toujours admis que les éléments du système étaient des pièces droites. Supposons que, pour une raison quelconque, on juge à propos d'employer une barre courbe, définie par la distance variable y de son axe longitudinal, supposé plan, à la corde menée par ses articulations d'about.

Soient ω et ωr^2 l'aire et le moment d'inertie variables d'une section transversale de la pièce.

L'aire Ω, de la barre fictive, rectiligne et à section constante, qui devra figurer dans les équations de déformation III, sera fournie par la relation suivante exprimant encore que la force F, qui agit suivant la corde, déterminera dans cet élément droit fictif et dans la pièce courbe le même rapprochement δl des deux articulations d'about :

$$\frac{1}{\Omega} = \frac{1}{l}\int_0^l \frac{dx}{\omega} + \frac{1}{l}\int_0^l \frac{y^2 ds}{\omega r^2},$$

ou :

$$\Omega = \frac{l}{\displaystyle\int_0^l \frac{dx}{\omega} + \int_0^l \frac{y^2 ds}{\omega r^2}}.$$

Dans le cas particulier d'une pièce à axe parabolique de section constante, dont la flèche b, correspondant au milieu de la longueur l, serait petite en comparaison de cette longueur, on pourra recourir à la formule approximative suivante, que nous fournit l'étude déjà faite de l'arc parabolique surbaissé à section constante (page 365) :

$$\Omega = \omega . \frac{1}{1 + \dfrac{8}{15} \times \dfrac{r^2}{b^2}}.$$

Ayant ainsi calculé l'aire constante Ω de la barre droite fictive équivalente à la pièce courbe, on résoudra les équations de déformation III comme si tous les éléments du système étaient rectilignes.

La méthode de calcul des systèmes articulés est utilisable pour l'étude des ouvrages à trois dimensions, tels que les dômes, les coupoles, etc. ; elle sert également pour le calcul des effets produits par le vent sur toutes sortes de constructions métalliques.

§ 2. — Calcul algébrique des systèmes plans.

93. Méthode générale. — Considérons un système articulé dont toutes les barres aient leurs axes situés dans un même plan, renfermant aussi les forces extérieures.

Désignons :

Par P une charge ou force extérieure connue, et par α l'angle de sa direction avec l'axe des x, mené arbitrairement dans le plan du système ;

Par S une réaction d'appui, et T une réaction mutuelle, β et γ les angles qu'elles font avec l'axe des x ;

Par F une force intérieure, effort normal sollicitant une barre, et par θ l'angle de sa direction avec l'axe des x.

Les équations à résoudre pour le calcul du système isostatique ou hyperstatique, complet ou surabondant, seront les suivantes :

<table>
<tr><td>**Système continu.**</td><td>**Système discontinu.**</td></tr>
</table>

I. *Equations universelles d'équilibre.*

$$\Sigma P \cos \alpha + \Sigma S \cos \beta = 0 \qquad\qquad \Sigma P \cos \alpha + \Sigma S \cos \beta + \Sigma T \cos \gamma = 0$$
$$\Sigma P \sin \alpha + \Sigma S \sin \beta = 0 \qquad\qquad \Sigma P \sin \alpha + \Sigma S \sin \beta + \Sigma T \sin \gamma = 0$$
$$\Sigma M_x P + \Sigma M_x S = 0 \qquad\qquad \Sigma M_x P + \Sigma M_x S + \Sigma M_x T = 0$$

II. *Equations d'équilibre élastique.*

$$P \cos \alpha + S \cos \beta + \Sigma F \cos \theta = 0 \qquad P \cos \alpha + S \cos \beta + T \cos \gamma + \Sigma F \cos \theta = 0$$
$$P \sin \alpha + S \sin \beta + \Sigma F \sin \theta = 0 \qquad P \sin \alpha + S \sin \beta + T \sin \gamma + \Sigma F \sin \theta = 0$$

III. *Equations de déformation des barres.*

$$\frac{Fl}{E\Omega} = \cos \theta \, (\delta x - \delta x') + \sin \theta \, (\delta y - \delta y').$$

On n'a plus ici à considérer qu'un seul type d'articulation, puisque les tronçons d'une ferme discontinue sont assujettis à rester dans son plan.

En conséquence on a, par articulation de jonction, deux inconnues seulement, qui sont les projections sur les deux axes de la réaction mutuelle : $T \cos \gamma$ et $T \sin \gamma$.

On a par appui fixe deux inconnues, qui sont les composantes $S \cos \beta$ et $S \sin \beta$ de la réaction ; et par appui mobile sur une droite donnée, une seule inconnue, la réaction perpendiculaire à cette droite.

Soient : a le nombre des inconnues d'appui, u celui des articulations de jonction, n celui des nœuds, et b celui des barres.

On a :

    a inconnues S,
    $2u$ inconnues T,
    b inconnues F,
    $2n - a$ inconnues δx et δy ;

en tout $2n + 2u + b$, se réduisant à $2n + b$ si le système est continu.

On a d'autre part $3(u + 1)$ équations universelles d'équilibre I, à raison de trois par tronçon ; ces équations sont d'ailleurs contenues implicitement dans les $2n + 2u$ équations d'équilibre des nœuds II (à chaque nœud de jonction de deux tronçons correspondent en effet quatre équations de ce genre, à raison de deux par tronçon). Enfin on dispose de b équations de déformation III, à raison d'une par barre.

On a donc $2n + 2u + b$ relations de condition, et le problème est déterminé.

Dans un système continu *isostatique*, le nombre a des inconnues d'appuis S est égal à trois ; dans un système discontinu isostatique, ce nombre est égal à $3 + u$.

Dans un système continu *complet*, le nombre des barres est égal à $2n - 3$; dans un système discontinu complet, il est égal à $2n - u - 3$.

Pour l'application de la méthode générale de calcul des systèmes articulés, nous n'avons rien à ajouter aux indications de l'art. 91, sauf que les opérations sont simplifiées pour le système plan, en raison de la diminution du nombre des inconnues à déterminer.

Nous allons d'ailleurs montrer ci-après comment, pour les systèmes complets, on facilite considérablement les recherches en utilisant les méthodes déjà exposées pour l'étude des poutres et des arcs.

94. Calcul des systèmes articulés simples. — Considérons une ligne brisée I, II, III, IV, V...., XII, etc. Ses sommets sont les nœuds du système, et ses côtés sont les barres de triangulation.

Relions par une ligne brisée les sommets supérieurs à indices pairs, et par une autre ligne brisée les sommets inférieurs à indices impairs : II, IV, VI, VIII — I, III, V, VII... Les éléments successifs de ces deux lignes constituent respectivement la membrure supérieure et la membrure inférieure de l'ouvrage, qui sera qualifié de système simple.

Un système simple comporte ainsi deux membrures, dont les nœuds sont réunis par des barres de triangulation constituant une ligne brisée continue intérieure, dont chaque côté va d'une membrure à l'autre.

Au point de vue géométrique, la figure se compose d'une série de triangles successifs accolés, dont chacun a un côté (barre de triangulation) commun avec celui qui le précède, et un autre côté de même catégorie commun avec celui qui le suit, enfin un troisième côté qui lui est spécial (élément de membrure). Chaque triangle est qualifié de *maille* de la ferme. Deux mailles successives constituent un *panneau*.

Au premier nœud de l'ouvrage à partir d'une extrémité de la triangulation (I ou XII) aboutissent deux barres ; au second nœud (II ou XI) aboutissent trois barres ; chaque nœud intermédiaire comporte quatre barres. Soit n le nombre des nœuds : le nombre des barres est ainsi de $\dfrac{2+3+4\,(n-4)+3+2}{2} = 2n - 3$. L'ouvrage est donc bien complet.

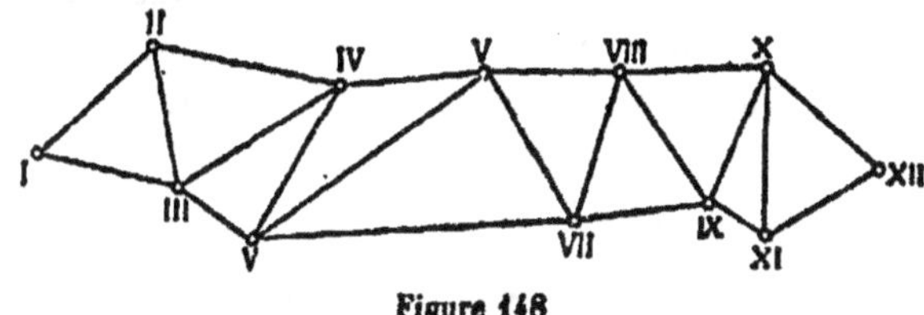

Figure 148

On peut appliquer à un système plan simple la méthode générale de calcul exposée dans l'article 91, en commençant par déterminer les forces extérieures inconnues, réactions mutuelles ou d'appuis. Après quoi on résout successivement les équations particulières d'équilibre II, en partant d'un nœud d'extrémité (I ou XII), et suivant l'ordre de succession des sommets de la ligne brisée de triangulation (1).

Dans ces conditions, on n'a jamais, pour chaque nœud, qu'à tirer deux forces intérieures inconnues F des deux relations de condition dont on dispose, les autres forces F étant déjà fournies par des calculs précédents.

1. On trouvera dans le *Traité des Ponts métalliques* de M. J. Résal (Tome I, chap. III) l'application de cette méthode à l'étude des ponts à travées indépendantes.

Considérons un panneau ABCD du système, composé de deux mailles accolées ABC et BCD. Nous supposerons d'abord que les deux éléments de membrure AC et BD soient parallèles, et que les perpendiculaires BB' et CC' à leur direction commune, menées par les nœuds B et C, tombent respectivement entre A et C, et entre B et D (fig. 149).

Soient ω et ω' les aires des sections transversales des membrures AC et BD, G le centre de gravité commun de ces deux surfaces, dont les distances n et n' aux membrures sont fournies par les relations usuelles : $\omega n = \omega' n'$, et $n + n' = h$.

Nous en déduisons les formules suivantes :

$$\frac{\omega}{n'} = \frac{\omega'}{n} = \frac{\omega + \omega'}{h} ;$$

$$\frac{n'}{\omega h} = \frac{n}{\omega' h} = \omega + \omega' = \Omega ;$$

$$\frac{1}{\omega h} = \frac{n}{\omega n^2 + \omega' n'^2} = \frac{n}{I} ; \quad \frac{1}{\omega' h} = \frac{n'}{\omega n^2 + \omega' n'^2} = \frac{n'}{I} .$$

Ω et I sont l'aire et le moment d'inertie de la section transversale constituée par les deux sections ω et ω' des membrures.

Supposons connues toutes les forces extérieures qui sollicitent la ferme entre une de ses extrémités et la verticale BB'. Nous leur substituerons un système équivalent composé d'un couple X, d'une force F parallèle aux membrures AC et BD, et passant par leur centre de gravité commun G, et d'une force V ayant la droite BB' pour ligne d'action.

Nous admettrons que les trois résultantes X, F et V ne changent pas sensiblement de valeurs quand on passe de la verticale BB' du nœud B, à la verticale CC' du nœud suivant. Nous indiquerons d'ailleurs plus loin

comment il faut tenir compte, dans le calcul, des variations subies par ces résultantes entre les nœuds B et C.
Mais pour le moment nous les négligerons.

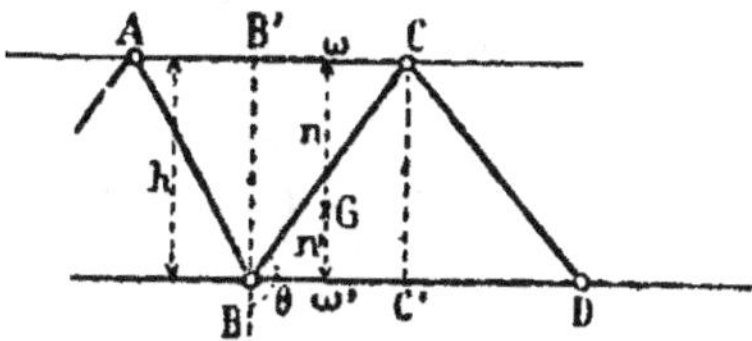

Figure 149.

Désignons enfin par $R\omega$ la force intérieure relative à
l'élément de membrure AC; par $R'\omega'$ la force intérieure
relative à l'élément de membrure BD ; par S la force
intérieure relative à la barre de triangulation BC, et
par θ l'angle que fait cette barre avec la verticale descendante menée par son nœud d'origine B, le plus
voisin de l'extrémité de gauche de la ligne brisée de
triangulation.

Nous exprimerons que la portion d'ouvrage comprise entre l'une de ses extrémités et le panneau ABCD
est en équilibre statique en égalant à zéro la somme
des moments de toutes les forces extérieures et intérieures par rapport à chacun des nœuds B et C, puis
la somme des projections de ces forces sur la droite BB'.

Cela nous conduira aux relations suivantes :

Moments par rapport à B : $R\omega h = - X + Fn'$;

    »   »   C : $R'\omega'h' = + X + Fn$;

Projections sur BB' : $S \cos\theta = V$.

D'où :

$$R = - \frac{X}{\omega h} + \frac{Fn'}{\omega h} = - \frac{Xn}{\omega n^2 + \omega'n'^2} + \frac{F}{\omega + \omega'} = - \frac{Xn}{l} + \frac{F}{\Omega} ;$$

$$R' = + \frac{X}{\omega'h} + \frac{Fn}{\omega h} = \frac{Xn'}{\omega n^2 + \omega'n'^2} + \frac{F}{\omega + \omega'} = \frac{Xn'}{l} + \frac{F}{\Omega} ;$$

$$S = \frac{V}{\cos\theta}.$$

Nous retrouvons ici, pour le calcul du travail de la membrure, les formules applicables aux poutres et arcs dont la section est à double té. Nous en conclurons qu'on peut assimiler un tronçon de système articulé simple à un tronçon de poutre ou d'arc : après avoir établi l'épure des moments fléchissants et des efforts tranchants (si F et nul), ou tracé la courbe des pressions (si F n'est pas nul), on évaluera le travail produit dans les membrures par le moment fléchissant X et l'effort tranchant F, en s servant des formules usuelles relatives aux pièces prismatiques à section en double té ; on ne devra faire intervenir dans le calcul de l'aire Ω et du moment d'inertie I que les sections droites des deux membrures.

Pour chaque barre de triangulation, on calculera la force intérieure d'extension ou de compression, en divisant l'effort tranchant V par le cosinus de l'angle que cette barre fait avec la verticale descendante passant par son nœud *antérieur*.

Pour simplifier la figure et rendre plus claire notre démonstration, nous avons supposé que le point B' se trouvait entre A et C et le point C' entre B et D. Mais le raisonnement serait le même si l'une des verticales BB' ou CC' rencontrait un élément de triangulation

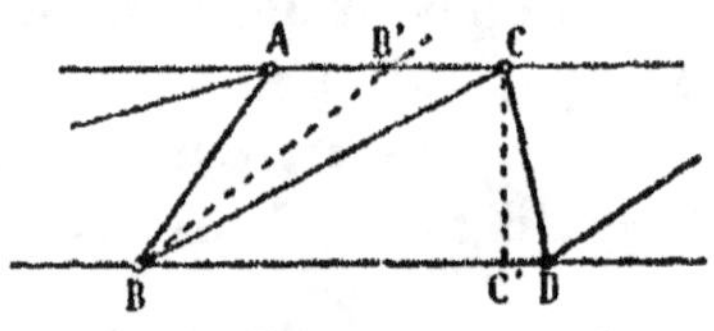

Figure 150.

(fig. 150). Les formules ne subiraient de ce chef aucun changement, ainsi qu'on s'en rend compte aisément :

il suffirait de couper la poulie par un plan oblique passant par le nœud considéré et rencontrant l'élément de membrure opposé.

Dans le cas où les membrures AC et BD ne sont pas parallèles, la même démonstration est encore applicable, mais à la condition de faire intervenir les règles établies pour les poutres de hauteur variable, en ce qui touche le calcul de l'aire et du moment d'inertie de la section transversale (art. 8).

$$\Omega = \omega \cos \alpha + \omega' \cos \alpha' ;$$
$$I = \omega \cos \alpha . n' + \omega' \cos \alpha' . n'^2 .$$

On évaluera l'effort de compression ou d'extension subi par un élément de membrure en divisant le moment fléchissant, correspondant sur l'épure à la verticale du nœud opposé à l'élément, non par la hauteur h de la poutre, comme dans le cas de la hauteur constante, mais par la distance $h \cos \alpha$ de ce nœud à l'élément de membrure considéré :

$$R\omega = \frac{X}{h \cos \alpha} .$$

On y ajoutera le travail dû à l'effort normal F, qui est fourni par le rapport :

$$\frac{F}{\Omega} = \frac{F}{\omega \cos \alpha + \omega' \cos \alpha'} .$$

Il faudra d'autre part substituer à l'effort tranchant absolu V l'effort tranchant réduit : $W = V - \dfrac{X dh}{h dx}$.

Moyennant quoi, on obtiendra des résultats tout aussi rigoureux que pour la poutre de hauteur constante.

Nous n'avons rien à ajouter au sujet des ouvrages

isostatiques, dont les réactions d'appuis sont fournies par les équations universelles d'équilibre.

Pour les ouvrages hyperstatiques, on aura recours aux formules de déformation relatives aux poutres ou aux arcs, en y introduisant les valeurs du moment d'inertie I, calculées comme il a été dit ci-dessus.

On déterminera les valeurs des réactions, puis on établira les épures des moments fléchissants et des efforts tranchants, ou bien l'on tracera la courbe des pressions. Le calcul du travail dans les membrures et la triangulation s'effectuera ensuite comme dans le cas précité de la poutre isostatique.

On peut encore procéder de même pour la recherche des déplacements élastiques, si l'on trouve que la résolution des équations de déformation des barres III demande trop de peine. Mais il convient d'observer que les résultats de ce calcul ne présenteront pas la même exactitude que les précédents : toutes choses égales d'ailleurs, une ferme articulée est plus déformable que la poutre à parois pleines, à laquelle on l'assimile, parce qu'on laisse de côté l'influence des variations de longueurs des barres de triangulation et du jeu des articulations, qui n'est pas négligeable, ou tout au moins donne lieu à des déplacements élastiques plus importants que ceux dus à la déformation par glissement de l'âme pleine d'une poutre à double té (1).

C'est pourquoi on juge souvent opportun, pour remédier à cette cause d'erreur, de réduire conventionnellement la valeur numérique du coefficient d'élasticité longitudinale E.

On le prend par exemple égal à 16×10^9, au lieu de

1. *Ponts métalliques*, tome I, page 169.

20×10^9, pour le fer et l'acier, ce qui revient en somme à majorer de 25 0/0 les déplacements fournis par les formules relatives aux poutres à parois pleines. Moyennant cette convention tant soit peu arbitraire, on se considère comme assuré de ne pas commettre d'erreur grave par défaut dans les résultats du calcul, et d'aboutir à des déplacements élastiques très voisins de la vérité. Mais ce mode de correction des calculs n'a évidemment rien de rigoureux, et peut pécher aussi bien par excès que par défaut. Il a été déduit des résultats d'expérience, fournis par les essais des poutres de ponts dont la hauteur ne s'écarte jamais beaucoup de la proportion du dixième de l'ouverture.

95. Types usuels de fermes triangulées simples. Emploi des contrebarres. — Prenons comme exemple le cas de la travée indépendante, supportant une charge uniformément répartie. Le moment fléchissant X étant toujours positif, la membrure supérieure est comprimée dans toutes ses barres, et la membrure inférieure est au contraire tendue. On peut relier ces deux membrures :

1° par la triangulation *Warren* (fig. 151), à barres

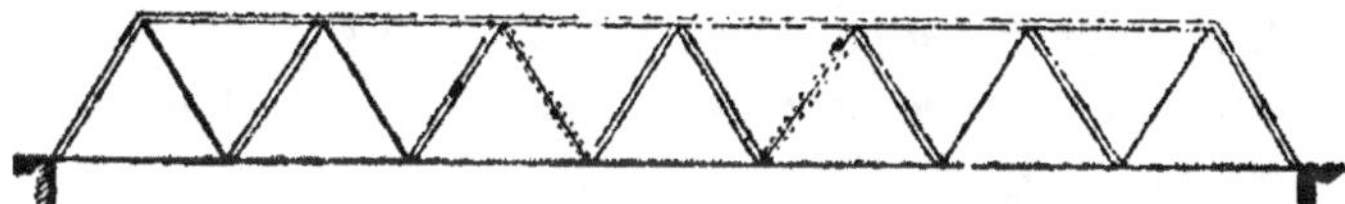

Figure 151.

successives obliques, symétriques par rapport à la verticale, et constituant une série de triangles équilatéraux, ou isocèles rectangles ;

2° par la triangulation *Pratt*, à barres comprimées

verticales (bras) et à barres tendues obliques (tirants) (fig. 152) ;

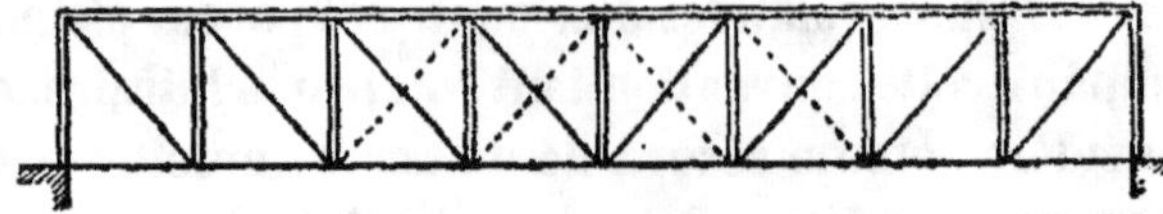

Figure 152.

3° par la triangulation *Howe*, à bras obliques et à tirants verticaux (fig. 153).

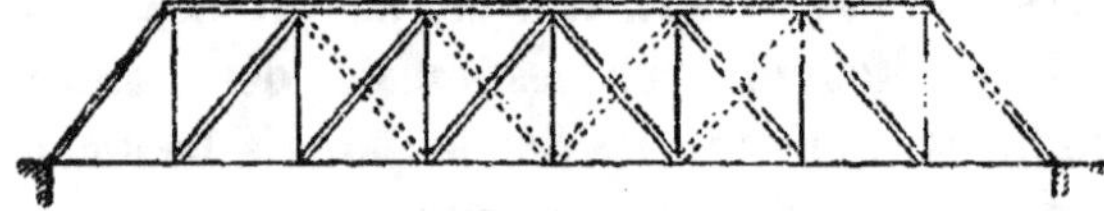

Figure 153.

Comme l'effort tranchant dû à la charge uniforme complète, positif dans la première moitié de la poutre, change de signe à partir du milieu de l'ouverture, il faut, pour les poutres *Pratt* et *Howe*, renverser le sens de la triangulation à partir de ce milieu, pour maintenir la règle adoptée en ce qui touche les directions respectives des barres et des tirants. En principe, la triangulation d'une travée indépendante doit donc être symétrique par rapport à la verticale du milieu de l'ouverture.

Ces différents modes de triangulation sont d'ailleurs applicables à des fermes de hauteur variable : par exemple, la figure 154 représente une ferme de toit triangulée dans le système Howe.

Mais comme ici l'effort tranchant réduit est de signe contraire à l'effort tranchant absolu, l'inclinaison sur la verticale des barres comprimées est inverse de celle qui convient à la poutre de hauteur constante.

Considérons encore une poutre à profil parabolique,

portant une charge uniformément répartie complète.
On sait (art. 17, page 93) que l'effort tranchant réduit

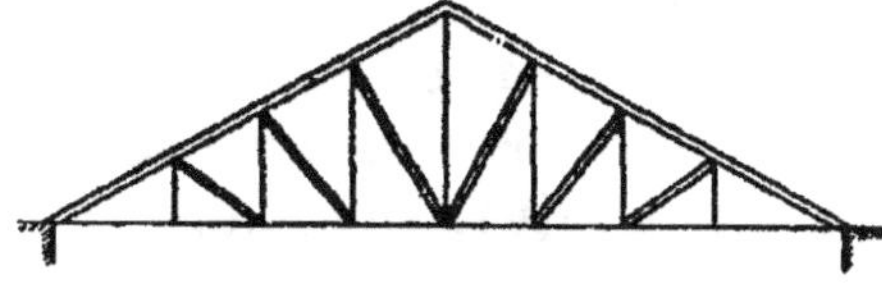

Figure 154.

est nul dans toutes les sections. On peut donc supprimer
la triangulation, et relier simplement les deux membrures par une série de tiges verticales servant à
transmettre à la membrure courbe supérieure les charges portées par la membrure inférieure. On a l'ouvrage

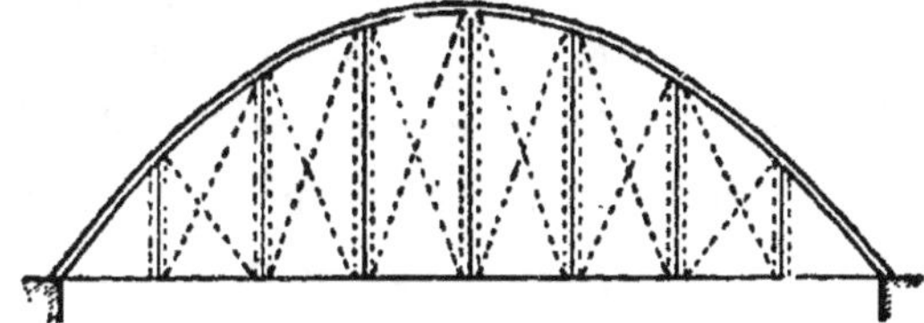

Figure 155.

connu sous le nom de *bow-string*, qui est assimilable
à un arc dont les poussées, au lieu d'être transmises
aux retombées d'appui, s'équilibrent l'une l'autre par
l'intermédiaire de la membrure inférieure, jouant le rôle
de tirant, et qui doit être elle-même soutenue de distance
en distance par des pièces verticales accrochées à l'arc.

Supposons à présent qu'outre la charge permanente
uniforme, la poutre ait à porter une surcharge variable également uniforme, mais pouvant ne couvrir
qu'incomplètement le tablier du pont.

On sait qu'en ce cas l'effort tranchant est susceptible
de changer de signe dans une région centrale de la

poutre, dont les limites sont indiquées par un calcul simple (art. 38). Pour cette région, où V est tantôt positif et tantôt négatif, les efforts subis par les barres sont susceptibles de changer de sens. C'est pourquoi l'on juge souvent convenable de compléter l'ouvrage par des contrebarres, marquées en pointillé sur les figures 152, 153 et 155.

Pour la poutre Pratt, ce sont des contretirants formant croix de St-André avec les tirants obliques des panneaux du centre.

Pour la poutre Howe, ce sont des contrebras, symétriques des bras de triangulation.

Pour la poutre Warren, la solution consistant à ajouter des contretirants, suivant la seconde diagonale du parallélogramme limité par deux bras consécutifs, serait médiocre, parce que cette diagonale, étant très inclinée sur la verticale, serait sollicitée par un effort $\frac{V}{\cos\theta}$ considérable. On préfère en ce cas attribuer aux barres de triangulation de la région centrale des sections telles qu'elles puissent indifféremment travailler à l'extension et à la compression, et l'on accepte pour les pièces le renversement des efforts.

Dans le cas de la poutre parabolique, ou bow-string, on sait que l'effort tranchant réduit, correspondant à une surcharge uniforme incomplète, est susceptible de changer de signe d'un bout à l'autre de la poutre. On pourra donc être conduit à placer dans chaque panneau deux contretirants formant croix de St-André, inutiles l'un et l'autre pour la charge permanente, mais fonctionnant alternativement pour des surcharges partielles complémentaires. Il faudra de plus attribuer aux éléments verticaux la forme convenable pour qu'ils puissent, le cas échéant, résister à la compression produite par l'effort tranchant réduit.

Ce que nous venons de dire pour la travée indépendante est applicable à tout autre ouvrage assimilable à une poutre droite ou courbe, ou à un arc, ou à un tronçon de poutre ou d'arc, dont les membrures, divisées en éléments successifs par une série d'articulations, seraient reliées par une triangulation continue. Quand l'effort tranchant V ou W est positif, l'angle θ que fait une pièce comprimée, ou *bras*, avec la verticale descendante menée par son nœud d'origine, est compris entre $\frac{\pi}{2}$ et π; pour une pièce tendue ou tirant, cet angle est compris entre o et $\frac{\pi}{2}$. La règle inverse est applicable au cas où l'effort tranchant est négatif. Chaque fois que l'effort tranchant produit par la charge permanente change de signe, le sens de la triangulation doit être renversé pour les systèmes Pratt et Howe. Dans toute région où l'effort tranchant est tantôt positif et tantôt négatif, suivant les dispositions de la surcharge, on juge convenable, en général, d'éviter le renversement des efforts dans les éléments de triangulation, en intercalant des contrebarres, contretirants (Pratt) ou contrebras (Howe), dans les panneaux situés à l'intérieur de la région critique.

Si l'effort tranchant varie entre deux limites égales et de signes opposés, la contrebarre aura même section que la barre qu'elle est destinée à suppléer (panneau central d'une travée indépendante). En général, il n'en est pas ainsi : on attribue en conséquence une section plus faible à la contrebarre, qui, ne jouant aucun rôle en ce qui touche la charge permanente, subit par ce motif un effort moindre dans le cas de la surcharge

la plus défavorable : il en est ainsi pour les panneaux
latéraux des poutres Pratt et Howe, où les contrebarres,
figurées en trait pointillé, doivent résister à des efforts
moins importants que ceux des barres correspondantes.

Dans la poutre Warren, où deux barres successives
sont les deux côtés d'un triangle isocèle rectangle ou
équilatéral, il y a lieu de se préoccuper du renversement des efforts : les barres de la région centrale doivent être aptes à résister aux compressions et aux tensions correspondant aux valeurs limites de l'effort
tranchant.

Dans les poutres continues à travées solidaires, on
sait que l'effort tranchant est sujet à changer de signe
dans une région centrale de chaque travée : c'est donc
dans les panneaux de cette région que doivent être
ajoutées les contrebarres. Mais il arrive parfois que
l'on construit un ouvrage de ce genre en dehors de son
emplacement définitif, puis qu'on le met en place en le
faisant rouler sur des galets, et gagner successivement,
par cheminement, ses différents appuis, depuis la culée
de gauche, par exemple, jusqu'à la culée de droite.
C'est ce que l'on appelle la mise en place par lancement des ponts à travées solidaires. On voit que dans
ce cas toutes les sections comprises entre la première
pile, à partir de la gauche, et la culée de droite, ont à
franchir un ou plusieurs appuis : à ce moment, l'effort
tranchant change de signe. On se trouve donc conduit,
pour éviter le renversement des efforts dans les barres de
triangulation, à ajouter des contrebarres dans tous les
panneaux *sans exception*. L'ouvrage ainsi exécuté est
qualifié de poutre à montants verticaux et croix de St-
André. Dans le système *Pratt*, la croix de St-André

comporte deux tirants ; dans le système *Howe*, ce sont deux bras.

On a parfois attribué la même disposition à des poutres qui ne devaient pas être mises en place par voie de lancement, pour d'autres motifs, par exemple pour augmenter la rigidité transversale des poutres, et leur permettre de résister à l'action du vent, etc. Il importe en pareil cas de ne pas recourir à un mode de calcul absolument erroné et vicieux, qui consiste à admettre que, le montant vertical ayant à subir un effort égal à V, chacune des barres de la croix supporte l'effort $\frac{V}{2\cos\theta}$, négatif pour l'une d'elles, qui est comprimée, et positif pour l'autre qui est tendue.

On se rendra compte aisément, en écrivant les équations particulières d'équilibre du nœud, que si l'on désigne par F_m, F_t, F_c, les valeurs absolues des forces intérieures qui sollicitent le montant, la barre tendue et la barre comprimée, on a :

$$(F_t + F_c) \cos\theta = V ;$$
$$F_m = (F_t - F_c) \cos\theta.$$

Donc si F_t était égal à F_c, c'est-à-dire si l'effort tranchant se partageait par moitié entre les deux barres, le

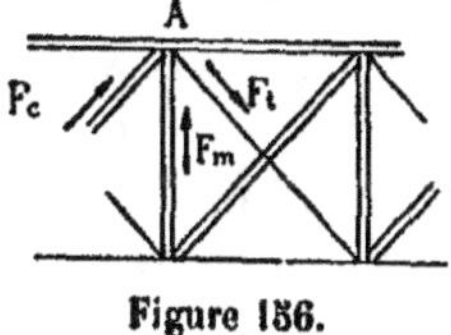

Figure 186.

travail du montant serait nul ($F_m = o$). Si, au contraire, le montant supporte l'effort tranchant total V, il en est de même de la barre tendue ($F_t \cos\theta = V$), et la barre soi-disant comprimée ne subit aucun travail.

En général le montant est une pièce beaucoup plus massive et rigide que les deux barres, et, dans ces conditions, l'effort qu'il subit est de très peu inférieur à V. L'effort subi par la barre tendue se rapproche par conséquent beaucoup de $\frac{V}{\cos\theta}$, et par contre la barre comprimée n'est soumise qu'à un travail très peu important.

Il ne faut donc en général tenir compte, dans les poutres à montants et croix de Saint-André, que du montant et de la barre tendue; l'autre barre de la croix ne joue qu'un rôle insignifiant, si du moins elle n'a pas à remplir, le cas échéant, le rôle de contrebarre, quand l'effort tranchant vient à changer de signe.

Ce type de poutre est peu économique en ce que le métal d'une des barres est mal utilisé; si l'on attribue aux deux barres de la croix la même section, calculée par l'expression $\frac{V}{2R\cos\theta}$, on peut être certain que la barre comprimée se subira qu'un travail très faible, alors que pour la barre tendue le travail sera sensiblement supérieur à la limite de sécurité R. Il pourra se rapprocher du double de cette limite.

Ainsi que nous l'avons déjà signalé, on détermine en général la déformation des poutres à triangulation comme s'il s'agissait d'ouvrages à parois pleines, et on obtient dans ces conditions des résultats inférieurs à la réalité. On ne s'astreint guère à appliquer en pareille circonstance la méthode algébrique de calcul relative aux systèmes articulés, qui consiste à résoudre successivement les équations de déformation des barres III: la besogne serait trop longue et pénible. Mais nous verrons plus loin que si l'on a recours à un procédé graphique pour la résolution de ces équations, la recherche des déplacements s'effectue aisément et rapidement.

96. Systèmes complexes. — Considérons un système articulé simple, et remplaçons un élément de membrure par une ligne brisée, composée d'éléments successifs reliés par articulations entre elles, et avec des barres supplémentaires qui aboutissent au nœud opposé à l'élément de membrure ainsi modifié. Nous obtiendrons un système *complexe*, dérivé du système simple par l'addition de nœuds *secondaires* à trois barres intercalés entre les nœuds *principaux*. On appliquera à une ferme de ce genre la méthode ordinaire, en ayant soin de faire succéder aux calculs relatifs à un nœud principal, ceux relatifs aux nœuds secondaires suivants, avant de passer au nœud principal opposé. Nous avons dans la figure 157 remplacé

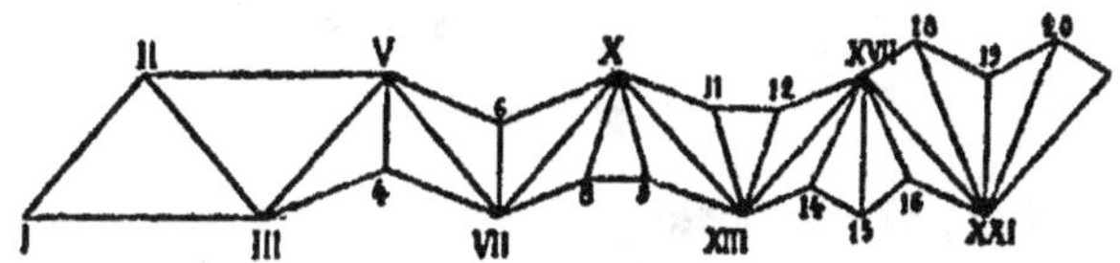

Figure 157.

les éléments successifs de membrure de la poutre simple par des lignes brisées à un, deux ou trois sommets ; les nœuds ont été numérotés dans l'ordre à suivre pour les opérations, en distinguant les nœuds secondaires par des chiffres arabes. On se rendra compte aisément qu'en suivant cette marche on résoudra *successivement* toutes les équations d'équilibre des nœuds.

On peut également remplacer les éléments de triangulation du système simple par des lignes brisées, dont les sommets, constituant des nœuds secondaires, seront rattachés par des barres additionnelles au nœud prin-

Figure 158.

cipal opposé. En ce cas, il est parfois nécessaire de résoudre simultanément toutes les équations particu-

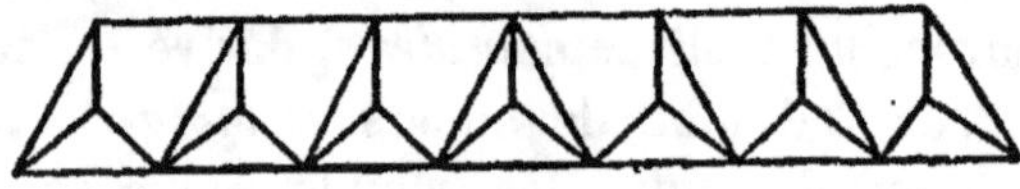

Figure 159.

lières d'équilibre relatives aux nœuds d'une même maille : cette nécessité se manifeste quand le premier

Figure 160.

nœud d'appui comporte plus de deux barres, bien que l'ouvrage soit complet (figures 159, 160 et 161).

Figure 161.

Les figures 158 à 161 représentent des systèmes complexes dérivés du système simple en remplaçant une barre de triangulation sur deux par une ligne brisée à un ou deux nœuds secondaires.

Les figures 162 et 163 représentent des systèmes complexes obtenus en remplaçant toutes les barres de

triangulation par des lignes brisées à un ou deux
nœuds secondaires. Tels qu'ils ont été tracés, ce sont

Figure 162.

des systèmes surabondants, comportant chacun une
barre en excès. Pour les rendre complets, il faudrait

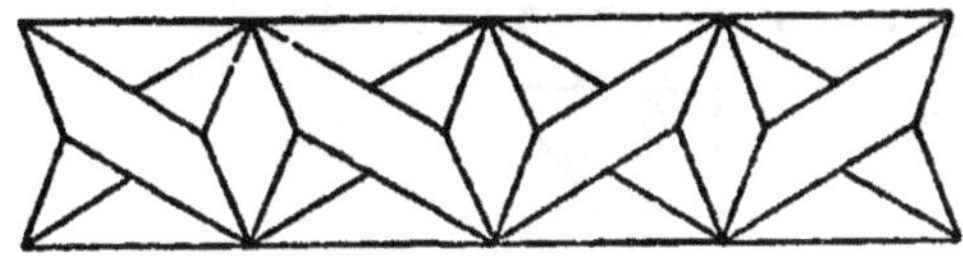

Figure 163.

détruire leur symétrie en supprimant une des barres
extrêmes *a* ou *b*.

Enfin on peut créer des nœuds secondaires sur des
barres de triangulation et de membrure, et les relier
entre eux (fig. 164). On obtient encore de cette façon
des systèmes complexes, dont le calcul doit être fait en
résolvant simultanément toutes les équations particulières d'équilibre relatives aux nœuds d'une même
maille.

On divise de la sorte une maille principale en plusieurs mailles secondaires, qui peuvent être elles-mêmes partagées en mailles tertiaires, etc.

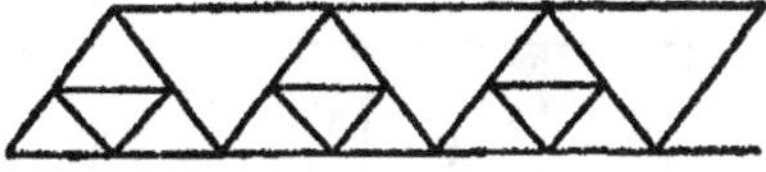

Figure 164.

La figure 166 représente une poutre américaine du
type *Fink*, dérivée de la poutre Pratt à deux mailles,

qualifiée usuellement de *poutre armée*. Chacune des
deux mailles principales est, dans le type *Fink*, divisée

Figure 165.

en deux mailles *secondaires* du même système, subdi-
visées également elles-mêmes em mailles *tertiaires*. Il

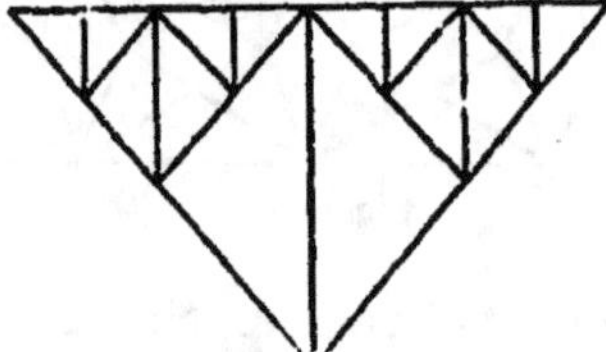

Figure 166.

semble *a priori* qu'une pareille poutre articulée exige
des calculs laborieux, parce qu'elle nécessite la résolu-

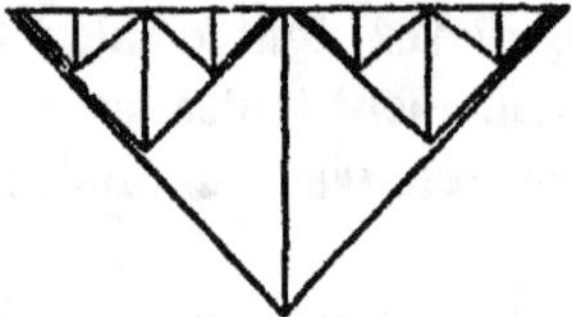

Figure 167.

tion simultanée des équations d'équilibre de tous les
nœuds. Mais on peut simplifier la besogne par l'artifice

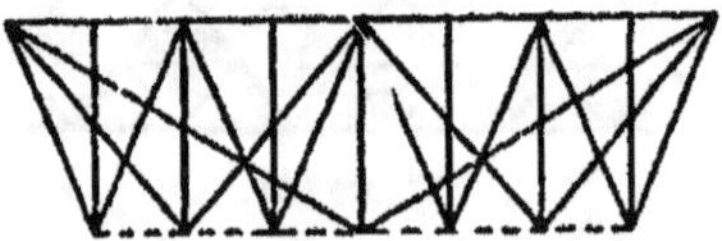

Figure 168.

suivant. La figure 168 représente une poutre Fink d'un

modèle différent, dont toutes les mailles ont même hauteur ; dans ces conditions, leurs éléments sont distincts, sauf ceux relatifs à la membrure supérieure qui sont superposés. On peut donc tout d'abord calculer les barres des mailles tertiaires, considérées chacune en particulier comme une travée indépendante articulée ; on passera ensuite aux mailles secondaires, puis aux mailles principales. Le problème sera ainsi complètement résolu pour la poutre de la fig. 168, dont tous les éléments sont distincts. Rien n'empêche d'opérer de même pour la poutre de la figure 166, à condition de combiner ensuite les résultats des calculs successifs, effectués pour chaque barre ou portion de barre commune à deux ou trois mailles d'ordres différents : la force intérieure est la somme algébrique des trois forces partielles fournies par les trois étapes de calcul.

En définitive, la marche à suivre dans les calculs est mise en relief sur les figures 165 et 167, qui ne diffèrent des figures 164 et 166 qu'en ce que l'on a marqué par deux traits ou trois traits les barres qui appartiennent à deux ou trois mailles, et par un seul trait seulement celles qui sont spéciales à une maille.

Algébriquement, cette méthode de calcul consiste à subdiviser les deux équations d'équilibre d'un nœud en deux ou trois systèmes de deux équations, lorsque ce nœud appartient à deux ou trois mailles d'ordres décroissants, en introduisant comme inconnues auxiliaires deux forces intérieures, ou trois forces intérieures partielles, relatives au même élément commun aux deux ou trois mailles. On obtient de la sorte une série d'équations du premier degré susceptibles d'être résolues successivement pour chaque nœud, et on se soustrait à la nécessité de résoudre simultanément les équations relatives à tous les nœuds d'une même maille principale.

On pourrait sans doute imaginer d'autres modes de génération des systèmes articulés, complets ou surabondants. Mais nous nous en tiendrons aux règles précédentes, qui embrassent à peu près tous les types de fermes en usage dans les constructions.

Il est bien entendu, d'ailleurs, que l'on peut adapter chacun de ces modes de triangulation à toute construction assimilable par sa forme extérieure à une poutre droite ou courbe, ou à un arc.

La figure 169 représente une ferme de toit à triangulation simple.

Figure 169.

La figure 170 représente une ferme de toit, dite à la *Polonceau*, dérivée d'une maille unique Warren par la substitution à la membrure inférieure d'une ligne

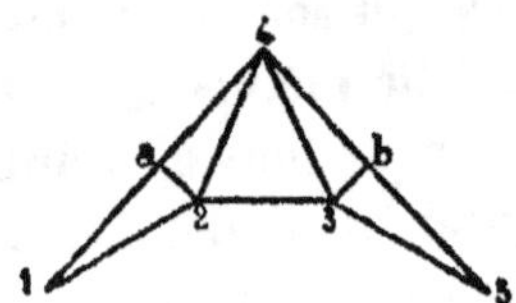

Figure 170.

brisée à deux sommets 2 et 3, reliés l'un et l'autre au nœud principal opposé 4, et réunis en outre à deux nœuds secondaires a et b placés sur les deux barres de triangulation 1.4 et 4.5. C'est un système complet, dont le calcul s'effectuera aisément, en s'occupant tout d'abord de déterminer les forces intérieures dans les mailles secondaires, marquées sur la figure 171 par un double trait, puis appliquant la méthode générale à la

Figure 171.

maille principale, dont on considérera les nœuds dans l'ordre numérique indiqué sur la figure.

97. Systèmes composés. – Considérons trois poutres articulées simples, ayant même portée et même profil en élévation, mais différant par le tracé de leurs lignes brisées de triangulation (fig. 172). Si pour une même charge les valeurs du travail sont identiques dans ces trois poutres pour les éléments qui se correspondent, on devra admettre que leurs lignes élastiques sont presque mathématiquement concordantes.

Supposons que nous les superposions, en faisant coïncider leurs membrures inférieures et supérieures : les barres de triangulation resteront distinctes. Nous obtiendrons de la sorte une poutre *composée*, dont les membrures se trouveront réunies par une triple triangulation.

Figure 172.

Un ouvrage de ce genre est en réalité un système surabondant. Mais on peut, sans erreur appréciable, admettre que la réunion des trois poutres simples n'aura pas modifié de façon sensible le rôle que cha-

cune jouait lorsqu'elle était isolée, en raison précisément de la concordance de leurs déformations. On en
conclura, avec la certitude de ne pas commettre d'erreur fâcheuse, que les forces intérieures des éléments
de chaque triangulation correspondent au tiers de la
charge totale.

C'est ainsi que l'on calcule les poutres composées,
dont les triangulations comportent toujours des barres
respectivement parallèles à deux directions déterminées.

Si l'on coupe l'ouvrage par un plan perpendiculaire
à son élévation et parallèle à l'un des groupes de barres, ce plan croise une barre de l'autre groupe pour
chaque triangulation. On attribuera à toutes ces barres
la même section, d'aire ω. Soit n le nombre de triangulations simples de la poutre composée, θ l'angle
commun des barres tendues avec les verticales descendantes passant par leurs nœuds antérieurs, et θ'
l'angle des barres comprimées. On déterminera l'aire
ω d'une barre de la première catégorie, pour la région
de poutre considérée, en tablant sur une force inté-
rieure $+ \dfrac{V}{n \cos \theta}$; et l'aire ω' d'une barre de la seconde,
en tablant sur une force intérieure $+ \dfrac{V}{n \cos \theta'}$.

Il faut toujours avoir soin de faire un calcul distinct
pour toutes les barres tendues, et un autre pour toutes
les barres comprimées. On s'exposerait à commettre
des erreurs en coupant, dans un ouvrage du type
Warren, la poutre par un plan vertical, et comptant
toutes les barres rencontrées, sans se préoccuper de
leur rôle de bras ou de tirant. Ce procédé peut conduire à se tromper sur le nombre n des triangulations
distinctes à faire intervenir dans le calcul. D'autre part

il n'est pas correct d'appliquer la même limite de sécurité aux barres tendues et aux barres comprimées, en raison de la tendance de celles-ci à se rompre par flambement.

On peut envisager à un autre point de vue une poutre composée, en imaginant qu'après avoir calculé une poutre simple, et évalué l'effort F supporté par un de ses éléments de triangulation, on divise cet élément en n pièces égales, que l'on dispose parallèlement de façon à diviser le parallélogramme du panneau principal considéré en n panneaux partiels.

La figure 173 représente une poutre composée double du type Warren. On fait souvent usage de poutres

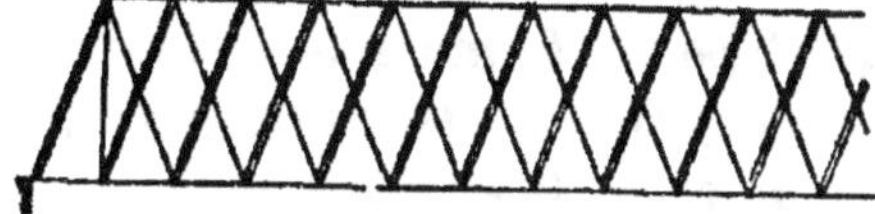

Figure 173.

où le nombre des triangulations simples est de trois, de quatre, ou même très supérieur à ce dernier chiffre. On les qualifie de poutres *à treillis*. Mais les barres de ces triangulations sont généralement reliées par assemblages rigides aux membrures ; de plus on les réunit entre elles à leur point de croisement. On a alors affaire non plus à un système articulé, mais à une poutre à triangulation rigide. Nous verrons dans le prochain chapitre comment se calculent les ouvrages de ce genre.

En doublant la triangulation de la poutre Pratt, on obtient un type très usité en Amérique, où on lui a donné le nom de poutre *Linville*.

La poutre double du type *Post* est caractérisée par ce fait que la tangente trigonométrique de l'inclinaison θ

sur la verticale d'une barre tendue est double de celle de l'inclinaison θ' d'une barre comprimée.

Nous ne croyons pas que l'on ait souvent fait usage de poutres composées du type Howe.

Dans les poutres composées Pratt, il est convenable d'intercaler des contretirants dans les panneaux de la région centrale de chaque nœud, où l'effort tranchant est sujet à changer de signe.

On trouvera dans notre *Traité sur les ponts métalliques* (T. 1, Ch. III) des exemples variés de ces différents types de poutres composées : on a distingué sur les figures intercalées dans le texte les barres comprimées par des doubles traits, et l'on a représenté les contre-barres par des lignes pointillées. Nous avons indiqué pour chaque type des formules usuelles de calcul dans le cas de la charge et de la surcharge uniformes, et montré par un exemple simple l'influence des articulations sur la grandeur des déplacements élastiques verticaux des poutres.

La figure 174 représente la poutre armée composée, dite *Bollmann*, qui correspond à la poutre armée com-

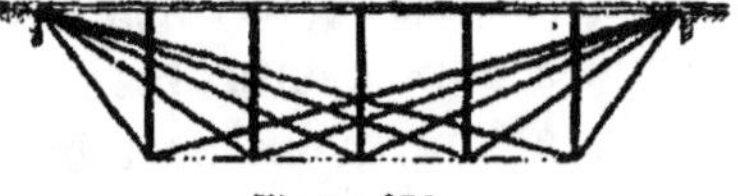

Figure 174.

plexe qualifiée de système *Fink*. Chacune des triangulations distinctes ne comporte que deux mailles d'about de la poutre Pratt.

La triangulation multiple de la poutre composée peut être utilisée pour tous les types de poutres ou d'arcs, continus ou discontinus. L'objet de ce dispositif est de réduire les longueurs entre deux nœuds consécutifs des éléments de membrures, quand les moments de flexion *secondaires* sont reconnus assez importants pour qu'il devienne nécessaire de donner dans la poutre simple une très grande rigidité à ces éléments ; d'où une augmentation de poids dispendieuse, que l'on évite au moyen de triangulations multiples, fractionnant les membrures en segments suffisamment courts.

98. Moments de flexion secondaires. — Quand on applique aux systèmes articulés la méthode générale de calcul exposée à l'article 91, on doit admettre tout d'abord que les forces extérieures sont concentrées aux nœuds. Mais si l'on traite le problème par la méthode des pièces prismatiques à parois pleines, on se place souvent dans l'hypothèse où la charge et la surcharge sont à répartition continue. On obtient de la sorte des courbes continues sur l'épure représentative des moments fléchissants et des efforts tranchants.

Pour déterminer les forces intérieures développées dans les barres du système articulé, il faut substituer à ces courbes des lignes brisées, dont le tracé s'effectuera par la règle suivante, qui se justifie d'elle-même. On substituera à la courbe continue représentative des moments fléchissants, un polygone *inscrit* dans cette courbe, dont les sommets correspondront verticalement aux nœuds *chargés*. Par exemple, pour le poids propre de la ferme, on doit supposer tous les nœuds chargés, et par conséquent recourir à un polygone ayant autant de sommets, situés sur la courbe continue des X, que la ferme comporte de nœuds.

Si l'on suppose que le poids du tablier et la surcharge variable soient appliqués exclusivement sur la

membrure inférieure, on construira pour cette partie
de la charge un polygone inscrit dans la courbe des X,

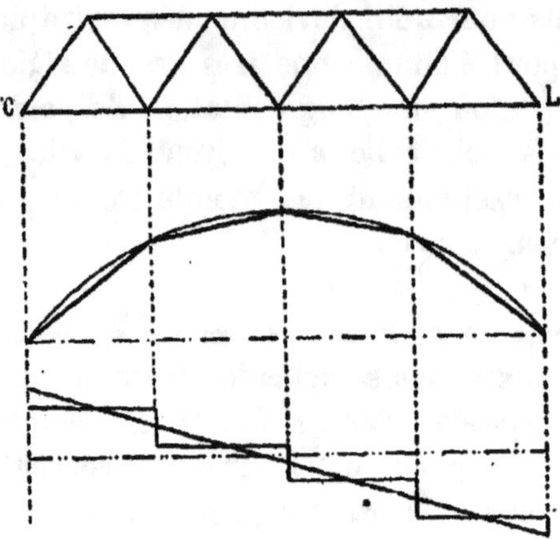

Figure 175.

dont les sommets correspondront aux verticales des
nœuds de la membrure inférieure (fig. 175).

On substituera dans chaque cas à la courbe des V
une ligne brisée en escalier, dont les côtés verticaux
correspondront aux sommets du polygone des moments fléchissants. Cette construction s'effectuera par
la méthode habituelle, en menant dans le polygone
dynamique des rayons polairés parallèles aux côtés
successifs du polygone des X.

Les distances verticales M de la courbe continue des
X au polygone inscrit fournissent les valeurs des moments fléchissants, dits *secondaires*, développés entre
leurs deux articulations d'about dans les éléments de
membrures qui portent directement la charge ou la
surcharge continue.

Les distances verticales N de la courbe continue des
V à la ligne brisée en escalier fournissent les valeurs

des efforts tranchants secondaires développés dans les mêmes éléments de membrures.

Le travail total à la flexion de chaque membrure sera fourni par l'expression :

$$\frac{X}{\omega h \cos \alpha} + \frac{Mn}{i} \, .$$

$\frac{n}{i}$ est le module de flexion propre de la membrure considérée comme une poutre isolée.

Dans le cas où ce travail semblerait exagéré, il y aurait lieu de renforcer l'élément de membrure, en augmentant son moment d'inertie i dans les sections les plus fatiguées.

---

§ 3. Calcul graphique des systèmes plans.

Nous admettrons que les réactions mutuelles et d'appuis aient été préalablement déterminées, soit par les méthodes algébriques ou graphiques développées dans les deux premiers chapitres, soit par la méthode générale de calcul des systèmes articulés, que nous avons exposée dans le paragraphe précédent.

Toutes les forces extérieures étant connues, il ne s'agit plus que de résoudre les équations d'équilibre des nœuds, pour obtenir les valeurs des efforts supportés par les barres, dans l'ouvrage supposé complet ; puis de rechercher la déformation du système. C'est pour ces deux dernières opérations que nous indiquerons les procédés graphiques à substituer, le cas échéant, aux calculs algébriques.

Les méthodes graphiques ne s'appliquent donc qu'au cas particulier d'un système plan et complet, pour lequel les forces inconnues, réactions d'appuis et réactions mutuelles, ont été déterminées par des recherches préliminaires. Nous supposerons, en outre, que toutes les forces extérieures sont appliquées aux nœuds de l'ouvrage, et laisserons ainsi de côté les moments de flexion secondaires.

99. Méthode de Culmann. — Considérons un système simple, que nous couperons par un plan MN perpendiculaire à son plan, et rencontrant trois barres, deux éléments de membrures et une pièce de triangulation.

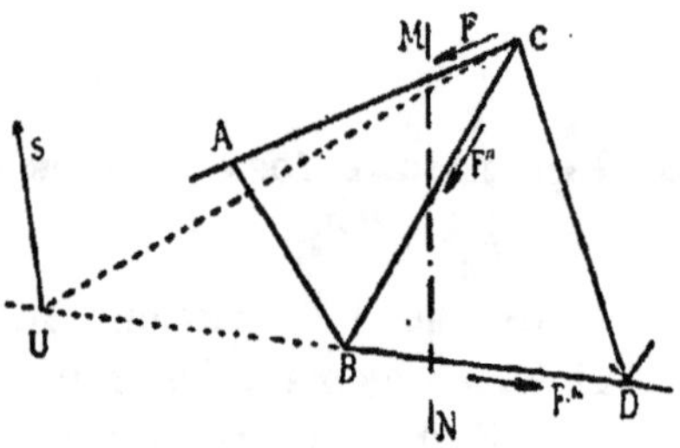

Figure 176.

Nous nous proposerons de calculer les efforts F, F′ F″ subis par ces trois barres AC, BD et BC. A cet effet, nous figurerons sur l'épure la résultante S de toutes celles des forces extérieures, charges et réactions, qui sont appliquées entre une extrémité du système et la droite MN. Cette force S est équilibrée par les trois forces intérieures F, F′ et F″.

Soit U le point de rencontre de la résultante S et de l'axe d'une barre, par exemple l'élément de membrure BD.

La résultante de S et de F′, qui passe en U, doit être égale et directement opposée à la résultante des forces

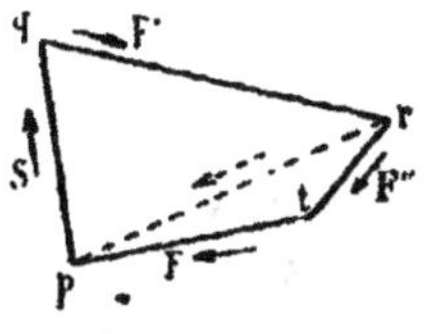

Figure 177.

F et F″, qui passe en C, nœud commun aux barres AC et BD. Elle a donc pour direction UC.

En conséquence : 1° si nous construisons un triangle dont un côté *pq* ait la direction et la longueur représentative de la force S, et dont les deux autres côtés soient respectivement parallèles à BD et à UC, les longueurs *qr* et *rp* de ces côtés nous fourniront les grandeurs de la force F′ et de la résultante de F et F″ ; 2° si sur le côté *pr*, parallèle à UC, nous construisons un second triangle, ayant ses autres côtés *tp* et *rt* respectivement parallèles à AC et BC, les longueurs de ces côtés nous fourniront les grandeurs des forces F et F″.

On reconnaîtra les signes de ces efforts en indiquant sur le polygone des forces *pqrt* le sens connu de la force S par une flèche (dirigée de *p* vers *q* sur la figure), puis affectant les autres côtés de flèches correspondant à un parcours complet du périmètre dans la direction initiale fixée par la flèche S.

On reproduira ces flèches sur les barres du système *au delà* de la droite MN, et suivant qu'elles s'écarteront ou se rapprocheront de cette droite, la pièce considérée sera tendue ou comprimée. On voit que dans le cas envisagé les barres AC et BC sont comprimées, et la barre BD tendue.

100. Méthode de Ritter. — Reprenons la figure précédente. La résultante S faisant équilibre aux forces F, F′ et F″, il y a égalité entre le moment de cette résultante par rapport au point de rencontre de deux des barres considérées, et le moment de la force intérieure relative à la troisième barre.

Si nous mesurons, sur l'épure, les distances respectives a, b, c, α, β, et γ des trois points de rencontre B, C, V des barres prises successivement deux à deux, à la résultante S et à la troisième barre, nous aurons les relations de condition :

$$Sa = F'\alpha \quad , \quad Sb = F\beta \quad , \quad Sc = F''\gamma \quad ,$$

d'où nous tirerons les valeurs des inconnues F, F′ et F″. Les signes de ces forces se reconnaîtront en construi-

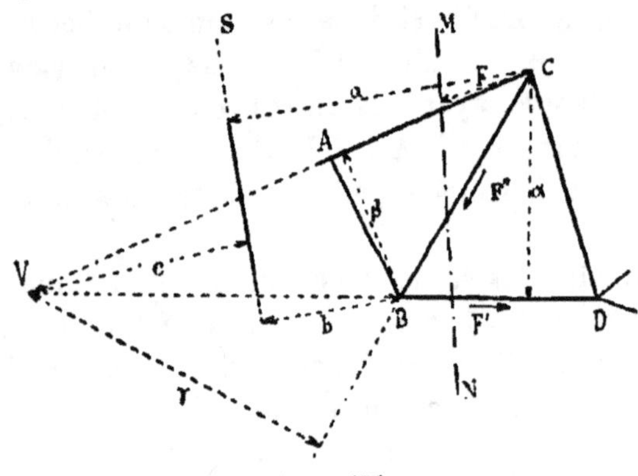

Figure 178.

sant un polygone sur la force S, comme nous l'avons déjà fait à propos de la méthode de *Culmann*.

Dans le cas particulier où les éléments AC et BD sont parallèles, le point V est rejeté à l'infini, et la construction tombe en défaut. Mais alors les projections respectives de S et F″ sur une normale à la direction commune des droites AC et BD sont égales, ce qui permet de déterminer F″ par une construction graphique simple. Il n'y a aucun changement dans le calcul graphique de F et F′.

101. Méthode de Cremona. — Etant donné un nœud, point d'application d'une force extérieure connue P, auquel aboutissent un certain nombre de barres, les deux équations particulières d'équilibre de ce nœud permettent de déterminer algébriquement les grandeurs de deux des forces intérieures F, si l'on connaît toutes les autres. La solution géométrique du problème est le polygone des *forces* ou de *Varignon*.

Toutes les fois qu'en suivant un ordre convenable, on peut résoudre *successivement* les équations d'équilibre des nœuds, en partant d'un nœud d'extrémité, il est donc possible de remplacer le calcul algébrique par la construction géométrique précitée, en l'appliquant *successivement* à tous les nœuds.

La méthode de *Cremona* consiste à superposer les polygones sur l'épure, en les traçant de telle sorte qu'un même segment de droite, indiquant la grandeur, la direction et le sens d'une force intérieure, appartienne à la fois aux deux polygones relatifs aux nœuds opposés de la barre correspondante.

La besogne matérielle du dessinateur est de ce chef notablement simplifiée et abrégée. En même temps ses opérations sont vérifiées, en fin de compte, par la nécessité où il se trouve d'aboutir, après une série de constructions qui se commandent les unes les autres, à un dernier polygone fermé, ne comportant que des côtés tous déjà tracés sur l'épure, à l'exception de la charge P′ appliquée au dernier nœud, qui est également ment connue.

Considérons un système articulé simple : nous numéroterons en chiffres romains les nœuds dans l'ordre où ils doivent être pris successivement, à partir d'un nœud extrême à deux barres I ; et en chiffres arabes les barres, en réservant les numéros impairs pour les pièces de triangulation.

Désignons par S la force extérieure, en général une réaction d'appui ou mutuelle, qui est appliquée au

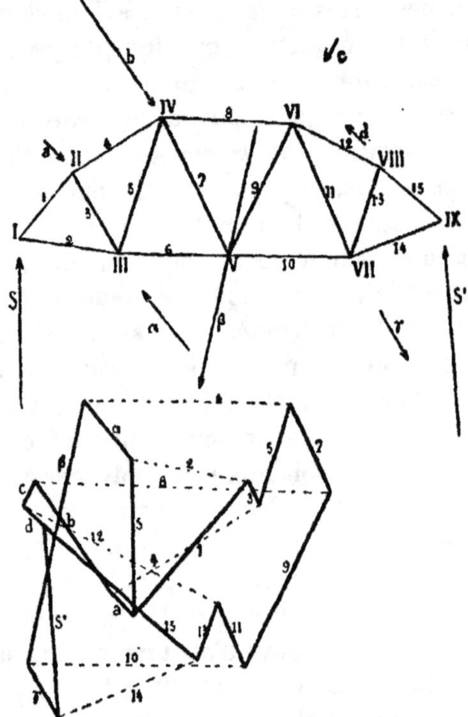

Figure 179.

nœud initial I ; par a, b, c, les forces extérieures appliquées aux nœuds de la membrure supérieure ; par

α, β, γ, les forces extérieures appliquées aux nœuds de la membrure inférieure.

Pour chaque nœud, le polygone à construire comprend les côtés représentatifs de la force extérieure qui lui est directement appliquée, et des forces intérieures relatives aux éléments qui y aboutissent. On n'a dans chaque cas à déterminer que les grandeurs de deux de ces forces intérieures, dont les directions sont celles des barres qu'elles sollicitent. Le tableau ci-après indique pour chaque nœud les forces qui doivent figurer dans le polygone correspondant, en distinguant celles encore inconnues qu'il s'agit de déterminer, de celles fournies par l'énoncé du problème, ou déjà obtenues par un calcul précédent.

NOEUDS	FORCES CONNUES		FORCES INCONNUES
I		S	1.2
II	a	1	3.4
III	α	2.3	5.6
IV	b	4.5	7.8
V	γ	6.7	9.10

etc.

Pour réaliser la construction de Cremona, il faut, dans le polygone II, faire partir le côté 3 de l'intersection des côtés 1 et 2, appartenant au polygone I ; dans le polygone III, faire partir le côté 5 de l'intersection des côtés 3 et 4 du polygone précédent ; dans le polygone IV faire partir le côté 7 de l'intersection des côtés 5 et 6 du polygone précédent, etc., etc.

En appliquant cette règle simple, on arrive aux résultats suivants :

1° Si l'on a tout d'abord tracé sur l'épure le segment

de droite représentatif de la force S, les forces *a*, *b*, *c*, etc... appliquées à la membrure supérieure, seront figurées par les côtés successifs d'une ligne brisée partant de l'une des extrémités de la force S.

2° Les forces α, β et γ appliquées à la membrure inférieure constitueront une seconde ligne brisée partant de l'extrémité opposée de la force S.

3° Comme les forces extérieures doivent se faire équilibre, puisque l'ouvrage est immobile dans l'espace, là droite S et les lignes brisées *a*, *b*, *c* et α, β, γ constituent un polygone fermé par la force S' appliquée au dernier nœud IX (fig. 179).

4° Les forces intérieures relatives aux barres de triangulation 1, 3, 5, 7... constituent une troisième ligne brisée, partant du troisième sommet du triangle initial, dont les deux autres sommets, extrémités de la force S, sont les points de départ des lignes brisées des forces extérieures *a*, *b*, *c*, et α, β, γ.

5° L'effort relatif à un élément de la membrure supérieure est figuré par la droite joignant un sommet de la ligne brisée de triangulation à un sommet de la ligne brisée *a*, *b*, *c* des forces appliquées à cette membrure. De même les forces intérieures seront figurées, pour les éléments de la membrure inférieure, par les droites joignant les sommets de la ligne brisée 1, 3, 5, 7, aux sommets de la ligne brisée α, β, γ.

6° Si toutes les forces extérieures sont parallèles, les lignes brisées *a*, *b*, *c* et α, β, γ se superposent à la droite S. Leurs sommets deviennent des points de division de cette droite, partant, pour les deux systèmes de forces, de ses extrémités opposées. Si la force S est une réaction d'appui, de signe contraire aux charges des nœuds, les points de division vont en se rapprochant.

7° Dans le cas particulier où les forces a, b, c sont toutes nulles, les charges étant appliquées exclusivement aux nœuds de la membrure inférieure, les efforts relatifs aux éléments de la membrure supérieure sont représentés par un faisceau de droites issues d'une extrémité de la force S, et aboutissant aux sommets successifs de la ligne brisée de triangulation.

Si d'autre part la membrure supérieure est rectiligne, toutes ces droites se superposent. Chaque force est représentée par la distance à l'origine sur la force S, du point de division déterminé sur cette droite unique par la ligne brisée de triangulation.

8° Si les forces extérieures a, b, c, α, β, γ sont toutes nulles (console portant un poids unique à l'une de ses extrémités), les forces intérieures relatives aux deux membrures sont représentées par deux faisceaux issus des extrémités de la droite S. Si les deux membrures sont rectilignes, l'épure se réduit à deux droites, dont l'intervalle est divisé en triangles par les côtés de la ligne brisée de triangulation.

L'emploi de la méthode de Cremona ne présente aucune difficulté d'ordre théorique ni pratique. Il faut simplement s'attacher à suivre rigoureusement la marche exposée ci-dessus, parce que toute interversion dans l'ordre des côtés d'un polygone rend impossible la continuation du tracé de l'épure.

Il convient, d'autre part, de veiller à ce qu'aucune erreur de signe ne soit commise, en ce qui touche les forces a, b, c, α, β, γ. On y arrive toujours sans difficulté en partant du sens de la force S (fig. 180) et orientant les côtés des lignes brisées opposées a, b, c, α, β, γ de façon que les flèches correspondant aux forces

extérieures fournissent la même indication que la flèche
de S, pour le parcours continu du polygone.

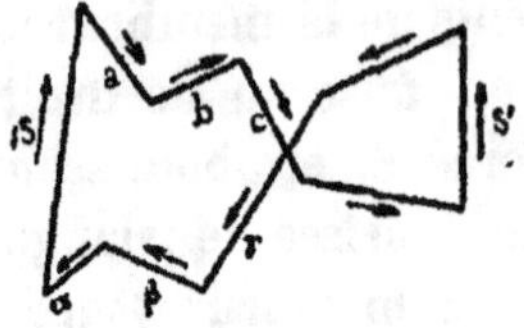

Figure 180.

On pourra se rendre compte des signes des forces
intérieures en effectuant le même tracé pour chaque
polygone partiel de l'épure de Cremona, relatif à un
nœud du système, à partir du triangle initial relatif au
nœud I, pour lequel on connaît le sens de la force S,
puis envisageant les autres nœuds dans leur ordre.

Toutes les fois que la flèche relative à une barre est
dirigée vers un nœud antérieur, la barre est tendue ;
dans le cas inverse, elle est comprimée.

Quand l'épure a été construite de façon correcte, le
polygone des forces extérieures doit en fin de compte
se fermer lorsqu'on arrive au dernier nœud. La force
intérieure S′, relative à ce nœud, réunit les extrémités
des deux lignes brisées $a\,b\,c$, et $\alpha\,\beta\,\gamma$. Si la vérification
ne réussit pas, c'est que l'épure a été mal faite, ou
bien que l'on a commis une erreur dans le calcul préalable des réactions d'appuis du système.

Considérons à présent un système complexe, tel
que les équations d'équilibre des nœuds puissent être
résolues successivement à partir d'un nœud comportant deux barres. La méthode de Cremona lui sera
applicable à condition de suivre dans les opérations la
marche convenable, et de considérer les nœuds dans
l'ordre déjà indiqué pour ce genre d'ouvrage (page 422).

La figure 181 se rapporte à une maille de poutre complexe. La figure 182 représente une ferme de toit Polonceau.

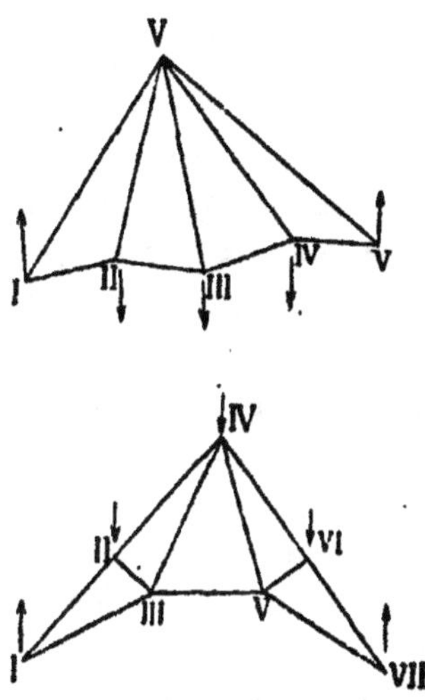

Figures 181-182.

Toutes les fois (fig. 159 à 161, page 423) que le problème nécessite la résolution simultanée des équations d'équilibre relatives à deux ou plusieurs nœuds, la méthode de Cremona cesse d'être applicable, alors même que l'ouvrage serait complet. Si par un artifice spécial (fig. 167, page 425), on peut se soustraire à cette nécessité, l'obstacle est levé aussi bien pour le calcul graphique que pour le calcul algébrique. Il reste ensuite à totaliser après coup les efforts indiqués, pour une même barre de membrure ou de triangulation, par les épures distinctes où elle figure comme élément de la maille principale ou d'une maille secondaire.

La méthode de Cremona est inapplicable à un système surabondant.

Toutefois, si l'ouvrage n'est rendu tel que par l'adjonction de contrebarres, on peut recourir au procédé graphique à condition de laisser de côté, dans le tracé de l'épure, les barres en excès, qui sont censées ne jouer aucun rôle pour la disposition de surcharge envisagée.

Pour un ouvrage composé (art. 97), la méthode est encore utilisable, en considérant autant de poutres que l'on a de triangulations distinctes, opérant entre elles la répartition des charges qui semble convenable, et établissant pour chacune une épure spéciale. Après quoi on totalise tous les résultats pour les éléments de membrures communs à ces poutres (1).

102. Comparaison des trois méthodes. — La méthode de Cremona est généralement préférée à celles de Culmann et Ritter quand on se propose d'évaluer les efforts subis par toutes les barres d'un système triangulé pour une disposition de charge définie. Elle est plus rapide et plus simple, et comporte une vérification matérielle de l'exactitude des opérations par la fermeture finale du polygone des forces extérieures.

Toutefois les méthodes de Culmann et de Ritter peuvent être d'un emploi plus commode, si l'on dispose d'une épure fournissant immédiatement, sans recherche nouvelle, la résultante S des forces extérieures pour chaque section transversale.

Tel serait, par exemple, le cas d'un système assimilable à un arc, dont on aurait tracé la courbe des pres-

1. Pour bien comprendre le mécanisme du procédé Cremona, il est indispensable d'en étudier plusieurs applications, relatives à des ouvrages de formes variées. Le lecteur devra consulter à cet effet les traités de statique graphique, dont les planches lui fourniront des exemples que nous n'avons pu songer à intercaler dans le présent ouvrage.

sions : on sait que la résultante S est tangente à la dite courbe, et a pour projection horizontale la poussée, qui est une force connue.

Toutes les fois que l'on se propose de calculer les efforts subis par un nombre *limité* d'éléments d'une ferme articulée, sous l'influence de la surcharge la plus défavorable pour la région envisagée, sans d'ailleurs tenir à connaître les efforts correspondant à la même surcharge pour la totalité des barres, les méthodes de Culmann et de Ritter sont encore préférables à celle de Cremona. Celle-ci, étendue obligatoirement à toutes les pièces de l'ouvrage, fournit alors des résultats jugés *a priori* sans intérêt, et nécessite une épure spéciale et complète pour toute distribution de poids envisagée. Il vaut mieux, dans ces conditions, restreindre les recherches au strict nécessaire, et par suite recourir aux méthodes de Ritter et de Culmann, qui permettent le calcul isolé des efforts subis par certaines barres choisies, sans se préoccuper du rôle joué par les autres.

103. Calcul graphique de la déformation. — Les calculs de stabilité d'un système articulé font connaître les forces intérieures F qui sollicitent tous ses éléments. Après avoir arrêté les dimensions transversales de chaque barre, on évaluera sa variation de longueur δl, résultant du travail subi par elle, au moyen de la relation :

$$\delta l = \frac{F}{E\Omega}\, l.$$

Il reste à déduire de ces premiers résultats la déformation élastique du système. Considérons deux barres AB et AC issues d'un même nœud. Les changements de longueurs δl et $\delta l'$ de ces deux barres sont liés aux déplacements élastiques de leurs nœuds d'extrémités par les formules connues :

$$\delta l = \cos \theta \, (\delta x - \delta x') + \sin \theta \, (\delta y - \delta y');$$
$$\delta l' = \cos \theta' (\delta x - \delta x'') + \sin \theta' \, (\delta y - \delta y'').$$

Supposons que l'on ait déterminé, par un calcul précédent, les déplacements $\delta x'$ et $\delta y'$, $\delta x''$ et $\delta y''$ des nœuds B et C. Les relations précédentes fourniront les valeurs

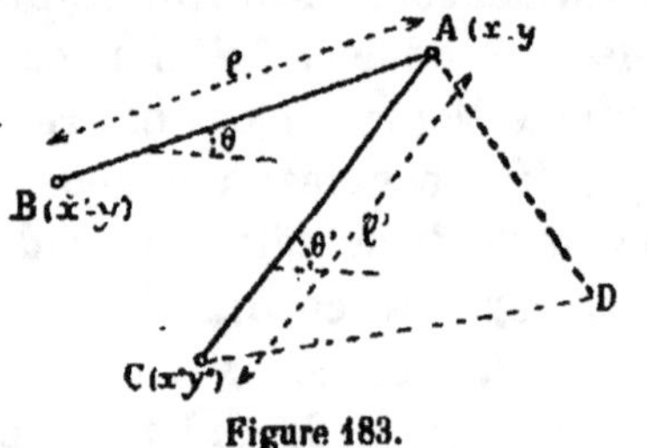

Figure 183.

des déplacements δx et δy du point A, connaissant les changements de longueur δl et $\delta l'$ des barres, dont les inclinaisons θ et θ' sur l'axe des x sont des données du problème.

Pour résoudre graphiquement ces deux équations, on procédera comme il suit :

Soient B' et C' deux points dont les coordonnés B' V' et V'O, C' W' et W'O par rapport à deux axes rectangulaires horizontal et vertical seraient précisément les déplacements déjà calculés $\delta x'$ et $\delta y'$, $\delta x''$ et $\delta y''$, quo l'on pourra figurer en vraie grandeur, ou même à une échelle amplifiée si on le juge utile.

A partir du point B', on portera, sur une parallèle à la barre BA le changement de longueur δl de cette barre, *en tenant compte de son signe*, qui est celui de l'effort correspondant F.

On portera de même la longueur $\delta l'$ sur une parallèle à CA menée par le point C'.

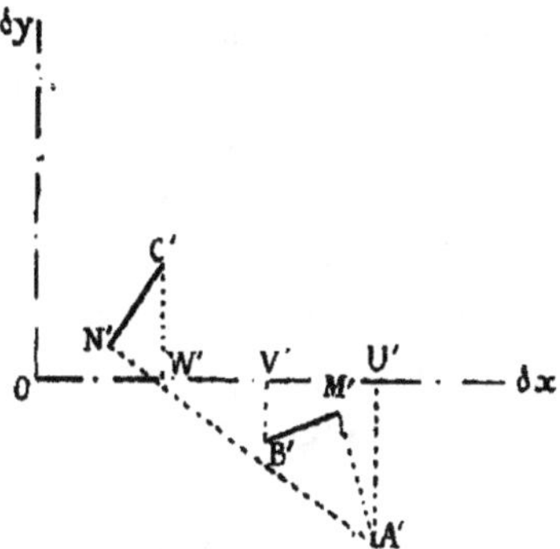

Figure 184.

Soient : $\delta l = B'M'$ et $\delta l' = C'N'$. Elevons en M' et N' deux perpendiculaires à ces droites. Les coordonnées A'U' et U'O de leur point de rencontre A' seront les déplacements cherchés δx et δy du nœud A. En projetant la ligne brisée A'U'V'B' sur la direction B'M', on constate en effet que :

$$B'M' = \delta l = \cos\theta \,(\delta x - \delta x') + \sin\theta \,(\delta y - \delta y').$$

On trouverait de même, en projetant sur la direction C'N' la ligne brisée A'U'W'C', que :

$$C'N' = \delta l = \cos\theta' \,(\delta x - \delta x'') + \sin\theta' \,(\delta y - \delta y'').$$

Nous partirons ensuite des deux points A' et C' pour déterminer les déplacements élastiques du nœud suivant D, relié aux précédents par deux barres dont les allongements sont connus, et nous continuerons de proche en proche jusqu'à l'extrémité de la ferme articulée.

Nous voyons qu'il suffit de connaître, dans un système continu, les déplacements de deux nœuds initiaux

voisins, reliés l'un et l'autre à un troisième, pour être
en mesure de déterminer, par une construction géométrique simple, les déplacements de tous les autres.

Si l'on a affaire à une ferme encastrée, c'est-à-dire
comportant deux nœuds d'appuis consécutifs, le problème est complètement résolu, parce que ces nœuds,
pris pour points de départ A et B, ont des déplacements nuls : les points A' et B' coïncident alors avec
l'origine O des coordonnées.

Pour une ferme continue non encastrée, on partira
d'un nœud d'appui, et l'on se donnera arbitrairement
les déplacements d'un nœud voisin, sous la seule condition qu'ils satisfassent à l'équation de déformation
de la barre qui le relie au premier. Puis on effectuera
la construction indiquée pour tous les nœuds du système. Mais il arrivera probablement que, en raison
même de la [donnée arbitraire qui aura servi de point
de départ, on ne trouvera pas en général de déplacement vertical nul pour un second nœud d'appui, rencontré dans la suite des opérations. Il faudra alors
faire pivoter la poutre autour de son premier appui de
façon à annuler le déplacement du nœud.

Soit x_o et y_o les coordonnées du premier appui; x_1 et
y_1 celles du second; enfin δx_1 et δy_1 les déplacements
indiqués à tort par l'épure pour ce dernier.

Il faudra faire tourner la ferme, autour de l'origine x_o y_o, de l'angle θ_o fourni par la relation :
$\theta_o = - \dfrac{\delta y_o}{x_1 - x_o}$. Si le second appui est également fixe
dans le sens horizontal (retombée d'arc), l'équation :
$\theta_o = \dfrac{\delta x_1}{y_1 - y_o}$ devra être en même temps satisfaite.

Dans ces conditions, les déplacements δx et δy relevés sur l'épure pour un nœud intermédiaire, de coordonnées x et y, devront être diminués des quantités $-\theta_o\,(y-y_o)$ et $+\theta^o\,(x-x^o)$, qui s'évalueront sans difficulté en réduisant dans le rapport constant θ_o les distances verticale et horizontale de ce nœud à l'appui initial O.

Pour déterminer la déformation élastique d'un système discontinu, on commencera par se procurer graphiquement la déformation propre de chaque tronçon, considéré comme une ferme isolée, en partant de deux nœuds voisins, dont on se donnera arbitrairement les déplacements.

. Cela fait, on évaluera le changement δm éprouvé par la distance mutuelle m des deux nœuds de jonction d'un tronçon avec celui qui le précède et celui qui le suit, en résolvant algébriquement ou graphiquement la relation :

$$m\,\delta m = (x_1 - x_0)\,(\delta x_1 - \delta x_0) + (y_1 - y_0)\,(\delta y_1 - \delta y_0),$$

où le second membre renferme les déplacements δx_0 et δy_0, δx_1 et δy_1 fournis pour ces nœuds par l'épure précédente.

Ayant effectué la même opération pour tous les tronçons, on considérera l'ouvrage comme formé par une série d'éléments successifs articulés bout à bout, et dont les changements de longueur δm sont connus.

Le recherche des déplacements des nœuds de jonction ne présentera plus, dans ces conditions, aucune difficulté.

Considérons, à titre d'exemple simple, un arc à triple articulation, dont les deux tronçons AC et CB seraient constitués par des fermes articulées.

Soient m et n les longueurs initiales AC et CB des

deux tronçons ; δm et δn leurs changements élastiques, qui dans le cas envisagé sont négatifs, puisque les charges verticales déterminent un abaissement de l'arc à la clef, ce qui implique une réduction dans les longueurs m et n.

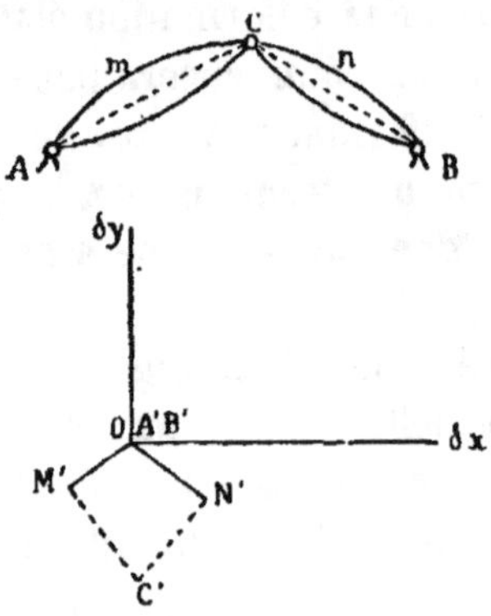

Figure 185.

Les points A et B, nœuds de retombée, sont fixes, et leurs déplacements sont nuls. Donc les points A' et B' coïncident avec l'origine O de l'épure de déformation.

Portons sur des parallèles à AC et CB, menées par le point O, les deux longueurs OM' et ON' respectivement égales à δm et δn. Elevons en M' et N' des perpendiculaires à ces droites. Les distances verticale et horizontale de leur point de rencontre C' aux deux axes passant par le point O fourniront, à l'échelle convenue, les déplacements de l'articulation de clef C.

La méthode en question est applicable à toute ossature composée de tronçons reliés par articulations les uns avec les autres, lorsqu'on a préalablement évalué les changements éprouvés par leurs longueurs entre articulations de jonction, sans distinguer si un tronçon est une pièce prismatique à parois pleines ou une ferme articulée. On peut notamment faire usage de ce procédé pour les poutres, les arcs, et les arcs appuyés qui sont, comme on l'a vu, une combinaison de la poutre et de l'arc.

On a indiqué d'autres méthodes pour le calcul graphique de la déformation des systèmes articulés, en utilisant les propriétés spéciales de chaque type, poutre ou arc. Mais celle que nous venons d'exposer nous semble préférable, en raison de sa généralité et de sa simplicité.

Elle a d'ailleurs l'avantage de fournir des résultats aussi précis qu'on le désire, parce qu'on peut figurer les déplacements élastiques à une échelle aussi grande qu'on veut.

Il n'en est pas de même de toute construction géométrique où interviennent simultanément les longueurs des barres et leurs allongements mesurés à la même échelle. Sous peine d'avoir une épure démesurée, il faut alors adopter une échelle réduite, qui ne fournit les déplacements élastiques, toujours très petits, qu'avec une exactitude insuffisante.

103*bis***. Note additionnelle. Calcul de la triangulation à montants et croix de St-André.** — Dans le premier paragraphe du présent chapitre, nous avons exposé la méthode générale de calcul des systèmes articulés, sans en faire aucune application à l'étude des ouvrages surabondants. Ayant jugé, après réflexion, qu'il y avait là une lacune à combler, nous choisirons pour exemple la triangulation à montants verticaux et croix de St.-André, qui dérive du système Pratt (p. 420) par addition d'une seconde série de barres obliques, symétrique de la première, et complétant la croix de St-André dans chaque intervalle rectangulaire compris entre deux montants consécutifs. Au lieu d'envisager les deux diagonales comme des pièces alternatives, barre et contrebarre, nous admettrons qu'elles fonctionnent ensemble avec les montants pour assurer la transmission de l'effort tranchant.

Mais tout d'abord il est nécessaire d'examiner comment se comporte, au point de vue de la déformation élastique, une barre articulée à ses deux extrémités, quand son axe longitudinal, au lieu d'être rigoureusement rectiligne, décrit une courbe à très grand rayon. Désignons par b la flèche initiale de la barre, qui peut provenir d'un vice de construction, ou correspondre à la flexion de la pièce sous son propre poids, ou enfin résulter de l'excentricité de ses attaches sur d'autres éléments (art. 108). Si l'on soumet la barre à un effort de compression F, déterminant en son milieu un moment de flexion secondaire Fb, on sait que sa courbure s'accentuera, et que la flèche ainsi augmentée atteindra finalement la valeur limite $b \left(\dfrac{Fl^2}{\pi^2 E\omega r^2 - Fl^2} \right)$ (Résistance des matériaux, art. 67, p. 366).

Or, si l'on assimile à un arc de parabole la courbe à grand rayon décrite par l'axe longitudinal, on constate que l'incurvation de la pièce aura pour conséquence un rapprochement de ses extrémités, dont la valeur sera fournie par l'expression approximative :

$$\frac{16b^2}{3l} \left(\frac{Fl^2}{\pi^2 E\omega r^2 - Fl^2} \right)^2.$$

D'autre part, la compression simple produite par l'effort normal F déterminera un raccourcissement de la fibre moyenne égal à $\dfrac{Fl}{E\omega}$.

En définitive le rapprochement total des deux extrémités de la barre, produit par la force F, sera :

$$\frac{Fl}{E\omega} + \frac{16b^2}{3l}\left(\frac{Fl^2}{\pi^2 E\omega r^2 - Fl^2}\right)^2.$$

Il sera donc équivalent au raccourcissement $\frac{Fl}{E'\omega}$ qu'éprouverait une barre rigoureusement rectiligne et de mêmes dimensions ω et l, dont la matière constitutive aurait un coefficiant l'élasticité longitudinale E′ satisfaisant à la relation de condition :

$$\frac{Fl}{E'\omega} = \frac{Fl}{E\omega} + \frac{16b^2}{3l}\left(\frac{Fl^2}{\pi^2 E\omega r^2 - Fl^2}\right)^2,$$

qui peut s'écrire :

$$\frac{1}{E'} = \frac{1}{E} + \frac{16b^2}{3l^2}\cdot\frac{\omega}{F}\left(\frac{Fl^2}{\pi^2 E\omega r^2 - Fl^2}\right)^2.$$

L'écart constaté entre E′ et E peut être notable pour un élément de faible rigidité. Par exemple un fer cornière de $\frac{120 \times 120}{11}$, qui sur une longueur de 10 m. présenterait une flèche initiale b de 0 m. 01 seulement, se raccourcirait, sous un effort de compression correspondant à un travail de 1 kil. par millimètre carré, comme une barre rectiligne dont le coefficient d'élasticité serait réduit au vingtième de E, soit 10^9 au lieu de 2×10^{10}.

Dans le cas où la même pièce serait soumise à un effort de traction, on pourrait effectuer un calcul identique : mais le facteur $\left(\frac{Fl^2}{\pi^2 E\omega r^2 - Fl^2}\right)^2$ se trouverait remplacé par le facteur $\left(\frac{Fl^2}{\pi^2 E\omega r^2 + Fl^2}\right)^2$, nécessairement supérieur à l'unité. Dans ces conditions, l'écart entre E′ et E ne peut être qu'insignifiant et négligeable.

Considérons à présent le panneau de triangulation ABCD, composé du montant AB et des deux diagonales AC et BD, que des articulations relient aux membrures AD et BC. Soit V l'effort tranchant transmis par le panneau.

Nous désignerons :

1° Par F_1 l'effort normal, de traction (positif) ou de compression (négatif), supporté par le montant AB ;

Par ω_1 l'air de sa section transversale ;

Par E_1 le coefficient numérique par lequel il faut diviser le travail $\dfrac{F_1}{\omega_1}$ subi par le montant, pour obtenir le rapprochement de ses extrémités, rapporté à l'unité de longueur.

Nous venons de montrer que ce coefficient E_1, qui ne peut différer dans une mesure appréciable du coefficient d'élasticité longitudinale E si F est un effort de traction, est susceptible au contraire d'être beaucoup plus petit si, F étant un effort de compression, la pièce, de faible rigidité, présente une flèche initiale b.

2° Par F_2, ω_2 et E_2 les mêmes quantités relatives à la diagonale AC, de longueur $l = \dfrac{h}{\text{Cos } \beta}$.

3° Par F_3, ω_3 et E_3 les mêmes quantités relatives à la diagonale BD, dont la longueur est également l.

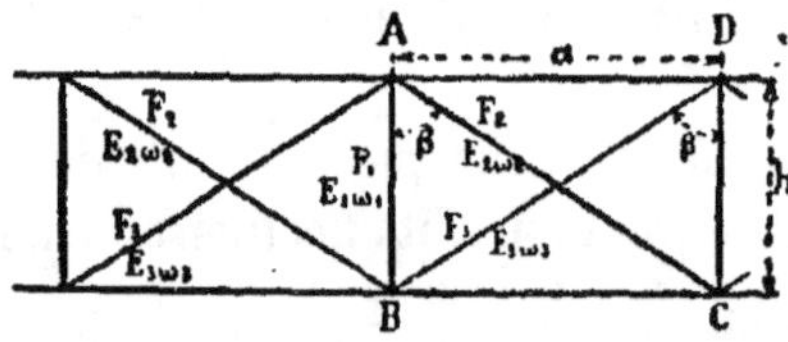

Figure 186.

Pour calculer F_1, F_2 et F_3, nous disposerons des trois relations de condition suivantes :

$$(1)\ (F_2 - F_3)\cos\beta = V \quad ; \qquad \text{équat. d'équilibre élast. de la poutre;}$$

$$(2)\ F_1 = -(F_2 + F_3)\cos\beta ; \qquad \text{équation d'équilibre du nœud A ;}$$

$$(3)\ l^2\left(\frac{F_2}{E_2\omega_2} + \frac{F_3}{E_3\omega_3}\right) = 2\,h^2\,\frac{F_1}{E_1\omega_1}\ ; \qquad \text{équat. de déformation élast.}$$

On obtient cette dernière relation, en considérant que le rectangle ABCD s'est, par déformation, transformé

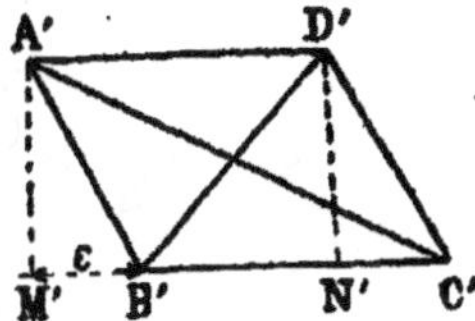

Figure 187.

en un parallélogramme A'B'C'D', où les trois triangles rectangles A'M'C', B'D'N' et A'M'B' fournissent les équations suivantes :

$$\overline{A'C'}{}^2 = \overline{M'C'}{}^2 + \overline{A'M'}{}^2 \quad ,\text{ou}\ l^2\left(1 + \frac{F_2}{E_2\omega_2}\right)^2 = (a + \varepsilon)^2 + (h + \delta h)^2 ;$$

$$\overline{B'D'}{}^2 = \overline{B'N'}{}^2 + \overline{D'N'}{}^2 \quad ,\text{ou}\ l^2\left(1 + \frac{F_3}{E_3\omega_3}\right)^2 = (a - \varepsilon)^2 + (h + \delta h)^2 ;$$

$$\overline{A'B'}{}^2 = \overline{A'M'}{}^2 + \overline{M'B'}{}^2 \quad ,\text{ou}\ h^2\left(1 + \frac{F_1}{E_1\omega_1}\right)^2 = (h + \delta h)^2 + \varepsilon^2 .$$

En retranchant la troisième équation de la somme des deux premières, et supprimant les infiniment petits de second ordre, on obtient la formule (3).

Les relations (1), (2) et (3) nous fournissent les expressions suivants des inconnues F_1, F_2 et F_3 :

$$(4)\ F_1\left[\frac{l^2}{2h^2}\,E_1\omega_1\left(\frac{1}{E_2\omega_2} + \frac{1}{E_3\omega_3}\right) + 2\cos\beta\right] = V\,\frac{l^2}{2h^2}\,E_1\omega_1\left(\frac{1}{E_2\omega_2} - \frac{1}{E_3\omega_3}\right) ;$$

$$(5)\ F_2\left[\frac{l^2}{2h^2}\,E_1\omega_1\left(\frac{1}{E_2\omega_2} + \frac{1}{E_3\omega_3}\right) + 2\cos\beta\right] = V\left(1 + \frac{l^2}{2h^2\cos\beta}\cdot\frac{E_1\omega_1}{E_3\omega_3}\right);$$

$$(6)\ F_3\left[\frac{l^2}{2h^2}\,E_1\omega_1\left(\frac{1}{E_2\omega_2} + \frac{1}{E_3\omega_3}\right) + 2\cos\beta\right] = -V\left(1 + \frac{l^2}{2h^2\cos\beta}\cdot\frac{E_1\omega_1}{E_2\omega_2}\right).$$

Admettons que l'effort tranchant V soit positif : la

diagonale AC sera tendue, et la diagonale BD comprimée. Si celle-ci a une rigidité suffisante pour que le coefficient conventionnel E_3 soit sensiblement égal au coefficient spécifique du métal E, il pourra se faire que le produit $E_3\omega_3$ soit égal au produit $E_2\omega_2$. En ce cas le montant ne jouera aucun rôle, et sera complètement inutile pour la transmission de l'effort tranchant. La poutre se comportera comme un système articulé du type Warren double, et l'effort tranchant se partagera par moitié entre les deux diagonales, qui supporteront respectivement les efforts de traction et de compression

$$+ \frac{V}{2\cos\beta} \text{ et } - \frac{V}{2\cos\beta}.$$

Si la diagonale comprimée BD a une section ω_1 très supérieure à celle ω_2 de la diagonale tendue, il peut même arriver que $E_3\omega_3$ soit plus grand que $E_2\omega_2$, auquel cas le montant subit un effort de traction, proportionnel au produit $E_1\omega_1$. Si $E_2\omega_2$ est très petit comparativement à $E_3\omega_3$ et $E_1\omega_1$, on a une poutre Howe, à diagonale comprimée BD et verticale tendue AB, où la seconde diagonale AC ne joue plus qu'un rôle insignifiant.

Supposons au contraire que les deux diagonales aient une faible rigidité, le rayon de gyration minimum de leur section transversale étant une très petite fraction de leur longueur l. Si la diagonale comprimée n'a pas un axe longitudinal rigoureusement rectiligne, le coefficient E_3 pourra être très inférieur à E. On voit qu'alors le rôle de cette diagonale s'amoindrira, tandis que le montant subira un effort de compression notable. A la limite, F_3 tendra vers zéro, tandis que F_1 tendra vers $-$ V, et F_2 vers $\frac{V}{\cos\beta}$. On aura affaire à une triangulation Pratt, et la diagonale BD ne sera plus qu'un contretirant, destiné à suppléer la diagonale symétrique AC, quand il y aura renversement du signe de l'effort tranchant V.

Ce cas se présente très fréquemment, surtout dans les poutres horizontales de *contreventement* des ponts, où les diagonales des croix de Saint-André sont des barres longues et de faible échantillon, qui, fléchissant de façon sensible sous leur propre poids, ou par suite de l'excentricité de leurs attaches, présentent, pour le travail de compression, un coefficient E' très inférieur à E. Il est indispensable alors de leur attribuer une section ω suffisante pour qu'elles puissent résister à l'effort de traction limite $\dfrac{V}{\cos \beta}$, et il faut calculer le montant en vue de l'effort de compression — V.

Nous terminerons cette étude par la recherche des efforts additionnels déterminés dans les éléments de la triangulation surabondante par le raccourcissement ou l'allongement des deux membrures, lorsque celles-ci sont soumises simultanément à un même travail C, de compression ou d'extension.

Le changement de longueur de chaque élément de membrure, AD ou BC, est $\dfrac{Ca}{E}$.

On a les équations de condition : $(F_2 - F_3) \cos \beta = 0$, l'effort tranchant V étant supposé nul ;

$$F_1 = - (F_2 + F_3) \cos \beta ;$$

$$l^2 \left(\frac{F_2}{E_2 \omega_2} + \frac{F_3}{E_3 \omega_3} \right) = 2h^2 \frac{F_1}{E_1 \omega_1} + 2a^2 \frac{C}{E} .$$

Doù l'on tire :

$$\left. \begin{matrix} F_2 \\ F_3 \end{matrix} \right\} \left[l^2 \left(\frac{1}{E_2 \omega_2} + \frac{1}{E_3 \omega_3} \right) + \frac{4h^2}{E_1 \omega_1} \right] = 2a^2 \frac{C}{E} ;$$

$$F_1 \left[l^2 \left(\frac{1}{E_2 \omega_2} + \frac{1}{E_3 \omega_3} \right) + \frac{4h^2}{E_1 \omega_1} \right] = - 4a^2 \frac{C}{E} \cos \beta .$$

Le travail des diagonales est de même signe que celui des membrures, et le travail du montant est de signe opposé.

La triangulation transmet donc une fraction de l'effort normal qui sollicite les deux membrures, fraction d'autant plus importante que les aires ω_1, ω_2 et ω_3 sont plus grandes.

Si l'on supprime l'une des trois barres, de façon à ramener l'ouvrage à être un système complet, Warren double, Pratt ou Howe simple, les forces intérieures F_1, F_2 et F_3 s'annulent simultanément. Dans un système à triangulation complète, les changements identiques de longueur des membrures n'influent donc pas sur le travail des éléments de triangulation.

SYSTÈMES RIGIDES

CHAPITRE QUATRIÈME

SYSTÈMES RIGIDES

———

104. Méthode générale de calcul. — Un système rigide est constitué par des éléments prismatiques reliés invariablement les uns aux autres au moyen d'assemblages rigides. La résultante des actions moléculaires développées dans une section d'extrémité d'une pièce de l'ossature peut être remplacée par une force T, de direction inconnue *a priori*, mais passant par le centre de gravité de la section, et par un couple ν, d'orientation également indéterminée. Les six composantes de cette force et de ce couple suivant trois axes rectangulaires sont autant d'inconnues du problème.

On écrira les six équations d'équilibre de l'élément, soumis à l'action des forces extérieures, connues ou inconnues, qui lui sont directement appliquées, et des résultantes T et ν pour chaque section extrême.

On écrira, d'autre part, les équations d'équilibre pour tout nœud du système, où viennent s'assembler deux ou plusieurs éléments : ces équations, au nombre de six, exprimeront que la force extérieure appliquée au nœud, et les résultantes T et ν relatives à chaque élément se font équilibre. Ces relations d'équilibre des nœuds comprennent implicitement les équations universelles d'équilibre du système, exprimant que les forces extérieures connues ou inconnues (charges et réactions) qui le sollicitent, ont une résultante et un couple résultant nuls.

Si ces équations d'équilibre suffisent pour déterminer les forces extérieures inconnues, ou réactions d'appuis, l'ouvrage est *isostatique*. Si elles suffisent pour déterminer les forces intérieures T et v pour chaque élément, l'ouvrage est *complet*.

Connaissant ces forces T et v, il est aisé de calculer les résultantes d'actions moléculaires pour une section transversale quelconque de chaque élément, et d'en déduire les valeurs limites du travail élastique. Toutefois cette recherche ne saurait aboutir à une solution pleinement satisfaisante, si le couple v n'est pas situé dans un plan renfermant la tangente à la fibre moyenne. On sait qu'en pareil cas la pièce est soumise à un effort de torsion, et que l'on ne dispose pas de formules exactes pour la recherche du travail correspondant, si du moins la section transversale ne se rapproche pas sensiblement du profil circulaire plein ou évidé.

La recherche des déformations ne présente pas de difficulté sérieuse pour un ouvrage isostatique et complet, à condition qu'il n'y ait pas de couple de torsion, dont les effets ne peuvent s'évaluer avec exactitude.

Si l'ouvrage est hyperstatique ou surabondant, le problème se complique singulièrement, parce qu'il est nécessaire de faire intervenir les formules de déformation élastique des éléments pour le calcul, soit des réactions mutuelles ou d'appui, soit des forces intérieures T et v. En principe, la question comporte toujours une solution unique et complète, mais les calculs peuvent être laborieux. Il s'agit d'écrire qu'au droit

d'un assemblage rigide, les déplacements angulaires
et de translation des sections d'about de toutes les
pièces sont identiques, et les relations ainsi obtenues,
ajoutées à celle que fournit la fixité des appuis, permettent, avec les équations d'équilibre dont il a été parlé
ci-dessus, de déterminer toutes les inconnues : réactions mutuelles ou d'appuis, forces intérieures T et v,
déplacements élastiques des nœuds.

La solution est toutefois hors de portée s'il existe
des couples de torsion, pour lesquels on ne sait évaluer
rigoureusement ni le travail, ni la déformation correspondante. Abstraction faite de ce cas spécial, la résolution simultanée d'un grand nombre d'équations
linéaires est souvent une tàche ardue, et même pratiquement inabordable en raison du temps et de la peine
qu'elle exigerait. Aussi bien se résigne-t-on le plus
souvent à simplifier le problème en négligeant, ou en
supposant nulles, toutes les réactions inconnues, forces
ou couples, dont l'intervention compliquerait par trop
les recherches, sans que leur influence sur les résultats
apparaisse comme capitale.

On n'obtient de la sorte que des résultats problémati-
ques comme exactitude, dont on peut toutefois se contenter en forçant au besoin la marge de sécurité.

Prenons comme exemple le cas du plancher polygonal traité dans l'article 22, en remplaçant par des
assemblages rigides les articulations reliant les poutres
entre elles.

La réaction mutuelle de deux poutres comportera :
une force T, décomposable pour chaque pièce en un
effort normal et deux efforts tranchants situés dans ses
plans principaux ; — et un couple décomposable en un
couple de torsion et deux moments fléchissants situés

dans les plans principaux. Il faudra écrire : 1° que chaque poutre est en équilibre statique sous l'influence des forces extérieures qui la sollicitent, et des réactions de ses assemblages ; 2° que les sections transversales des deux poutres qui passent par la verticale d'intersection de leurs plans principaux, sont invariablement liées et subissent par suite les mêmes déplacements élastiques, angulaire et de translation, rapportés à trois directions rectangulaires. Pratiquement, on s'en tiendra à la solution indiquée à l'article 22 : on négligera les couples de flexion et de torsion, considérés comme secondaires, sauf à attribuer aux assemblages mutuels la solidité jugée convenable par appréciation, en raison de l'importance que l'on attribuera à ces réactions inconnues, soit à vue d'œil, soit à la suite d'un calcul sommaire.

Nous ne nous appesantirons pas sur la méthode rigoureuse de calcul des systèmes rigides, qui n'est presque jamais pratiquement utilisable. Nous nous bornerons à résoudre quelques problèmes simples, et à fournir certaines indications sur différents types de constructions, dont les dispositions particulières facilitent les recherches, et permettent d'aboutir, par des calculs abordables, à des résultats parfois rigoureux, mais le plus souvent d'une exactitude suffisante pour les besoins de la pratique.

----

§ 1. — Fermes rigides évidées.

Nous appellerons fermes *rigides évidées* les ouvrages assimilables à des poutres ou des arcs, dont on aurait remplacé les âmes pleines par des éléments isolés formant claire-voie, sans toucher d'ailleurs aux membrures.

105. Poutre articulée à membrures rigides. — Considérons une poutre formée de deux membrures continues à profil rectangulaire, reliées l'une à l'autre par une triangulation simple, dont les barres soient attachées par articulations sur les faces horizontales intérieures de ces membrures. Désignons par H la hauteur totale de la poutre, et par h celle du vide intermédiaire entre les membrures, qui est occupé par la triangulation.

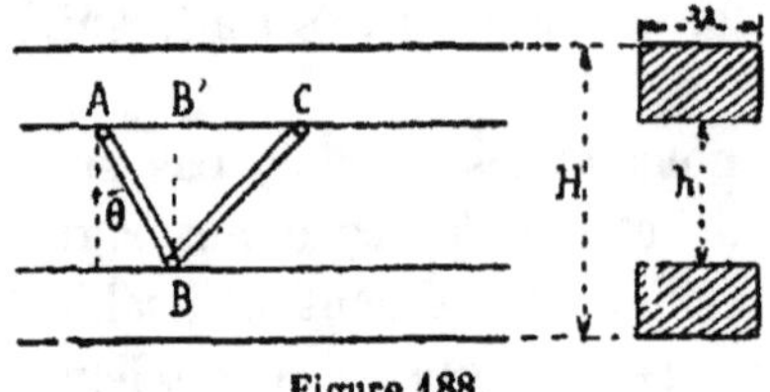

Figure 188.

L'effort F relatif à la barre de triangulation AB, inclinée sur la verticale de l'angle θ, doit avoir une composante horizontale F sin θ, égale et opposée à l'effort total de glissement déterminé de A en B′ dans la zone inférieure AC de la membrure, qui, solidarisée avec l'autre membrure, constitue avec elle une unique pièce fléchie.

On sait que le travail de glissement développé sur la zone horizontale AC a pour expression : $S = \dfrac{V\,\mu}{I\,u}$, u étant la largeur de la membrure et μ le moment statique de sa section transversale par rapport au centre de gravité de la poutre :

$$\mu = u \, \frac{(H - h)}{2} \cdot \frac{(H + h)}{4} = u \, \frac{(H^2 - h^2)}{8} \; ;$$

$$1 = \frac{1}{12} \, u \, (H^3 - h^3).$$

D'où :

$$S = \frac{3}{2} \cdot \frac{V (H^2 - h^2)}{u (H^3 - h^3)} \cdot$$

La résultante des actions tangentielles sur la région AB′, dont les dimensions sont u et AB′ $= h$ tg θ, a donc pour grandeur :

$$S u h \; \text{tg} \; \theta = \frac{3}{2} \cdot \frac{V h \, (H^2 - h^2)}{(H^3 - h)} \; \text{tg} \; \theta = F \sin \theta.$$

D'où

$$F = \frac{3}{2} \cdot \frac{V h \, (H^2 - h^2)}{(H^3 - h^3)} \cdot \frac{1}{\cos \theta} \cdot$$

La composante verticale de F est :

$$F \cos \theta = \frac{3}{2} \, \frac{V h \, (H^2 - h^2)}{(H^3 - h^3)} \cdot$$

On calculera donc la triangulation en se basant non plus sur l'effort tranchant total V, mais sur la fraction fournie par l'expression $\dfrac{3}{2} \dfrac{V h \, (H^2 - h^2)}{(H^3 - h^3)}$. Le surplus de l'effort tranchant est transmis non par la triangulation, mais par les membrures elles-mêmes, qui travaillent au glissement dans une mesure qui n'est pas négligeable.

Si les membrures, au lieu d'être à profil rectangulaire, étaient à simple té, un calcul approximatif, qui se déduit sans difficulté de la théorie exposée dans la Résistance des Matériaux (chap. III, page 230) montre que l'effort tranchant supporté par la triangulation, au lieu d'être égal à V, comme pour la poutre à semelles de très faible hauteur, se trouverait réduit à $\dfrac{V h}{H} \cdot$

Dans le calcul des barres de triangulation, il faut en conséquence diminuer l'effort tranchant dans le rapport $\frac{h}{H}$ de la hauteur du vide intermédiaire entre les parties pleines de l'âme, à la hauteur totale de la poutre.

Il est bien entendu que, si la poutre était de hauteur variable, le même coefficient de réduction devrait être appliqué à l'effort tranchant réduit W.

106. Poutre à montants verticaux sans triangulation. — Considérons une poutre constituée par deux membrures que relient des montants verticaux encastrés sur elles, comme les barreaux d'une échelle. En écrivant les équations d'équilibre élastique de la section verticale prise entre deux montants, et les équations d'équilibre élastique d'un nœud, on reconnait aisément :

1° Que chaque élément de membrure AB est sollicité par un effort tranchant $\frac{V}{2}$, égal à la moitié de l'effort tranchant total V, et par un moment fléchissant secondaire

$$X' = \frac{V}{4}(2x - a),$$

qui, s'annulant au milieu M de la longueur a de l'élément de membrure, atteint les valeurs limites $-\frac{Va}{4}$ et $+\frac{Va}{4}$ au droit des nœuds A et B.

2° Que chaque montant vertical AA' est sollicité par un effort tranchant $\frac{Va}{h}$ et par un moment fléchissant secondaire :

$$X'' = -\frac{Va}{2h}(2y - h),$$

qui s'annule au milieu N de la hauteur h de la poutre, et atteint ses valeurs limites $-\dfrac{Va}{2}$ et $+\dfrac{Va}{2}$ aux extrémités A et B du montant.

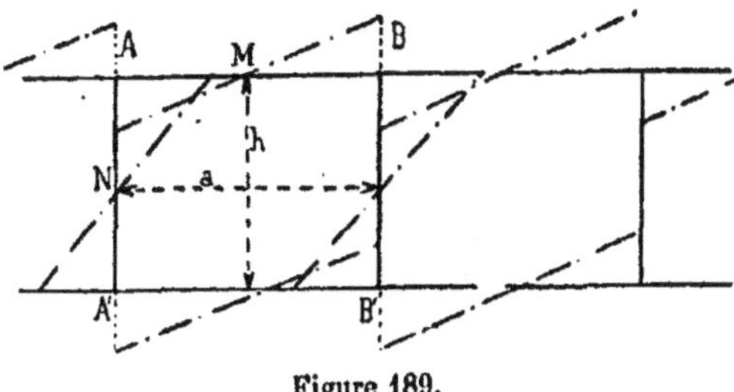

Figure 189.

La déformation élastique du panneau ABB'A', résultant de ces moments de flexion secondaires, est indiquée sur la figure 190.

Si la hauteur d'une membrure était de l'ordre de grandeur de celle de la poutre, l'effort tranchant à

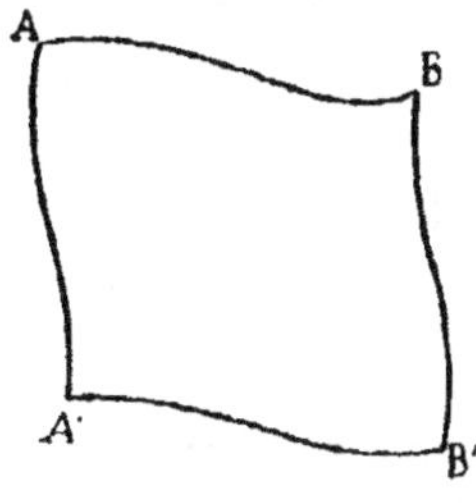

Figure 190.

prendre en considération pour le calcul du montant devrait être diminué, conformément à la règle indiquée à l'article précédent.

Dans le cas, par exemple, d'une poutre dont l'âme est évidée par des baies ovales (fig. 191), l'effort tranchant qui sollicite le montant serait seulement égal à $\frac{Va}{H}$ · L'expression du moment fléchissant deviendrait ainsi, pour le montant de hauteur h :

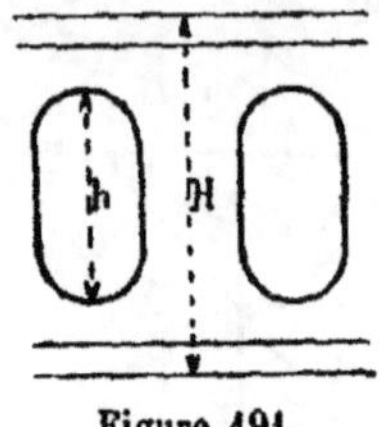

Figure 191.

$$X'' = -\frac{Va}{2H}(2\,y - h).$$

Considérons une poutre dont les membrures de faible hauteur seraient reliées par des panneaux rectangulaires jointifs, formés d'une tôle d'épaisseur e. Chacun de ces panneaux étant à section rectangulaire de dimensions horizontales a et e, et constituant un montant isolé, le maximum du travail au glissement sera :

$$\frac{3}{2}\cdot\frac{Va}{h}\times\frac{1}{ae} = \frac{3}{2}\cdot\frac{V}{he},$$

soit une fois et demie le travail tangentiel qui serait développé dans une âme continue reliant les deux membrures.

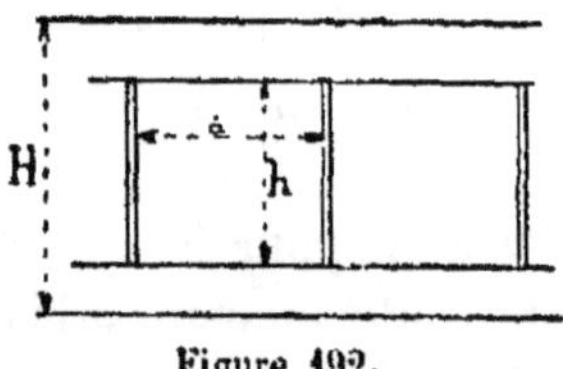

Figure 192.

D'autre part le travail de flexion aura pour limites extrêmes : $\pm\dfrac{Va}{2}\times\dfrac{6}{a^2e} = \pm\dfrac{3V}{ae}$.

Pour un panneau carré $(a = e)$, ce travail serait le triple du travail au glissement développé dans l'âme continue.

On se rend compte ainsi de l'utilité des couvre-joints d'âme, qui, réunissant les plaques de tôle successives et assurant leur continuité, réduisent dans une forte proportion le travail développé dans cette région de la poutre.

107. — Poutres à triangulation rigide. — Considérons une pièce droite AB de longueur l, inclinée de l'angle α sur l'axe des x, dont les sections extrêmes A et B seraient sollicitées respectivement par les moments fléchissants μ et μ'. Cette pièce ne porte d'ailleurs aucune charge. Nous admettrons que sa longueur augmente d'une quantité connue δl. Les déplacements angulaires θ', vertical $\delta y'$ et horizontal $\delta x'$ de la fibre moyenne en B,

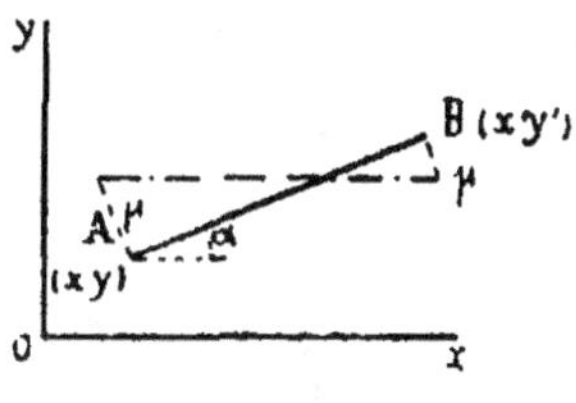

Figure 193

dus tant à l'allongement δl qu'à la déformation élastique de flexion, seront liés aux déplacements θ, δx et δy de la fibre moyenne en A, par les équations suivantes, ou la distance variable z est mesurée suivant l'axe de la barre, à partir de l'origine A.

Le moment fléchissant dans une section de la pièce définie par sa distance z à l'origine A ayant pour expression : $\mu \left(1 - \dfrac{z}{l} \right) + \mu' \dfrac{z}{l}$, on trouve aisément que :

$$(1) \qquad \theta' - \theta = \mu \int_0^l \frac{(l - z)\, dz}{lEI} + \mu' \int_0^l \frac{z\, dz}{lEI} \,;$$

$$(2) \qquad \delta y' - \theta (x' - x) - \delta y = \delta l \sin \alpha$$
$$+ \mu \cos \alpha \int_0^l \frac{(l - z)^2\, dz}{lEI} + \mu' \cos \alpha \int_0^l \frac{(l - z)\, z\, dz}{lEI} \,;$$

$$(3) \qquad \delta x' + \theta (y' - y) - \delta x = \delta l \cos \alpha$$
$$- \mu \sin \alpha \int_0^l \frac{(l - z)^2\, dz}{lEI} - \mu' \sin \alpha \int_0^l \frac{(l - z)\, z\, dz}{lEI} \,.$$

Si la barre est à section constante, ces formules se simplifient :

$$\int_0^l \frac{(l - z)\, dz}{lEI} = \int_0^l \frac{z\, dz}{lEI} = \frac{l}{2EI} \,;$$

$$\int_0^l \frac{(l - z)^2 dz}{lEI} = \int_0^l \frac{z^2 dz}{lEI} = \frac{l^2}{3EI} \,;$$

$$\int_0^l \frac{(l - z)\, z\, dz}{lEI} = \frac{l^2}{6EI} \,.$$

Considérons maintenant un panneau de poutre à triangulation simple rigide, ne différant de la poutre articulée simple que parce que les articulations des nœuds ont été remplacées par des assemblages invariables.

Nous calculerons d'abord les efforts normaux F, sollicitant ces différentes barres, comme si l'ouvrage était articulé, et nous en déduirons les changements de longueur δl correspondants, qui sont positifs en cas d'extension, et négatifs en cas de compression. Proposons-nous de déterminer à présent les moments de flexion secondaires résultant pour les sections extrêmes des barres, des encastrements réalisés par les assemblages rigides.

Nous aurons en tout huit moments inconnus, à raison de deux par barre μ_1 et μ'_1, μ_2 et μ'_2, μ_3 et μ'_3, μ_4 et μ'_4.

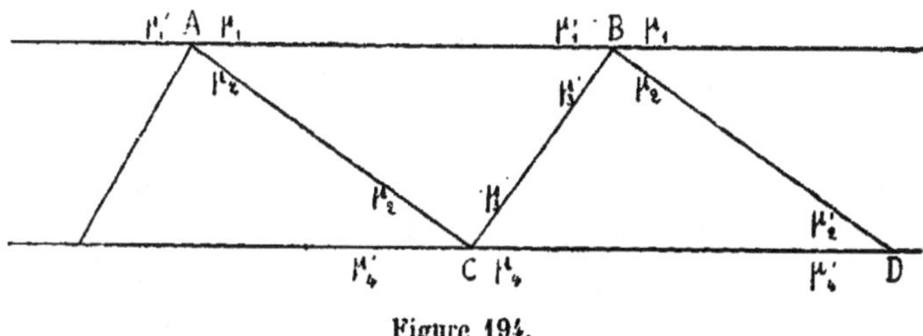

Figure 194.

Les équations d'équilibre des deux nœuds B et C, soumis chacun à l'action de quatre moments, sont :

$$\mu'_1 + \mu'_3 = \mu_1 + \mu_2 \; ; \; \mu'_2 + \mu'_4 = \mu_3 + \mu_4.$$

Rapportons les déplacements élastiques à deux axes de coordonnées rectangulaires issus du point A, dont l'un soit dirigé suivant la tangente à l'origine de la ligne élastique de la barre AB, ce qui revient à poser : $\theta_0 = o$ pour cette barre. La déviation angulaire sera également nulle pour la barre AC qui, en raison de la rigidité de l'assemblage, fait un angle invariable avec AB. Prenons pour inconnues auxiliaires les déplacements angulaires communs θ' de toutes les barres aboutissant en B, θ'' des barres aboutissant en C, θ''' des barres aboutissant en D ; puis les déplacements vertical et horizontal $\delta x'$ et $\delta y'$ du point B, $\delta x''$ et $\delta y''$ du point C, $\delta x'''$ et $\delta y'''$ du point D. Nous aurons en tout neuf inconnues nouvelles.

Écrivons les trois équations de déformation 1, 2 et 3 relatives à chacune des barres AB, AC, BC, CD et BD (pour cette dernière les moments d'encastrement sont les mêmes que pour la barre parallèle AC).

Ces équations, au nombre de quinze, renferment dix-sept inconnues μ, θ, δx et δy. En les réunissant aux deux équations d'équilibre des nœuds B et C précédemment écrites, on obtiendra le nombre de conditions nécessaires pour résoudre le problème.

Cette solution complète et rigoureuse ne soulève aucune objection au point de vue théorique ; mais il est bien évident que dans la pratique elle serait inacceptable, en raison du labeur qu'exigerait la résolution simultanée de dix-sept équations à dix-sept inconnues. Aussi bien juge-t-on préférable, dans les applications, de recourir à des formules simplifiées, conduisant à des résultats qui péchent forcément par excès, mais permettent d'apprécier tout au moins l'ordre de grandeur des moments secondaires. La simplification consiste à admettre que les moments d'inertie des membrures sont extrêmement grands par rapport à ceux des barres de triangulation : on peut alors négliger sans erreur appréciable la déformation de ces membrures due aux moments de flexion secondaires, devant la déformation des barres de triangulation produite par la même cause.

Nous commencerons par rechercher les moments de flexion secondaires déterminés dans la barre de triangulation AB, à section constante, par les changements de longueur des deux membrures, dont l'une est tendue et l'autre comprimée sous l'influence du moment fléchissant principal, qui sollicite la poutre elle-même. Ces changements de longueur donnent lieu à une incurvation de la fibre moyenne, qui, primitivement rectiligne, vient décrire un arc de cercle dont le rayon ρ est fourni par la relation connue :

$$\rho = \frac{EI}{X} = \frac{Eh}{R + R'} \cdot$$

R et R' sont les valeurs absolues du travail développé dans l'une et l'autre membrure.

L'angle au centre ε des deux rayons de la fibre moyenne qui passent par les extrémités A et B de la barre est fourni par la relation :

$$\varepsilon = \frac{a}{\rho} = \frac{a\,(R + R')}{Eh} \cdot$$

Comme, en raison de l'invariabilité des assemblages, la fibre moyenne de la barre AB rencontre ces deux

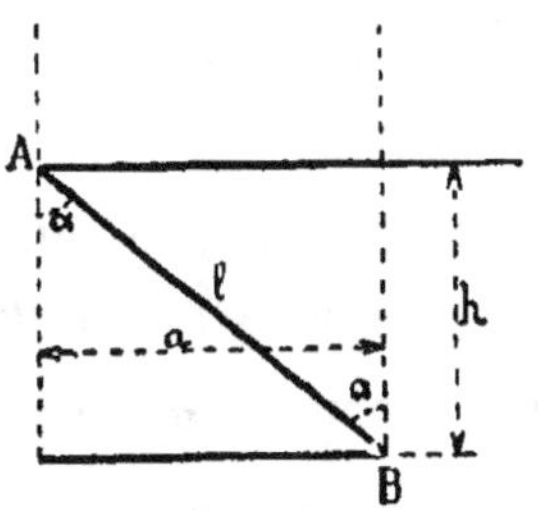

Figure 195.

rayons sous le même angle α, elle décrira forcément un arc de cercle d'angle au centre ε.

Si l'on désigne par i le moment d'inertie de la barre, le couple de flexion μ correspondant à la déviation angulaire ε de A en B sera fourni par la relation.

$$\varepsilon = \int_0^l \frac{\mu dx}{Ei} = \frac{\mu l}{Ei} \cdot$$

Soit $\dfrac{T + T'}{2}$ la moyenne des valeurs absolues du travail déterminé par le moment μ dans les fibres extrêmes de la barre, et c la *hauteur* de sa section, qui est sa *largeur* en élévation. On a $\dfrac{T + T'}{2} = \dfrac{\mu}{2c}$.

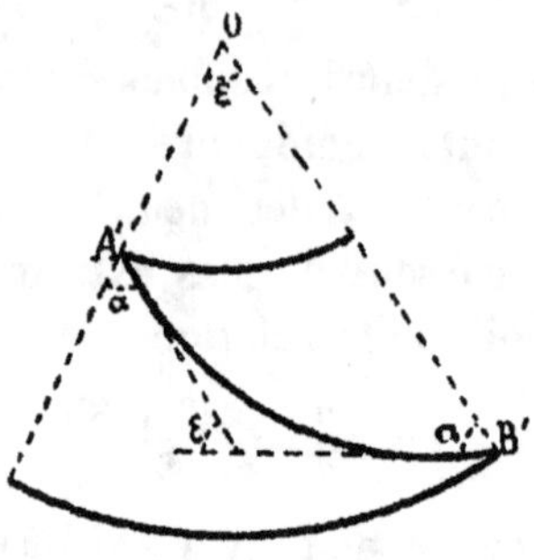

Figure 196.

D'où : $\dfrac{T + T'}{2} = \dfrac{E t}{2} \cdot \dfrac{c}{l} = \dfrac{R + R'}{2} \cdot \dfrac{a}{h} \cdot \dfrac{c}{l}$.

Cherchons maintenant les moments de flexion secondaires développés dans la barre AB, que nous supposerons être un tirant, par son *allongement* $\delta l = \dfrac{Sl}{E}$, et par le *raccourcissement* $- \delta l' = \dfrac{S'l'}{E}$ de la barre suivant BC, qui est comprimée.

S et S' sont les valeurs absolues du travail pour les deux barres.

Soit B' la nouvelle position du nœud B dans la poutre déformée. Désignons par μ et μ' les moments de flexion secondaires aux deux extrémités A et B de la barre de triangulation AB. Comme elle est encastrée à ses deux extrémités, la condition pour que les tangentes à sa fibre moyenne en A et B demeurent parallèles après déformation, conduit, puisque la section de la barre est constante, à l'égalité : $\mu = \mu'$.

Le moment fléchissant secondaire a donc pour expression analytique : $X = \mu \left(1 - \dfrac{2x}{l}\right)$.

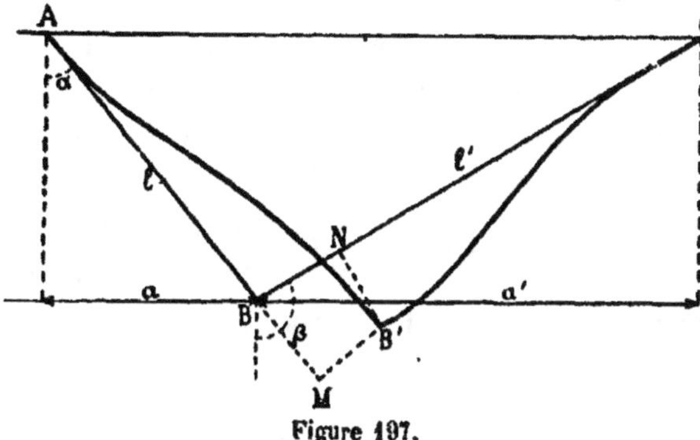

Figure 197.

Le déplacement B'M du nœud dans la direction perpendiculaire à la droite AB, axe primitif de la barre, aura pour valeur :

$$f = \frac{\mu l^2}{6Ei}.$$

Projetons le point B' en M et N sur les directions AB et BC :

$$BM = \delta l, \text{ et } BN = \delta l'.$$

La projection sur BC de la ligne brisée BMB' est égale à BN.

D'où : $-\delta l' = \delta l \cos(\beta - \alpha) + f \sin(\beta - \alpha)$,
ce qui peut s'écrire, en remplaçant $\delta l'$, δl et f par leurs expressions, puis $\cos(\beta - \alpha)$ et $\sin(\beta - \alpha)$ par leurs valeurs en fonction des projections horizontales a et a' des deux barres, et de la hauteur h de la poutre :

$$\frac{S'l'}{E} = \frac{Sl}{E} \cdot \frac{aa' - h^2}{ll'} + \frac{\mu l^2}{6Ei} \cdot \frac{(a + a')h}{ll'}.$$

Remplaçons $\dfrac{\mu}{2i}$ par $\dfrac{T + T'}{2c}$:

$$\frac{T + T'}{2} = \frac{3c}{l} \left(\frac{S\,(h^2 - aa') + S'l'^2}{h\,(a + a')} \right).$$

En définitive la moyenne $\frac{T + T'}{2}$ des valeurs maxima du travail total développé dans la barre AB, par les moments de flexion secondaires résultant à la fois des changements de longueur des membrures et des barres elles-mêmes, est donnée par la formule :

$$\frac{T + T'}{2} = \frac{c}{l} \left(\frac{R + R'}{2} \cdot \frac{a}{h} + \frac{3S\,(h^2 - aa')}{h\,(a + a')} + \frac{3S'l'^2}{h\,(a + a')} \right).$$

On peut modifier cette formule en y introduisant les angles α et β.

$$\frac{T + T'}{2} = \frac{c}{l} \left(\frac{R + R'}{2}\,\mathrm{tg}\,\alpha - 3S \cot g\,(\beta - \alpha) + \frac{3S'}{\sin\,(\beta - \alpha)} \right).$$

Dans le cas particulier de la poutre Warren à croisements orthogonaux, on a $\alpha = \frac{\pi}{4}$ et $\beta = \frac{3\pi}{4}$;

$$\frac{T + T'}{2} = \frac{c}{l} \left(\frac{R + R'}{2} + 3S' \right).$$

Dans le cas particulier de la poutre Pratt ou Howe, à barres alternativement verticales et inclinées à 45°, on emploiera les formules suivantes :

Barre oblique : $\dfrac{T + T'}{2} = \dfrac{c}{l} \left(\dfrac{R + R'}{2} + 3S + \dfrac{3S'}{\sqrt{2}} \right).$

Barre verticale : $\dfrac{T + T'}{2} = \dfrac{c}{l} \left(3S + \dfrac{3S'}{\sqrt{2}} \right).$

Considérons en dernier lieu le cas d'une ferme à triangulation rigide sollicitée par un effort normal qui développe dans ses deux membrures un travail R de compression ou d'extension.

Ce travail donne lieu à un changement de longueur CC' ou $\dfrac{R\,(a + a')}{E}$ de l'élément de membrure AC, compris entre deux nœuds consécutifs. Les deux barres de triangulation AB et BC, primitivement rectilignes, décriront après déformation deux courbes AB' et B'C',

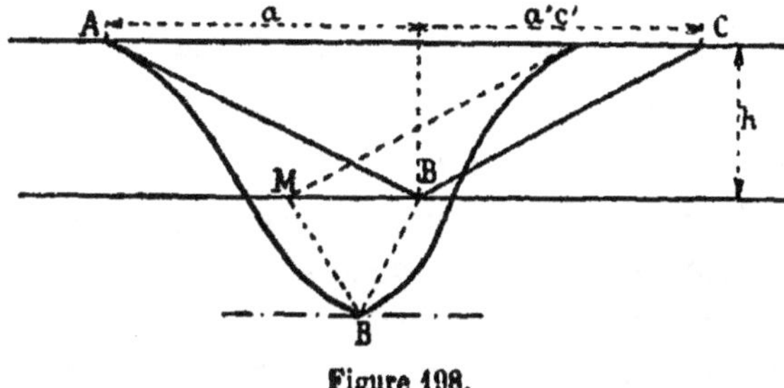

Figure 198.

telles que le nœud B' soit situé à la rencontre des deux perpendiculaires élevées en B et M sur les directions rectilignes primitives des deux barres (MB = CC').

On a : $BB' = \dfrac{\mu l^2}{6Ei}$; $\quad MB' = \dfrac{\mu' l'^2}{6Ei'}$.

Projetons successivement la ligne brisée M B' B sur la droite MB, et sur la perpendiculaire à cette droite :

$$\frac{\mu l^2}{6Ei} \times \frac{a}{l} + \frac{\mu' l'^2}{6Ei'} \times \frac{a'}{l'} = M B = \frac{R(a+a')}{E} ;$$

$$\frac{\mu l^2}{6Ei} \times \frac{h}{l} - \frac{\mu' l'^2}{6Ei'} \times \frac{h}{l'} = 0.$$

D'où :

$$\frac{\mu l}{6i} = R.$$

Remplaçons

$$\frac{\mu}{2i} \text{ par } \frac{T+T'}{2c} :$$

$$\frac{T+T'}{2} = 3R. \frac{c}{l}.$$

On voit que le travail dû à la flexion secondaire dans une barre de triangulation rigide est toujours proportionnel au rapport de sa dimension transversale c à sa longueur l. Il convient donc, par ce motif, de ne pas attribuer à ces pièces une trop grande largeur en élévation.

Il doit être bien entendu que ces formules conduisent, pour le travail moyen $\frac{T+T'}{2}$, à des valeurs majorées, en certains cas de 50 0/0 :

1° Parce qu'elles ne tiennent pas compte de la déformation secondaire des membrures, dont le moment d'inertie a été supposé à tort infini ;

2° Parce que, si la hauteur propre de ces membrures n'est pas très petite par rapport à celle de la poutre, on sait qu'il faut, de ce chef, réduire l'effort tranchant transmis par la triangulation (art. 105) ;

3° Enfin, parce que les moments de flexion secondaires ont pour conséquence de réduire l'effort normal de chaque barre de l'effort tranchant secondaire qu'ils déterminent dans cet élément. On s'en rendra compte aisément en se reportant à l'article 106, où a été traité le cas de la poutre en échelle : ici le montant ne supporte plus aucun effort normal, et l'effort tranchant de la poutre est transmis en totalité par les membrures.

On peut admettre, avec une approximation suffisante, que l'effort tranchant à envisager pour le calcul des valeurs du travail S et S' à l'extension ou à la compression simple doit être diminué de $\frac{2(T+T')i}{cl}$, terme correctif qui n'est pas toujours négligeable, puisqu'il est précisément égal à V dans le cas de la poutre en échelle.

108. Moments de flexion secondaires dus à l'excentricité des assemblages. — Considérons une pièce pris-

matique rectiligne sollicitée à ses deux extrémités
par des forces égales et directement opposées F.
Si la ligne d'action de ces forces passe par les centres
de gravité G et G′ des sections d'about, la pièce sera

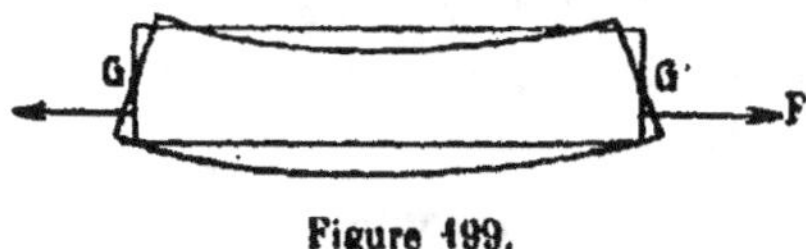

Figure 199.

soumise à un travail d'extension ou de compression
simple $\frac{F}{\Omega}$, qui déterminera un changement de longueur
de sa fibre moyenne fourni par la relation connue :

$$\delta l = \int_0^l \frac{F}{E\Omega}\, dx.$$

Mais supposons que les forces F soient appliquées en
un point de chaque section transversale situé à la distance a du centre de gravité. La barre sera de ce chef
sollicitée par un moment fléchissant Fa constant d'une
extrémité à l'autre. Le travail variera donc, dans une
section quelconque, entre les limites $\frac{F}{\Omega} - \frac{Fan}{I}$ pour
la fibre extrême supérieure, et $\frac{F}{\Omega} + \frac{Fan'}{I}$ pour la fibre
extrême inférieure.

La déformation élastique comportera, outre l'allongement δl précédemment signalé, une flexion de la
fibre moyenne, qui se courbera en tournant sa concavité
vers le haut, si le moment fléchissant Fa est positif,
et vers le bas si ce moment est négatif.

Dans les poutres à triangulation rigide, il arrive souvent que les barres de triangulation, à section transver-
sale en Γ, C ou T, sont fixées sur les membrures par
une face seulement, de telle sorte que l'effort de trac-

tion ou de compression ne leur est pas transmis suivant la direction de leur fibre moyenne.

Il en résulte un phénomène de flexion secondaire, dû à l'excentricité de l'attache, qui est accusé par la déformation : la pièce se courbe en rentrant sous la poutre, si l'on a affaire à un tirant, ou en faisant saillie s'il s'agit d'un bras.

On constate ainsi un voilement de la triangulation qui se creuse du côté des barres tendues, et se bombe du côté opposé.

Ces moments de flexions secondaires, produits par l'excentricité des attaches, combinés aux moments dûs à la rigidité des assemblages, peuvent donner lieu à un travail élastique du même ordre de grandeur que celui qui résulte de l'effort normal calculé par la méthode des systèmes articulés. Il arrive même parfois que le travail secondaire est supérieur au travail principal, et peut compromettre la stabilité de l'ouvrage, en provoquant le flambement des pièces comprimées, ou la rupture des rivets d'attache des pièces tendues. Il y a donc lieu de s'en préoccuper, tout au moins pour apprécier l'importance de ces phénomènes, dont le calcul rigoureux est généralement sinon impossible, du moins inabordable par suite de sa complication (Voir page 452 l'étude faite sur la triangulation à montants et croix de Saint-André).

____

§ 2. Ossatures rigides.

Nous appellerons *ossatures rigides* les constructions formées par des éléments droits ou courbes, à parois pleines ou évidées, qui sont reliés invariablement les uns aux autres par leurs extrémités seulement, de telle sorte que les réactions mutuelles inconnues, couples et forces, sont appliquées exclusivement aux sections d'about de ces pièces, lesquelles sont susceptibles d'être calculées comme des poutres ou des arcs, quand ces réactions ont été déterminées.

109. Ferme à axe longitudinal brisé. — Nous envisagerons d'abord le cas d'une construction assimilable à une poutre ou à un arc, sauf que son axe, au lieu de décrire une droite ou une courbe continue, serait constitué par une ligne brisée, présentant des points anguleux et des décrochements. La ferme se compose d'une série de pièces prismatiques successives reliées invariablement bout à bout.

Si l'ouvrage est isostatique, on déterminera d'abord les réactions d'appuis à l'aide des équations d'équilibre statique. Connaissant ainsi toutes les forces extérieures, on partira d'une extrémité, et l'on calculera séparément et dans leur ordre de succession tous les éléments prismatiques à fibre moyenne continue, dont la jonction bout à bout constitue l'ouvrage. Cette opération n'offrira aucune difficulté, les réactions mutuelles de chaque pièce avec celle qui la précède et celle qui la suit étant fournies soit par le calcul précédent, soit par celui relatif à la pièce elle-même.

Si l'ouvrage est hyperstatique, on prendra pour inconnues auxiliaires les réactions mutuelles inconnues de deux éléments successifs, ainsi que les déplacements vertical, horizontal et angulaire de la fibre moyenne au droit de la section de passage. On écrira les équations de déformation de chaque pièce, et on

déterminera les réactions mutuelles en utilisant les
conditions de fixité relatives aux appuis, ainsi que les
relations exprimant que les déformations des fibres
moyennes sont, pour deux pièces reliées invariablement bout à bout, identiques au droit de la section
de jonction.

Prenons comme exemple le cas d'un portique formé :
1° par deux montants égaux AB et CD, dont nous désignerons par h la hauteur commune, par I et Ω les moments d'inertie et les aires, variables avec l'ordonnée y

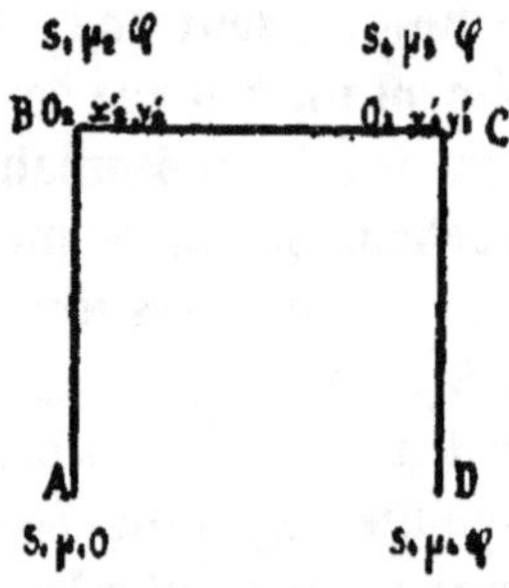

Figure 200.

de la section considérée ; 2° par une poutre horizontale
supérieure BC, chevêtre, traverse ou poitrail, de longueur l et de dimensions transversales définies par les
données Ω' et I'.

Nous supposerons que le chevêtre BC soit seul
soumis à l'action de charges verticales connues, qui,
pour une travée indépendante, détermineraient dans
les différentes sections des moments fléchissants M, que
nous savons calculer.

Nous prendrons pour inconnues : les réactions de
l'appui double A (moment μ_1, force verticale S_1 et
poussée horizontale Q); les réactions mutuelles des deux
pièces AB et BC (S_2, μ_2 et Q), ainsi que les déplacements

angulaires θ_2, x'_2 et y'_2 du point B; les réactions mutuelles des deux pièces BC et CD (S_3, μ_3 et Q), ainsi que les déplacements du point C (θ_3, x'_3 et y'_3); enfin les réactions de l'appui D: S_4, μ_4 et Q.

Nous aurons en tout treize inconnues que nous tirerons des équations de condition suivantes, où N_2 et N_3 désignent les réactions qu'exercerait sur ses appuis la poutre BC, si c'était une travée indépendante.

$$S_3 = N_2 + \frac{\mu_3 - \mu_2}{l}; \qquad S_4 = N_3 + \frac{\mu_3 - \mu_3}{l};$$

$$\mu_2 = \mu_1 - Qh; \qquad \mu_3 = \mu_4 - Qh;$$

$$\theta_2 = + \int_0^h \frac{(\mu_1 - Qy)\,dy}{EI}; \qquad \theta_3 = - \int_0^h \frac{(\mu_4 - Qy)\,dy}{EI};$$

$$y'_2 = - \int_0^h \frac{S_3\,dy}{E\Omega}; \quad y'_3 = - \int_0^h \frac{S_4\,dy}{E\Omega};$$

$$x'_2 = - \int_0^h \frac{(\mu_1 - Qy)(h - y)\,dy}{EI}; \quad x'_3 = + \int_0^h \frac{(\mu_4 - Qy)(h - y)\,dy}{EI};$$

$$\theta_3 - \theta_2 = \int_0^l \frac{\mu_2\left(1 - \frac{x}{l}\right) + \mu_3\,\frac{x}{l} + M\,dx}{EI};$$

$$x'_3 - x'_2 = - \int_0^l \frac{Q\,dx}{E\Omega'}.$$

$$y'_3 - y'_2 = \theta_2 l + \int_0^l \frac{\left(\mu_2\left(1 - \frac{x}{l}\right) + \mu_3\,\frac{x}{l} + M\right)(l - x)\,dx}{EI}.$$

Considérons le cas particulier où la section serait constante sur tout le développement du portique : $I = I'$ et $\Omega = \Omega'$: on peut faire sortir ces quantités des signes $\int$. Nous poserons $I = \Omega r^2$.

Admettons d'autre part que le chevêtre BC porte une charge uniforme pl. Nous pourrons effectuer algébriquement les intégrales, ce qui nous conduira aux résultats suivants :

$$Q = \frac{pl^2}{8h} \; \frac{1}{1 + \dfrac{h}{2l} + \dfrac{r^2}{h^2}\left(1 + \dfrac{l}{2h}\right)} \; ;$$

$$\mu_1 = \mu_4 = \frac{Qh}{3} - \frac{Qr^2}{h^2} l \; ;$$

$$\mu_2 = \mu_3 = -\frac{2Qh}{3} - \frac{Qr^2}{h^2} l.$$

Dans le cas particulier ou r^2 est négligeable devant h^2, on trouve :

$$Q = \frac{pl^2}{8h} \frac{1}{1 + \dfrac{lh}{2l}} \; ;$$

$$\mu_1 = \frac{Qh}{3} \; ;$$

$$\mu_2 = -\frac{2}{3} \, Qh.$$

Le moment fléchissant au milieu de l'ouverture BC a pour valeur :

$$\frac{pl^2}{8} - \frac{2}{3} \, Qh = \frac{pl^2}{24}\left(\frac{1 + \dfrac{3h}{2l}}{1 + \dfrac{h}{2l}}\right).$$

Supposons que la hauteur h des montants tende vers zéro : les rapports $\frac{r}{h}$ et $\frac{l}{h}$ tendent vers l'infini. A la limite on trouve :

$$Q = \frac{pl^2}{8h} \cdot \frac{2h^2}{3r^2 l} = \frac{pl}{12} \cdot \frac{h^2}{r^2} = 0 \; ;$$

$$\mu_1 = \mu_2 = -\frac{Qr^2 l}{h^2} = -\frac{pl^2}{12}.$$

Le moment fléchissant au milieu de l'ouverture est $+\dfrac{pl^2}{24}$.

Ce sont les résultats déjà obtenus pour la travée encastrée sur ses appuis, qui est la limite vers laquelle tend le portique quand ses montants disparaissent.

Considérons encore le cas de deux pièces successives, dont les axes AB et CD ne se croisent pas au droit de l'assemblage mutuel BC; désignons par α l'angle de ces axes, et par m le décrochement BC de la fibre moyenne de l'ouvrage.

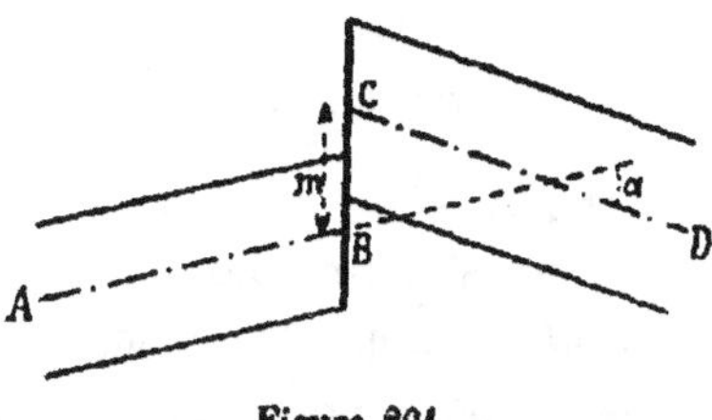

Figure 201.

Soient F, V et μ les résultantes des actions moléculaires de la pièce AB pour la section B; F', V' et μ' les mêmes résultantes pour la pièce CD.

Comme ces résultantes correspondent à la réaction mutuelle de deux éléments successifs, on a entre elles les relations de condition :

$$F' = F \cos \alpha - V \sin \alpha ;$$
$$V' = V \cos \alpha + F \sin \alpha ;$$
$$\mu' = \mu + Fm \cos \alpha - Vm \sin \alpha.$$

110. — Poutre à béquilles. — Considérons une poutre continue dont les supports soient constitués par des pièces verticales, dites *béquilles*, qui sont encastrées sur la dite poutre, et soit appuyées, soit encastrées sur des massifs de fondation.

On prendra pour inconnues : les réactions de chaque socle N sur la béquille BN (composante verticale S,

composante horizontale Q, couple d'encastrement μ);
les résultantes d'actions moléculaires (moment de

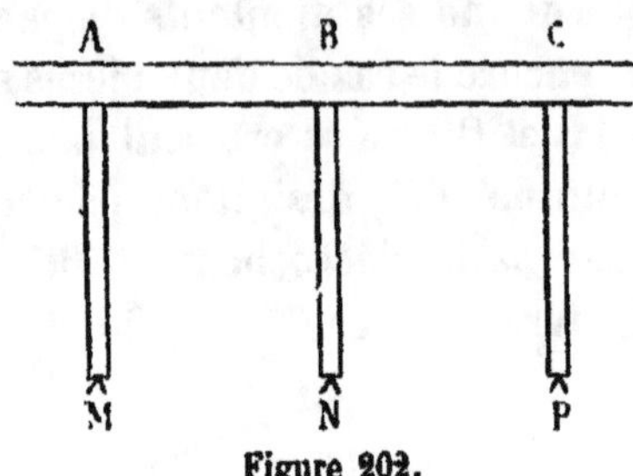

Figure 202.

flexion, effort normal, effort tranchant) des sections
transversales B pour chacune des pièces AB, BN, BC
aboutissant à un même nœud de la construction ; enfin
les déplacements vertical, horizontal et angulaire de
chaque nœud B.

On écrira les conditions d'équilibre du nœud E,
entre les réactions mutuelles des trois pièces qui y
aboutissent. Enfin, on exprimera, à l'aide des formules
de déformation des éléments, les conditions nécessaires
pour que leurs déplacements soient identiques au
droit du nœud commun B, et pour que les points M, N
et P soient fixes. On obtiendra finalement des équations en nombre suffisant pour déterminer toutes les
inconnues, et le problème sera résolu.

Cette solution générale, qui *a priori* paraît assez
peu pratique, est susceptible d'être simplifiée en tenant
compte des circonstances spéciales du problème :
identité des travées successives, identité des montants,
symétrie des charges, constance des sections, etc. Il
peut arriver que dans ces conditions les calculs soient
abregés et n'exigent plus qu'un travail très acceptable.
Mais, nous jugeons inutile de nous étendre davantage

sur cette question, dont l'examen détaillé exigerait de longs développements, insuffisamment justifiés d'ailleurs par le peu d'importance des applications qu'on a faites de ce type de construction.

Nous ferons à ce propos la remarque suivante. Dans l'étude des poutres, il a toujours été admis qu'un appui simple ou double était défini par la condition d'immobiliser dans le sens vertical un ou deux points infiniment voisins de l'axe longitudinal.

Or, le plus souvent une poutre repose sur son support, pile ou culée, par l'intermédiaire de sa membrure inférieure. Cette discordance entre l'hypothèse théorique et la réalité pratique n'a pas en général de conséquence appréciable au point de vue de la précision des résultats. Mais il peut exceptionnellement en être autrement, si la poutre étudiée est de grande hauteur relativement à sa portée. Il convient alors de considérer le panneau de pile comme un support métallique dont la hauteur serait la moitié de celle de la poutre, et qui, reposant sur le massif de la pile, fournirait l'appui de la fibre moyenne. L'ouvrage peut être ainsi envisagé comme une poutre à béquilles, dont chaque support métallique est constitué par le panneau d'appui, depuis l'axe longitudinal jusqu'à la membrure inférieure. La fibre moyenne n'est pas rigoureusement immobilisée au droit de l'appui : elle subit le déplacement du sommet de la béquille, dont la base est encastrée sur le massif de pile.

Le pont du *Forth* est constitué par une poutre discontinue, du type *cantilever*, dont les travées intermédiaires comportent une double articulation : la hauteur des fermes atteint jusqu'à 100 m. au droit des piles, sur lesquelles elles sont encastrées. La distance

verticale entre le plan d'encastrement et la fibre
moyenne est ici de 50 m., et dans ces conditions la
déformation due à la flexion propre du panneau de
pile n'est pas négligeable, et entraîne une augmentation appréciable de la flèche d'abaissement au milieu
de la travée. Il a fallu donner à ce panneau une largeur
considérable, d'à peu près 76 m., pour atténuer les
effets dus à cette cause dans la mesure convenable.

111. — Ferme de hall. — A titre de dernier exemple
d'ossature rigide, nous prendrons la ferme de hall du
Grand Palais des Beaux Arts à l'Exposition de 1900.

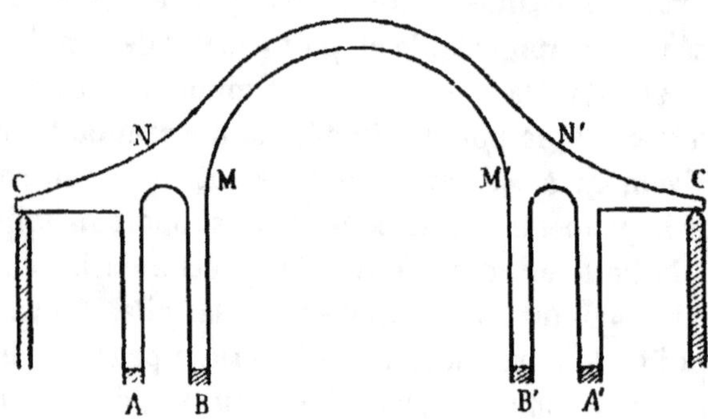

Figure 203.

C'est un arc métallique encastré sur ses deux retombées, mais qui se divise en deux éléments verticaux à
chacune de ses extrémités, et repose de la sorte sur
chaque fondation par l'intermédiaire d'une fourche,
dont les extrémités sont encastrées soit en A et B, soit
en B' et A', sur des massifs de maçonnerie. De plus,
l'arc est prolongé de chaque côté par une ferme de toit
latérale, dont l'extrémité est simplement appuyée en
C ou C' sur un mur.

Pour calculer un ouvrage de ce type, il faut d'abord arrêter toutes ses dimensions transversales, et se donner I et Ω pour chaque section. Après quoi on le rendra isostatique en supprimant toutes les retombées et tous les appuis, à l'exception de l'unique retombée A, sur laquelle la ferme demeure encastrée. On calculera ensuite, pour les forces extérieures connues (charges, poussée du vent) qui sollicitent l'ouvrage ; 1° les réactions verticale S et horizontale Q, ainsi que le couple d'encastrement μ de la retombée A, pour laquelle les déplacements angulaire, horizontal et vertical sont nuls par définition ; 2° pour chaque retombée supprimée B, B' ou A', les déplacements angulaire θ, horizontal δx et vertical δy ; 3° pour chaque appui supprimé, C ou C', le déplacement vertical δy.

Cette opération ne présentera aucune difficulté, attendu que chaque pièce CN, BM, B'M', C'N', étant libre à une extrémité C, B, B' ou C', et encastrée à l'autre sur la pièce maîtresse ANN'A', s'étudiera comme une console, dont on déterminera par la statique les conditions de résistance et de déformation.

La pièce maîtresse se calculera elle-même comme une console libre en A', encastrée en A, et soumise à l'action des forces extérieures connues, y compris les réactions de ses appendices, qui auront été fournies par les calculs précédents.

On effectuera ensuite la même recherche pour l'ouvrage isostatique, mais en ne lui appliquant qu'une seule force extérieure, de valeur numérique arbitraire ; par exemple 100.000 kg., qui sera, pour chaque retombée supprimée B, B' et A', soit un couple d'encastrement μ, soit une réaction verticale S, soit une réaction horizontale Q ; pour chaque appui supprimé il n'y aura à considérer qu'une réaction verticale S. Cela nous fera en tout trois calculs distincts par retombée (μ. S, Q), et un seul par appui (S). Soit π l'un de ces déplacements, calculés pour un des points B, B', A', C ou C', qui correspond à une des réactions de valeur numérique arrêtée arbitrairement à 100.000 kg.

Si Z est la valeur réelle de cette réaction inconnue, le déplacement correspondant sera $\frac{Z\pi}{100.000}$. Nous écrirons que le déplacement effectif de la retombé ou de l'appui est nul, en vertu de l'énoncé du problème, en totalisant la valeur numérique du déplacement fournie par le calcul initial avec tous les déplacements inconnus tels que $\frac{Z\pi}{100.000}$. Cela nous fera en tout onze équations linéaires de condition, à raison de trois par retombée (δy, δy et θ), et d'une seule (δy) par appui simple, en nombre égal à celui des inconnues (μ, S et Q pour chaque retombée, S pour chaque appui). Il n'y aura plus qu'à résoudre ces équations simultanées pour en tirer les valeurs de toutes les réactions inconnues.

S'il'ouvrage est symétrique et symétriquement chargé, les calculs peuvent être simplifiés, en arrêtant l'arc à la section située dans le plan de symétrie passant par la clef, qui reste verticale et ne subit pas de déplacement horizontal. Le nombre des inconnues se réduit à six, une S pour l'appui simple C, trois pour les retombées B(μ, S et Q), et deux pour la section de clef (μ et S).

On voit que l'étude d'une construction de ce genre nécessite des opérations numériques longues et laborieuses, mais qu'au point de vue théorique elle ne présente aucune espèce de difficulté, et comporte une solution des plus simples.

112. — Simplification pratique des calculs. — Si l'on
a affaire à une ossature un peu compliquée, on conçoit
que l'application de la méthode exacte puisse conduire
à une impossibilité pratique, en ce qu'elle exigerait un
labeur excessif et interminable. Aussi juge t'on le plus
souvent convenable de simplifier le problème, en laissant de côté tous les éléments qui semblent ne devoir
jouer dans la construction qu'un rôle accessoire, et remplaçant par une articulation tout assemblage rigide qui
n'est pas strictement nécessaire pour l'équilibre, ce qui
revient à considérer comme secondaire et négligeable
le couple d'encastrement dû à la rigidité de cet assemblage, etc. On arrive de la sorte à substituer à la véri-
table construction un système beaucoup plus simple,
dont l'étude s'effectue sans peine.

Mais une pareille méthode ne peut conduire à un
résultat acceptable au point de vue de l'exactitude que
si les simplifications apportées à l'ossature ne sont pas
de nature à modifier profondément ses conditions de
stabilité. C'est là une question de flair et de clairvoyance,
où l'expérience du calculateur joue le rôle essentiel. On
peut commettre, en pareil cas, de graves erreurs si l'on
a opéré maladroitement, et il arrive que l'ouvrage
exécuté se comporte aux essais d'une façon toute différente de celle annoncée par le calcul ; on peut se trouver alors dans l'obligation de procéder après coup à
des renforcements justifiés par les constatations faites.
Si l'on a quelques inquiétudes sur la valeur des calculs
effectués dans de pareilles conditions, il est prudent
d'augmenter la marge de sécurité, et de renforcer les
pièces ou les assemblages qui *a priori* semblent expo-
sés à subir des efforts supérieurs à ceux calculés. C'est
dans les constructions de ce genre qu'il est rationnel

d'abaisser en certains points la limite de sécurité, en raison même de l'incertitude où l'on se trouve pour l'évaluation des forces extérieures de réaction.

L'expérience acquise dans la pratique des constructions est ici d'un grand secours, parce qu'elle permet de suppléer à l'empirisme du calcul. C'est le rôle du praticien de compléter et de forcer les résultats douteux ou incomplets qu'a fournis le calculateur.

---

§ 3. Fermes à poutres solidaires.

L'étude d'une construction rigide se complique singulièrement si les divers éléments, au lieu d'être simplement reliés par leurs extrémités respectives, sont solidarisés par des assemblages intermédiaires. Nous n'étudierons, dans cet ordre d'idées, qu'un petit nombre de cas particuliers.

113. — Poutres à membrures indépendantes. — Considérons deux poutres parallèles ayant un plan principal commun renfermant les forces extérieures, qui soient reliées de distance en distance par des tiges verticales maintenant invariables leurs distances mutuelles dans ce plan principal. Il résultera de la solidarité des deux poutres que leurs déplacements élastiques verticaux seront identiques pour les points des deux fibres moyennes reliés par les tiges.

Soient M et M' les moments fléchissants développés dans deux sections correspondantes des poutres. L'identité de leurs déformations sera exprimée par la relation :

$$\frac{d^2y}{dx^2} = \frac{d^2y'}{dx^2}.$$

D'où :

$$\frac{M}{EI} = \frac{M'}{EI'}.$$

Le moment fléchissant total $X = M + M'$ sera partagé entre les deux poutres proportionnellement à leurs

Figure 204.

moments d'inertie respectifs multipliés par les coefficients d'élasticité E ou E'.

Il en sera de même pour l'effort tranchant en vertu de la relation :

$$V = \frac{dX}{dx}.$$

Soient R et R' les moyennes du travail développé dans les deux fibres extrêmes de chacune de ces deux poutres, dont nous désignerons les hauteurs respectives par h et h'.

On a :

$$\frac{R}{h} = \frac{M}{I}, \text{ et } \frac{R'}{h'} = \frac{M'}{I'}.$$

D'où :

$$\frac{R}{Eh} = \frac{R}{E'h'}.$$

Si les deux poutres sont formées de la même matière, on a : $E = E'$, et $\frac{R}{h} = \frac{R'}{h'}$. Le travail dans chaque poutre est proportionnel à sa hauteur.

Admettons à présent que ces poutres, toujours reliées

par des tiges verticales, soient en outre assemblées
l'une à l'autre par leurs extrémités, ce qui suppose que
l'une d'elles au moins a un axe longitudinal curviligne.

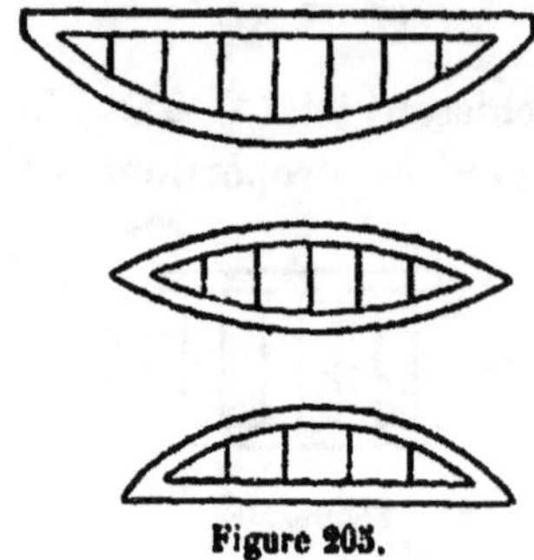

Figure 205.

Désignons par I le moment d'inertie de la poutre
unique à travée indépendante que l'on obtiendrait en
reliant par triangulation les deux poutres associées,
considérées comme des membrures. On sait que, pour
cette poutre principale, dont la hauteur variable s'annule aux deux extrémités, l'effort tranchant réduit,
transmis par les pièces de triangulation, aurait pour
expression :

$$W = V - \frac{X dh}{h dx} = \frac{d}{dx}\left(\frac{X}{h}\right).$$

Dans le cas particulier où le moment fléchissant
varierait proportionnellement à la hauteur de la poutre,
on sait également que l'effort tranchant réduit W
serait nul : par conséquent on pourrait supprimer la
triangulation, et se contenter de tiges verticales répartissant entre les deux membrures les charges portées
par l'ouvrage.

On peut donc faire usage de la poutre à *membrures
indépendantes*, ou reliées exclusivement par des tiges

verticales, sans triangulation, toutes les fois que la distribution de la charge est telle que la courbe des moments fléchissants ait ses ordonnées proportionnelles aux hauteurs successives de la poutre. Dans ces conditions, il n'est pas nécessaire que l'une ou l'autre des membrures ait une grande rigidité propre, puisquelle n'a à supporter aucun travail de flexion, mais simplement l'effort normal de traction ou de compression $\frac{X}{h}$.

Supposons maintenant que le moment fléchissant X ne soit pas proportionnel à la hauteur h de la poutre principale. Pour que l'ouvrage soit stable, il faudra que l'une des membrures joue le rôle de *poutre de rigidité*, et résiste à la fraction du moment fléchissant que la poutre principale serait incapable de supporter par suite de l'indépendance de ses membrures.

Désignons par M la partie du moment fléchissant transmise par la poutre principale, dont la rigidité transversale sera définie par la variable EI ; par M′ le moment fléchissant supporté par celle des membrures qui joue le rôle de poutre de rigidité, et que nous définirons par la variable E′ I′.

On a :

$$X = M + M'.$$

On sait d'ailleurs que M est proportionnel à la hauteur h de la poutre principale. On peut donc remplacer cette lettre par le produit Kh, où K est un coefficient numérique à déterminer.

Les équations de déformation de la poutre principale et de sa poutre de rigidité sont :

$$\frac{d^2y}{dx^2} = \frac{M}{EI}, \quad \text{et} \quad \frac{d^2y'}{dx^2} = \frac{M'}{E'I'}.$$

Etant donné que les deux membrures sont reliées invariablement à leurs extrémités, la déviation angulaire $\theta_l - \theta_0$ sera la même pour la poutre principale et pour celle de rigidité.

D'où :

$$\int_0^l \frac{M}{EI}\, dx = \int_0^l \frac{M'}{E'I'}\, dx.$$

Substituons à M l'expression équivalente Kh, et remplaçons M' par X — M = X — Kh.

$$\int_0^l \frac{Kh}{EI}\, dx = \int_0^l \frac{X - Kh}{E'I'}\, dx.$$

D'où :

$$K = \frac{\displaystyle\int_0^l \frac{X}{EI}\, dx}{\displaystyle\int_0^l \left(\frac{1}{EI} + \frac{1}{E'I'}\right) h\, dx}.$$

Connaissant le coefficient K fourni par la formule précédente, on en déduira les moments fléchissants M et M' transmis respectivement par la poutre principale et par la poutre de rigidité.

On peut admettre qu'en général le moment d'inertie I de la poutre principale est, en raison de sa hauteur, très grand comparativement à celui I' de la poutre de rigidité. Le rapport $\frac{1}{EI}$ est petit, et peut être négligé devant le rapport $\frac{1}{E'I'}$.

On obtiendra donc une valeur, péchant légèrement par excès, du coefficient K, en se servant de la formule simplifiée :

$$K = \frac{\displaystyle\int_0^l \frac{X}{I'}\, dx}{\displaystyle\int_0^l \frac{h\, dx}{I'}}.$$

Admettons que la poutre de rigidité soit à section constante : on peut supprimer le facteur constant 1, qui figure dans les deux termes du rapport.

D'où :

$$K = \frac{\int_0^l X\, dx}{\int_0^l h\, dx};$$

ou :

$$\int_0^l Kh\,dx = \int_0^l X\,dx.$$

Traçons sur l'épure des moments fléchissants OAL un profil longitudinal de la poutre OBL, à une échelle

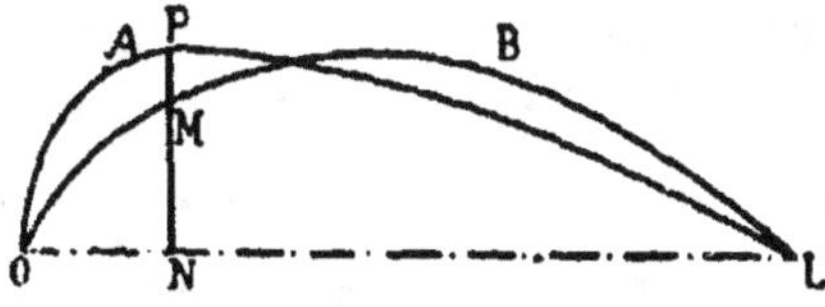

Figure 206.

telle que les surfaces comprises entre les deux courbes et leur droite de fermeture commune OL soient égales.

Les ordonnées MN de la courbe OBL fourniront précisément les valeurs des moments fléchissants M ou Kh, supportés par la poutre principale. Les moments secondaires transmis par la poutre de rigidité seront représentés par la distance verticale mutuelle PM de ces deux courbes : ils seront positifs ou négatifs suivant que la courbe des h sera au-dessous ou au-dessus de la courbe des X.

Considérons le cas particulier d'une poutre parabolique, ou *bow string*, dont la hauteur aurait pour expression analytique :

$$h = \frac{4\,H\,x\,(l-x)}{l^2}.$$

Pour un poids isolé P, appliqué à la distance u de l'extrémité de gauche 0, on trouvera sans difficulté :

$$M = \frac{3\,P\,u\,(l-u)}{l^3}\,x\,(l-x);$$

et pour :

$$o < x < u : M' = \frac{P\,(l-u)\,x}{l} - \frac{3\,P\,u\,(l-u)}{l^3}\,x\,(l-x);$$

pour :

$$u < x < l : M' = \frac{P\,x\,(l-u)}{l} - \frac{3\,P\,u\,(l-u)}{l^3}\,x\,(l-x);$$

Pour le premier tiers de la travée $\left(o \leqq x \leqq \dfrac{l}{3}\right)$, le moment fléchissant M' développé dans la poutre de rigidité est positif si le poids P est appliqué dans la région de gauche ayant pour limites : $o \leqq u \leqq l - \dfrac{l^2}{3x}$; et négatif si P est appliqué dans la région complémentaire $\left(l - \dfrac{l^2}{3x} \leqq u \leqq l\right).$

Pour le tiers moyen de la travée $\left(\dfrac{l}{3} \leqq x \leqq \dfrac{2l}{3}\right)$, M' est positif si le poids P est appliqué dans la région centrale $\left(l - \dfrac{l^2}{3x} \leqq u \leqq \dfrac{l^2}{3(l-x)}\right)$, et négatif pour les régions latérales $\left(o \leqq u \leqq l - \dfrac{l^2}{3x}, \text{ et } \dfrac{l^2}{3(l-x)} \leqq u \leqq l\right).$

Enfin, pour le 3ᵉ tiers de la travée $\left(\dfrac{2l}{3} < x \leqq l\right),$

M' est négatif si P est appliqué dans la région de gauche $\left(o \leqq u \leqq \dfrac{l^2}{3(l-x)}\right)$, et positif dans la région complémentaire $\left(\dfrac{l^2}{3(l-x)} \leqq u \leqq l\right).$

On en déduit sans difficulté les valeurs limites de M' correspondant aux dispositions les plus défavorables pour une surcharge uniforme incomplète p.

Premiers tiers de l'ouverture :

$$o < x < \frac{l}{3}, \quad M' = \pm \; \frac{px}{18} \cdot \frac{(2\,l - 3\,x)^2}{l - x};$$

Tiers central :

$$\frac{l}{3} < x < \frac{2l}{3}, \quad M' = \pm \frac{p}{18}\left[\frac{x\,(2\,l - 3\,x)^2}{l - x} + \frac{(l - x)\,(3\,x - l)^2}{x}\right];$$

Troisième tiers :

$$\frac{2l}{3} < x < l, \quad M' = \pm \frac{p\,(l - x)}{18} \cdot \frac{(3\,x - l)^2}{x}.$$

Le maximum absolu de M' s'obtient en posant :

$$x' = \frac{l}{12}\,(9 - \sqrt{33}) = 0{,}271\,l,$$

ou :

$$x'' = \frac{l}{12}\,(3 + \sqrt{33}) = 0{,}729\,l.$$

On trouve :

$$M' = \pm\, 0{,}029\, pl^2.$$

Pour

$$x = \frac{l}{3} \quad \text{ou} \quad x = \frac{2l}{3},$$

on a :

$$M = \pm\, \frac{pl^2}{36} = \pm\, 0{,}029\, pl^2.$$

On voit que le moment fléchissant maximum de la poutre de rigidité est sensiblement égal à $\frac{2}{9}$ du maximum $\frac{pl^2}{8}$ relatif à la poutre principale portant la surcharge complète.

La charge permanente, si elle est uniformément répartie et complète, n'influe pas sur la poutre de rigidité.

Dans le cas où les deux membrures de la poutre seraient de rigidités comparables, le moment fléchissant secondaire M' se répartirait entre elles proportionnellement à leurs moments d'inertie respectifs, d'après la règle indiquée précédemment.

On fait souvent usage de poutres armées, constituées par une membrure horizontale rigide que renforce une semelle inférieure polygonale, reliée à la première par des montants verticaux. Les moments de flexion secondaires se calculent par la règle indiquée ci-dessus, en construisant la courbe des X et un profil en élévation de la poutre ayant même aire, puis mesurant les distances verticales mutuelles de ces profils. La figure 207 se rapporte au cas de la surcharge uniforme complète : on voit que la membrure horizontale

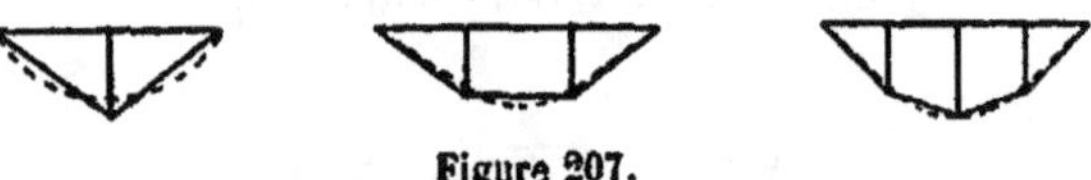

Figure 207.

rigide se comporte comme une poutre continue, ayant pour appuis intermédiaires les sommets des montants.

On peut adapter le type à membrures indépendantes

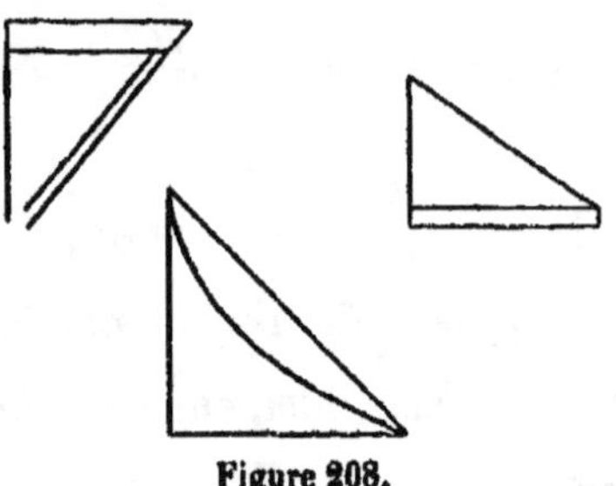

Figure 208.

à un ouvrage quelconque, poutre ou arc, en partant du même principe. Mais la règle de l'équivalence des aires ne se vérifie que pour les régions où les membrures sont invariablement reliées entre elles par leurs extrémités.

Dans le cas particulier d'une console, constituée par une membrure rigide et un tirant ou une contrefiche (fig. 208), les moments de flexion secondaires de la poutre de rigidité sont ceux d'une travée indépendante de même ouverture.

114. — Calcul d'un grillage. — Considérons deux systèmes de poutres à directions rectangulaires, qui sont reliées par articulations en leurs points de croisement. On procédera comme il suit pour le calcul de ce grillage.

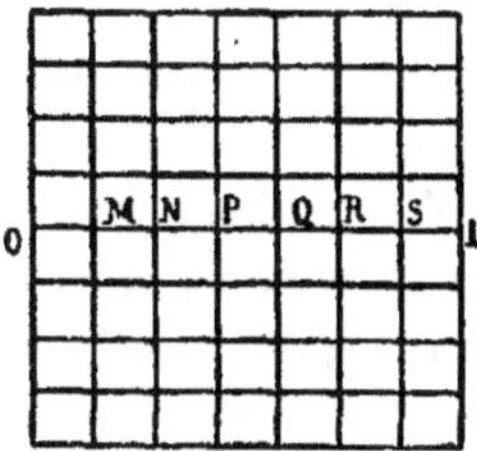

Figure 209.

On déterminera d'abord les déplacements des nœuds M, N, P, Q, R, S, situés sur la même poutre OL, sous l'influence de sa charge propre, supposée connue, et sous l'influence d'une charge arbitraire A, par exemple 10.000 kg., appliquée successivement en tous les nœuds. Cett_ opération ne présentera aucune difficulté du moment que l'on connaîtra les dispositions géométriques de l'ouvrage, et la manière dont il repose sur ses appuis fixes.

Désignons par les mêmes lettres M, N, P, Q, R, S,

les réactions mutuelles inconnues de la poutre OL et
des poutres transversales qu'elle croise.

Le déplacement total d'un nœud, par exemple N,
s'obtiendra en totalisant les déplacements partiels
fournis par les calculs précédents :

$$f + \frac{\alpha M}{A} + \frac{\alpha' N}{A} + \frac{\alpha'' P}{A} + \cdots$$

On fera les mêmes opérations pour toutes les poutres
du grillage. Ensuite on écrira, pour chaque nœud,
qu'il y a égalité entre ses deux déplacements, calculés
séparément pour chacune des poutres qui s'y croisent.
On aura de la sorte autant d'équations que de nœuds,
renfermant le même nombre d'inconnues, à raison
d'une réaction mutuelle par nœud. Le problème sera
résolu.

Cette méthode est applicable à un plancher porté sur
les quatre murs d'une enceinte rectangulaire ; ou sur
deux murs parallèles, reliés à leurs extrémités par des
poutres plus puissantes, ou poitrails, orientées suivant
les deux autres côtés du rectangle ; ou sur quatre
poteaux placés aux angles du rectangle et reliés par
des poitrails, etc.

On peut s'en servir aussi pour le calcul d'une porte
d'écluse, dont chaque vantail est constitué par un pla-
telage métallique fixé sur deux systèmes de poutres
verticales (montants) et horizontales (traverses), etc.

115. Calcul d'un plancher. — Considérons un plancher continu formé d'une série de poutrelles jointives
AB reposant par leurs abouts sur deux murs parallèles, et soutenues en outre par une poutre intermédiaire OL, parallèle aux murs et pourvue à ses extrémités de deux supports invariables.

Nous nous proposerons de déterminer les conditions de stabilité de cet ouvrage.

Admettons que la poutre OL soit supprimée. Nous calculerons, dans cette hypothèse, pour les poutrelles,

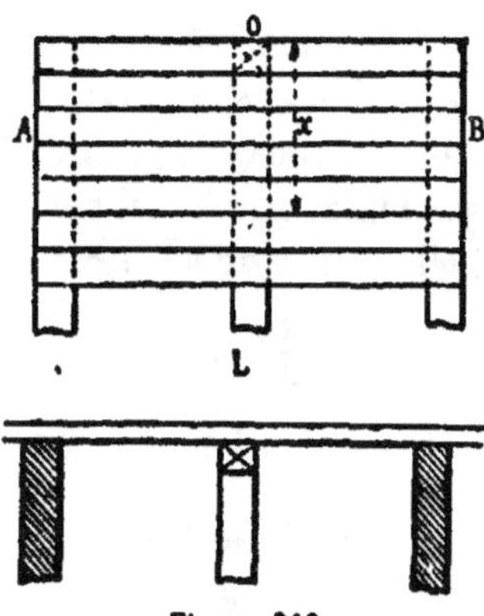

Figure 210.

supposées identiques et identiquement chargées : 1° le déplacement m que subit la section de contact avec la poutre OL, sous l'influence des charges que porte directement la poutrelle ; 2° le déplacement n de cette même section sous l'influence d'une charge isolée arbitraire P, qui lui serait directement appliquée en son point de croisement avec la poutre.

Désignons par la lettre π la réaction, par unité de longueur de la poutre, qu'exerce celle-ci sur les poutrelles ; cette réaction est bien entendu, variable d'une poutrelle à la suivante. Pour une poutrelle définie par sa distance x à l'extrémité O de la poutre, le déplacement effectif y de la section M sera fourni par la relation :

$$y = -m + \frac{n\pi}{P} = -m + k\pi.$$

En vertu de l'identité des poutrelles, la même relation est applicable à toutes : la réaction π est seule variable, comme fonction de l'abscisse x. Elle est évidemment plus grande dans le voisinage des appuis de la poutre, O et L, que dans son milieu.

Désignons par I le moment d'inertie de la poutre, *supposée à section constante*. La charge de cette poutre résulte des réactions des poutrelles successives ; elle est donc représentée par la lettre π.

L'équation différentielle de sa ligne élastique est :

$$\mathrm{EI}\,\frac{d^2 y}{dx^2} = \mathrm{X}.$$

Différencions deux fois cette équation :

$$\mathrm{EI}\,\frac{d^3 y}{dx^3} = \mathrm{V}\,;$$

$$\mathrm{EI}\,\frac{d^4 y}{dx^4} = \frac{d\mathrm{V}}{dx} = -\pi.$$

Or, on a vu plus haut que

$$\pi = \frac{y}{k} + \frac{m}{k}\cdot$$

D'où :

$$\mathrm{EI}\,\frac{d^4 y}{dx^4} + \frac{y}{k} + \frac{m}{k} = 0.$$

Posons

$$\alpha = \sqrt[4]{\frac{1}{4\,\mathrm{EI}\,k}}\cdot$$

L'équation différentielle, ainsi mise sous la forme

$$\frac{d^4 y}{dx^4} + 4\,\alpha^4\,(y + m) = 0,$$

a pour intégrale générale :

$$y = -m + A e^{\alpha x} \cos \alpha x + B e^{-\alpha x} \cos \alpha x$$
$$+ C e^{\alpha x} \sin \alpha x + D e^{-\alpha x} \sin \alpha x.$$

Les quantités m et k nous étant déjà fournies par le calcul d'une poutrelle, il nous restera à déterminer les quatre constantes A, B, C et D. Nous y arriverons en utilisant les données du problème relatives au mode de liaison de la poutre OL et de ses supports.

Supposons qu'il s'agisse d'une travée indépendante, ayant deux appuis simples en O et L.

On a pour $x = o$, et $x = l$;

$$y = o \quad ; \quad \frac{d^2 y}{dx^2} = \frac{X}{EI} = o.$$

Supposons que la poutre soit encastrée en O, et libre en L. C'est une console.

Pour $x = o$,
on a :

$$y = o \quad , \quad \frac{dy}{dx} = o ;$$

Pour $x = l$,
on a :

$$X = \frac{EI d^2 y}{dx^2} = o \quad , \quad \text{et } V = EI \frac{d^3 y}{dx^3} = o.$$

Si la poutre est encastrée en O, et appuyée en L, on a :

Pour $x = o$:

$$y = o \quad , \quad \frac{dy}{dx} = o ;$$

Pour $x = l$:

$$y = o \quad , \quad \frac{d^2 y}{dx^2} = o.$$

Si la poutre est encastrée en O et L, on a :

Pour $x = o$ et $x = l$:

$$y = o \quad , \quad \frac{dy}{dx} = o.$$

Dans toutes les hypothèses imaginables, nous aurons autant de conditions, obtenues en égalant à zéro soit y, soit une de ses dérivées successives, que d'inconnues A, B, C et D.

Le problème sera donc toujours facile à résoudre.

Prenons le cas particulier d'un plancher dont les poutrelles, à section constante, seraient simplement appuyées à leurs deux extrémités, et reposeraient au milieu de leur portée a sur la poutre OL, fonctionnant aussi comme une travée indépendante.

Soient E' le coefficient d'élasticité longitudinale, et I' le moment d'inertie de la poutrelle, p sa charge par mètre courant supposée uniforme :

$$m = \frac{5}{384} \cdot \frac{pa^4}{E'I'} \quad , \quad k = \frac{1}{48} \cdot \frac{a^3}{E'I'} \cdot$$

$$\alpha = \sqrt[4]{\frac{12\,E'I'}{EIa^3}}$$

$$y = -m + Ae^{\alpha x}\cos \alpha x + Be^{-\alpha x}\sin \alpha x$$
$$Ce^{\alpha x}\sin \alpha x + De^{-\alpha x}\sin \alpha x.$$

$$\frac{d^2y}{dx^2} = -2\alpha^2 Ae^{\alpha x}\sin \alpha x + 2\alpha^2 Be^{-\alpha x}\sin \alpha x$$
$$+ 2\alpha^2 Ce^{\alpha x}\cos \alpha x - 2\alpha^2 De^{-\alpha x}\cos \alpha x.$$

On posera $y = o$ et $\frac{d^2y}{dx^2} = o$ pour $x = o$ et $x = l$, et l'on tirera les quatre coefficients A, B, C et D des relations de condition ainsi obtenues.

Supposons enfin que le plancher continu repose sur un autre plancher également continu, formé de poutres jointives et dirigées transversalement aux premières. Prenons deux axes horizontaux ox et oz parallèles respectivement aux directions rectangulaires des axes des poutrelles et des poutres.

L'équation différentielle de la ligne élastique des poutrelles sera : $\frac{d^2y}{dx^2} = -p + \pi$, p étant la charge directement appliquée sur le plancher supérieur, et π la réaction à répartition continue du plancher inférieur.

L'équation différentielle de la ligne élastique d'une poutre sera de même : $\dfrac{d^4y}{dz^4} = -\pi$.

En combinant ces deux relations, on obtiendra facilement l'équation linéaire aux dérivées partielles :

$$\frac{d^4y}{dx^4} + \frac{d^4y}{dz^4} + p = 0.$$

Il suffira de l'intégrer dans un cas particulier donné, et de déterminer les fonctions et les constantes inconnues en utilisant les données du problème, pour obtenir la solution cherchée. C'est là un problème d'analyse qui ne paraît pas susceptible d'être résolu sous sa forme générale, et ne comporte pas d'utilisation pratique. Nous ne l'indiquons ici qu'à titre de renseignement, pour faire ressortir les très grandes difficultés que l'on peut rencontrer dans l'étude des constructions à poutres associées.

116. Contreventement des poutres de ponts. — Nous examinerons encore le cas de poutres parallèles, dont les membrures correspondantes soient reliées invariablement par des pièces horizontales formant triangulation, dites *barres de contreventement*. L'ouvrage ainsi construit affecte la forme d'une prisme rectangulaire dont les arêtes sont constituées par les membrures, les faces verticales, à claire-voie, par les triangulations des poutres principales, et les faces horizontales par les triangulations de contreventement.

Supposons d'abord que deux membrures correspondantes de deux poutres soient reliées seulement par

une poutrelle transversale articulée à ses deux extrémités.

Désignons par a l'écartement des deux poutres, et
admettons que l'on applique sur la poutrelle une
charge isolée P, placée entre la poutre de gauche et la
verticale passant par le milieu de l'écartement a, à la
distance u de cette verticale. La fraction de charge
transmise par la poutrelle à la poutre de gauche aura
pour valeur : $\dfrac{P}{2} + \dfrac{Pu}{a}$.

La poutre de droite portera le poids complémentaire

$$\frac{P}{2} - \frac{Pu}{a}.$$

Si tout poids porté par le pont est partagé dans le
même rapport entre les deux poutres supposées iden-

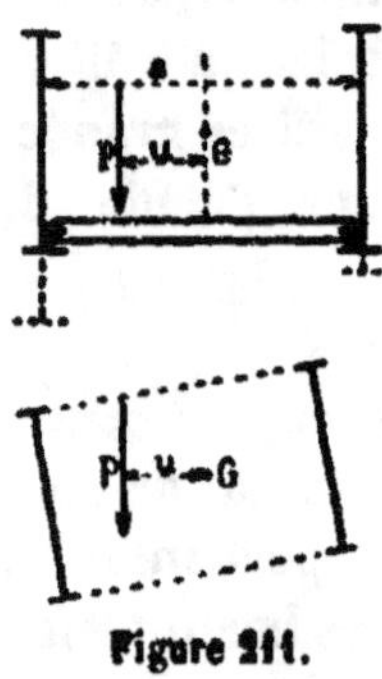

Figure 211.

tiques, les abaissements respectifs de ces poutres résultant de la déformation élastique seront proportionnels à leurs charges propres, et par suite la
poutre de gauche descendra plus que la poutre de
droite : dans les sections correspondantes, les flèches
seront dans le rapport $\dfrac{a+2u}{a-2u}$.

C'est ainsi que dans un pont de chemin de fer à

double voie, les surcharges respectives de deux poutres sont dans le rapport $\frac{4 + 1,75}{4 - 1,75} = 2,555...$, quand un train passe sur une voie, l'autre étant libre. La poutre la plus voisine du train s'abaisse sensiblement plus que l'autre.

Supposons maintenant qu'on ait relié les deux membrures de la poutre par des triangulations rigides, au lieu de poutrelles articulées. Le rectangle constitué par la coupe transversale du pont étant de la sorte rendu indéformable, une des poutres ne pourra pas se déplacer par rapport à l'autre en restant verticale, parce qu'alors le cadre rectangulaire se transformerait en un parallélogramme. Ce cadre se déversera en pivotant autour de son centre de gravité, de façon que la poutre voisine de la charge soit en surplomb, l'autre présentant au contraire un fruit vers l'extérieur.

Pour évaluer cette déformation, il faudrait connaître des formules permettant le calcul exact des phénomènes de torsion subis par le prisme à claire-voie que constituent ces poutres et leurs barres de contreventement. En effet, si les poutres sont solidaires l'une de l'autre, le poids P, passant à la distance u du centre de gravité G de la section transversale du prisme, donne lieu à un couple de torsion Pu, qui détermine un déplacement angulaire θ du profil dans le plan de la section transversale. Mais comme on ne possède pas de méthode satisfaisante pour la recherche de ce phénomène de torsion, on est conduit à admettre qu'au point de vue de la stabilité des poutres, le calcul supposant leur indépendance, et basé sur l'hypothèse que chacune ne subit qu'un déplacement vertical sans déviation angulaire, est suffisant pour les besoins de la pratique. En fait, ce calcul approximatif donne toujours des résultats péchant par excès, et par suite plus défavorables que la réalité. On se ménage donc un surcroît de sécurité en acceptant cette convention à titre de pis aller, à la seule condition de ne pas oublier que les flèches d'abaissement observées seront nécessairement inférieures aux prévisions du calcul, mais que par contre les poutres ne conserveront pas leur verticalité initiale, et prendront une inclinaison croissante à partir de chaque appui du pont jusqu'au milieu de la travée.

Considérons à présent un pont composé de trois poutres parallèles, dont les membrures inférieures sont

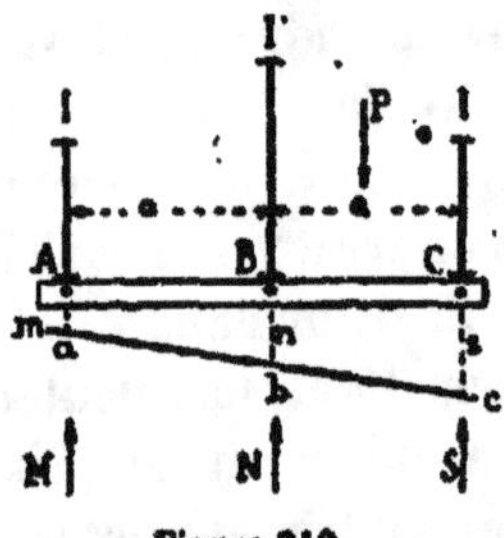

Figure 212.

reliées par articulation à une poutrelle rigide ABC. Désignons par I′ le moment d'inertie de la poutre centrale, et par I le moment d'inertie des poutres de rive, dont la section peut être supposée plus faible. L'écartement mutuel de deux poutres voisines sera désigné par la lettre a.

Appliquons sur la poutrelle un poids P, placé au milieu de l'écartement mutuel des poutres de droite. Cette poutrelle répartira la charge entre les trois poutres, qui par suite s'affaisseront verticalement. Comme les membrures sont assujetties à demeurer en ligne droite, en raison même de la rigidité de la poutrelle qui les unit, leurs déplacements verticaux m, n et s satisferont à la condition : $m - n = n - s$.

D'autre part, les réactions M, N et S de la poutrelle sur les trois poutres sont proportionnelles aux produits des abaissements élastiques qu'elles produisent par les moments d'inertie des poutres, en vertu de la relation fondamentale $EI \frac{d^2y}{dx^2} = -\pi$.

D'où :

$$(1) \qquad \frac{M}{I} - \frac{N}{I'} = \frac{N}{I'} - \frac{S}{I} \cdot$$

Ecrivons encore que les trois forces M, N et S font équilibre à la charge P :

$$(2) \qquad M + N + S = P ;$$

$$(3) \qquad \frac{3Ma}{2} + \frac{Na}{2} = \frac{Sa}{2} \cdot$$

Nous déduirons finalement des équations de condition (1), (2) et (3) les valeurs des réactions M, N et S.

$$M = P . \frac{2I - I'}{8I + 4I'} ;$$

$$N = P . \frac{4I'}{8I + 4I'} ;$$

$$S = P . \frac{6I + I'}{8I + 4I'} \cdot$$

Pour $I' = I$, on trouve :

$$M = \frac{P}{12} ; \quad N = \frac{4P}{12} ; \quad S = \frac{7P}{12} \cdot$$

Pour $I' = 2I$, on trouve :

$$M = o \quad ; \quad N = \frac{P}{2} ; \quad S = \frac{P}{2} \cdot$$

Si l′ > 2l, la réaction M devient négative : la poutre A s'appuie sur la poutrelle, au lieu de la soutenir.

Pour l′ = 4l, on trouve :

$$M = -\frac{P}{12}; \quad N = \frac{8P}{12}; \quad S = \frac{5P}{12}.$$

On observe alors qu'au passage d'un train sur le pont, la poutre de rive la plus éloignée se soulève, au lieu de s'affaisser comme les deux autres : le relèvement est égal, en valeur absolue, au cinquième de l'abaissement de la poutre de rive voisine de la charge.

La solidarité des poutres paraît donc augmenter en ce cas le travail dans la poutre C, ce qui *a priori* peut sembler paradoxal : c'est là un phénomène de torsion.

Si les poutres sont invariablement reliées par un contreventement rigide, ou simplement par une poutrelle encastrée sur leurs membrures, on admettra, à titre d'approximation péchant par excès, que le calcul précédent reste valable. Mais il doit être bien entendu que cette règle pratique, en vertu de laquelle on néglige l'effet de torsion que l'on ne sait pas calculer, n'a au point de vue théorique qu'une valeur très contestable.

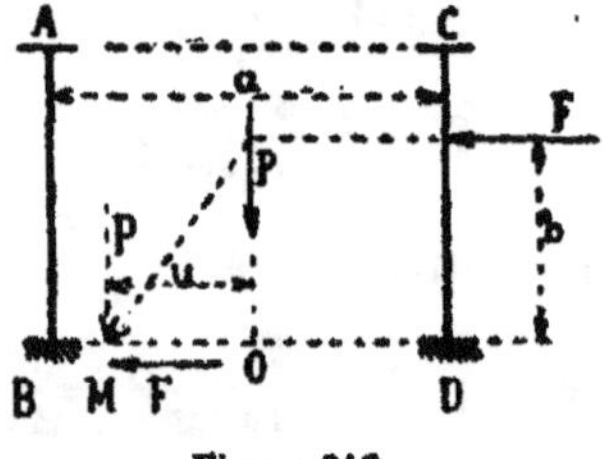

Figure 213.

Supposons maintenant que le pont soit soumis sur une de ses faces verticales à une poussée horizontale produite par le vent, dont la résultante F passe à la hauteur b au-dessus du plan d'appui des poutres sur leurs supports en maçonnerie. L'effort total du vent étant transmis à ce support par les membrures inférieures, il en résultera un couple de torsion Fb.

Composons la force horizontale F avec la résultante P des charges verticales, que nous supposerons passer par le milieu O de l'écartement mutuel a des poutres. La résultante de P et de F coupera le plan horizontal d'appui au point M, situé par rapport à O à la distance u fournie par la relation $u = \dfrac{Fb}{P}$.

Si l'on avait affaire à un solide invariable et non à un ouvrage élastique, on aurait le droit de transporter en M le point d'application des deux forces extérieures F et P, puisque ce point est sur leur résultante. Dans ces conditions, la force F, sollicitant directement la poutre horizontale inférieure de contreventement, serait transmise par elle aux appuis de l'ouvrage, et la force P se décomposerait en deux charges partielles : $\dfrac{P}{2} + \dfrac{Pu}{a}$ et $\dfrac{P}{2} - \dfrac{Pu}{a}$, portées respectivement par les deux poutres. On voit que, d'après cette manière d'envisager le problème, l'effet produit par le vent serait assimilable à celui d'une charge additionnelle $\dfrac{Pu}{a} = \dfrac{Fb}{a}$ ajoutée au poids $\dfrac{P}{2}$ porté par la poutre de gauche, et retranchée au contraire du poids porté par la poutre de droite, qui est directement frappée par le vent.

C'est ce que l'on appelle la *charge équivalente à l'effet du vent*.

On évalue de la sorte le supplément de travail dû à la force horizontale F en modifiant la répartition des charges verticales, comme il vient d'être dit. Cette méthode ne doit pas être considérée comme rigoureuse, et l'on peut effectivement imaginer tel dispositif qui en rendrait manifeste l'inexactitude.

Supposons qu'à l'extrémité du pont nous appuyions la poutre AB contre une console verticale ABK en maçonnerie ou en métal, formant prolongement de la culée et maintenant rigoureusement vertical le plan principal AB de cette poutre.

Dans ces conditions, la force F se partagerait entre

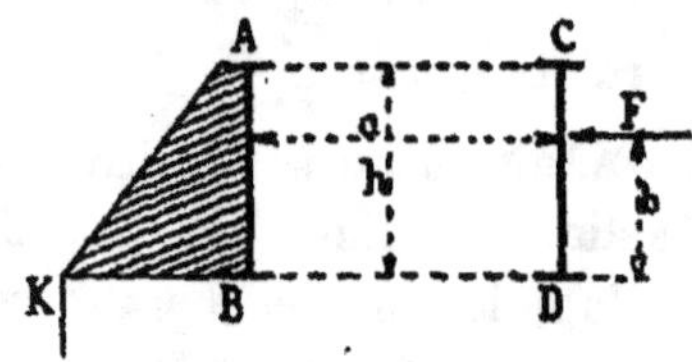

Figure 214.

les deux poutres horizontales de contreventement AC et BD, qui reporteraient directement sur le massif ABK les composantes $\frac{Fb}{h}$ (poutre AC) et $\frac{F(h-b)}{h}$ (poutre BD). Il n'existerait plus de couple de torsion, et l'on aurait affaire à une poutre soutenue sur toutes ses faces, et transmettant les charges verticales à l'appui horizontal BD, et les charges horizontales à l'appui vertical AB.

Dans la pratique, on réalise parfois cette disposition en établissant des portiques rigides aux extrémités des travées, pour maintenir invariables les cadres rectangulaires du pont sur chaque pile ou culée.

Il convient donc de ne recourir, pour le calcul de l'effet du vent, à la considération de la charge verticale équivalente, que si l'on s'est assuré que l'une des poutres horizontales de contreventement n'est pas susceptible de reporter directement elle-même la poussée du vent sur les appuis du pont. L'oubli de cette règle pourrait conduire à des erreurs graves en faisant prévoir, pour les poutres principales, des déplacements verticaux qui ne se manifesteraient pas en fait pendant les épreuves.

En définitive, le moment d'inertie polaire de la section transversale du pont est la somme des moments d'inertie I des poutres verticales, et des moments d'inertie I des poutres horizontales de contreventement.

La règle conventionnelle exposée ci-dessus consiste à négliger ce dernier moment I' devant le premier I. L'erreur commise de ce chef peut être suivant les cas insignifiante ou notable.

Il importe donc toujours de vérifier ce point, avant de tirer des conclusions formelles du calcul basé sur la charge équivalente, calcul qui en toute hypothèse ne peut jamais conduire qu'à des résultats plus ou moins éloignés de la vérité, mais péchant par excès, tant en ce qui touche le travail qu'en ce qui touche les déplacements verticaux. Par contre, ce calcul laisse de côté le déversement des poutres, que l'on observe toujours dans un pont soumis à un couple de torsion.

CHAPITRE CINQUIÉME

CONSTRUCTIONS EN MAÇONNERIE

SOMMAIRE :

CHAPITRE CINQUIÈME

CONSTRUCTIONS EN MAÇONNERIE

§ 1er. — Règles générales de calcul.

117. Principes fondamentaux. — Nous avons fait connaître, dans la première partie du cours (art. 65, page 337), qu'au point de vue de la Résistance des matériaux la propriété caractéristique de la maçonnerie, qui définit sa nature et détermine son mode d'emploi, est la suivante :

La limite d'élasticité à la traction est considérée comme nulle, et l'on ne doit introduire dans les équations d'équilibre élastique que des actions moléculaires de *compression*, et jamais d'*extension*.

Ce principe théorique est justifié pratiquement par la faible résistance aux efforts de traction qu'offrent certaines maçonneries, notamment celles d'exécution récente.

Dans les constructions les plus soignées, avec mortier de ciment, il ne faut jamais compter sur une résistance à la traction supérieure au quinzième, tout au plus, de la résistance à la compression.

Cette définition de la maçonnerie entraîne les conséquences suivantes, pour les massifs qui, d'après la restriction habituelle, ne sont pas soumis à un travail de torsion. Cela suppose que la résultante des actions moléculaires, pour une section quelconque, est située dans un plan normal passant par son centre de gravité.

1° Un massif de forme prismatique ne peut être stable que si le point de rencontre M du plan d'une section transversale et de la résultante d'actions moléculaires correspondante se trouve à l'intérieur du profil de la section, quand celui-ci est une ligne convexe.

Si le profil présente des parties concaves, le point de rencontre doit tomber à l'intérieur de la *ligne enveloppe de ses tangentes* (fig. 216).

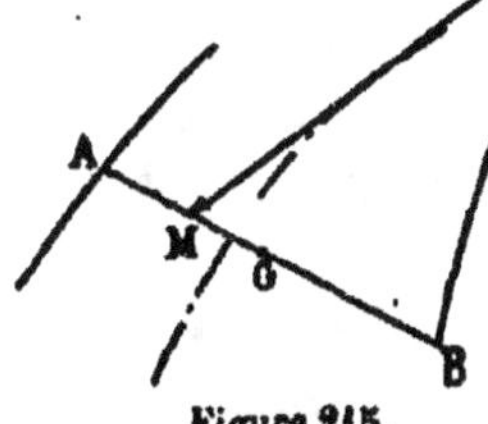

Figure 215.

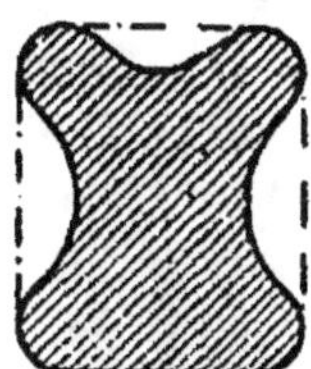

Figure 216.

D'autre part, la stabilité n'est assurée que si la composante normale de la résultante est un effort de compression.

2° Les seuls éléments plans de chaque section qui contribuent à la stabilité sont ceux pour lesquels le calcul indique un travail de compression ; les autres, où le travail ne pourrait être qu'une tension, doivent être regardés comme inutiles, et retranchés de la section, réduite *conventionnellement* aux seuls éléments comprimés.

3° Si l'on construit la polaire réciproque par rapport à l'ellipse centrale d'inertie, du profil de la section tourné de 180° autour de son centre de gravité, cette courbe limite la *région centrale* de la section. Pour toute résultante normale de compression appliquée en un point de la région centrale, le travail de compression sur un élément plan quelconque sera évalué par la formule usuelle de résistance relative aux pièces comprimées et fléchies.

4° Si le point de rencontre de la résultante et du plan est à l'extérieur de la région centrale, une partie de la section doit être retranchée comme inutile.

Il convient de baser les calculs de résistance sur la section conventionnelle la plus étendue que l'on puisse détacher de la section effective, de telle manière que pour le profil réduit le point de rencontre de la résultante se trouve à la limite de sa région centrale.

On appliquera à cette section restreinte les formules usuelles de résistance, pour le calcul des pièces comprimées et fléchies.

Si le point de rencontre de la résultante tombe en dehors de la ligne enveloppe des tangentes au profil, la section utile se réduit à zéro, et le calcul indique un travail de compression infini. L'ouvrage n'est pas stable.

5° La région centrale de chaque section transversale engendre à l'intérieur de l'ouvrage prismatique un *noyau central*.

Si le lieu géométrique des points de rencontre des résultantes successives et des plans des sections correspondantes, que nous appellerons la *courbe des centres de pression*, ne sort pas du noyau central, toutes les parties constitutives de l'ouvrage contribuent à sa stabilité par leur résistance propre, puisqu'elles sont nécessairement soumises à un travail de compression.

Si la courbe des centres de pression sort du noyau

central, il y a lieu de retrancher du massif les parties inutiles, en ne conservant, pour l'évaluation du travail en chaque point, que le volume engendré par la portion utile de chaque section, déterminée comme il a été dit plus haut.

Moyennant l'observation de cette règle, il sera permis d'appliquer aux ouvrages en maçonnerie toutes les méthodes d'investigation et toutes les règles de calcul établies dans les chapitres précédents pour l'évaluation du travail et la recherche de la déformation des solides élastiques.

Nous remarquerons d'ailleurs que chaque volume élémentaire de la portion inutile du solide intervient dans le problème au point de vue des forces extérieures qui lui sont directement appliquées, par exemple son propre poids. On évaluera donc l'effort normal, l'effort tranchant et le moment fléchissant en envisageant l'ouvrage tout entier, sans aucune distinction entre les portions actives et les portions inactives, et ce n'est que pour le calcul des aires et des moments d'inertie, qui figurent en dénominateurs dans les formules de résistance et de déformation, qu'on se limitera à la région utile de chaque section.

6° Si l'on calcule la déformation élastique d'un ouvrage en maçonnerie, ainsi diminué des parties reconnues inutiles à la stabilité et considérées comme des appendices ne subissant aucun travail élastique, on constate que cette déformation entraîne l'allongement des fibres situées dans les régions distraites conventionnellement du massif. Or, la plasticité des maçonneries est très faible : on peut donc craindre que cet allongement n'y détermine des fractures. C'est effectivement un phénomène qui s'observe bien souvent

dans les constructions. Il faut toujours s'attendre à ce
que des fissures ou des ouvertures de joints se mani-
festent dans les portions passives de l'ouvrage, et l'on
doit tenir compte, le cas échéant, de cette éventualité
dans les prévisions.

7° Un ouvrage en maçonnerie ne peut être stable que
si le lieu géométrique des centres de pression ne sort
pas de la surface engendrée par les lignes enveloppes
des tangentes aux profils des sections successives, sans
quoi, pour certaines sections transversales au moins,
la section utile se trouverait réduite à zéro, et le calcul
indiquerait un travail de compression infini.

On en doit conclure qu'une résultante d'actions
moléculaires, ainsi assujettie à ne pas sortir de la pièce
prismatique, ne saurait guère rencontrer le plan de
la section correspondante sous un angle très différent
de $\frac{\pi}{2}$. C'est là une nécessité géométrique. Par suite, l'effort tranchant, projection de cette résultante sur le
plan de la section, est généralement petit en comparaison de l'effort normal : le travail de glissement correspondant est donc presque toujours très faible. Le plus
souvent, on le considère comme négligeable, et l'on
s'abstient de le calculer. On ne se préoccupe que de la
composante des forces extérieures perpendiculaire à la
section transversale, qui fait travailler la matière à la
compression simple et à la flexion.

Mais ce n'est pas là une règle absolue, et il peut
arriver exceptionnellement que le travail tangentiel dû
à l'effort tranchant ne soit pas négligeable. Il convient
d'admettre que la limite de sécurité au glissement ne
dépasse pas la moitié de la limite de sécurité à la compression.

Supposons que l'on ait calculé le travail de compression maximum R par la formule usuelle :

$$R = \frac{F}{\Omega} + \frac{Xn}{I},$$

qui dans le cas du profil rectangulaire prend la forme :

$$R = \frac{F}{ab} + \frac{6X}{a^2b};$$

le travail tangentiel S, par la formule usuelle :

$$S = \frac{X\mu}{I u},$$

qui pour le profil rectangulaire devient :

$$S = \frac{3}{2}\frac{V}{ab}.$$

Le travail maximum à la compression simple, équivalant à la combinaison des actions moléculaires R et S, pourra s'évaluer par la relation conventionnelle :

$$R' = \frac{1}{2}\left(R + \sqrt{R^2 + 16\,S^2}\right).$$

Ce résultat R' devra être inférieur ou tout au plus égal à la limite de sécurité à la compression admise pour la maçonnerie.

8° Tant que la courbe des centres de pression ne sort pas du noyau central, la loi de Hooke est applicable : les actions moléculaires et les déplacements élastiques sont des fonctions linéaires des forces extérieures; l'effet produit par plusieurs forces, sollicitant simultanément l'ouvrage, est la résultante géométrique des effets partiels dus à chacune d'elles agissant isolément.

Il n'en est pas de même si la courbe des centres de pression sort du noyau central : en pareil cas l'aire Ω et le moment d'inertie I de la portion utile d'une section dépendent de la distribution et de la grandeur des forces extérieures : il en résulte que les actions moléculaires et les déplacements élastiques *peuvent* ne pas être des fonctions linéaires de ces forces. Le travail croît plus rapidement que leurs grandeurs, et devient infini quand la courbe sort du massif. L'effet produit par plusieurs forces agissant simultanément n'est pas *toujours* la résultante géométrique des effets dus à chacune d'elles considérée à part. Il faut donc, dans l'étude de l'ouvrage, envisager l'ensemble des forces qui lui sont appliquées, et procéder de la sorte à un calcul unique et complet, aussi bien pour la résistance que pour la déformation. Cette remarque a, dans l'espèce, une importance très grande, en ce que l'application pure et simple aux maçonneries des méthodes indiquées dans les précédents chapitres, basées sur la division du calcul en opérations distinctes et successives, peut conduire à des erreurs très graves.

118. Détermination de la région centrale et de la section utile. — Pour une tour ronde, dont la section annulaire est comprise entre deux cercles concentriques de diamètres D et d, la région centrale est limitée par un troisième cercle concentrique, dont le diamètre est $\frac{D^2 + d^2}{4D}$. Si la tour est pleine, d est nul et l'expression précédente se réduit à $\frac{D}{4}$. Si le mur circulaire est de très faible épaisseur, on se rapproche de la limite $\frac{D}{3}$.

Pour un rectangle plein, la région centrale est limitée par un losange, dont les quatre sommets sont sur les axes de symétrie du profil, respectivement au tiers et aux deux tiers de la longueur de chacun de ces axes.

Quand on connaît *a priori* l'orientation du plan passant par le centre de gravité de la section, qui renferme la résultante des actions moléculaires, il suffit, pour les calculs de résistance et de déformation, de déterminer les deux tangentes au contour de la région centrale parallèles à l'axe neutre de flexion, dont la direction est conjuguée du diamètre de l'ellipse d'inertie situé dans le plan de flexion.

Si le plan de flexion coupe la section suivant un axe de symétrie, les tangentes en question lui sont perpendiculaires. Il en est presque toujours ainsi dans la pratique.

Soient n et n' les distances des fibres extrêmes de la section à l'axe neutre, et r^2 le carré du rayon de gyration relatif à cet axe ; les tangentes limites de la région centrale sont parallèles à l'axe neutre, aux distances respectives :

$$\frac{r^2}{n'} \quad \text{et} \quad \frac{r^2}{n}.$$

La détermination de ces deux parallèles à l'axe neutre limitant la région centrale est un problème de géométrie élémentaire, que l'on résout aisément dans tous les cas.

Si le centre des pressions M tombe en dehors de la région centrale, il faut rogner la section de telle manière que le contour de la nouvelle région centrale, pour la surface réduite, passe par le centre de pression. C'est encore là un problème de géométrie que l'on peut toujours résoudre pour un profil donné, en procédant s'il y a lieu par tâtonnements. La recherche est d'ailleurs notablement facilitée si la section a un profil défini géométriquement, et si le centre de pression est sur un axe de symétrie.

Nous ne croyons pas utile de nous étendre davantage sur ce sujet, et d'étudier les différents profils que l'on rencontre le plus fréquemment dans la pratique des constructions : triangle plein ou évidé ; rectangle évidé ou double té, U ou té simple, etc.

En fait dans la presque totalité des ouvrages en maçonnerie, la section est à profil rectangulaire plein. Dans ce cas, si le centre de pression est sur l'un des axes de symétrie du rectangle, la région centrale est limitée par deux parallèles à deux côtés du rectangle, qui rencontrent les deux autres au premier et au deuxième tiers de leur longueur. La région centrale comprend ainsi le *tiers moyen* de la surface du rectangle.

Si le centre de pression est en dehors de cette région, la section utile sera limitée par une droite perpendiculaire à l'axe de symétrie, dont la position sera telle que le centre de pression M soit à la limite du tiers moyen de la longueur conservée sur l'axe : par suite, la distance de ce point M au centre de gravité G' du rectangle réduit sera le sixième de la longueur du côté dudit rectangle parallèle à l'axe de symétrie.

119. Règles du trapèze et du triangle. — Soient AB la trace, sur la section transversale, du plan de symétrie du massif contenant la résultante T des actions moléculaires ; G le centre de gravité de la section ; C et D les limites de la région centrale (fig. 217).

Désignons par F l'effort normal de compression, projection de T sur la perpendiculaire à la section. Si le point M est à l'intérieur de la région centrale CD, à la distance MG ou u du centre de gravité, les valeurs limites du travail à *la compression* seront :

pour la fibre extrême A, située, par rapport au centre

de gravité G, du même côté que le centre de pression M :

$$R = \frac{F}{\Omega} + \frac{Fun}{\Omega r^2} \; ;$$

pour la fibre extrême opposée B :

$$S = \frac{F}{\Omega} - \frac{Fun'}{\Omega r^2} \cdot$$

Du moment que le point M est à l'intérieur de la région centrale, on a $u < \frac{r^2}{n}$; les quantités R et S sont donc de même signe et indiquent des compressions ; le travail en un point quelconque N de la section est figuré par la distance verticale NN' des deux côtés non parallèles du trapèze ABB'A', dont les bases AA' et BB' correspondent respectivement à R et S.

Si le point M vient en C, à la limite de la région centrale on a : $un' = r^2$. D'où : $S = o$. Le travail en N est fourni par l'ordonnée NN' du triangle AA'B, où AA' représente le travail R.

Si le point M sort de la région centrale CD, et se trouve rejeté entre A et C, il faut détacher de la section une partie B_1B telle que la région utile conservée AB_1, dont le centre de gravité est G_1, ait une région centrale C_1D_1, dont l'extrémité C_1 coïncide avec le centre de pression M.

Si l'on pose : $MG_1 = u_1$, la valeur du travail en A sera fournie par la relation :

$$R_1 = \frac{F}{\Omega_1} + \frac{Fu_1 n_1}{\Omega_1 r_1^2} \cdot$$

En B_1, la compression est réduite à zéro. La valeur du travail, pour un point quelconque N, sera fournie par l'ordonnée du côté oblique $A'B_1$ du triangle

AA'B₁, construit sur la section utile du massif, avec la condition que AA' représente le travail R₁ en A.

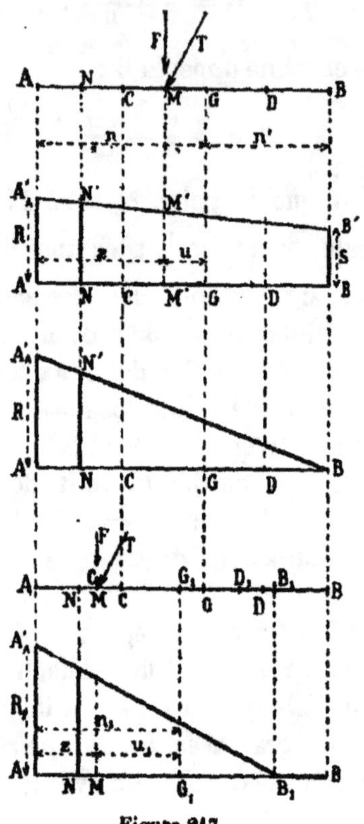

Figure 217.

Dans le cas particulier du massif à section réctangulaire, le centre de pression M coïncide nécessairement soit avec le centre de gravité du trapèze ABA'B', s'il est dans la région centrale, soit avec le centre de gravité du triangle AA'B₁ dans l'hypothèse contraire. On a dans ce dernier cas : AB₁ = 3AM.

Désignons par a la longueur AB du rectangle, par b

celle du côté perpendiculaire au plan de la figure ; par z la distance AM du centre de pression au côté A, le plus voisin de M, que l'on qualifie en général *d'arête de renversement*.

On a : $z = \dfrac{a}{2} - u$.

La région centrale occupe le tiers moyen du rectangle : $AC = CD = DB = \dfrac{a}{3}$.

Si le point M est dans le tiers moyen, les valeurs du travail en A et B seront fournies par les formules usuelles de résistance, qui correspondent à la règle du trapèze :

$$R = \frac{F}{ab} + \frac{6F\left(\frac{a}{2} - z\right)}{a^2 b} = \frac{4F}{ab} - \frac{6Fz}{a^2 b} ;$$

$$S = \frac{F}{ab} - \frac{6F\left(\frac{a}{2} - z\right)}{a^2 b} = -\frac{2F}{ab} + \frac{6Fz}{a^2 b}.$$

Pour $z = \dfrac{a}{3}$, on trouve : $R = \dfrac{2F}{ab}$ et $S = o$.

Si l'on a $z < \dfrac{a}{3}$, le point M est en dehors du tiers moyen. Il y a lieu de ne prendre en considération dans le calcul qu'une section réduite, à laquelle on appliquera la règle du triangle. La base du triangle AA'B, est égale à $3z$.

D'où : $R = \dfrac{2F}{3zb}$.

La valeur du travail sur l'arête de renversement s'obtient, dans le cas présent, en divisant le double de l'effort normal par la surface de la section utile, qui a la largeur b du rectangle primitif, mais dont la longueur se trouve réduite à $3z$.

Pour comparer les résultats que donne cette formule

avec les indications de la règle usuelle, relative aux solides élastiques dont les limites d'élasticité à l'extension et à la compression sont de grandeurs comparables, nous poserons :

$$z = \frac{a}{3}(1 - \alpha^2),$$

α^2 étant un coefficient numérique compris entre o et l'unité.

Pour $\alpha^2 = o$, le point M se trouvera au premier tiers de la longueur AB, et les deux règles concorderont :

$$R = \frac{F}{ab} + \frac{6F}{a^2 b}\left(\frac{a}{2} - \frac{a}{3}\right) = \frac{2F}{ab} ;$$

$$R_1 = \frac{2F}{3 b \times \frac{a}{3}} = \frac{2F}{ab} .$$

Pour toute valeur de α^2 comprise entre zéro et l'unité, on trouve :

$$R = \frac{F}{ab} + \frac{6F}{a^2 b}\left(\frac{a}{6} + \frac{a\alpha^2}{3}\right) = \frac{2F}{ab}(1 + \alpha^2) ;$$

$$R_1 = \frac{2F}{ab(1 - \alpha^2)} = \frac{2F}{ab}\left(\frac{1}{1 - \alpha^2}\right) = \frac{2F}{ab}(1 + \alpha^2 + \alpha^4 + \ldots).$$

Pour $\alpha_2 = 1$, le point M est en A, sur l'arête de renversement.

La règle usuelle fournit en ce cas le résultat suivant :

$$R = \frac{4F}{ab} \text{ et } S = -\frac{2F}{ab} .$$

Mais la règle du triangle indique pour R_1 une valeur infinie. Un ouvrage constitué par une matière dont la limite de résistance à la traction est nulle, sera nécessairement rompu si la résultante des charges rencontre l'arête de renversement, quelque faible que soit cette résultante, alors même que la résistance de la matière à la compression serait illimitée. En pratique, cet accident peut ne pas se réaliser pour un massif en maçonnerie, bien que sa résistance à la compression ne soit pas infinie : d'une part, parce que la résistance à la traction, quoique généralement faible, n'est jamais absolument nulle ; d'autre part, parce que le travail de compression n'étant plus proportionnel au raccourcissement de la fibre, dès que la limite d'élasticité est dépassée, croît moins vite que l'ordonnée de la droite A'B, dans le voisinage de l'arête de renversement (Résistance des Matériaux, page 335, fig. 91).

On voit, en définitive, qu'un massif en maçonnerie se comporte comme un solide élastique ordinaire tant que le centre de pression est à l'intérieur de la région centrale, mais que, dans l'hypothèse contraire, le travail de compression sur l'arête de renversement, au lieu d'être une fonction *linéaire* de la distance z, suit une loi de progression représentée géométriquement par une hyperbole asymptotique à la verticale passant par l'arête de renversement A :

$$R_1 z = \text{constante.}$$

180. — Maçonneries sous l'eau. Règle du pentagone. — Dans une maçonnerie immergée, la pression moléculaire intérieure ne peut, à la profondeur y' au-dessous du plan d'eau, être inférieure à la pression hydrostatique $1000\,y'$. C'est une conséquence évidente de la compressibilité de la matière, en vertu de laquelle la pression exercée sur la périphérie d'un corps perméable est transmise dans toute la masse.

Si le centre de pression M est situé dans la région centrale, et assez près du centre de gravité G pour que la valeur indiquée pour le travail S sur l'arête B, par la règle du trapèze, soit supérieure ou égale à $1000\,y'$, la formule habituelle fournira encore les valeurs exactes du travail pour tous les points de la section.

Mais si la distance u est telle que l'on ait :

$$\frac{F}{\Omega} - \frac{Fun'}{\Omega r^2} < 1000\,y',$$

condition qui dans le cas de la section rectangulaire devient :

$$u > \frac{a}{6} - 1000\,y'\,\frac{a^2 b}{6F},$$

il faut appliquer non plus la règle du trapèze, ni celle du triangle, mais une règle nouvelle que nous appellerons *règle du pentagone*.

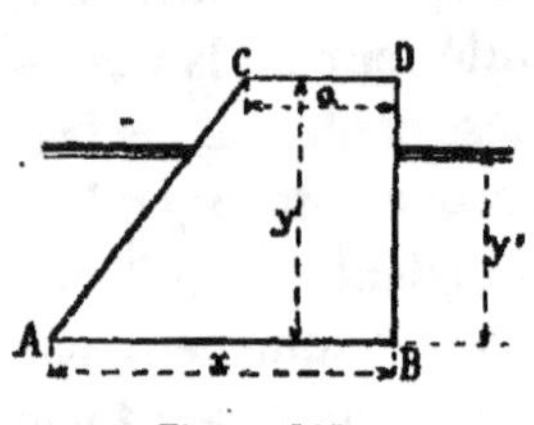

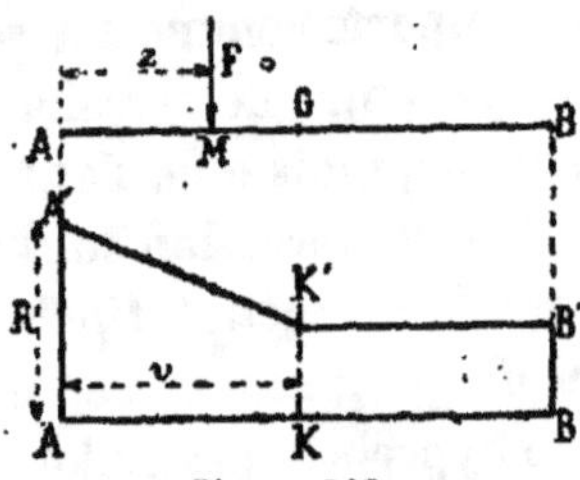

<table>
<tr><td>Figure 218.</td><td>Figure 219.</td></tr>
</table>

Admettons pour simplifier que le plan de la section AB soit horizontal, de façon à n'avoir pas à tenir compte de la variation de la pression hydrostatique de B en A. Les valeurs du travail à la compression seront représentées par les ordonnées verticales de la ligne brisée A'K'B', dont le côté K'B' est horizontal et situé à la distance $1000\,y'$ de la droite AB ; et dont le côté oblique A'K' coupe la verticale AA' à la distance représentative du travail R sur l'arête de renversement.

La résultante de toutes les actions moléculaires représentées par les ordonnées de cette ligne brisée, doit être égale et directement opposée à la force verticale F, appliquée à la distance z de l'arête A, ce qui donne les deux conditions nécessaires pour déterminer le travail R et l'abscisse AK ou v du sommet K' de la ligne brisée,

Dans le cas particulier du massif rectangulaire, les équations d'équilibre élastique sont :

$$1000\,aby' + (R - 1000\,y')\frac{bv}{2} = F\ ;$$

$$1000\,\frac{a^2by'}{2} + (R - 1000\,y')\frac{bv^2}{6} = Fz.$$

Ces équations expriment que l'aire du pentagone AA'K'B' est égale à la force F, et que son centre de gravité est sur la verticale menée à la distance z de l'arête A.

D'où :

$$v = \frac{3Fz - 1500\,ab^2y'}{F - 1000\,aby'}\ ;$$

$$R = 1000\,y' - \frac{1}{b}\frac{2\,(F - 1000\,aby')^2}{3Fz - 1500\ ab^2y'}.$$

Pour :

$$z = \frac{1000\,a^2y'}{2F},\ \text{on trouve } v = o \text{ et } R = \infty.$$

L'hyperbole représentative des valeurs croissantes de R, lorsque z va en diminuant, est donc asymptotique à une verticale plus rapprochée du centre de gravité de la base que l'arête de renversement ; sa distance à G est d'autant moindre que la pression hydrostatique $1000\,y'$ est plus élevée.

On sait que, dans la règle du triangle, cette asymptote passe par l'arête de renversement.

Les conditions de stabilité ne subissent donc aucun changement du fait de l'immersion tant que le travail S, calculé par la règle usuelle du trapèze sur l'arête *opposée* au renversement, est au moins égale à $1000\,y'$. Mais, dans l'hypothèse contraire, la présence de l'eau constitue une circonstance défavorable à la stabilité, en ce qu'elle peut provoquer la dislocation du massif avant

que le centre de pression n'ait atteint l'arête de renversement, même avec une maçonnerie dont la résistance
de rupture à la compression serait supposée infinie. On
s'expliquera ainsi les catastrophes survenues parfois
à des ouvrages noyés, dont les conditions de stabilité, vérifiées par la règle du trapèze ou celle du triangle, semblaient des plus satisfaisantes. Mais la *sous-
pression* de l'eau peut déterminer une aggravation
énorme du travail de compression sur l'arête de renversement, dont on se rendra compte en appliquant la
règle du pentagone.

121. Orientation des sections transversales. — Si l'on
voulait procéder suivant la règle établie dans le cours
de Résistance des Matériaux, il conviendrait pour un
ouvrage en maçonnerie, assimilable à une pièce prismatique, de tracer la fibre moyenne exacte, puis d'orienter les sections transversales successives normalement
à cette fibre, ce qui d'ailleurs ne présenterait aucune
difficulté sérieuse. Dans le cas particulier du profil
rectangulaire, le plan de la section transversale AB doit
couper les surfaces de parement opposées sous des angles correspondants égaux α.

Si l'angle α ainsi déterminé diffère notablement
de $\frac{\pi}{2}$, il paraîtra convenable, pour obtenir plus de précision dans les résultats, d'observer dans l'évaluation
de la surface réduite et du moment d'inertie réduit de
la section, la règle spéciale énoncée dans le cours de
Résistance des Matériaux (page 401), pour le cas d'un
massif à section rectangulaire de hauteur *variable*.
Toutefois on pourra se dispenser de cette complication,
si la correction qu'elle entraîne ne semble pas augmen-

ter dans une mesure importante les valeurs du travail
R et S relatives aux arêtes extrêmes de la section.

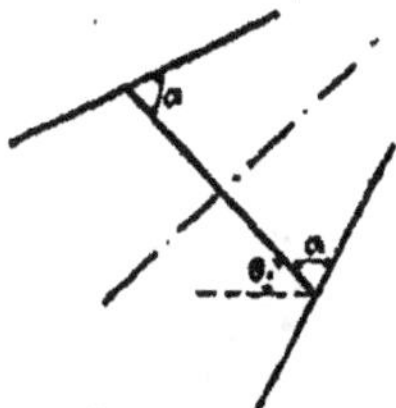

Figure 220.

Il arrive souvent que l'angle d'inclinaison θ est très
petit, de sorte que l'on peut, sans apporter grand changement dans les résultats, substituer un plan horizontal
au plan oblique de la section. Cette simplification est
analogue à celle admise pour les poutres de hauteur
variable, dont on détermine en pratique les sections
transversales par une série de plans verticaux, qui ne
sont pas exactement perpendiculaires à la fibre moyenne. Il doit être bien entendu que cette manière de
procéder, qui n'est pas conforme aux principes de la
Résistance des Matériaux, n'est admissible que si l'erreur commise de ce chef paraît sans inconvénient. Il
convient d'insister sur cette restriction, car pour nombre d'ouvrages en maçonnerie (voûtes, arcs-boutants, etc.), une simplification de ce genre aurait pour
conséquence de fausser le problème, et de conduire
à des résultats absolument erronés.

Au contraire, pour les piles, les culées, les murs de
soutènement et les murs de réservoirs, on peut généralement convenir que les sections transversales s'obtien-
dront en coupant la maçonnerie par une série de plans
horizontaux.

122. Déformation élastique. — On doit appliquer aux massifs en maçonnerie les formules des pièces élastiques courbes, où figurent l'effort normal F, qui est ici une force de compression, et le moment fléchissant X ou Fu.

Mais dans l'évaluation du moment d'inertie I et des aires Ω, on n'envisagera la totalité de la section que si la courbe des centres de pression ne sort pas du noyau central, auquel cas la règle du trapèze est applicable à toutes les régions de l'ouvrage.

Pour toute section où il a été fait usage de la règle du triangle, on laissera de côté la région inutile, et l'on ne tiendra compte que de la surface correspondant à la base du triangle.

De même, s'il s'agit d'une maçonnerie sous l'eau, à laquelle on ait été conduit à appliquer la règle du pentagone, il faudra s'en tenir pour le calcul des aires et du moment d'inertie à la partie de section correspondant au côté oblique A'K' du quadrilatère.

La région pour laquelle la pression est uniformément égale à 1000 y' sera laissée de côté, comme on le fait, dans le cas de la règle du triangle, pour la région où la pression est considérée comme nulle. On calculera la déformation de la partie conservée du massif en se basant pour chaque section sur la région conservée AK et sur la résultante des actions moléculaires figurées par les ordonnées du trapèze AKK'A'.

En général, un ouvrage en maçonnerie est encastré à l'une de ses extrémités au moins sur un massif de fondation considéré comme invariable, de sorte qu'en plaçant l'origine des coordonnées au centre de cette section fixe, on annule les constantes initiales θ_0, δx_0 et δy_0.

Les formules à appliquer sont alors :

$$\delta \frac{dy}{dx} = \int_0^l \frac{Fu\,ds}{EI} .$$

$$\delta y = \int_0^s \frac{Fux\,ds}{EI} - \int_0^s \frac{F\,ds}{E\Omega} + \alpha t y.$$

$$\delta x = - \int_0^s \frac{Fuy\,ds}{EI} - \int_0^s \frac{F\,ds}{E\Omega} + \alpha\, t x.$$

Avec un profil transversal rectangulaire, on a :

$$\Omega = ab \quad \text{et} \quad I = \frac{1}{12} a^3 b ;$$

$$Fu = F\left(\frac{a}{2} - z\right),$$

z étant la distance du centre de pression à l'arête de renversement.

Si l'on a constaté que l'on peut, sans nuire de façon sérieuse à l'exactitude des résultats, obtenir les sections successives en coupant le massif par une série de plans horizontaux, on assimilera l'ouvrage à une console à axe vertical, et l'on recourra aux formules de déformation des pièces droites :

$$\delta y = \int_0^y \frac{F\,dy}{E\Omega} .$$

$$\delta x = - \int_0^y \frac{Fuy\,dy}{EI} .$$

§ 2. Piles et culées.

123. Calcul des piles. — Nous qualifierons de *pile* tout massif de maçonnerie soumis à l'action de forces extérieures exclusivement verticales, y compris son propre poids.

Pour vérifier les conditions de stabilité d'un pareil ouvrage, on considère une série de sections horizontales. On détermine pour chacune la résultante des forces extérieures appliquées à la partie supérieure du massif, y compris le poids de la maçonnerie. Cette résultante rencontre le plan de la section au centre de pression M. On évalue le travail sur les deux arêtes extrêmes les plus éloignées de l'axe neutre, par l'une des trois règles énoncées au paragraphe précédent, suivant que le centre de pression est à l'intérieur de la région centrale (règle du trapèze), ou en dehors de cette région (règle du triangle), ou enfin suivant que l'on a affaire à une maçonnerie sous l'eau (règle du pentagone).

Pile à profil trapézoidal en élévation, avec un parement vertical. — Considérons à titre d'exemple un massif à section horizontale rectangulaire, ayant pour profil en élévation, *dans un plan de symétrie qui contient les forces extérieures*, un trapèze de hauteur y, dont les deux bases horizontales ont pour dimensions a (épaisseur en couronne) et x (épaisseur à la base de fondation).

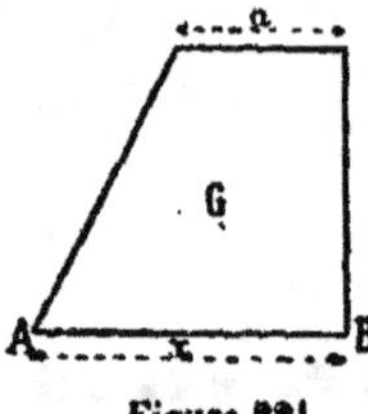

Figure 221.

Soient Δ le poids du mètre cube de maçonnerie, et C la limite de sécurité à la compression.

Nous admettrons que la longueur du massif, dans la direction perpendiculaire au plan de la figure soit prise égale à l'unité. Ce massif est soumis uniquement à l'action de son propre poids $\Delta \cdot \frac{a+x}{2} y$.

Le travail sur l'arête de renversement B, c'est-à-dire sur celle qui est la plus rapprochée de la verticale passant par le centre de gravité du massif, aura pour expression :

$$R = \frac{\Delta (x + a) y}{2x} + \frac{6\Delta y}{x^2} \left(\frac{x^2}{12} + \frac{ax}{12} - \frac{a^2}{6} \right)$$
$$= \frac{\Delta y}{x^2} (x^2 + ax - a^2).$$

Le travail sur l'arête opposée A a pour expression :

$$S = \frac{\Delta (x + a) y}{2x} - \frac{6\Delta y}{x^2} \left(\frac{x^2}{12} + \frac{ax}{12} - \frac{a^2}{6} \right) = \frac{\Delta y a^2}{x^2}.$$

La condition pour que la limite de sécurité C à la compression ne soit pas dépassée sur l'arête B, est fournie par l'inégalité :

$$C > \frac{\Delta y}{x^2} (x^2 + ax - a^2), \text{ ou } y < \frac{Cx^2}{\Delta (x^2 + ax - a^2)}.$$

Le rapport $\dfrac{x^2}{(x^2 + ax - a^2)}$ est égal à l'unité quand on pose $x = a$ (profil rectangulaire), ou $a = o$ (profil triangulaire). Son minimum est $\frac{4}{5}$ lorsqu'on pose :

$$x = \frac{a}{2}.$$

Donc le massif ne peut être stable que si sa hauteur ne dépasse pas la limite $\frac{C}{\Delta}$ avec un profil en élévation rectangulaire ou triangulaire, ou une limite un peu inférieure dans tout autre cas, avec minimum de $\frac{4C}{5\Delta}$ pour : $a = \frac{x}{2}.$

Pile à profil trapézoïdal en élévation avec deux parements inclinés. — Si les deux côtés non parallèles du trapèze ont l'un et l'autre du *fruit*, c'est-à-dire sont inclinés sur la verticale sans être en *surplomb*, la hauteur limite compatible avec la stabilité dépasse $\frac{C}{\Delta}$.

Elle correspond toujours au travail C sur l'arête A située au pied du parement le moins incliné sur la verticale.

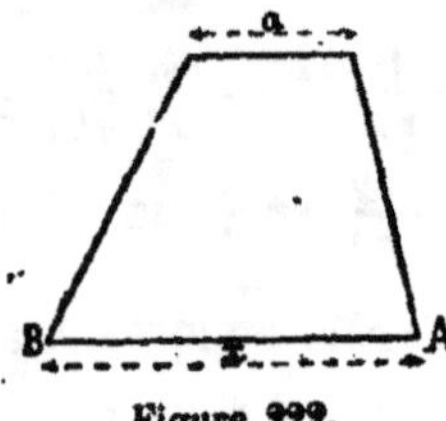

Figure 222.

Si l'épaisseur en couronne *a* est nulle, et que le profil en élévation soit un triangle isocèle, on réalise le maximum de stabilité, et la hauteur limite atteint $\frac{2C}{\Delta}$.

Elle est double de celle trouvée pour le profil rectangulaire (pile d'épaisseur constante), ou le profil triangulaire avec un parement vertical.

En adoptant des parements courbes, dont l'inclinaison sur la verticale, ou le fruit, aille en croissant depuis le couronnement jusqu'à la base, on augmente la hauteur limite compatible avec la résistance de la maçonnerie ; cette hauteur limite atteint des valeurs croissant jusqu'à l'infini, quand le profil est convenablement tracé.

Pile d'égale résistance. — Considérons une pile dont la section en couronne, d'aire Ω_0, porte une charge P appliquée en son centre de gravité, et par suite répartie uniformément sur elle. Soit R le travail correspondant : $R = \frac{P}{\Omega_0}$.

Proposons-nous d'attribuer à la pile une section croissante à partir du haut, dont le centre de gravité soit assujetti à demeurer sur la verticale du poids P, et dont la surface Ω varie de telle sorte que le travail à la compression reste invariablement égal à la valeur R réalisée au sommet.

Soit Π la charge totale appliquée au centre de gravité G de la section AB, d'aire Ω, située à la distance verticale y du couronnement. On a la condition :

$$\frac{\Pi}{\Omega} = \frac{P}{\Omega_0} = R.$$

Si l'on passe de cette section AB à la section infiniment voisine A'B', on a :

$$\frac{\Pi + d\Pi}{\Omega + d\Omega} = R.$$

D'où :

$$\frac{d\Pi}{d\Omega} = R.$$

Or l'accroissement subi par la charge Π est égal au

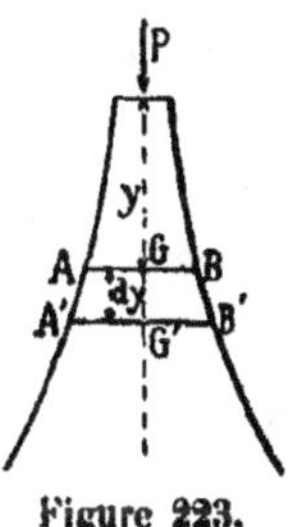

Figure 223.

poids de la tranche de maçonnerie ABA'B', dont la hauteur est dy, la base Ω, et la densité Δ.

D'où :

$$d\Pi = \Delta\Omega dy,$$

et :

$$\frac{\Delta\Omega dy}{d\Omega} = R.$$

Cette équation différentielle a pour intégrale :

$$\text{Log. nép. } \Omega - \text{Log. nép. } \Omega_0 = \frac{\Delta y}{R} ;$$

ou :

$$\Omega = \Omega_0 \, e^{\frac{\Delta y}{R}}.$$

D'où :

$$\Pi = R\Omega = Pe^{\frac{\Delta y}{R}}.$$

Ce profil d'égale résistance permet donc de construire une pile de hauteur illimitée, sans que le travail à la compression dépasse, à aucun niveau, la valeur convenue R, qui peut-être inférieure à la limite de sécurité C, dans la mesure que l'on aura fixée arbitrairement.

Le volume de la pile de hauteur y a pour expression :

$$\frac{\Pi - P}{\Delta} = \frac{\left(Pe^{\frac{\Delta y}{R}} - 1 \right)}{\Delta}.$$

On voit que le profil de la section horizontale reste indéterminé, à condition, bien entendu, que son centre de gravité soit toujours sur la verticale du poids P. On peut donc non seulement adopter un contour arbitraire, mais encore le faire varier à volonté au fur et à mesure que l'on s'éloigne du sommet. C'est ainsi que, dans les

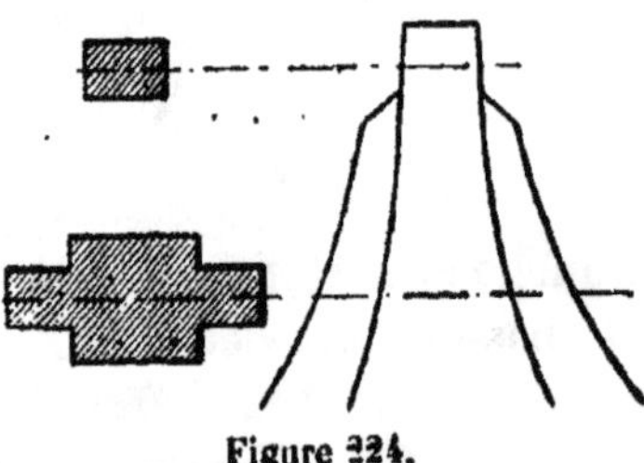

Figure 224.

piles des viaducs en maçonnerie, on part le plus sou-vent d'un profil initial rectangulaire, auquel on substi-

tue graduellement un profil en croix (piles à *contreforts*),
dont le contour se modifie lui-même au gré du con-
structeur. Pourvu que l'aire Ω de la section satisfasse à
la règle indiquée ci-dessus, on réalise la solution à la
fois la plus économique et la plus avantageuse au point
de vue de la stabilité, puisqu'on ne dépasse pas la limite de travail convenue, quelle que soit la hauteur de
l'ouvrage, et que le volume de maçonnerie mis en œuvre est un minimum.

124. Calcul des culées. — On appelle *culée* un massif
de maçonnerie soumis à l'action de forces extérieures
dont l'une au moins comporte une composante horizontale, les autres, comme le poids propre, étant verticales.

Pour vérifier les conditions de stabilité d'une culée,
on trace sa courbe des pressions, en partant de la section de couronnement et composant, dans leur ordre
de succession, toutes les forces extérieures, y compris
les poids des tranches de maçonnerie que l'on rencontre en suivant l'axe longitudinal du massif.

Soit AB une section transversale quelconque : on
prolongera jusqu'à son plan en M la tangente à la
courbe des pressions, suivant laquelle est dirigée la
résultante générale de toutes les forces appliquées en-
deçà de cette section ; le point de contact de cette tangente est *généralement* voisin de la verticale passant
par le centre de gravité de la section. Ayant obtenu de
la sorte le centre des pressions M, on calculera le travail pour les arêtes extrêmes A et B, par l'une des règles
déjà indiquées.

Presque toujours la culée n'est soumise qu'à l'action
d'une seule force oblique, appliquée dans le voisinage

de son sommet. Si nous désignons par Q sa composante horizontale ou *poussée*, la courbe des pressions sera un polygone funiculaire à distance polaire constante Q, relatif aux forces verticales qui sollicitent l'ouvrage.

Si la force Q est appliquée au-dessous du couronnement, la partie supérieure de la culée, soumise exclusivement à l'action de charges verticales, se calcule comme une pile.

Quand la culée est soumise à l'action de plusieurs forces obliques, appliquées à des niveaux différents, la courbe des pressions est un polygone funiculaire relatif aux forces verticales, dont la distance polaire varie chaque fois que l'on rencontre une force oblique, et est toujours égale à la somme des poussées (en tenant compte bien entendu de leurs signes), qui sollicitent le massif entre son sommet et la section transversale considérée.

Pour effectuer un calcul rigoureux, il conviendrait d'orienter les plans des sections transversales normalement à l'axe longitudinal. Mais on trouve en général plus commode d'admettre des sections horizontales. Si la fibre moyenne est sensiblement inclinée sur la verticale, cette simplification peut entraîner des erreurs assez importantes. Il conviendra donc, le cas échéant, de vérifier que l'on est en droit de négliger ces erreurs : s'il n'en était pas ainsi, on devrait reprendre les opérations en observant la règle théorique, et tenant compte, s'il y a lieu, de la variation rapide de l'épaisseur de l'ouvrage.

125. Culée d'égale résistance. — Considérons un massif dont la section de couronnement, inclinée sur l'hori-

zontale, soit soumise à l'action d'une force normale à
son plan et passant par son centre de gravité. Désignons
par P et Q les composantes horizontale et verticale de
cette force. Nous nous proposerons de déterminer le
profil en élévation de la culée de façon que la résultante
de la force initiale $\sqrt{P^2 + Q^2}$ et du poids de la maçonne-

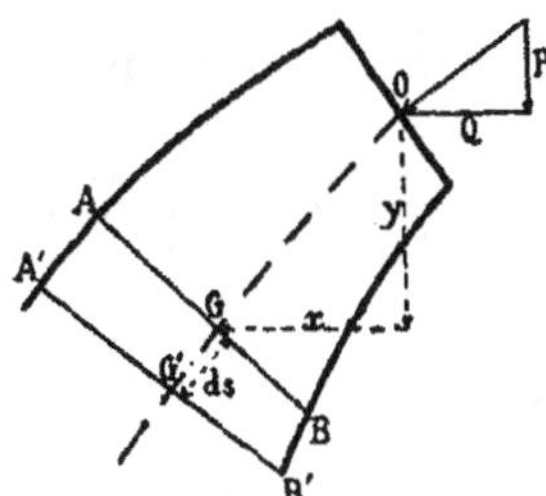

Figure 225.

rie supérieure passe par le centre de gravité de chaque
section transversale, soit normale à son plan, et y détermine un travail de compression constant R.

Soient AB une section transversale d'aire Ω ; x et y
l'abscisse et l'ordonnée de son centre de gravité G par
rapport au centre de gravité de la section de couronnement ; Δ le poids du mètre cube de maçonnerie.

Le poids $d\Pi$ de la tranche de maçonnerie comprise
entre cette section et la section infiniment voisine A'B'
est $\Delta\Omega ds$, ds étant la distance mutuelle de ces sections
mesurée sur la fibre moyenne, qui coïncide, en vertu
de l'énoncé du problème, avec la courbe des pressions :

$$(1) \qquad d\Pi = \Delta\Omega ds.$$

Soient Π et Q les composantes verticale et horizontale
de l'effort normal qui sollicite la section AB. On a :

$$(2) \qquad \frac{\sqrt{\Pi^2 + Q^2}}{\Omega} = R,$$

en vertu de la condition d'égale résistance.

L'élément de fibre *ds* a pour projections horizontale et verticale *dx* et *dy*.

La condition de coïncidence de la courbe des pressions et de la fibre moyenne nous fournit la relation :

$$(3) \qquad \frac{\Pi}{dy} = \frac{Q}{dx} = \frac{\sqrt{\Pi^2 + Q^2}}{ds}.$$

En éliminant Ω entre les relations (1) et (2), on trouve :

$$\Omega = \frac{d\Pi}{\Delta\, ds} = \frac{\sqrt{\Pi^2 + Q^2}}{R} \; ;$$

ou :

$$\frac{R d\Pi}{\Delta} = ds \sqrt{\Pi^2 + Q^2}.$$

Remplaçons *ds* par sa valeur en fonctions de *dy* tirée de l'équation (3) :

$$\frac{R\Pi d\Pi}{\Delta\,(\Pi^2 + Q^2)} = dy,$$

et en intégrant :

$$\text{Lop. nép.} \left(1 + \frac{\Pi^2}{Q^2}\right) - \text{Lop. nép.} \left(1 + \frac{P^2}{Q^2}\right) = \frac{2\Delta y}{R} \; ;$$

$$\left(1 + \frac{\Pi^2}{Q^2}\right) = \left(1 + \frac{P^2}{Q^2}\right) e^{\frac{2\Delta y}{R}} \; ;$$

$$\Pi = \sqrt{(P^2 + Q^2)\, e^{\frac{2\Delta y}{R}} - Q^2}.$$

L'aire de la section transversale AB a pour expression :

$$\Omega = \frac{\sqrt{\Pi^2 + Q^2}}{R} = \frac{\sqrt{P^2 + Q^2}}{R} \times \sqrt{\frac{\Pi^2 + Q^2}{P^2 + Q^2}} = \Omega_0\, e^{\frac{\Delta y}{R}}.$$

Le volume de la maçonnerie est $V = \dfrac{\Pi - P}{\Delta}$.

Quant à l'axe longitudinal, son équation différentielle est :

$$\frac{dx}{dy} = \frac{Q}{\Pi}.$$

D'où :

$$x = Q \int_o^y \frac{dy}{\Pi}.$$

Il est une fonction de y énoncée plus haut.

Il nous paraît difficile d'intégrer cette expression. Mais il sera toujours aisé, après avoir calculé un certain nombre de valeurs de Π correspondant à des sections transversales équidistantes de la culée, d'évaluer par quadrature l'intégrale $\int \frac{dy}{\Pi}$.

Ici, comme dans le cas de la pile d'égale résistance, le calcul ne fournit aucune indication sur le profil de la section transversale, qui peut être choisi arbitrairement, à condition de fournir la surface Ω indiquée, d'avoir son centre de gravité sur la courbe funiculaire des forces $d\Pi$, et d'être symétrique par rapport au plan de cette courbe funiculaire.

On obtient de la sorte un type de culée en *surplomb* affectant la forme d'une voûte en berceau, dont on trouve des exemples dans les arcs-boutants des cathédrales, les voûtes de décharge, et les culées *perdues*, c'est-à-dire noyées dans le sol, de certains ponts.

Au point de vue de la stabilité et de l'économie, c'est la solution la plus avantageuse, puisqu'elle permet d'atteindre, avec le volume de maçonnerie minimum, une hauteur indéfinie, sans dépasser la limite de travail que l'on s'est fixée *a priori*.

Ce type a par ailleurs l'inconvénient d'occuper un emplacement fort étendu, la distance horizontale du centre de gravité de la base au centre de gravité du couronnement pouvant être considérable, si la force initiale $\sqrt{P^2 + Q^2}$ est sensiblement inclinée sur la verticale.

Aussi ce profil n'a-t-il guère qu'un intérêt purement théorique. Il faut en général recourir dans la pratique à des formes de culées ne comportant pas de surplomb.

On se rend compte *a priori*, en se basant sur le type que nous venons d'étudier, qu'il est toujours nuisible au point de vue de la stabilité, et fâcheux au point de vue de la dépense, d'attribuer un fruit sensible au parement antérieur de la culée, c'est-à-dire à celui qui fait face à la poussée. Du moment que pour des motifs d'ordre pratique on ne juge pas à propos de mettre ce parement en surplomb, il convient de le prendre vertical ou presque vertical, sous réserve d'un léger fruit, 1/20⁰ par exemple, qui facilite le travail des maçons.

126. Culée à parement antérieur vertical. — Considérons une culée à profil trapézoïdal ABCD et section horizontale rectangulaire. Nous désignerons par a son épaisseur en couronne CD, par x son épaisseur à la base AB, et par y sa hauteur.

Supposons-la soumise à l'action d'une poussée horizontale Q appliquée au niveau du couronnement. Soit M le centre de pression à la base, défini par sa distance z à l'arête de renversement A.

L'équation d'équilibre statique est :

$$(1) \qquad Qy = \Delta y \left(\frac{x^2}{3} + \frac{ax}{3} - \frac{a^2}{6} \right) - \Delta y \left(\frac{x+a}{2} \right) z.$$

Si le point M est dans le tiers moyen de la base, on calculera le travail R sur l'arête de renversement A par la relation :

$$(2) \qquad R = \Delta y \frac{(x+a)}{2x} + \frac{6}{x^2} \Delta y \frac{(x+a)}{2} \left(\frac{x}{2} - z \right).$$

D'où, en éliminant z entre les deux équations :

$$(3) \qquad R = \frac{6Qy}{x^2} + \Delta y \frac{a^2}{x^2}.$$

Pour que le travail soit égal à la limite de sécurité C,

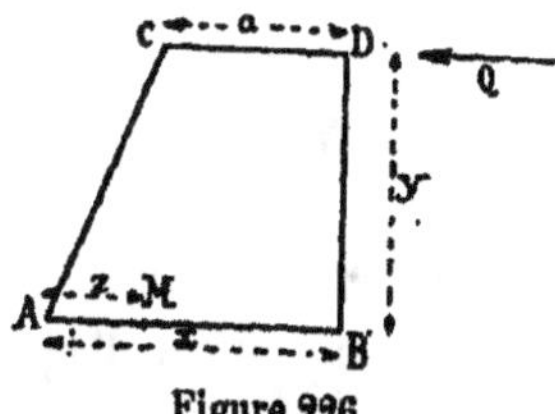

Figure 226.

il faut que l'épaisseur x satisfasse à la condition .

$$x = \sqrt{\frac{6Qy + \Delta y a^2}{C}}.$$

Le travail S sur l'arête opposée B a pour expression :

$$(4) \qquad S = - \frac{6Qy}{x^2} + \frac{\Delta y}{x^2} (x^2 + ax - a^2).$$

Quand cette dernière formule indique pour S une valeur négative, la règle du trapèze n'est plus applicable; il faut recourir à celle du triangle :

$$(5) \qquad R = \frac{\Delta y (x + a)}{3z}, \qquad \text{qui devient, en remplaçant } z \text{ par}$$

sa valeur tirée de l'équation d'équilibre statique :

$$(6) \qquad R = \frac{\Delta^2 y (x + a)^2}{\Delta (2x^2 + 2ax - a^2) - 6Q}.$$

On en déduira l'épaisseur à attribuer à la base de la culée pour assurer la stabilité, en adoptant pour valeur numérique du travail la limite de sécurité convenue C.

Dans le cas particulier de la culée rectangulaire $(x = a)$, on trouve :

$$x = \sqrt{\frac{6CQ}{3\Delta C - 4\Delta^2 y}}.$$

La limite de hauteur est $y = \dfrac{3C}{4\Delta}$ pour $x = \infty$.

Dans le cas de la culée triangulaire $(a = o)$, on trouve :

$$x = \sqrt{\dfrac{6CQ}{2\Delta C - \Delta^2 y}}.$$

La limite de hauteur est $y = \dfrac{2C}{\Delta}$ pour $x = \infty$.

Culée immergée. — L'équation d'équilibre statique devient :

$$(7) \qquad Qy = \Delta y \left(\dfrac{x^2}{3} + \dfrac{ax}{3} - \dfrac{a^2}{6} \right) + 1000\, y' \dfrac{(x-a)^2}{6}$$
$$- \left(\Delta y \dfrac{(x+a)}{2} + 1000\, y' \dfrac{(x-a)}{2} \right) z.$$

Les équations d'équilibre élastique sont :

$$(8) \qquad (R - 1000\, y') \dfrac{v}{2} + 1000\, y' x = \Delta y \dfrac{(x+a)}{2}$$
$$+ 1000\, y' \dfrac{(x-a)}{2} \,;$$

$$(9) \qquad (R - 1000\, y') \dfrac{v^2}{6} + 1000\, y' \dfrac{x^2}{2} =$$
$$\left(\Delta y \dfrac{(x+a)}{2} + 1000\, y' \dfrac{(x-a)}{2} \right) z.$$

On éliminera v et z entre les équations (4) et (5), et on tirera la valeur de R.

En remplaçant R par la limite de sécurité C, on déduit de ces relations l'épaisseur x à attribuer à la culée pour qu'elle ait la stabilité voulue.

Cas particuliers. — Supposons que la culée soit immergée jusqu'à son couronnement : $y' = y$.

Culée rectangulaire $(a = x)$. On trouve :

$$x = \sqrt{\dfrac{6\,(C - 1000\, y)\, Q}{3(\Delta - 1000)(C - 1000\, y) - 4(\Delta - 1000)^2\, y}}.$$

Limite de hauteur de ce type de culée :

$$y = \frac{\cdot\ 3C}{4\,\Delta - 1000\,y}\cdot$$

Culée triangulaire ($a = o$). On trouve :

$$x = \sqrt{\frac{6\,(C - 1000\,y)\,Q}{2\,(\Delta - 1000)\,(C - 1000\,y) - (\Delta - 1000)^2\,y}}\cdot$$

Limite de hauteur :

$$y = \frac{2C}{\Delta + 1000}\cdot$$

127. Calcul d'une culée par tranches horizontales. —
Supposons que l'on attribue à la culée à parement antérieur vertical un parement postérieur courbe, dont le
profil soit déterminé par la condition que le travail sur
l'arête de renversement y atteigne, à un niveau quelconque, la limite de sécurité C.

Il faudra calculer l'épaisseur du mur par tranches
successives de faible hauteur.

On procédera comme il suit.

Admettons que la condition de résistance soit remplie
pour la section AB, le travail sur l'arête de renversement A étant égal à la limite de sécurité C. Il s'agit de

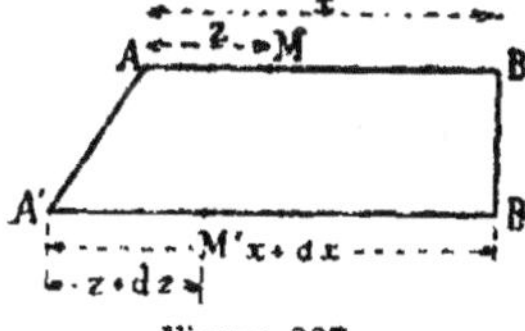

Figure 227.

calculer le surcroît d'épaisseur dx à attribuer à la section infiniment voisine A'B' pour obtenir le même résultat en ce qui touche l'arête de renversement A'.

La poussée Q ne change pas lorsqu'on passe de AB à A'B'. La charge Π augmente du poids de la tranche de maçonnerie AB A'B', c'est-à-dire $\Delta x dy$.

L'équation d'équilibre statique de la tranche ABA'B' est :

$$(1) \qquad \Pi(dx - dz) + \Delta x dy \left(\frac{x}{2} - z\right) = Q dy.$$

L'équation d'équilibre élastique est :

dans le cas où $z > \dfrac{x}{3}$ (règle du trapèze) :

$$(2) \quad C x dx = \Pi(2dx - 3dz) + \Delta x dy (2x - 3z);$$

dans le cas où $z < \dfrac{x}{3}$ (règle du triangle) :

$$(3) \qquad\qquad 3 C dz = 2 \Delta x dy.$$

Culée immergée. — L'équation d'équilibre statique se modifie en raison de la pression exercée par l'eau sur le parement incliné AA', pression dont la résultante est $1000\, y' dx$:

$$(1') \qquad \Pi(dx - dz) + \Delta x dy \left(\frac{x}{2} - z\right)$$
$$- 1000\, y' z dx = Q dy.$$

Les équations d'équilibre élastique sont alors :

$$(4) \quad (C - 1000 y') \frac{dv}{2} - 1000 \frac{v}{2} dy + 1000\, y' dx$$
$$+ 1000\, x dy = \Delta x dy + 1000\, y' dx.$$

$$(5) \quad (C - 1000 y) \frac{v dv}{3} - 1000 \frac{v^2}{2} dy + 1000\, y' x dx$$
$$+ 1000 \frac{x^2}{2} dy = \Pi dz + \Delta x z dy - 1000\, y' z dx.$$

Les équations simultanées (1) et (2), ou (1) et (3), ou enfin (1'), (4) et (5) fourniront les valeurs des inconnues

dx et dz, et s'il y a lieu de l'inconnue dv, relatives à la section transversale A′B′.

Cela fait, on recommencera le même calcul pour une section située au-dessous de A′B′, et on déterminera de proche en proche, par des opérations successives, le profil courbe du parement postérieur de la culée, qui satisfait à la condition d'égale résistance.

128. Rigidité des culées. — On exige souvent des culées non pas seulement qu'elles soient stables par elles-mêmes, mais encore qu'elles soient peu déformables, et offrent par exemple un appui presque invariable à une retombée de voûte.

Il est facile d'apprécier l'importance du déplacement élastique horizontal subi par le couronnement d'une culée sous l'influence d'une force oblique qui lui est appliquée, en traçant la courbe représentative des moments fléchissants et appliquant ensuite la formule de déformation des consoles : la base de fondation de la culée est supposée d'orientation invariable.

L'équation de déformation est, en désignant par x l'épaisseur de la culée, h sa hauteur totale et f le déplacement élastique horizontal du couronnement, auquel est appliquée la force horizontale Q (on peut négliger la composante verticale de la force extérieure oblique) :

$$f = \int_0^h \frac{Q(h-y)y\,dy}{EI}.$$

On reconnaît facilement qu'à égalité d'épaisseur à la base, le type le plus rigide est celui d'épaisseur constante, correspondant à un profil en élévation rectangulaire. A égalité de volume de maçonnerie, le type le plus rigide est celui d'égale résistance, pour lequel le travail sur le parement extérieur est constant sur toute la hauteur.

Pour la culée d'épaisseur constante x, le déplacement au sommet est : $f = \dfrac{2Qh^3}{Ex^3}$.

. On en tire :

$$x = h \sqrt[3]{\frac{2Q}{Ef}},$$

ce qui signifie que, si l'on veut faire croître la hauteur h de la culée sans augmenter le déplacement f au sommet, il est nécessaire que l'épaisseur x varie proportionnellement à la hauteur h elle-même. Nous avons vu précédemment que pour réaliser la condition d'égale résistance, il suffit de faire varier l'épaisseur proportionnellement à la racine carrée de h. Nous en conclurons que si la rigidité est une condition essentielle, en raison du rôle joué par la culée, il importe de limiter sa hauteur le plus possible, puisque le cube de maçonnerie augmente en ce cas beaucoup plus rapidement que ne l'exigerait la condition de *stabilité propre* du massif.

129. Culée à contreforts. — On fait parfois usage de culées à parement antérieur vertical, dont le parement postérieur, au lieu d'être plan, présente une succession de creux et de saillies. On désigne sous le nom de *contreforts* les parties en relief qui se détachent comme des nervures sur l'arrière du massif.

Pour comparer ce type à celui dont la section est un rectangle plein, nous envisagerons le cas limite d'une culée réduite à ses contreforts, c'est-à-dire formée d'une série de massifs rectangulaires isolés, le mur continu, qui constitue le parement antérieur, étant réduit à une épaisseur négligeable. Désignons par $\dfrac{\alpha^2}{1-\alpha^2}$ le rapport du plein au vide de cette culée, à section horizontale composée de rectangles égaux et équidistants. Le calcul de l'ouvrage s'effectuera, pour une tranche de 1 m. de profondeur perpendiculairement au plan de la courbe des pressions, en multipliant la poussée Q par le facteur $\dfrac{1}{\alpha^2}$.

Dans le cas de la culée à profil triangulaire en élévation, l'épaisseur x exigée par la stabilité propre de l'ouvrage sera fournie par la relation :

$$x = \sqrt{\frac{6Qy}{\alpha^2 C}} = \frac{1}{\alpha}\sqrt{\frac{6Qy}{C}}.$$

Le volume de la maçonnerie sera $\dfrac{\alpha^2 xy}{2}$, ou :

$$\frac{\alpha}{2}y\sqrt{\frac{6Qy}{C}}.$$

On voit qu'au point de vue de la *stabilité propre* de la culée, le type à contreforts est plus économique que le mur rectangulaire plein, puisque le volume de maçonnerie est proportionnel à la racine carrée du coefficient de réduction α^2.

En ce qui touche la rigidité, la supériorité du type à contreforts est encore plus accusée.

Pour la culée rectangulaire en élévation, la relation entre l'épaisseur constante x et la hauteur y est :

$$x = y\sqrt[3]{\frac{2Q}{Ef\alpha^2}}.$$

Le cube de la maçonnerie a pour expression :

$$\alpha^2 xy = \alpha^{\frac{4}{3}} y^2 \sqrt[3]{\frac{2Q}{Ef}}.$$

En définitive, l'emploi des contreforts est à recommander pour les culées, principalement quand on juge utile de leur assurer une grande rigidité. On conçoit donc que les *murs en retour* des culées des grands ponts en maçonnerie soient fort utiles au point de vue de la fixité des retombées des voûtes.

Comme toutefois l'emploi du type à contreforts peut être à certains égards peu économique, en ce qu'il augmente sensiblement l'étendue de la base de fondation et complique le travail des maçons, des motifs d'ordre pratique peuvent venir à l'encontre des avantages signalés plus haut, et motiver en bien des cas l'emploi du type plus simple à section rectangulaire pleine.

130. Du coefficient de stabilité. — Considérons un solide invariable, reposant par sa base AB sur un plan horizontal, et sollicité par deux forces, l'une horizontale Q, qui tend à le faire tourner autour de l'arête de renversement projetée en A, l'autre verticale P, qui l'appuie sur sa base. Pour que le solide demeure immobile, il faut que la résultante S des deux forces Q et P rencontre le plan horizontal d'appui à l'intérieur de la base, ce qui revient à dire que le moment Qy de la force Q par rapport au point A, doit être plus petit que le moment Px de la force P par rapport au même point. Si l'on a $Px = Qy$, ou $\dfrac{Px}{Qy} = 1$, la résultante S passe par le point A, et le solide est en état d'équilibre strict.

Si l'on a $\dfrac{Px}{Qy} > 1$, la résultante S aboutit à l'intérieur de la base, et l'équilibre est par suite assuré avec une certaine marge de sécurité, puisqu'on peut faire croître la grandeur de la force Q sans déterminer la culbute du solide, tant que le rapport $K = \dfrac{Px}{Qy}$ ne s'élève pas au-dessus de l'unité.

On a eu l'idée d'étendre ce mode de vérification de l'équilibre aux ouvrages en maçonnerie, et l'on a qualifié le rapport $K = \dfrac{Px}{Qy}$ de *coefficient de stabilité*, estimant qu'il peut donner une mesure de la confiance

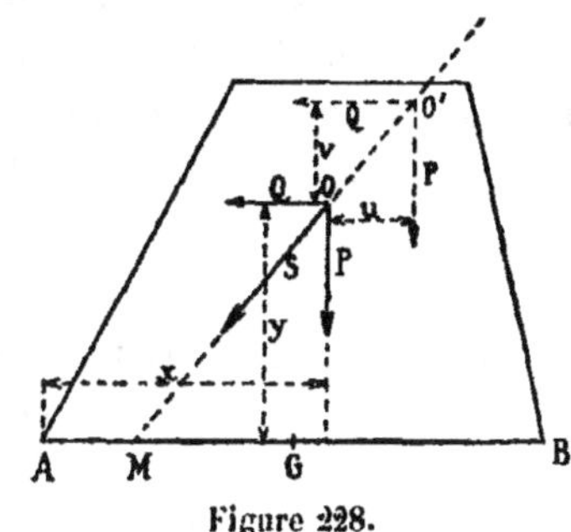

Figure 228.

que doit inspirer la solidité d'une construction par l'excédent qu'il présente sur l'unité : on donne au moment Qy le nom de *moment de renversement*, et au moment Px le nom de *moment de stabilité*.

Cette conception est absolument fausse et irrationnelle, et il n'y a aucune conséquence à tirer de la valeur numérique de ce *prétendu* coefficient de stabilité, en ce qui touche la stabilité de l'ouvrage envisagé.

En premier lieu, la définition que nous avons donnée plus haut de ce coefficient est insuffisante, en ce qu'elle laisse indéterminée la valeur du dit coefficient. Nous avons en effet substitué à la résultante oblique S ses deux composantes horizontale Q et verticale F, passant par le point O, pour obtenir le rapport $\dfrac{Px}{Qy}$. Mais rien ne nous empêche de choisir un autre point O' sur la ligne d'action de la force S, ce qui nous conduira au rapport $\frac{P(x+u)}{Q(y+v)}$. Or on a $Pu = Qv$: en ajoutant à chacun des termes du rapport un même nombre, nous aurons modifié sa valeur numérique. Si l'on déplace le point O sur la ligne d'action de la force S, depuis le centre de pression M jusqu'à l'infini au-dessus du plan de base AB, on obtiendra successivement pour le rapport K toutes les valeurs numériques comprises entre l'infini et 1, sans modifier en rien la direction ni la grandeur de la force oblique S, et par conséquent sans rien changer aux conditions de stabilité du massif.

On peut, il est vrai, faire disparaître cette indétermination en complétant la définition de stabilité par une condition arbitraire, par exemple en spécifiant que le point O sera pris à la rencontre de la force S et de la verticale passant par le centre de gravité G de la base d'appui AB.

Le coefficient de stabilité aura alors une valeur numérique bien définie : mais il ne fournira néanmoins, en ce qui touche la stabilité du massif, qu'une indication sans valeur aucune.

Supposons en effet que, sans changer la ligne d'action de la force S, nous fassions croître indéfiniment sa grandeur. Le coefficient de stabilité ne variera pas. L'on sait pourtant qu'à un moment donné la grandeur de la force S deviendra telle que, le travail maximum à la compression dépassant la limite de rupture de la maçonnerie, celle-ci s'écrasera sous la charge. En conséquence, quelqu'élevée que puisse être la valeur numérique du coefficient de stabilité, il n'est pas permis d'affirmer que l'ouvrage n'est pas sur le point de s'effondrer, si l'on ignore la grandeur de la force S.

Considérons maintenant une culée à élévation rectangulaire, d'épaisseur constante a et de hauteur y, soumise à l'action d'une poussée horizontale Q, appliquée au niveau de son couronnement. Le poids de cette culée est Δay. Le coefficient de stabilité, calculé d'après la règle conventionnelle posée ci-dessus, a pour valeur :

$$K = \frac{\Delta ay \times \frac{a}{2}}{Qy} = \frac{\Delta}{Q} \times \frac{a^2}{2}.$$

D'où :

$$a = \sqrt{\frac{2KQ}{\Delta}}.$$

On pourra faire croître indéfiniment la hauteur y du massif, en maintenant constante la poussée Q et l'épaisseur a, sans rien changer à la valeur du coefficient K. On sait pourtant qu'il arrivera un moment où la pression sur l'arête de renversement A, qui augmente avec la hauteur y, sera assez grande pour provoquer l'écrasement de la maçonnerie, quelqu'élevée que soit la valeur numérique du rapport $\frac{P.x}{Qy}$.

La considération du coefficient de stabilité conduit donc à cette conclusion parfaitement absurde, que l'épaisseur nécessaire à attribuer à la culée est indépendante de sa hauteur. Il est fâcheux d'avoir à constater que certains ouvrages en maçonnerie se sont écroulés parce que leurs dimensions, établies d'après cette notion évidemment fausse du coefficient de stabilité, étaient absolument insuffisantes.

Le coefficient de stabilité, qui ne fournit aucun renseignement valable sur la résistance propre de la culée, n'en donne pas davantage en ce qui touche sa rigidité.

Les théoriciens qui sont partis de ce point de départ pour établir des règles pratiques manifestement absurdes, ont eu le tort de confondre un solide hypothétique *invariable*, par conséquent de résistance indéfinie et non susceptible de se déformer, avec un massif de maçonnerie déformable et de résistance limitée. Pour le premier, le rapport du moment de stabilité au moment de renversement fournit une indication suffisante, en ce que l'équilibre est subordonné à l'unique condition que ce rapport soit supérieur à l'unité; peu importe en conséquence la position du point O de la résultante oblique S, d'où l'on fait partir les deux composantes Q et P.

Pour l'ouvrage en maçonneric, le renseignement intéressant et essentiel n'est pas le *rapport* des deux moments de renversement et de stabilité, mais bien leur *différence* $Px - Qy$, qui, représentant le moment de la force oblique S par rapport à l'arête de renversement, est indépendante de la position attribuée au point O sur la direction de cette force. C'est cette différence qui figure dans les équations d'équilibre et de déformation élastique, d'où l'on tire la valeur du travail sur l'arête de renversement et le déplacement élastique au sommet.

Il ne sera plus parlé dans la suite du cours de ce prétendu coefficient de stabilité, dont la considération ne saurait conduire qu'à des erreurs parfois très préjudiciables, sans jamais fournir de renseignement utile.

§ 3. — Voûtes.

131.Méthode rigoureuse de calcul. — Une voûte en berceau se calcule comme un arc encastré sur ses retombées.

Après avoir tracé arbitrairement une courbe funiculaire relative aux charges portées par la voûte, y compris son propre poids, on résout les équations de la page 367, qui fournissent les valeurs de la poussée et les points de passage de la courbe des pressions sur les verticales des centres de retombées. La voûte ayant une section rectangulaire, et le calcul étant généralement fait pour une tranche dont la longueur mesurée perpendiculairement au plan de la courbe des pressions est de un mètre, les valeurs de Ω et de I à introduire dans les équations sont respectivement e et $\frac{1}{12}e^3$, l'épaisseur de la voûte étant e.

La fibre moyenne est la courbe qui passe par les milieux des segments interceptés sur des droites coupant les courbes d'intrados et d'extrados sous des angles correspondants égaux. Parfois, on trace cette courbe en prenant les milieux des segments interceptés sur des normales à la courbe d'intrados. Mais cette simplification n'est admissible que si les tangentes aux deux courbes d'intrados et d'extrados, qui limitent le profil de la voûte en élévation, sont sensiblement parallèles.

Telle est la méthode générale applicable aux voûtes dissymétriques, par exemple les voûtes rampantes d'escalier. Quand une voûte est symétrique et symétriquement chargée, ce qui est le cas le plus fréquent, le problème se simplifie, en ce qu'il suffit d'écrire que, l'une des sections de retombée étant fixe, la section de clef, déterminée par le plan de symétrie de la voûte, demeure verticale et ne subit pas de déplacement horizontal du fait de la déformation élastique de l'ouvrage (page 368). C'est ainsi que l'on procède pour les ponts en maçonnerie.

Nous croyons ne pas devoir nous étendre sur les résultats que donne cette méthode pour les voûtes de différents types. Cette étude est faite dans le cours de construction des ponts, avec des développements qui ne trouveraient pas leur place ici, en ce qu'ils se rattachent par différents points au mode d'exécution des maçonneries et aux dispositifs spéciaux des ouvrages à construire (voûtes construites par rouleaux, demi-encastrées, etc).

Si la courbe des pressions obtenue ne sort pas du noyau central, c'est-à-dire du tiers moyen de la voûte, on calculera pour une section transversale quelconque les valeurs limites du travail à la compression par la règle du trapèze. Si elle sort de ce noyau central, on appliquera la règle du triangle. Mais il peut être utile en ce cas de reprendre le calcul précédent, en supprimant pour l'évaluation des aires et des moments d'inertie les régions inutiles des différentes sections. On obtiendra de la sorte une courbe des pressions un peu différente, et l'on verra s'il est nécessaire de refaire une troisième fois les mêmes opérations, en procédant par approximations successives, de façon à obtenir finalement un résultat exact.

Mais, en somme, il est préférable, si l'on voit que la courbe des pressions sort du noyau central dans une

région étendue de la voûte, de modifier le profil de celle-
ci de façon à corriger ce défaut.

Nous remarquerons à ce propos qu'il est utile de
faire décrire par la fibre moyenne une courbe funiculaire correspondant aux charges de la voûte.

C'est dans ces conditions qu'on obtient les résultats
les plus satisfaisants pour la stabilité. Cette observation
se justifie d'elle même. On trouvera dans différents auteurs des règles pratiques ou théoriques permettant
d'effectuer le tracé en question de façon aussi exacte que
possible.

Par exemple, pour une charge continue voisine de la
répartition uniforme, la fibre moyenne doit décrire une
parabole. Si une voûte porte à la clef un poids isolé
considérable, il faudra briser sa fibre moyenne (voûte
en ogive), etc.

Les changements de température modifient les conditions d'équilibre élastique des voûtes : si la température s'élève, la poussée augmente et la courbe des pressions s'aplatit; si la température s'abaisse, la poussée
diminue et la courbe se surhausse.

Un mouvement dans les appuis détermine des phénomènes du même genre : un rapprochement des culées
augmente la poussée et aplatit la courbe des pressions ;
un surécartement des retombées diminue la poussée
et surhausse la courbe. Si en conséquence on veut construire une voûte de *butée*, destinée à maintenir deux
murs de soutènement qui tendent à se rapprocher, il
faudra adopter un profil en arc de cercle très surbaissé,
pour lequel une réduction de l'ouverture soit une circonstance favorable à la stabilité.

Si l'on redoute au contraire un recul des culées, il
faudra recourir à une ogive, ligne composée de deux

arcs qui se coupent à la clef. Pour une voûte de cette espèce, une légère diminution de la poussée peut être avantageuse en rapprochant la courbe des pressions de l'axe longitudinal au droit de la clef.

131. Règle de Méry. — Considérons une voûte symétrique et symétriquement chargée par rapport à la verticale passant par le milieu de son ouverture, et répondant aux données suivantes : sa fibre moyenne est un arc de cercle ou de parabole dont le surbaissement, rapport de la flèche à l'ouverture, est compris entre $\frac{1}{3}$ et $\frac{1}{10}$; son épaisseur va en augmentant depuis la clef jusqu'à chaque naissance, conformément aux règles pratiques en usage chez les constructeurs de ponts; la charge symétrique portée par l'ouvrage est à répartition sensiblement uniforme, ou plus exactement va en croissant de façon continue et lente depuis la clef jusqu'à chaque naissance.

La règle empirique de *Méry* consiste simplement à admettre :

1° Que la courbe des pressions passe en M, au tiers supérieur de l'épaisseur de la section de clef :

$$AM = \frac{1}{3} AB = 2MG ;$$

2° Qu'à partir de la clef cette courbe se rapproche de l'*intrados* de la voûte, coupe la fibre moyenne et finit par être tangente à la limite intérieure du noyau central, c'est-à-dire au tiers inférieur N de l'épaisseur, dans une autre section CD, dont la position est inconnue *a priori*, et que l'on qualifie de *joint de rupture*. Au-dessous du joint de rupture, la courbe des pressions s'écarte de l'intrados et rentre dans le noyau central.

On déterminera la position de ce joint critique en procédant par tâtonnements comme il suit.

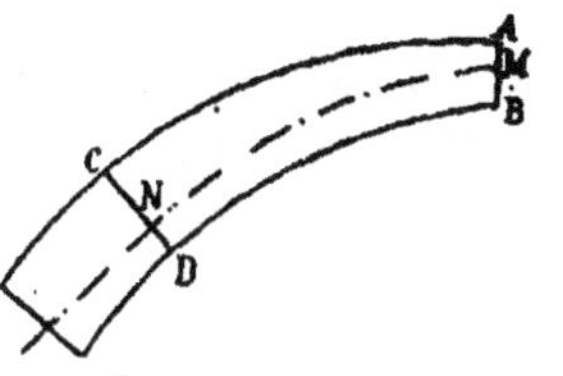

Figure 229

Considérons une section transversale C_1D_1, choisie arbitrairement. Soit P_1 la résultante des charges (son poids propre compris) que porte la portion de voûte ABC_1D_1. Menons par M une horizontale qui rencontre en O_1 la verticale P_1. Abaissons du point O_1 une perpendiculaire sur la section C_1D_1. Si son pied S_1 tombe au-dessus du tiers inférieur N_1 de l'épaisseur C_1D_1, on en doit conclure que le joint de rupture est situé au-dessous de C_1D_1.

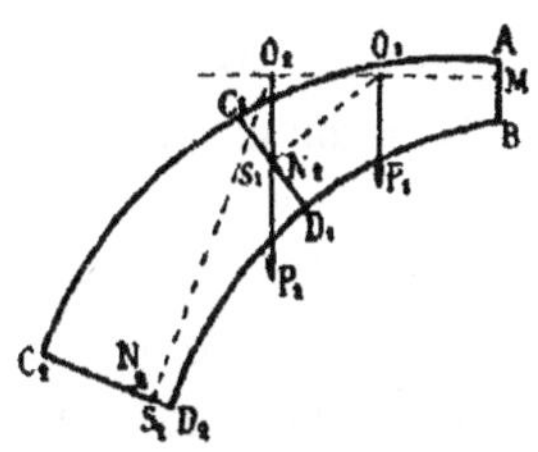

Figure 230.

Au contraire le joint C_2D_2 est plus bas que le joint de rupture, si le point S_2, obtenu comme il vient d'être dit, se trouve placé entre l'intrados D_2 et le tiers inférieur du joint N_2.

On devra donc, suivant les circonstances, recommencer la même construction pour une section voisine, placée au-dessous ou au-dessus, que l'on supposera être le joint de rupture cherché.

En général, cette marche conduira toujours au résultat désiré après quelques essais, parce que pour une section voisine de la clef on trouve nécessairement :

$$S_1 D_1 > \frac{C_1 D_1}{3} \, ,$$

tandis que pour une section voisine des naissances on constate généralement que :

$$S_1 D_1 < \frac{C_1 D_1}{3} \, .$$

Il existe forcément en ce cas une section intermédiaire, et une seule, pour laquelle $S_1 D_1$ est égale au tiers de $C_1 D_1$.

Il peut cependant arriver, si l'arc est très surbaissé, que pour le joint de naissance lui-même la distance $S_1 D_1$ soit plus grande que $\frac{C_1 D_1}{3}$. On convient alors d'admettre que le joint de naissance est précisément le joint de rupture, et l'on fait passer la courbe des pressions par son tiers inférieur, en renonçant à la condition de parallélisme des deux tangentes.

Connaissant deux points de passage M et N de la courbe des pressions, et sa tangente en M qui est horizontale, on a les trois conditions nécessaires pour déterminer la courbe des pressions. On déduit la valeur de la poussée Q de la condition que la résultante de cette poussée et du poids connu P ait pour ligne d'action la droite ON.

Cette règle a été indiquée par l'ingénieur *Méry*, qui, à une époque où la Résistance des Matériaux était une science à l'état embryonnaire, a su interpréter avec beaucoup de sagacité et d'intelligence les résultats d'expériences faites très soigneusement sur la stabilité des voûtes (notamment par l'ingénieur *Boistard*). Il en résulte que, malgré son empirisme, elle s'écarte peu de la vérité et concorde assez exactement avec la méthode exacte, toutes les fois que la voûte considérée répond au point de vue de la forme et du mode de chargement aux conditions réalisées dans les expériences dont il s'agit, conditions qui, basées sur la pratique des constructeurs de ponts, ont été énoncées par nous au début du présent article. Mais il doit être bien entendu que cette règle ne vaut rien pour une voûte dissymétrique ou dissymétriquement chargée, ou pour une voûte dont la fibre moyenne s'écarte sensiblement d'un arc de cercle à surbaissement compris entre 1/3 et 1/10 (platebande, ou voûte très aplatie ; ogive ; ellipse ; demi-cercle, etc.) ; ou enfin pour une voûte dont la charge par mètre courant ne croît pas lentement de la clef aux naissances (voûtes surchargées à la clef ou aux reins, etc.). On commettrait une erreur grave en appliquant la même règle à un ouvrage ne remplissant pas les conditions dans lesquelles les expériences ont été faites.

133. Méthodes de calcul erronées. — Une voûte étant un ouvrage hyperstatique, on ne peut déterminer sa courbe des pressions qu'en faisant intervenir les lois de la déformation élastique, telles qu'elles sont établies par la Résistance des Matériaux, et recourant aux équations de condition relatives à la fixité des plans de retombée.

Certains auteurs ont contesté l'exactitude de ces lois en ce qui touche la maçonnerie, et ont soutenu que par

suite même de sa constitution hétérogène, pierre ou
brique et mortier, on n'avait pas le droit de l'assimiler
aux solides élastiques doués d'isotropie transversale.
Cette objection serait fondée si le changement de nature
de la matière s'opérait dans la section transversale :
tel serait le cas pour une voûte composée d'anneaux
concentriques doués de propriétés différentes, béton,
pierre de taille, brique, etc. Mais du moment
que le changement de nature affecte des régions successives séparées par des joints sensiblement normaux
à la fibre moyenne et coïncidant à peu près avec les
sections transversales, cette critique est sans valeur.
Une voûte formée de tronçons successifs dont les coefficients d'élasticité E seraient très différents, se comportera néanmoins comme un arc élastique si ces tronçons sont séparés par des sections transversales. Il
faudra toutefois, bien entendu, tenir compte de ce changement du coefficient E dans les formules de déformation, où figurent aux dénominateurs les quantités EI
et EΩ : cela n'entraînera aucune complication.

Admettons cependant que nos contradicteurs soient
dans le vrai, et que les lois de la déformation élastique,
base de la Résistance des Matériaux, soient inexactes
pour les maçonneries. Nous en conclurons tout simplement à la nécessité d'en chercher expérimentalement
d'autres, en procédant à des essais de résistance sur
des ouvrages en maçonnerie, et mesurant leurs changements de forme. Quand on aura réussi à reconnaître
ces lois, on s'appuiera sur elles pour établir de nouvelles formules destinées à remplacer celles dont on
fait usage pour les arcs élastiques encastrés. Mais
comme jusqu'à présent on n'a rien trouvé de mieux à
substituer pour les maçonneries aux principes fonda-

mentaux de la Résistance des Matériaux, il n'y a pas lieu d'envisager pour l'avenir cette découverte hypothétique d'une règle plus conforme aux phénomènes de déformation des maçonneries.

La grave erreur commise par les auteurs des différentes méthodes dont nous nous occupons, a été de partir de ce principe que, malgré l'évidence des faits, les voûtes peuvent être assimilées à des solides invariables et indéformables, hypothèse complètement absurde, que démentent tous les faits d'observation. Cette convention une fois posée, la courbe des pressions se trouvait indéterminée. On avait affaire à un problème de mécanique rationnelle comportant une infinité de solutions, toutes également bonnes au point de vue mathématique, du moment que la voûte est assimilée à un arc indéformable encastré sur ses retombées. Pour faire disparaître cette détermination, les auteurs dont il s'agit ont eu recours à diverses hypothèses qu'ils ont tirées de leur cerveau, sans se rendre compte de l'inanité d'une pareille méthode d'investigation. Nous croyons superflu de dresser la liste des innombrables méthodes plus ou moins ingénieuses et intéressantes au point de vue analytique, mais toutes également erronées, qui ont été successivement publiées sur ce sujet. Il n'y a pas à sortir de ce dilemme : — ou les maçonneries sont des solides invariables, et alors le problème est nécessairement indéterminé, sans que l'analyse puisse fournir aucun moyen de sortir de cette indétermination sans tomber dans l'arbitraire ; — ou les maçonneries sont des solides déformables, et alors le problème est complètement déterminé par la loi de leur déformation. Toute hypothèse est en ce cas superflue et surabondante. Si elle concorde avec les lois de la déformation, elle est inutile et fait double emploi ; si elle est en contradiction avec elles, elle conduira inévitablement à un résultat inexact.

134. Voûtes articulées. — Voûtes construites par rouleaux. — On a depuis quelques années construit un certain nombre de voûtes en maçonnerie à triple articulation. En ce cas le problème est bien simplifié, puisque la courbe des pressions est complètement déterminée par les conditions d'équilibre statique : l'ouvrage est isostatique comme un arc à triple articulation, et il n'y a rien de particulier à ajouter à ce que nous avons déjà dit sur ce sujet.

Dans les voûtes construites par rouleaux, ou anneaux concentriques, dont le premier est seul porté par le cintre en charpente, et sert de soutien pour les autres, le tracé de la courbe des pressions doit être effectué en tenant compte du mode d'exécution de l'ouvrage. Mais nous ne croyons pas utile d'entrer dans le détail de cette question, et nous renverrons au cours de construction des ponts en maçonnerie, où la question peut être développée d'une manière plus étendue et plus complète, en raison de la nécessité où l'on se trouve de tenir compte dans les calculs de résistance des sujétions particulières qu'entraine l'emploi de la maçonnerie pour l'exécution des voûtes. La pratique et la théorie sont ici étroitement liées, et il ne convient pas d'en faire l'objet d'études séparées.

§ 4. Barrages de réservoirs et murs de soutènement. Résistance au vent des ouvrages en maçonnerie.

135. Principes de construction des barrages. — Considérons un ouvrage en maçonnerie servant de fermeture à un réservoir, et soumis par conséquent sur son parement amont à la poussée statique exercée par une colonne d'eau de hauteur égale à la sienne, sauf la légère saillie, dite *revanche*, que l'on peut donner au couronnement du mur au-dessus du niveau supérieur de la retenue.

Pour qu'une pareille construction offre des garanties de sécurité convenables, il faut :

1° que, le réservoir étant plein, le travail maximum à la compression sur le parement sec, aval ou extérieur, lieu géométrique des arêtes de renversement des sections transversales successives, ne dépasse pas la limite de sécurité convenue pour la maçonnerie ;

2° que le parement mouillé, amont ou intérieur, présente une étanchéité convenable, et ne soit pas exposé à se rompre ou à se fissurer. Or cette condition ne peut être remplie en toute certitude que s'il ne se manifeste pas de tensions dans la maçonnerie de ce parement.

Il est par suite nécessaire que la compression calculée sur l'arête antérieure de chaque section transversale ne tombe jamais au-dessous de la pression hydrostatique $1000\, y'$ (art. 120).

En calculant un pareil ouvrage par la règle du triangle, on irait droit à une catastrophe. Cela reviendrait en effet à supposer que la compression peut être nulle sur une partie de la section du côté du parement noyé, hypothèse manifestement contradictoire avec la réalité, puisque la pression hydrostatique s'exerce forcément à l'intérieur de la maçonnerie qui n'est jamais absolument imperméable.

L'emploi de la règle du pentagone paraîtrait à la rigueur devoir suffire pour assurer la sécurité. Mais nous savons qu'un ouvrage immergé, dont le calcul a été effectué par cette règle, est toujours exposé à se fissurer dans la région dite inutile où la compression est égale à la pression hydrostatique, par l'effet même de la déformation élastique de la région utile (art. 122). Or l'étanchéité parfaite est une condition essentielle de durée pour les barrages, que les infiltrations de l'amont à l'aval affaiblissent à la longue, en appauvrissant le mortier par dissolution de la chaux. D'autre part les fissures peuvent, en temps de gelée, se remplir, au-dessus du niveau de l'eau, de glaces qui en se dilatant lors de leur formation élargissent les fentes et font éclater les pierres, ce qui est susceptible de provoquer une désagrégation progressive du parement. En conséquence, il faut attribuer au mur les dimensions nécessaires pour que son parement intérieur ne soit en aucune circonstance exposé à se fendiller sous l'influence des déformations élastiques qu'il pourra subir.

On y arrivera de façon certaine en appliquant à toute hauteur la règle du trapèze, et calculant les épaisseurs successives de telle manière que, sous l'influence de la charge d'eau maximum, la compression sur le parement intérieur ne tombe jamais au-dessous de la pression hydrostatique, alors que sur le parement extérieur elle ne doit pas dépasser la limite de sécurité convenue C.

En outre, il peut se faire que par cas de force majeure ou en vue de l'exécution de certains travaux, on soit amené à vider complètement le réservoir. Il faut que dans cette hypothèse le travail de compression de l'ouvrage, ainsi temporairement soustrait à sa destination, ne dépasse nulle part une limite de sécurité C', qui peut d'ailleurs être fixée au-dessus de celle C admise pour le mur en charge, en raison de l'absence de tout danger de rupture complète à ce moment, et en outre de la rareté probable de l'opération de vidange complète du réservoir.

En définitive la stabilité d'un mur de réservoir sera complètement assurée :

1° si le travail élastique développé dans le parement amont ou intérieur varie entre une valeur un peu supérieure à la pression hydrostatique $1000\,y'$, lorsque le réservoir est complètement rempli, et une valeur un peu inférieure à la limite de sécurité convenue C', lorsque le réservoir est vide ;

2° si le travail à la compression sur le parement aval ou extérieur ne dépasse pas la limite de sécurité convenue C, généralement très inférieure à C', lorsque le réservoir est à pleins bords.

136. Etude d'un barrage à profil triangulaire et à section rectangulaire. — Considérons un barrage à profil triangulaire OAB, de hauteur y et d'épaisseur x à la base, auquel nous attribuerons l'unité de longueur dans la direction perpendiculaire au plan du profil. Désignons par w la projection horizontale O'A, ou fruit, du parement intérieur.

Soit M le centre de pression, dont nous désignerons par la lettre z la distance MB à l'arête de renversement du mur.

La poussée horizontale exercée par l'eau sur le mur, quand le réservoir est à pleins bords, est égale à

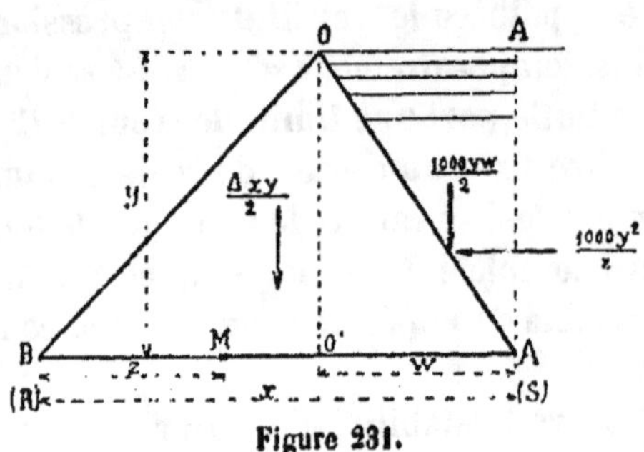

Figure 231.

$\frac{1000y^2}{2}$. Elle passe au tiers de la hauteur y à partir de la base, et son moment par rapport à l'arête B de renversement est $\frac{1000y^3}{6}$.

Les charges verticales se composent : 1° du poids propre $\frac{\Delta xy}{2}$ de la maçonnerie OAB, dont le centre de gravité est à la distance horizontale $\frac{2}{3}x - \frac{w}{3}$ de l'arête B ; 2° du poids $\frac{1000yw}{2}$ du triangle liquide OA'A, qui charge le parement intérieur du mur, et est appliqué à la distance horizontale $x - \frac{w}{3}$ de l'arête B.

L'équation d'équilibre statique s'obtient en égalant à zéro la somme des moments de ces trois forces par rapport au centre de pression M :

$$(1) \quad 1000\,\frac{y^3}{6} = \frac{\Delta xy}{2}\left(\frac{2}{3}x - \frac{w}{3}\right) + \frac{1000yw}{2}\left(x - \frac{w}{3}\right) - \left(\frac{\Delta xy + 1000yw}{2}\right)z.$$

Désignons par S et R les valeurs respectives du travail à la compression développé dans les arêtes A et B de la base. Les équations d'équilibre élastique seront, d'après la loi du trapèze :

$$(2) \qquad S = \frac{\Delta xy + 1000yw}{2x} - \frac{\Delta xy + 1000yw}{2}\left(\frac{x}{2} - z\right)\frac{6}{x^2};$$

$$(3) \qquad R = \frac{\Delta xy + 1000yw}{2x} + \frac{\Delta xy + 1000yw}{2}\left(\frac{x}{2} - z\right)\frac{6}{x^2}.$$

Ces deux relations deviennent, après élimination de z entre chacune d'elles et d'équation (1) :

$$(4)\ 1000y^2 + Sx^2 = \Delta xy\,(x - w) + 1000yw\,(2x - w);$$

$$(5)\ 1000y^2 - Rx^2 = -\,\Delta xyw + 1000yw\,(x - w).$$

Pour que l'ouvrage soit stable, il faut : d'une part que le travail S soit au moins égal à la pression hydrostatique $1000y$; et d'autre part que le travail R ne dépasse pas la limite de sécurité C admise pour la maçonnerie.

Différencions l'équation (4) par rapport à x et w, et posons $dx = o$. Nous trouverons :

$$w = x\left(1 - \frac{\Delta}{2000}\right).$$

Telle est la valeur à attribuer au fruit du parement intérieur, pour rendre minimum l'épaisseur x à la base du mur satisfaisant à la condition de stabilité (4).

Nous reconnaîtrons de la même façon que l'épaisseur minimum satisfaisant à la condition (5) correspond au fruit :

$$w = x\left(\frac{1}{2} - \frac{\Delta}{2000}\right).$$

Comme la densité de la maçonnerie est toujours supérieure à 2000 kilos par mètre cube, on voit qu'à l'un et à l'autre point de vue la solution la plus économique consisterait à admettre un parement intérieur en surplomb. Mais c'est là une disposition inadmissible au point de vue de la bonne exécution des maçonneries, et de l'entretien des ouvrages. Aussi se borne-t-on à rendre vertical le parement intérieur, ou à ne lui attribuer qu'un fruit presqu'insignifiant, $\frac{1}{10}$ par exemple, qui facilite le travail des maçons (1), et n'influe pas de façon appréciable sur les conditions de stabilité, ni sur le volume du barrage.

Nous poserons donc $w = o$, et les équations précédentes deviendront :

$$(6) \qquad 1000y^2 + Sx^2 = \Delta x^2 y ;$$

$$(7) \qquad 1000y^2 - Rx^2 = o.$$

Substituons à S la pression hydrostatique $1000y$, et à R la limite de sécurité C.

(1) On peut être conduit à construire un barrage provisoire avec de la maçonnerie à pierre sèche, rendue étanche à l'amont par un matelas de terre ou un vannage en bois. En ce cas le poids du mètre cube descend au dessous de 2000 k , et il peut être rationnel de donner un fruit notable au parement intérieur. Pour un ouvrage du même genre exécuté avec des pièces de bois lestées par des enrochements, le poids Δ serait réduit à environ 1000 k : il pourrait alors sembler convenable d'attribuer au fruit w près de la moitié de l'épaisseur à la base x.

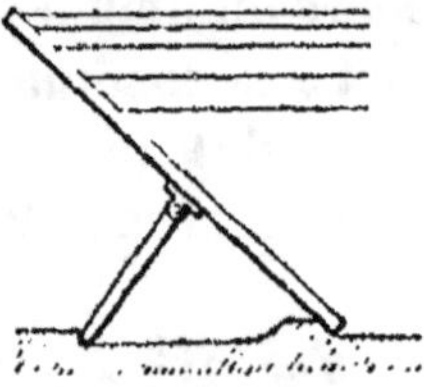

Figure 232.

Considérons le cas limite d'un barrage mobile comportant une vanne en bois soutenue à l'aval par une béquille formant contrefiche. Ici le poids du barrage est insignifiant. Le terme en Δ disparaît, et la théorie précédente conduit à cette conclusion que w doit être égal à x. Il arrive même parfois (fig. 232) que w est supérieur à x : le talus de la vanne est plus important que l'empattement du bâtis.

Les deux équations de condition nous fourniront pour l'épaisseur à la base x les valeurs suivantes :

$$(8) \qquad x' = y\sqrt{\frac{1000}{\Delta - 1000}} ;$$

$$(9) \qquad x'' = y\sqrt{\frac{1000y}{C}} .$$

Nous en conclurons immédiatement que : 1° si la hauteur y du barrage ne dépasse pas la limite

$$\frac{C}{\Delta - 1000} ,$$

(qui, dans les conditions usuelles, peut varier de 50ᵐ à 80ᵐ), l'épaisseur de la base devra être calculée à l'aide de la formule (8). Le travail de compression sur l'arête A du parement mouillé sera égal à la pression hydrostatique. Le travail sur l'arête inférieure B du parement sec sera inférieur à la limite de sécurité C ;

2° si la hauteur y dépasse la limite $\frac{C}{\Delta - 1000}$, il conviendra de recourir à la formule (9). Le travail sur l'arête de renversement B sera égal à la limite de sécurité C, et le travail sur l'arête opposée A sera supérieur à la pression hydrostatique.

Considérons à présent le cas où le réservoir serait à sec. Il convient que le travail de compression S' sur le parement intérieur ne dépasse pas une limite de sécurité C', supérieure à la limite C précitée, qu'elle peut dépasser sans inconvénient de 50 0/0, et même de 100 0/0.

Ce travail S se calculera par la formule (4), en supprimant les termes relatifs à la poussée de l'eau :

$$(10) \qquad S' = \frac{\Delta y\,(x - w)}{x} .$$

Remplaçons S' par C', et tirons la valeur de w :

$$(11) \qquad w = x\,\frac{\Delta y - C'}{\Delta y} .$$

Cette valeur est négative tant que l'on a $y < \frac{C'}{\Delta}$. Dès que la hauteur du barrage dépasse cette limite, on trouve pour w une valeur positive. Il devient nécessaire de donner du fruit au parement intérieur du barrage, pour que le travail de compression n'y dépasse pas la limite C' quand le réservoir est à sec.

Les conclusions à tirer de cette étude sont les suivantes : Connaissant le poids Δ du mètre cube de maçonnerie, ainsi que les limites de sécurité C et C', fixées *a priori*, on calculera comme il suit l'épaisseur à attribuer à la base du mur triangulaire :

1° Si la hauteur y est inférieure à l'une et à l'autre des limites $\frac{C}{\Delta - 1000}$ et $\frac{C'}{\Delta}$, on emploiera la formule :

$$x' = y \sqrt{\frac{1000}{\Delta - 1000}}, \text{ qui correspond à } S = 1000y.$$

Le mur aura son parement intérieur vertical.

2° Si la hauteur y est supérieure à la limite $\frac{C}{\Delta - 1000}$, et inférieure à la limite $\frac{C'}{\Delta}$ supposée plus grande, on emploiera la formule :

$$x'' = y \sqrt{\frac{1000y}{C}}, \text{ qui correspond à } R = C.$$

Le parement intérieur sera vertical.

3° Si enfin l'on a $y > \frac{C'}{\Delta}$, le mur aura son parement intérieur incliné, et l'on calculera l'épaisseur x à la base et le fruit w à l'aide des formules :

$$x = y \sqrt{\frac{1000y}{C + (\Delta y - C')\left(1 - \frac{1000C'}{\Delta^2 y}\right)}} \, ;$$

$$w = x \frac{\Delta y - C'}{\Delta y}.$$

137. Etude d'un mur à profil et à section triangulaires.
— Considérons un mur à profil triangulaire en élévation OAB, ayant aussi pour section horizontale un
triangle isocèle A'B'A″, dont la base constante A'A″ en-

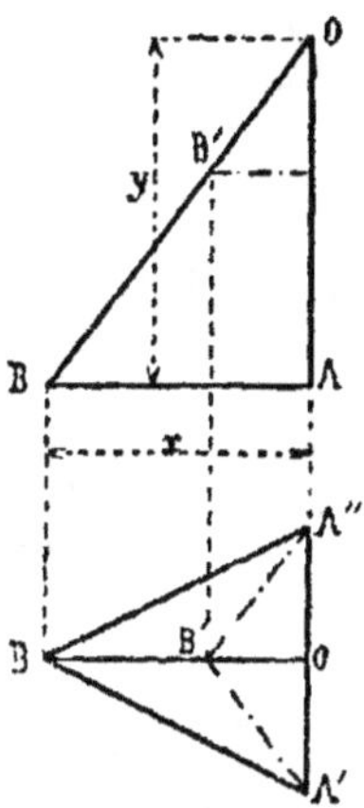

Figure 233.

gendre le parement vertical rectangulaire d'amont,
tandis que le sommet B' se déplace sur la droite oblique OB. Chacun des côtés horizontaux A'B et A″B engendre une surface de paraboloïde hyperbolique, ayant
pour directrice l'oblique OB et l'une des verticales A'
ou A″.

Nous admettrons que la longueur A'A″ soit égale à
l'unité, et désignerons par x l'épaisseur maximum à
la base, hauteur du triangle A'BA″.

Le volume du mur est $\frac{xy}{4}$, et son moment par rap-

port à l'arête A'A″ est $\frac{x^2y}{18}$.

Sans nous attarder à des détails de calcul sans intérêt, nous écrirons ci-après les équations d'équilibre
statique et d'équilibre élastique du mur, en leur attri-

buant les numéros d'ordre des formules correspondantes pour le mur à section rectangulaire :

(1)
$$\frac{1000y^3}{6} = \frac{\Delta xy}{4}\left(\frac{7}{9}x - z\right);$$

(2)
$$S = \frac{\Delta xy}{2x} - \frac{\Delta xy}{4}\left(\frac{2}{3}x - z\right)\frac{12}{x^2};$$

(3)
$$R = \frac{\Delta xy}{2x} + \frac{\Delta xy}{4}\left(\frac{2}{3}x - 3\right)\frac{24}{x^2};$$

(6)
$$1000y^3 + \frac{Sx^2}{2} = \frac{5}{12}\Delta x^2 y;$$

(7)
$$1000y^3 - \frac{Rx^2}{4} = \frac{1}{24}\Delta x^2 y;$$

(8)
$$x' = y\sqrt{\frac{2100}{\Delta - 1200}};$$

(9)
$$x'' = y\sqrt{\frac{21000y}{6C + \Delta y}};$$

(10)
$$S' = \frac{5}{6}\Delta y.$$

La comparaison de cet ouvrage avec le mur à section rectangulaire, étudié précédemment, conduit aux conclusions suivantes :

1° Il faut recourir à la formule (8) pour le calcul de l'épaisseur x tant que la hauteur y ne dépasse pas $\dfrac{C}{1,5\Delta - 2000}$, au lieu de $\dfrac{C}{\Delta - 1000}$.

Le volume de maçonnerie est en ce cas $\dfrac{y^2}{4}\sqrt{\dfrac{2100}{\Delta - 1200}}$, au lieu de $\dfrac{y^2}{2}\sqrt{\dfrac{1000}{\Delta - 1000}}$.

Comme le poids du mètre cube de maçonnerie est supérieur à 1500^k, le mur à section triangulaire est donc le plus économique.

2° Lorsqu'on fait usage de la formule (9) pour le calcul de x, on obtient le volume $\dfrac{y^2}{4}\sqrt{\dfrac{24000y}{6\,C+\Delta y}}$ au lieu de $\dfrac{y^2}{2}\sqrt{\dfrac{1000y}{C}}$.

Il y a encore une légère économie sur le cube de maçonnerie.

3° Quand le réservoir est à sec, le travail S′ sur le parement intérieur est un peu plus faible pour le mur à section rectangulaire $\left(\dfrac{5}{6}\,\Delta y\right)$ que pour l'autre (Δy), ce qui constitue un certain avantage au profit du premier.

Cette étude d'un ouvrage théorique et irréalisable permet de reconnaître qu'il y a intérêt au point de vue de l'économie à concentrer la maçonnerie sur la face amont du barrage, c'est-à-dire à adopter un type à contreforts extérieurs, dont la section horizontale serait sensiblement équivalente à la section triangulaire envisagée ci-dessus.

138. Barrage à profil trapézoïdal. — Nous désignerons par a l'épaisseur au sommet, qui est d'habitude une donnée du problème. Par exemple, on peut prendre $a = 1$ m. 50, si l'on désire réserver un passage de piétons sur le barrage, ou $a = 5$ m. si l'on veut une voie carrossable. Il arrive parfois qu'une route franchit la vallée au moyen du barrage : il faut alors augmenter la largeur en couronne suivant les besoins de la circulation.

Soient y la hauteur et x l'épaisseur à la base. Quelle que soit la *revanche* du mur au-dessus de la crête du déversoir, qui règle le niveau de la retenue, il est toujours prudent d'envisager l'hypothèse où, le déversoir étant insuffisant, le réservoir se remplirait jusqu'au sommet du mur. On supposera donc que l'eau peut araser la plateforme de couronnement.

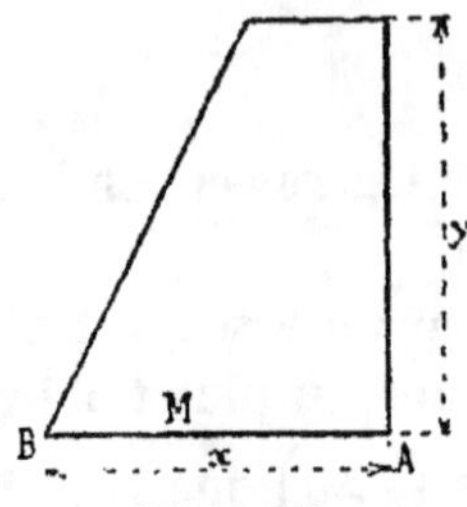

Figure 234.

L'étude déjà faite du barrage triangulaire fait voir que la solution la plus économique comporte un parement intérieur vertical ou sensiblement vertical : en général on admet, pour la facilité de l'exécution des maçonneries et la commodité de l'entretien, un fruit relativement faible, $\frac{1}{20}$ ou $\frac{1}{10}$ de la hauteur, qui au point de vue des calculs de stabilité ne joue qu'un rôle sans importance, et que nous négligerons par suite dans l'étude théorique que nous allons aborder.

L'équation d'équilibre statique est :

$$(1) \quad 1000\frac{y^2}{6} = \Delta y\left(\frac{x^2}{3} + \frac{ax}{3} - \frac{a^2}{6}\right) - \Delta y\left(\frac{x+a}{2}\right)z.$$

I. — La condition d'équilibre élastique exprimant que le travail S sur l'arête inférieure A du parement amont est égal à la pression hydrostatique $1000y$, s'écrira comme il suit :

$$(2) \quad 1000y = \frac{\Delta y(x+a)}{2x} - \frac{6}{x^2}\Delta y\frac{(x+a)}{2}\left(\frac{x}{2} - z\right)$$
$$= -\frac{\Delta y(x+a)}{x} + \frac{6}{x^2}\Delta y\frac{x+a}{2}z.$$

D'où, en éliminant z entre les équations (1) et (2):

$$1000\,yx^2 + 1000\,y^3 = \Delta y\,(x^2 + ax - a^2).$$

Pour que la condition de stabilité $S > 1000\,y$ soit satisfaite, il faut donc que l'épaisseur x ne soit pas inférieure à la limite x' fournie par la relation :

$$(I) \qquad x' = \frac{-\Delta a + \sqrt{\Delta^2 a^2 + 4\,(\Delta a^2 + 1000 y^2)\,(\Delta - 1000)}}{2\,(\Delta - 1000)}.$$

En posant $y = a\sqrt{\dfrac{\Delta - 1000}{1000}}$, on trouve $x' = a$.

En conséquence, on peut maintenir constante l'épaisseur du mur depuis le couronnement jusqu'à la distance verticale $a\sqrt{\dfrac{\Delta - 1000}{1000}}$; au-delà de cette hauteur, l'épaisseur croîtra conformément aux indications de la formule (1).

II. — La condition nécessaire pour le travail de compression sur l'arête de renversement A ne dépasse pas la limite de sécurité convenue C, est :

$$(3) \qquad C = \frac{\Delta y\,(x + a)}{2} + \frac{6}{x^2}\,\Delta y\,\frac{(x + a)}{2}\left(\frac{x}{2} - z\right).$$
$$= 2\,\frac{\Delta y\,(x + a)}{2} - \frac{6}{x^2}\,\Delta y\left(\frac{x + a}{2}\right) z.$$

Eliminons z entre cette équation et celle d'équilibre statique (1) :

$$Cx^2 - 1000\,y^3 = \Delta a^2 y.$$

Pour que la condition de stabilité $R < C$ soit satisfaite, il faut que l'épaisseur x ne soit pas inférieure à la limite x'' fournie par la relation :

$$(II) \qquad x'' = \sqrt{\frac{1000 y^3 + \Delta a^2 y}{C}}.$$

L'épaisseur x'' est moindre que l'épaisseur x', fournie par la formule précédente, pour les petites valeurs de y. Ces deux quantités deviennent égales pour la hauteur que fournit l'équation :

$$\frac{-\Delta a + \sqrt{\Delta^2 a^2 + 4\,(\Delta a^2 + 1000\,y^2)\,(\Delta - 1000)}}{\Delta - 1000}$$

$$= \sqrt{\frac{1000\,y^3 + \Delta a^2 y}{C}}.$$

En fait, cette valeur particulière de y ne s'écarte guère de celle déjà trouvée pour l'ouvrage à profil triangulaire :

$$y = \frac{C}{\Delta - 1000}$$

III. — A partir de la hauteur y'', voisine de $\dfrac{C}{\Delta - 1000}$, pour laquelle il faut substituer dans le calcul de l'épaisseur x la formule II à la formule I, le travail sur le parement intérieur croît plus vite que la pression hydrostatique tandis que sur le parement extérieur il est maintenu égal à C. Pour que les conditions de stabilité soient satisfaisantes, il reste à vérifier que le travail de compression sur le parement intérieur ne dépasse pas la limite de sécurité C', quand le réservoir est à sec. Cette condition sera exprimée par les relations suivantes.

Equation d'équilibre statique :

$$o = \Delta y \left(\frac{x^2}{3} + \frac{ax}{3} - \frac{a^2}{6}\right) - \Delta y \frac{(x + a)}{2}\,z.$$

Equation d'équilibre élastique :

$$(4) \qquad S' = -\Delta y \frac{(x + a)}{2x} + \frac{6}{x^2}\Delta y \frac{(x + a)}{2}\,z.$$

D'où, en éliminant z :

$$S'x^2 = \Delta y\,(x^2 + ax - a^2).$$

Il faut donc que l'épaisseur x ne tombe pas au-dessous de la limite :

$$x''' = \frac{-\Delta a y + \sqrt{\Delta^2 a^2 y^2 + 4\,\Delta a^2 y\,(y - C')}}{2\,(\Delta y - C')}.$$

Dans le cas particulier du mur à profil triangulaire ($a = o$), on a trouvé que x''' est égal à x'' pour $y = \dfrac{C'}{\Delta}$.

A partir de la hauteur voisine de $\dfrac{C'}{\Delta}$ où x''' devient égal à x'', il faut donner du fruit au parement intérieur. On calculera ce fruit w, et l'épaisseur totale à la base x, en résolvant les quatre équations d'équilibre statique ou élastique suivantes, entre lesquelles on éliminera les inconnues auxiliaires z et z', distances du centre de pression M à l'arête de renversement du mur dans les deux hypothèses du réservoir plein et du réservoir vide.

$$\frac{1000 y^3}{6} = \Delta y \left(\frac{x^2}{3} + \frac{ax}{3} - \frac{a^2}{6} - \frac{aw}{3} - \frac{wx}{6} \right)$$

$$+ \frac{1000 yw}{2} \left(x - \frac{2}{3}w \right) - \left(\Delta y \frac{(a + x)}{2} + \frac{1000\,yw}{2} \right) z\,;$$

$$C = \frac{\Delta y\,(a + x)\,1000\,yw}{2x} + \frac{6}{x^2} \left(\frac{\Delta y(a+x) + 1000\,yw}{2} \right) \left(\frac{x}{2} - z \right).$$

$$o = \Delta y \left(\frac{x^2}{3} + \frac{ax}{3} - \frac{a^2}{6} - \frac{aw}{3} - \frac{wx}{6} \right) - \Delta y \frac{(a + x)}{2} z'\,;$$

$$C' = \frac{\Delta y\,(a + x)}{2x} - \frac{6}{x^2} \frac{\Delta y\,(a + x)}{2} \left(\frac{x}{2} - z' \right).$$

139. Calcul d'un barrage par tranches horizontales. — L'épaisseur en couronne a étant une donnée du problème, on doit la maintenir invariable jusqu'à la distance verticale $y' = a\sqrt{\dfrac{\Delta - 1000}{1000}}$, qui ne dépend que de la densité de la maçonnerie, et non de sa résistance.

A ce niveau, on constate que le travail en pleine charge sur le parement intérieur est égal à $1000y'$.

I. — Au-dessous de la cote y', on effectuera le calcul par tranches horizontales successives de faible épaisseur dy, à l'aide des relations suivantes, exprimant la condition nécessaire pour que le travail sur le parement intérieur demeure toujours égal à la pression hydrostatique $1000\,y$.

Nous admettons que cette condition est remplie pour la section horizontale AB, d'épaisseur x. Désignons toujours par z la distance du centre de pression M à l'arête de renversement B.

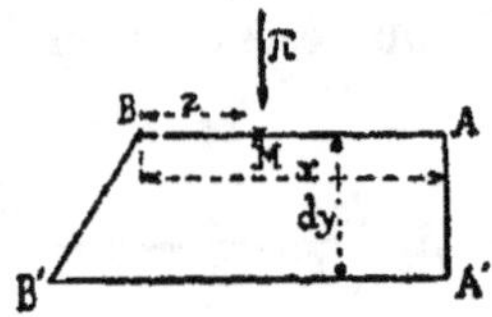

Figure 235.

Les longueurs x et z, ainsi que le poids Π de la partie supérieure du mur, sont les résultats connus d'un calcul précédent. Les équations d'équilibre relatives à la tranche ABA'B' de hauteur dy, et dont le poids est $d\Pi = \Delta x\, dy$, sont les suivantes.

Equation d'équilibre statique :

$$\frac{1000y'dy}{2} = \Pi\,(dx - dz) + \Delta x\left(\frac{x}{2} - z\right)dy.$$

Equation d'équilibre élastique :

$$\frac{1000y'x\,dx}{3} + \frac{1000x'dy}{6} = \Pi\left(dz - \frac{dx}{3}\right) + \Delta\,x\left(z - \frac{x}{3}\right)dy.$$

D'où :

$$dx = dy \cdot \frac{3000y^2 - (\Delta - 1000)x^2}{4\Pi - 2000xy};$$

$$dz = dx - dy \cdot \frac{1000y^2 - \Delta x\,(x - 2z)}{2\Pi}.$$

II. — Il viendra un moment où le travail sur le parement extérieur, calculé par la formule

$$R = \frac{\Pi}{x} + \frac{6\Pi\left(\frac{x}{2} - z\right)}{x^2}$$

atteindra la limite de sécurité C. Au-dessous du niveau remplissant cette condition, on devra calculer l'épais-

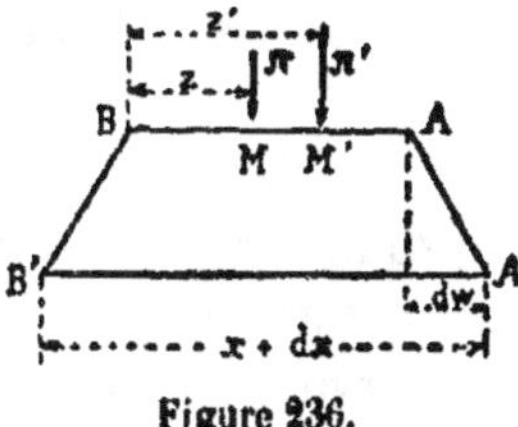

Figure 236.

seur en se basant sur la seconde condition de stabilité : R = C.

Equation d'équilibre statique :

$$\frac{1000y^2 dy}{2} = \Pi\,(dx - dz) + \Delta x\left(\frac{x}{2} - z\right)dy.$$

Equation d'équilibre élastique :

$$Cx\,dx = \Pi\,(2dx - 3dz) + \Delta x\,(2x - 3z)dy;$$

D'où :

$$dx = \frac{3000y^2 + \Delta x^2}{2Cx + 2\Pi};$$

$$dz = dx - dy \cdot \frac{1000y^2 - \Delta x\,(x - 2z)}{2\Pi}.$$

III. — Enfin dans la partie inférieure du barrage, il peut se faire que l'on trouve à un moment donné :

$$\frac{1000\,y^3}{x^3} + \frac{2\Pi}{x} - C = C',$$ C' étant la limite de sécurité à la compression que l'on est convenu de ne pas dépasser pour le parement intérieur quand le réservoir est à sec. Au-dessous de ce niveau il convient de donner du fruit au parement intérieur (fig. 236), et de régler le profil du mur de façon à maintenir invariablement égales à C et C' les valeurs du travail sur l'un ou l'autre parement, suivant que le réservoir est plein ou vide.

Soit dw la projection horizontale du parement intérieur entre les deux sections infiniment voisines AB et A'B'. Les quatre équations suivantes permettront de calculer le surcroît d'épaisseur dx et l'augmentation du fruit dw nécessaires à la stabilité, ainsi que les inconnues auxiliaires dz et dz', dont la connaissance est indispensable pour prolonger de la section AB à la section A'B' les courbes des centres de pression M et M' relatives aux deux cas du réservoir plein et du réservoir vide.

Réservoir plein.

L'augmentation de la charge verticale, d'une section à la suivante, est :

$$d\Pi = \Delta x\,dy + 1000\,y\,dw.$$

Les deux équations d'équilibre statique et d'équilibre élastique sont :

$$1000\,\frac{y^2}{2}\,dy = \Pi(dx - dz) + \Delta x\left(\frac{x}{2} - z\right)dy$$
$$+ 1000\,y\,(x - z)\,dw;$$
$$Cx\,dx = \Pi\,(2dx - 3dz) + \Delta x\,(2x - 3z)\,dy$$
$$+ 1000\,y\,(2x - 3z)\,dw.$$

Réservoir vide.

On a :

$$d\Pi' = \Delta x\,dy.$$

Les équations d'équilibre sont :

$$o = \Pi' (dx - dz') + \Delta x \left(\frac{x}{2} - z'\right) dy ;$$

$$C'x dx = \Pi' (3dz' - dx) + \Delta x (3z' - x) dy.$$

140. Barrages à contreforts. — Il nous paraît résulter de l'étude théorique faite à l'article 137 que l'emploi des contreforts extérieurs doit procurer une certaine économie de maçonnerie. On peut encore le reconnaître en appliquant la méthode de calcul employée dans l'article 129 pour les culées à contreforts.

Toutefois cette vérité théorique peut être faussée par les sujétions d'ordre pratique qu'entraîne la construction des murs de réservoirs. En premier lieu si, par l'emploi des contreforts, on réduit le cube de maçonnerie, on augmente notablement la surface des parements vus, en substituant une ligne à redans à une ligne droite dans le profil horizontal du parement intérieur, ce qui peut compenser, et au-delà, l'économie que l'on a voulu réaliser.

En second lieu, il faut augmenter l'empattement du mur, c'est-à-dire la distance maximum du parement intérieur au parement extérieur du contrefort, au niveau de la base : d'où il peut résulter un surcroît de dépense notable pour les déblais de fondation, ainsi que pour le massif de béton reposant sur le rocher et noyé dans le terrain non résistant, qui dans certains cas constitue le soubassement du mur.

Enfin, nous remarquerons qu'il faut de toute nécessité attribuer un fruit notable, par exemple $\frac{1}{10}$, aux parements latéraux de chaque contrefort, arrêtés perpendiculairement au parement intérieur du mur. Supposons que la distance entre faces opposées de deux contreforts voisins soit de 8 mètres au niveau du couronnement. Avec un fruit de $\frac{1}{10}$, ces deux contreforts viendront se souder à la distance verticale de 40^m, et l'on retombera sur la section rectangulaire. Par ces divers motifs, nous estimons que l'avantage à tirer des contreforts doit être en général assez peu important, et peut, dans certains cas, être complètement illusoire. Il nous semble présumable qu'il y a intérêt à faire usage des contreforts dans la partie supérieure du mur, entre les limites de hauteur $o \leqslant y \leqslant \frac{C}{\Delta - 1000} \leqslant \frac{C}{\Delta}$, qui correspond à l'équation I de l'article 138, en réglant dans cette région le profil à redans de la section transversale de manière que le travail à la compression soit à un niveau quelconque égal à 1000y pour le parement intérieur, à

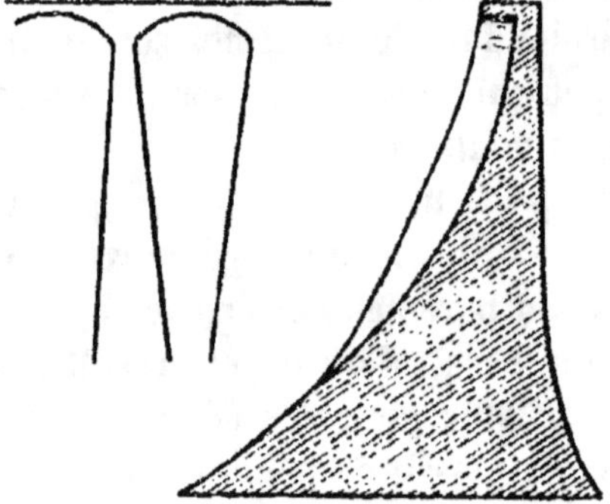

Figure 237.

C pour le parement extérieur. Cette double condition peut toujours être remplie par un profil convenablement choisi. Il faudra, en outre, s'arranger de façon que le contrefort disparaisse à la hauteur $\frac{C}{\Delta - 1000}$ ou $\frac{C'}{\Delta}$, au-dessous de laquelle on reprendra la section rectangulaire.

Il est vraisemblable que cette règle, n'entraînant aucune augmentation de l'*empattement*, ou épaisseur à la base de fondation, fournirait la solution la plus économique du mur de réservoir : la réduction sur le volume de maçonnerie serait loin d'être compensée par l'augmentation d'étendue du parement extérieur. Toutefois nous devons signaler que nous n'en avons fait aucune application numérique pour un cas donné, de sorte que nos affirmations peuvent à la rigueur être contredites par les faits.

En réalité, la solution la plus avantageuse au point de vue théorique consisterait à recourir non à l'emploi du profil à contreforts correspondant à la section transversale en simple té, mais à celui du profil rectangulaire

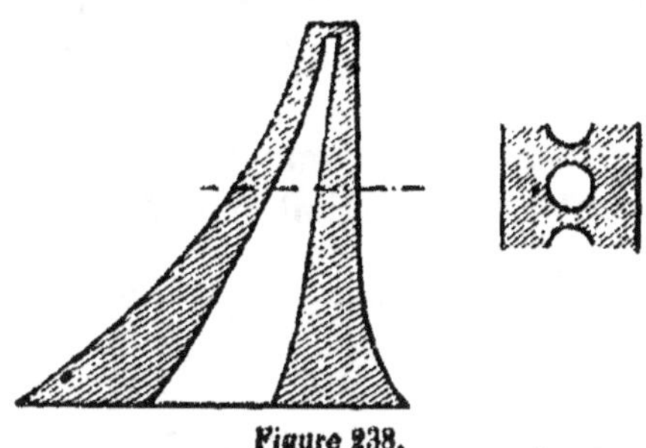

Figure 238.

évidé par un cercle concentrique à son centre de gravité, qui est assimilable au profil à double té. C'est ainsi que l'on arriverait à réduire au minimum le volume des maçonneries, sans augmentation de l'empattement. Mais l'on doit se préoccuper ici des conditions pratiques d'exécution, et il resterait à vérifier si la confection de ces puits intérieurs à axes obliques ne présenterait ni difficulté ni inconvénient, étant donné que leur surface périphérique serait partiellement en surplomb.

Il faudrait donc examiner si les règles pratiques de la construction se prêtent à l'adoption de ce type de mur de réservoir, et c'est une question qui ne saurait rentrer dans le programme du cours de Résistance des Matériaux. Nous devons nous borner à signaler que théoriquement le meilleur profil pour la section transversale d'une pièce fléchie est le profil à double té, lequel est sensiblement réalisé par le mur rectangulaire à évidements circulaires. C'est là une vérité scientifique qui, en dehors de toute considération d'ordre pratique, est au-dessus de toute contestation.

141. Tracé en plan des barrages. — Un barrage est généralement enraciné à ses deux extrémités dans des coteaux limitant la vallée que l'on veut fermer pour établir le réservoir.

Il est bon d'attribuer au mur un tracé courbe tournant sa convexité vers l'amont, pour le motif suivant.

Figure 239.

Le recul du couronnement, conséquence de la déformation élastique du profil vertical du mur, est plus important dans le thalweg de la vallée, où la hauteur atteint son maximum, que sur les bords, où cette hauteur tombe à zéro. Il en résulte que, avec le tracé indiqué plus haut, la courbe décrite par l'arête supérieure du mur s'aplatit et diminue un peu de longueur : le couronnement étant une sorte de voûte très surbaissée, cette déformation élastique développe dans la maçonnerie des pressions latérales, d'ailleurs assez faibles, qui agissent dans le sens horizontal et longitudinal. Quand la température s'abaisse, l'arête en question tend à se raccourcir. Mais comme ses extrémités sont fixes, ce raccourcissement ne peut s'opérer librement. Toutefois il se réalise dans une certaine mesure par un aplatissement nouveau de la courbe, qui se rapproche de sa corde. Les tensions déterminées de ce chef dans la maçonnerie par l'obstacle opposé à la contraction de la matière, sont compensées jusqu'à un certain point par les compressions initiales dues à la déformation qu'a produite la pression de l'eau. Dans ces conditions, il ne doit pas se manifester de fissures dans le mur, et le parement amont reste étanche. Un tracé en ligne droite aurait, au contraire, l'inconvénient de se transformer par l'effet même de la déformation élastique due à la charge hydraulique, en une courbe tournant sa concavité vers l'amont, avec développement de tensions dans la maçonnerie. Un abaissement de la température donnerait lieu, d'une part, à un accroissement de ces tensions, et, d'autre part, à un aplatissement de la courbe qui se rapprocherait de sa corde, avec tendance à se fissurer vers l'intérieur.

Or toute fissure, même imperceptible lors de son apparition, constitue un danger sérieux pour le barrage. En hiver, elle s'ouvre et se remplit de dépôts, de débris et de poussières qui, en été, l'empêchent de se refermer. Par suite, le barrage se gonfle et la courbure s'accentue. Si ce mouvement se manifeste vers l'amont, il est entravé par la pression de l'eau et peut ne pas s'accentuer davantage. Si, au contraire, la courbure se manifeste vers l'aval, on peut être assuré que le déplacement du mur ira en progressant d'année en année, jusqu'à ce que la maçonnerie, faisant eau de toute part, cesse d'offrir les garanties de sécurité convenables.

On constate toujours en pratique que les murs circulaires s'avancent du côté convexe lorsqu'ils sont fissurés, par le jeu même de la température. Si cette marche en amont se heurte à un obstacle, elle peut être entravée. Si elle est favorisée par l'action des charges extérieures, il y a grande chance pour qu'elle ne s'arrête pas. C'est ainsi que les murs de soutènement concaves se comportent généralement bien, alors que les murs de soutènement convexes finissent toujours par présenter un surplomb très sensible, qui, à la longue, peut rendre nécessaire leur reconstruction.

142. Stabilité et durée des murs de réservoirs. — Nous estimons qu'un mur de réservoir établi conformément aux règles que nous avons indiquées offre toute garantie de solidité et de durée, si l'on a admis des limites de sécurité convenables, C et C', dans la double hypothèse du réservoir plein et vide.

Un certain nombre d'ouvrages existants ont été calculés par la règle du triangle, sans tenir compte de l'influence de la sous-pression de l'eau, qui se traduit par la règle du pentagone. Il en résulte une insuffisance d'épaisseur de la région supérieure du mur, où, comme nous l'avons signalé, c'est la considération du travail sur le parement intérieur, et non sur le parement extérieur, qui conduit à l'épaisseur la plus grande. Les changements de température, dont les effets sont assez difficiles à évaluer par le calcul, peuvent, d'autre part, aggraver la situation si le mur est rectiligne. En éliminant les accidents dus à l'insuffisance des fondations ou à la mauvaise qualité des maçonneries, on constate que les fissures ont presque toujours fait leur apparition dans la région supérieure des murs, et que les ruptures, déterminant parfois des catastrophes avec mort d'hommes, se sont en général produites dans la même région.

Nous en concluons donc qu'il importe non pas seulement d'appliquer la règle du pentagone, qui à la rigueur pourrait paraître suffisante, mais d'observer rigoureusement le principe posé précédemment : à savoir que, dans le réservoir plein, le travail à la compression du parement intérieur, calculé par la règle du trapèze, ne doit jamais tomber au-dessous de la pression hydrostatique, quel que soit d'ailleurs le travail de compression sur le parement extérieur.

Quelques auteurs ont pensé que l'on avait tort de calculer le mur par tranches horizontales, au lieu d'orienter les sections transversales normalement à la fibre moyenne, conformément au principe théorique de la Résistance des Matériaux. Cette infraction doit effectivement influer sur l'exactitude des résultats ; mais nous pensons que l'erreur commise de ce chef sur la valeur du travail ne doit jamais être assez importante pour diminuer la sécurité dans une mesure appréciable. Au surplus, on pourra toujours vérifier après coup si l'application de la règle stricte conduirait à une aggravation sensible du travail, et renforcer en conséquence la région du mur qui aurait paru un peu trop chargée. Mais la marge de sécurité admise pour les maçonneries est telle que nous ne prévoyons pas que cette vérification puisse jamais présenter une utilité bien réelle.

Il en serait de même pour la correction théorique qui

se rapporte aux massifs dont l'épaisseur varie rapidement (Résistance des Matériaux, art. 70, page 401). Cette correction, qui conduit à relever un peu la valeur trouvée pour le travail, ne semble pas de nature à modifier ici de façon appréciable le résultat du calcul primitif.

143. Murs de soutènement. — La recherche de la *poussée des terres* exige de longs développements qui se rattachent à la théorie de l'Elasticité, et ne peuvent trouver leur place dans le présent cours.

La terre exerce sur le parement intérieur du mur qui la maintient une pression qui croît avec la distance verticale au niveau du couronnement du mur, comme la pression hydrostatique, mais dont la direction n'est pas en général perpendiculaire au parement.

L'intensité et la direction de cette poussée dépendent à la fois de la densité du terrain, de son coefficient de frottement (défini par la pente du talus naturel), et de l'obliquité du parement sur la verticale ; d'autres circonstances, sur lesquelles nous ne pouvons nous étendre, peuvent également influer dans une très large mesure sur cette poussée.

Supposons-la connue *a priori* pour un élément quelconque du parement défini par sa distance y au niveau du couronnement. On tracera la courbe des pressions de toutes les forces extérieures agissant sur le mur, y compris son propre poids : puis on déterminera les centres de pressions et les résultantes d'actions moléculaires pour un certain nombre de sections transversales.

Après quoi, si le mur est adossé à un terrain sec, on calculera les limites extrêmes du travail pour chaque section par les règles du trapèze ou du triangle, suivant que la courbe des centres de pression sera à l'intérieur ou à l'extérieur du noyau central. D'habitude, comme pour les culées et les barrages, il convient de substituer à la section normale à la fibre moyenne une section horizontale, qui, le plus généralement d'ailleurs, s'en écarte assez peu.

Si l'on peut craindre que le terrain ne soit envahi par l'eau, il sera prudent d'appliquer la règle du pentagone. Mais il en résultera alors un surcroît d'épaisseur notable. Aussi les constructeurs préfèrent-ils écarter l'éventualité d'une pression hydrostatique en drainant les eaux derrière le mur, et pratiquant des barbacanes d'écoulement à travers la maçonnerie.

Il n'est jamais nécessaire d'appliquer à un mur de soutènement la règle de prudence indispensable pour les barrages, en vertu de laquelle la courbe des centres de pression doit rester à l'intérieur du noyau central, dans des conditions telles que la règle du trapèze indique pour le parement intérieur un travail au moins égal à la pression hydrostatique. Cette mesure ne serait justifiée que si le mur de soutènement, adossé à un terrain absolument noyé et dépourvu de barbacanes d'assèchement, devait jouer en fait le rôle de barrage.

Quand le mur a son parement *intérieur* en surplomb, avec la pente du talus naturel des terres, son épaisseur peut être réduite à zéro : il joue le rôle d'un simple revêtement de talus. Au fur et à mesure que l'obliquité du mur en surplomb va en décroissant, l'épaisseur requise pour la stabilité augmente. Quand le parement intérieur est vertical, on se trouve dans les conditions des barrages de réservoirs, sauf que la poussée des terres est oblique et inférieure à la pression hydrostatique. Enfin l'épaisseur continue à croître si l'on donne du fruit au parement intérieur, et atteint son maximum lorsque, le parement extérieur étant vertical, le parement intérieur est en talus : c'est la solution la moins économique.

L'emploi de contreforts extérieurs est avantageux au double point de vue du cube des maçonneries et de la rigidité.

On est parfois conduit à adopter un parement extérieur vertical, et un parement intérieur incliné avec contreforts. C'est une solution peu recommandable comme économie et stabilité, en ce qu'elle exige un cube considérable de maçonnerie, et que les contreforts intérieurs sont sujets à se fissurer ou à se séparer du mur.

144. Résistance au vent. — La pression V du vent sur une surface plane orientée normalement à sa direction peut atteindre 170 k. par mètre carré pendant une tempête, et jusqu'à 270 k. en cas d'ouragan exceptionnel. Il est vraisemblable que ce dernier chiffre doit même être dépassé par les cyclones qui, principalement en Amérique, abattent les maisons et rasent les forêts.

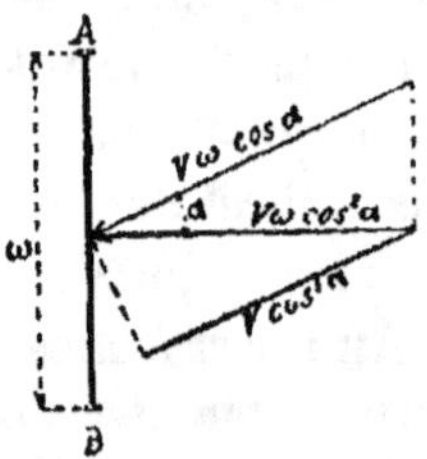

Figure 240.

Soit V la pression par mètre carré exercée par le vent sur une surface plane orientée perpendiculairement à sa direction, et ω l'aire de cette surface. La poussée totale du vent sera $V\omega$. Supposons que la normale au plan fasse l'angle α avec la direction du courant athmosphérique. On admet que l'action du vent se réduira à une pression normale $V\omega \cos^2 \alpha$, ce qui revient à négliger la composante tangentielle résultant du frottement de l'air sur la surface rencontrée.

Cette poussée normale au plan $V\omega \cos^2 \alpha$ a pour projection sur la direction même du vent la force $V\omega \cos^3 \alpha$.

Considérons un massif prismatique de maçonnerie à section horizontale carrée de côté a. Si le vent agit perpendiculairement à l'une des faces du prisme, la pression par mètre de hauteur sera Va.

Le module du travail à la flexion étant :

$$\frac{n}{I} = \frac{6}{a^2},$$

le travail élastique maximum produit par la pression du vent sera proportionnel à :

$$Va \times \frac{6}{a^2} = \frac{6\,V}{a}.$$

Supposons maintenant que le vent ait la direction d'une diagonale du carré. La pression normale exercée sur l'un des côtés du carré sera $\left(\alpha \text{ étant ici égal à } \frac{\pi}{4} \right)$:

$$Va \cos^2 \alpha = \frac{Va}{2}.$$

La projection de cette force sur la direction du vent sera :

$$\frac{Va}{2} \cos \frac{\pi}{4} = \frac{Va}{2\sqrt{2}}.$$

La somme de ces projections pour les deux faces frappées par le vent sera :

$$2\,\frac{Va}{2\sqrt{2}} = \frac{Va}{\sqrt{2}}.$$

Le module du travail à la flexion est, suivant la direction de la diagonale :

$$\frac{n}{I} = \frac{a}{\sqrt{2}}\frac{1}{\frac{1}{12}a^3} = \frac{12}{2\sqrt{2}a}.$$

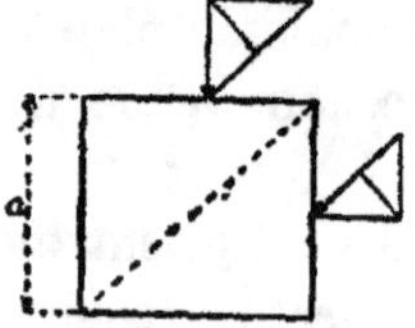

Figure 241.

Donc le travail de flexion dû à l'action du vent sera proportionnel à :

$$\frac{Va}{\sqrt{2}}\times\frac{12}{a^2\sqrt{2}} = \frac{6V}{a}.$$

On retombe sur le résultat obtenu plus haut. Nous en concluons que le travail déterminé par la poussée du vent sur un prisme à section carrée est indépendant de la direction du vent, en tant que celle-ci est horizontale et par conséquent normale à l'axe vertical du prisme.

Considérons une tour cylindrique de diamètre a. La poussée exercée par le vent a pour grandeur :

$$V\int_{-\frac{\pi}{2}}^{+\frac{\pi}{2}}\frac{a}{2}\cos^3\alpha\,d\alpha = \frac{2}{3}\,Va.$$

Elle est les deux tiers de celle que le vent exercerait sur une surface normale plane de largeur a. Le module de flexion es :

$$\frac{n}{I} = \frac{32}{\pi a^3}.$$

Le travail est donc proportionnel à :

$$\frac{2}{3}\,Va \times \frac{32}{\pi a^3} = \frac{6,9V}{a}\,.$$

La tour ronde offre donc moins de résistance au vent que la tour carrée de même épaisseur. Mais si l'on veut rapporter ces résistances à la surface de la section, ou, ce qui revient au même, au volume des maçonneries, il faut multiplier les termes précédemment obtenus par l'aire de la section, ce qui donne pour le carré :

$$\frac{6V}{a} \times a^2 = 6Va.$$

et pour le cercle :

$$\frac{6{,}9V}{3\pi a} \times \frac{\pi a^2}{4} = \frac{16}{3}\,Va.$$

Donc à égalité de volume de maçonnerie, la tour ronde, de diamètre $\frac{2a}{\sqrt{2}}$, résiste mieux à l'action du vent que la tour carrée d'épaisseur a.

Les calculs de stabilité relatifs à un ouvrage quelconque frappé par le vent ne présentent aucune difficulté spéciale. Nous n'avons rien de particulier à en dire.

§ 5. Ouvrages en ciment armé.

145. Méthode générale de calcul. — Considérons une pièce prismatique hétérogène, constituée par la réunion de deux matières élastiques de propriétés absolument différentes, comme du fer et du béton de ciment. Envisageons cette pièce comme formée de deux éléments prismatiques homogènes, à axes longitudinaux parallèles, qui se pénètrent et soient parfaitement soudés, de telle façon que leurs déformations élastiques soient nécessairement concordantes, en raison de l'adhérence mutuelle qui empêche tout glissement d'une matière sur l'autre.

Figure 242.

Supposons que dans une section transversale de cette pièce prismatique hétérogène, nous déterminions séparément les aires ω et ω', et les centres de gravité G et G' des régions correspondant à l'une et à l'autre matière.

Désignons par m la distance mutuelle des centres de gravité G et G' de ces aires partielles, *que nous supposerons avoir pour axe principal commun la droite G G'*; et par i et i' les moments d'inertie propres de chacune d'elles, par rapport à la perpendiculaire à GG passant par son centre de gravité, G ou G'.

Enfin E et E' seront les coefficients d'élasticité respectif des deux matières.

Nous admettrons en principe que le moment fléchissant X sollicitant la section transversale de la pièce en ciment armé est situé dans le plan, perpendiculaire à la section, qui renferme l'axe principal commun GG' des deux aires partielles. Cette condition est indispensable pour écarter les phénomènes de torsion, que nous laissons de côté dans la présente étude.

Il conviendra de substituer à la pièce hétérogène donnée une pièce homogène fictive, dont le centre de gravité O se trouve entre les points G et G' aux distances respectives fournies par les relations :

$$u = \frac{mE'\omega'}{E\omega + E'\omega'} = \frac{E'}{E} \cdot \frac{m\omega'}{\omega + \dfrac{E'}{E}\omega'}.$$

$$u' = \frac{mE'\omega}{E\omega + E'\omega'} = \frac{m\omega}{\omega + \dfrac{E'}{E}\omega'}.$$

Nous définirons la section transversale (Ω et I) et les propriétés élastiques (E'') de cette pièce homogène fictive par la double condition :

$$E''\Omega = E\omega + E'\omega' ;$$

$$E''I = Ei + E'i' + E''\Omega uu' = Ei + E'i' + \frac{m^2 E\omega E'\omega'}{E''\Omega}.$$

Ces deux relations entre les trois quantités I, Ω et E'' laissent une indétermination, ce qui nous permet d'attribuer à la matière constituant la pièce fictive un coefficient d'élasticité arbitraire. Nous prendrons par exemple E'' = E, et nous tirerons des équations précédentes les valeurs correspondantes de Ω et I :

$$\Omega = \omega + \frac{E'}{E}\omega' ;$$

$$I = i + \frac{E'}{E}i' + \frac{E'}{E}m^2\frac{\omega\omega'}{\Omega}.$$

Dans ces conditions, l'axe neutre de la pièce fictive passe par le point O, dont la position a été définie plus haut. L'effort normal F devra donc être appliqué en ce point, et le travail élastique développé par cet effort et par le moment fléchissant X sera, pour une fibre située à la distance y de l'axe neutre, qui passe en O et est perpendiculaire à la droite GG', fourni par l'une des relations suivantes :

Pour la matière dont la propriété élastique est définie par le coefficient d'élasticité longitudinale E :

$$R = \frac{F}{\Omega} - \frac{Xy}{I}.$$

Pour la matière définie par le coefficient d'élasticité longitudinale E' :

$$R' = \frac{E}{E} \left(\frac{F}{\Omega} - \frac{Xy}{I} \right).$$

Si les deux éléments accolés sont du fer et du béton, les valeurs du travail seront ainsi dans le rapport des coefficients d'élasticité : la pression ou la tension sera, pour une fibre située à une distance donnée de l'axe, dix à douze fois plus grande pour le fer que pour le ciment.

Nous démontrerons tout d'abord l'exactitude de la règle énoncée ci-dessus pour l'effort normal agissant seul sur la pièce prismatique.

Soient S et S' les deux résultantes des actions moléculaires développées dans l'une ou l'autre matière considérée à part. Ces résultantes passeront par les centres de gravité respectifs des aires partielles ω et ω', et les valeurs correspondantes du travail seront :

$$(1) \qquad\qquad R = \frac{S}{\omega};$$

$$(2) \qquad\qquad R' = \frac{S'}{\omega'}.$$

La condition nécessaire pour que deux fibres accolées, de natures différentes, subissent le même allongement élastique est :

$$(3) \qquad \frac{S}{E\omega} = \frac{S'}{E'\omega'} .$$

D'autre part, les deux efforts partiels S et S' ont pour résultante commune l'effort total F.

D'où :

$$(4) \qquad F = S + S'.$$

Tirons S et S' des équations (3) et (4) :

$$S = F \cdot \frac{E\omega}{E\omega + E'\omega'} = \frac{Fu'}{m} ;$$

$$S' = F \cdot \frac{E'\omega'}{E\omega + E'\omega'} = \frac{Fu}{m} .$$

L'effort normal F a donc bien pour point d'application le centre de gravité O de la section conventionnelle Ω relative au solide homogène fictif d'élasticité E''.

Remplaçons S et S' par leurs valeurs en fonction de F, dans les expressions du travail :

$$R = \frac{FE}{E\omega + E'\omega'} = \frac{F}{\Omega} ;$$

et

$$R' = \frac{FE}{E\omega + E'\omega'} = \frac{E'}{E} \times \frac{F}{\Omega} ,$$

ce qu'il fallait démontrer.

Proposons-nous maintenant de déterminer les actions moléculaires produites par le moment fléchissant X. Nous désignerons par S et μ l'effort normal et le moment fléchissant sollicitant la section partielle ω, dont le coefficient d'élasticité est E ; par S' et μ' les mêmes résultantes d'actions moléculaires pour la section partielle ω', dont le coefficient d'élasticité est E'.

Le travail élastique développé en un point défini par sa distance y à l'axe neutre passant par le point O, centre de gravité de la pièce fictive, sera :

Pour la matière de coefficient E :

$$(5) \qquad R = \frac{S}{\omega} - \frac{\mu\,(y - u)}{i};$$

Pour la matière de coefficient E' :

$$(6) \qquad R' = \frac{S'}{\omega} - \frac{\mu'\,(y + u')}{i'}.$$

Les forces S et S', et les couples μ et μ' ont pour résultante commune le moment fléchissant X, ce qui nous donne les deux équations d'équilibre :

$$(7) \qquad + S' = 0;$$

$$(8) \qquad \mu + \mu' - Su + S'u' = X.$$

La condition pour que les allongements de deux fibres accolées de natures différentes soient identiques, est :

$$\frac{R}{E} = \frac{R'}{E'}$$

ou

$$(9) \qquad \frac{S}{E\omega} - \frac{\mu\,(y - u)}{Ei} = \frac{S'}{E'\omega'} - \frac{\mu'\,(y + u')}{E'i'}.$$

Cette condition, étant indépendante de la valeur attribuée à la variable y, ne peut être satisfaite que si le terme constant et le coefficient de y sont séparément nuls dans la relation (9) :

$$(10) \qquad \frac{\mu}{Ei} = \frac{\mu'}{E'i'};$$

$$(11) \qquad \frac{S}{E\omega} + \frac{\mu u}{Ei} = \frac{S'}{E'\omega'} - \frac{\mu'u'}{E'i'}.$$

La première équation exprime que la déviation angulaire élémentaire de la section transversale par rapport

39

à la section infiniment voisine est la même pour les deux régions ω et ω' ; la seconde équation exprime que le déplacement élastique du point O, dans la direction normale au plan de la section transversale, est le même pour les deux aires partielles ω et ω'. Nous éliminerons les inconnues S' et μ' entre les quatre équations (7), (8), (10) et (11), et nous en tirerons les expressions de S et μ.

On trouve sans difficulté :

$$\mu \left(Ei + E'i' + \frac{m^2 E\omega E'\omega'}{E\omega + E'\omega'} \right) = XEi ;$$

$$S \left(Ei + E'i' + \frac{m^2 E\omega E'\omega'}{E\omega + E'\omega'} \right) = -Xm . \frac{E\omega E'\omega'}{E\omega + E'\omega'} ;$$

ou :

$$\mu = \frac{XEi}{EI} ;$$

$$S = -Xm . \frac{E\omega . E'\omega'}{E\omega . EI} .$$

On trouverait de même, en éliminant S et μ entre les quatre équations précitées :

$$\mu' = \frac{XE'i'}{EI} ;$$

$$S' = +Xm . \frac{E\omega . E'\omega'}{E\Omega . EI} .$$

Introduisons ces valeurs de S, S', μ et μ' dans les expressions du travail (formules (5) et (6)) :

$$R = \frac{S}{\omega} - \frac{\mu (y - u)}{i} = \frac{S}{\omega} - \frac{\mu y}{i} + \frac{\mu m E'\omega'}{i (E\omega + E'\omega')}$$

$$= -\frac{Xm E\omega . E'\omega'}{\omega . E\Omega . EI} - \frac{XEiy}{EIi} + \frac{XEi .}{EI} \frac{m E'\omega'}{i . E\Omega}$$

$$= -\frac{Xy}{I} .$$

On trouvera de même :

$$R' = -\frac{E'}{E} . \frac{Xy}{I} .$$

Ces formules sont rigoureuses tant qu'aucun des deux éléments de la poutre, fer et ciment, n'a atteint une de ses limites d'élasticité, à la compression ou à l'extension. On peut avoir en elle autant de confiance que dans les formules établies précédemment pour le calcul des pièces prismatiques homogènes.

Mais il doit être bien entendu qu'elles cessent d'être valables dès qu'une limite d'élasticité a été dépassée, parce que la variation de longueur d'une fibre n'est plus proportionnelle au travail élastique subi par elle, ce qui est la base fondamentale du calcul précédent.

En conséquence elles donnent une idée assez exacte des conditions de stabilité d'une poutre en ciment armé tant que celle-ci n'éprouve aucune déformation permanente appréciable.

Influence des changements de température. — Supposons que les coefficients de dilatation des deux matières soient notablement différents. A la suite d'un changement de température affectant également l'une et l'autre, leurs fibres respectives tendront à prendre des allongements différents : l'adhérence mutuelle les obligeant à subir des déformations identiques, il en résultera forcément que l'une sera tirée par l'autre, qui au contraire se trouvera retenue. Il se développera de la sorte dans le solide hétérogène des actions moléculaires latentes, qui sur les surfaces de contact seront des actions tangentielles, dont l'intensité dépendra à la fois de l'écart entre les coefficients de dilatation et de l'importance du changement de température. Ce sera une cause d'affaiblissement de la poutre, qui de ce chef sera moins apte à résister aux charges extérieures ; à la rigueur il en pourra résulter une désagrégation et une dislocation de la masse, si le changement de température est suffisamment grand.

Tel serait le cas pour une poutre en ciment armé avec du bois, du cuivre, du bronze, de l'étain, du zinc, etc.

Mais il se trouve *heureusement* que le ciment et tous les composés ferreux (fonte, fer et acier) ont sensiblement le même coefficient de dilatation (10×10^{-6} à 14×10^{-6} d'après les expériences de différents physiciens, soit en moyenne $11,5 \times 10^{-6}$). On a soumis des pièces de ciment armé à des variations de température très considérables, en les chauffant dans des fours et les refroidissant avec de la glace, sans constater le décollement des deux matières, ni la désagrégation du ciment.

Il résulte de cette circonstance favorable que l'on est en droit d'appliquer au solide homogène fictif défini ci-dessus toutes les méthodes de calcul exposées dans les précédents chapitres du cours pour les constructions métalliques, y compris celles qui se rapportent aux effets des changements de température.

Il convient de rappeler que le ciment, tant par suite de son faible coefficient de conductibilité thermique qu'en raison des épaisseurs notables qu'on réalise dans son emploi, est loin de suivre exactement les variations du thermomètre. Par suite, au lieu d'avoir à envisager l'écart maximum de 30° à 60° admis pour les constructions métalliques en plein air, il sera permis de s'en tenir au maximum de 15° à 20°, différence entre les températures moyennes d'été et d'hiver, du moins pour le climat de la France.

Considérons un arc circulaire encastré sur ses retombées, dont la hauteur constante soit le cinquième de sa flèche. Si cet arc est constitué par un fer à double té dont l'âme ait une section négligeable comparativement à celle des membrures, la poussée additionnelle due à un relèvement de température de 26° correspondra à une pression uniforme de 60 kg. par centimètre carré de section des membrures.

Si l'arc est constitué par une voûte en béton à section rectangulaire, la poussée additionnelle due à un relèvement de température de 9° correspondra à une pression uniforme de 0 kg. 7 par centimètre carré de section de la voûte.

On conçoit donc que les constructeurs ne s'inquiétent guère en général de l'influence des changements de température sur la stabilité du béton armé, bien que, dans des circonstances exceptionnelles, les effets dus à cette cause puissent n'être pas négligeables.

146. Distribution des fers dans une poutre en ciment armé. — Le béton de ciment oppose aux efforts de compression une résistance considérable, qui atteint et quelquefois dépasse 200 kg. par centimètre carré. Mais on ne peut guère compter sur une limite de rupture à la traction supérieure à 15 kg. ou à 20 kg., au grand maximum. La limite d'élasticité est assez difficile à reconnaître avec exactitude, pour un corps hétérogène

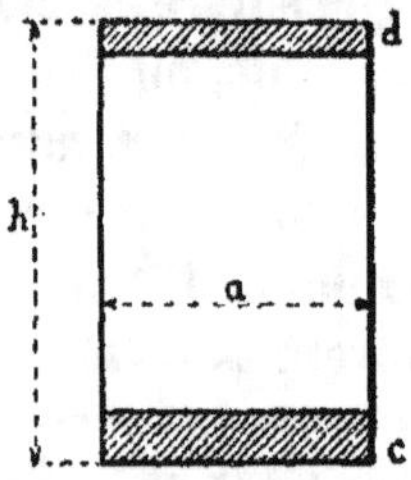

Figure 242.

(caillou, sable et ciment) dont les propriétés sont très influencées par les procédés de fabrication et le mode d'emploi, et qui se prête malaisément à des expériences de précision. On peut admettre *pratiquement* que cette limite varie entre 8 et 10 kg. pour la tension, et entre 50 et 100 kg. pour la compression. Enfin le coefficient d'élasticité longitudinale, qui n'est également pas susceptible d'être déterminé rigoureusement, paraît compris entre $1,8 \times 10^{\circ}$ et $2,5 \times 10^{\circ}$: on a parfois obtenu des chiffres plus élevés, jusqu'à $3 \times 10^{\circ}$ et même davantage.

Pour fixer les idées, nous admettrons que le rapport entre le coefficient d'élasticité du fer ou de l'acier, et celui du béton de ciment est 10,5 : c'est là une valeur moyenne qui ne s'écarte jamais beaucoup de la réalité.

L'introduction du métal dans le mortier de ciment a pour but de remédier à son défaut essentiel, en le renforçant au point de vue de la résistance aux tensions. En conséquence les fers devront en principe être distribués dans la maçonnerie de façon à réduire le plus possible le travail à la traction. On ne se préoccupera pas d'atténuer en même temps le travail à la compression : il suffira de ne pas l'aggraver dans une mesure qui puisse devenir inquiétante.

Il est évident *a priori* que pour faire rendre au métal le maximum d'effet utile, il convient de le concentrer dans les deux régions de la poutre en béton les plus éloignées de l'axe neutre de la section. Nous allons rechercher dans quelle proportion il faut le partager entre la région tendue et la région comprimée pour en tirer le meilleur parti.

Considérons une poutre en béton, à profil rectangulaire de hauteur h et de largeur a, avec axe neutre horizontal. L'aire de sa section transversale est $\omega = ah$.

Enchâssons cette poutre entre deux tôles planes, appliquées respectivement sur sa face supérieure et sur sa face inférieure. Nous attribuerons à ces tôles, de même largeur a, l'épaisseur c pour la région tendue, et l'épaisseur d pour la région comprimée. L'aire totale de la section droite des fers sera ainsi $a(c+d)$. Il s'agit de trouver la valeur à attribuer au rapport $\frac{c}{d}$ de ces deux épaisseurs pour obtenir le meilleur résultat.

Afin de simplifier les formules, nous admettrons que les dimensions c et d soient assez petites pour être négligeables sans erreur sensible devant la hauteur h de la poutre.

Appliquons la méthode de l'article précédent, en posant :

$$\frac{E'}{E}\, a\,(c+d) = \alpha \; ;$$

$$\frac{E'}{E}\, ac = \frac{\alpha}{2} + \beta \; ;$$

$$\frac{E'}{E}\, ad = \frac{\alpha}{2} - \beta .$$

Nous considérons comme évident que la quantité de métal introduite dans la région tendue ne saurait être inférieure à celle de la région comprimée. L'aire β est donc nécessairement positive, et comprise entre $\frac{\alpha}{2}$, fer concentré dans la région tendue, ou *armature simple* : $d = o$; et zéro, *armature double symétrique* : $c = d$.

Nous trouvons :

$$\Omega = ah + \frac{E'}{E}\, a(c+d) = \omega + \alpha \; ;$$

$$m = \frac{h\beta}{\alpha};$$

$$u = \frac{m\alpha}{\Omega} = \frac{h\beta}{\Omega};$$

$$u' = \frac{m\omega}{\Omega} = \frac{h\omega\beta}{\Omega\alpha};$$

$$I = \frac{\omega h^2}{12} + \frac{\omega h^2\beta^2}{\Omega^2} + \left(\frac{\alpha}{2} + \beta\right)\left(\frac{h}{2} - \frac{h\beta}{\Omega}\right)^2 + \left(\frac{\alpha}{2} - \beta\right)\left(\frac{h}{2} + \frac{h\beta}{\Omega}\right)^2$$

$$= \frac{\omega h^2}{12} + \frac{\alpha h^2}{4} - \frac{h^2\beta^2}{\Omega}$$

$$= \frac{\Omega h^2(\omega + 3\alpha) - 12h^2\beta^2}{12\Omega}.$$

On calculera par les formules suivantes les valeurs R et S du travail maximum à l'extension et du travail maximum à la compression pour le béton de ciment :

$$R = \frac{X}{I}\left(\frac{h}{2} - u\right) = X\frac{h(\Omega - 2\beta)}{2\Omega} \cdot \frac{12\Omega}{\Omega h^2(\omega + 3\alpha) - 12h^2\beta^2}$$

$$= \frac{6X}{h} \cdot \frac{\omega + \alpha + 2\beta}{(\omega + \alpha)(\omega + 3\alpha) - 12\beta^2}.$$

$$S = \frac{X}{I}\left(\frac{h}{2} + u\right) = \frac{6X}{h} \cdot \frac{\omega + \alpha + 2\beta}{(\omega + \alpha)(\omega + 3\alpha) - 12\beta^2}$$

$$= R\frac{\omega + \alpha + 2\beta}{\omega + \alpha - 2\beta}.$$

.En attribuant à β les valeurs extrêmes $\frac{\alpha}{2}$ et o, on obtient les résultats suivants.

Armature simple $\left(\beta = \frac{\alpha}{2}\right)$:

$$R = \frac{6X}{h} \cdot \frac{1}{\omega + 4\alpha};$$

$$S = R\frac{\omega + 2\alpha}{\omega}.$$

Armature double symétrique $(\beta = o)$:

$$R = \frac{6X}{h} \cdot \frac{1}{\omega + 3\alpha} \, ;$$

$$S = R.$$

Si l'on se place au point de vue exclusif de la réduction du travail à l'extension, la solution de l'armature simple paraît préférable à toute autre : avec une même quantité de métal, on obtient ainsi la plus faible valeur de R. Toutefois le fer enchâssé dans la région comprimée n'est pas sans utilité, puisqu'il procure, dans l'armature symétrique, une diminution notable du travail d'extension, qui est à la vérité deux fois moindre que celle due au fer de la région tendue. En définitive, pour obtenir le même résultat, on a le choix entre une armature simple, une armature symétrique pesant non pas le double, mais seulement les quatre tiers de la première, et une armature double dissymétrique de poids intermédiaire.

Examinons maintenant ce qui se passe dans la région comprimée de la poutre. L'ossature symétrique a pour effet de maintenir le travail de compression égal au travail d'extension. Or, étant donné que le ciment résiste beaucoup mieux aux pressions qu'aux tractions, il est rationnel d'en profiter, et il ne paraît pas logique d'adopter ce type d'armature, si l'on veut que le ciment coopère de la façon la plus efficace et la plus complète à la stabilité de la poutre. L'armature devra donc être soit simple, soit double, mais alors dissymétrique, l'aire β étant toujours égale ou supérieure à zéro, sans atteindre le maximum $\frac{\alpha}{2}$.

Partons de la poutre en béton entièrement dégarnie de fer : $\alpha = o$, et $S = R$. Elle ne peut porter en toute sécurité qu'une charge très faible. Proposons-nous d'augmenter sa résistance et de la rendre apte à recevoir des charges plus considérables, sans diminuer la marge de sécurité au point de vue de la tension. Il faudra en conséquence régler la force des armatures de telle sorte que le travail R demeure constant sous les charges croissantes que nous allons envisager. Mais si l'armature est simple, le travail à la compression S, égal à $R\dfrac{\omega + 2\alpha}{\omega}$, ira en grandissant au fur et à mesure que le rapport $\dfrac{\alpha}{\omega}$ s'élèvera.

La marge de sécurité, au point de vue des compressions, va donc diminuer. Dans une certaine mesure, cette circonstance peut paraître sans inconvénient, eu égard à l'aptitude spéciale du ciment pour ce genre de travail. Mais il ne faut rien exagérer, et il pourrait arriver un moment où, tout en ayant maintenu constant le travail d'extension, on aurait suffisamment rapproché le travail de compression de sa limite d'élasticité pour que la poutre fût en danger de périr par écrasement du béton. Il serait alors prudent et même nécessaire de recourir à l'armature double dissymétrique.

Pour rendre cette discussion plus claire, nous avons ci-après porté sur un tableau numérique les valeurs du travail maximum à la compression S pour une série de poutres armées, où le rapport $\dfrac{\alpha}{\omega}$ va croissant à partir de zéro, dans les trois hypothèses : de l'armature simple ; de l'armature double dissymétrique définie par la formule $\dfrac{\beta}{\alpha} = \dfrac{\omega}{2\alpha + \omega}$; de l'armature double symétrique.

DÉFINITION DE LA POUTRE $\dfrac{\alpha}{\omega}$	POURCENTAGE DU MÉTAL		ARMATURE SIMPLE : $\beta=\dfrac{\alpha}{2}$		ARMATURE DOUBLE DISSYMÉTRIQUE			Armature double symétrique : $\beta=o$; $S=R$
	en surface $\dfrac{\alpha}{10,5\omega+\alpha}$	en poids $\dfrac{\alpha}{3\omega+\alpha}$	Travail de compression $\dfrac{S}{R}=\dfrac{\omega+2\alpha}{\omega}$	Résistance théorique $\dfrac{6X}{R\omega h}=\dfrac{\omega+4\alpha}{\omega}$	Définition $\dfrac{\beta}{\alpha}=\dfrac{1}{2}\cdot\dfrac{\omega}{\omega+\alpha}$	Travail de compression $\dfrac{S}{R}=\dfrac{\omega+\alpha+2\beta}{\omega+\alpha-2\beta}$	Résistance théorique $\dfrac{6X}{R\omega h}=\dfrac{(\omega+\alpha)(\omega+3\alpha)-12\beta^2}{\omega(\omega+\alpha+2\beta)}$	Résistance théorique $\dfrac{6X}{R\omega h}=\dfrac{\omega+3\alpha}{\omega}$
0	0	0	1	1	0,500	1	1	1
0,25	0,023	0,077	1,50	2	0,400	1,40	1,97	1,75
0,50	0,045	0,143	2	3	0,333	1,57	2,93	2,50
0,75	0,067	0,200	2,50	4	0,286	1,65	3,89	3,25
1	0,087	0,250	3	5	0,250	1,67	4,83	4
1,50	0,125	0,333	4	7	0,200	1,63	6,66	5,50
2	0,160	0,400	5	9	0,167	1,57	8,43	7
3	0,222	0,500	7	13	0,125	1,46	11,80	10
4	0,276	0,571	9	17	0,100	1,38	15	13
5	0,322	0,625	11	21	0,083	1,32	18,50	16
10	0,500	0,700	21	41	0,045	1,17	33,50	31
∞	1	1	∞	»	0	1	»	»

Bien que le calcul sommaire du présent article suppose expressément que la proportion de fer introduit dans le béton est toujours faible, puisque les épaisseurs c et d sont considérées comme négligeables devant la hauteur h de la poutre, nous avons poursuivi notre tableau jusqu'au cas limite où $\frac{a}{\omega}$ est infini : le béton a disparu, et il ne reste plus qu'une poutre exclusivement métallique.

On voit qu'avec l'armature simple, calculée en vue de maintenir constant le travail maximum à l'extension, la marge de sécurité pour la compression décroît au fur et à mesure que le pourcentage de fer augmente. Nous en conclurons que si, partant de la poutre en béton dégarnie de métal, on y introduit une proportion croissante de fer, il conviendra à un moment donné de renoncer à l'armature simple pour adopter l'armature dyssimétrique, qui, sans réduire de façon sensible la résistance théorique mesurée par le moment fléchissant auquel correspond le travail d'extension R, permettra de maintenir à un taux convenable le travail de compression. A la limite, si le pourcentage de béton devient négligeable devant celui du fer, on doit retomber sur la poutre à double té, c'est-à-dire sur l'armature double symétrique.

Nous n'avons d'ailleurs nullement prétendu énoncer une règle pratique en définissant l'armature dissymétrique par la formule $\dfrac{\beta}{\alpha} = \dfrac{\omega}{2(\alpha + \omega)}$. Cette formule a été choisie en raison de son extrême simplicité, et elle n'a d'autre mérite que de fournir des indications rationnelles pour les deux cas limites de la poutre en ciment sans armature $\left(\alpha = o,\ \beta = \dfrac{\alpha}{2}\right)$, et de la poutre exclusivement métallique $(\omega = o,\ \beta = o)$.

On peut objecter qu'elle conduit, pour les valeurs usuelles du rapport $\frac{\alpha}{\omega}$, à un travail de compression très modéré, toujours inférieur au double du travail d'extension, et qui pourrait sans doute être augmenté sans grand inconvénient On y arrivera par exemple en complétant la formule par l'adjonction d'un coefficient de ω plus grand que l'unité :

$$\frac{\beta}{\alpha} = \frac{1}{2} \cdot \frac{m\omega}{\alpha + m\omega}.$$

En attribuant à m une valeur numérique convenable, on modifiera à volonté le rapport mutuel des deux quantités S et R :

$$\frac{S}{R} = \frac{\omega + \alpha + 2\beta}{\omega + \alpha - 2\beta} = 1 + 2m \cdot \frac{\omega\alpha}{\omega\alpha + m\omega^2 + \alpha^2}.$$

Pour $m = \infty$, on a l'armature simple; pour $m = 0$, on retombe sur l'armature symétrique. Les valeurs intermédiaires correspondent à tous les cas imaginables d'armatures dissymétriques.

Au surplus, dans une question de ce genre, c'est à l'expérience, plutôt qu'à la théorie, qu'il appartient de légiférer. Nous nous bornerons donc à tirer de l'étude que nous venons de faire la conclusion générale suivante. Si, pour une poutre très peu chargée de métal, l'armature simple doit être considérée comme la meilleur solution, il semble d'autre part incontestable que l'armature double dissymétrique reprend l'avantage dès que le pourcentage de fer est notable; l'on doit finalement aboutir à l'armature symétrique, quand le rôle du fer devient tout à fait prépondérant, la résistance du béton ne contribuant à la stabilité que dans une mesure jugée négligeable.

Nous verrons d'ailleurs plus loin que, pour d'autres motifs, il peut y avoir intérêt à ne pas dégarnir complètement de métal la région comprimée de la poutre.

147. Efforts tangentiels développés dans le ciment. Liaisonnement des armatures. — Le fer subissant un travail de compression ou d'extension plus grand que celui du ciment qui l'enrobe, dans le rapport de leurs coefficients respectifs d'élasticité, cette discontinuité détermine forcément dans la pièce hétérogène des actions tangentielles intenses, qui s'exercent entre les surfaces de contact des deux matières. En d'autres termes, l'effort tranchant qui correspond au moment de flexion de l'élément métallique est transmis par lui au ciment, qui peut de ce chef être détérioré par fissuration ou désagrégation. Il est permis de craindre que le fer ne se décolle de sa gangue, et ne s'en sépare par un phénomène de glissement général. On conçoit de la sorte que les praticiens aient reconnu l'utilité de compléter les armatures par d'autres pièces métalliques, ayant pour rôle d'augmenter la résistance de la poutre à l'effort tranchant. On peut relier une armature simple à la région comprimée de la poutre par des étriers (système *Hennebique*) formés d'un fer plat contourné en fer à cheval, qui enveloppe les tiges d'armature et a ses agrafes noyées dans le ciment comprimé.

Mais il semble que l'on doive obtenir un résultat plus complet si l'on a deux armatures, dont les fers pourront être réunis par des ceintures métalliques, ou des réseaux de fils verticaux ou obliques. *A priori,* le mieux paraît être de relier les armatures par une triangulation ou un treillis à éléments obliques, susceptible de transmettre l'effort tranchant dans les mêmes conditions que s'il s'agissait d'une poutre exclusivement métallique.

C'est là un motif de plus pour adopter l'armature dissymétrique, quand la proportion de fer est notable. Il est facile de liaisonner les deux branches de l'armature de manière que la transmission de l'effort tranchant s'opère de l'une à l'autre par l'âme métallique, sans intervention du ciment, qui ne risque plus alors d'être détérioré par des actions tangentielles énergiques.

D'autre part il est bon de ne pas trop rapprocher les unes des autres les barres noyées dans le ciment, pour éviter que celui-ci ne soit découpé en cloisons minces, qu'il serait malaisé de bien garnir et pilonner pendant le travail de fabrication de la poutre armée. Ces cloisons, qui seraient sujettes à présenter des cavités et des solutions de continuité, manqueraient de solidité et seraient en danger de se rompre ou de se fissurer sous de lourdes charges.

En somme, les règles de construction à appliquer semblent pouvoir être les suivantes.

Il y a lieu de placer les barres de fer dans la région périphérique de la poutre en ciment, aussi loin que possible de l'axe neutre. Si l'on emploie très peu de métal, il conviendra de le concentrer dans la zone tendue. Si l'on en met davantage, une fraction, par exemple $\frac{1}{5}$, ou $\frac{1}{4}$ ou $\frac{1}{3}$, sera introduite dans la région comprimée, sans jamais dépasser la limite extrême $\frac{1}{2}$.

Cette proportion doit être d'autant plus forte que les membrures sont plus puissantes, parce qu'il faut toujours laisser entre deux fers juxtaposés un espace suffisant pour qu'on puisse y pilonner une cloison de ciment épaisse et par conséquent susceptible d'une bonne exécution, qui soit capable de résister sans désagrégation aux efforts tangentiels développés dans sa surface de contact avec le métal.

Toutes les fois que l'on a deux membrures distinctes, il faut les liaisonner par un quadrillage de tiges ou de fils de fer, qu'il *semble* rationnel d'orienter à 45° sur l'axe de la poutre.

D'habitude, les constructeurs composent leurs membrures avec des fers ronds. Cette pratique semble logique et rationnelle, en ce qu'elle évite les angles rentrants, qui constituent toujours un défaut dans la maçonnerie. Avec des fers carrés ou plats, *a fortiori* des cornières ou des tés, on aurait à craindre l'apparition de fissures ayant leur origine sur les arêtes de ces pièces.

On doit également observer la loi générale en vertu de laquelle il ne faut tolérer, dans la surface périphérique d'un ouvrage en maçonnerie, aucun angle rentrant dont l'arête ne serait pas parallèle à l'axe de la poutre. En cas d'inobservation de cette règle essentielle et absolue, on a toujours à craindre l'apparition de fissures prenant leur origine sur les arêtes de ces angles dièdres.

Au droit de l'assemblage de deux poutres en ciment armé, il est bon, en conséquence, de raccorder les faces planes par des congés arrondis : ces congés doivent être pratiqués aussi bien sur la carcasse métallique que sur le remplissage en mortier.

148. Essais de rupture. — Les excellents résultats que donne le ciment armé aux essais de rupture, lorsqu'il a été judicieusement constitué et convenablement exécuté, s'expliquent par le concours mutuel que se prêtent les deux éléments, fer et béton. Le ciment contribue à la stabilité par sa résistance à la compression, et par la rigidité que lui assurent ses dimensions transversales, toujours considérables par rapport à la longueur de la poutre. Le fer, employé seul et en petite quantité, manquerait de rigidité, se courberait et flamberait facilement; ce danger disparaît quand le métal est maintenu par une gangue dont il réduit notablement le travail, grâce à son coefficient d'élasticité élevé. En définitive, on se trouve en présence d'une combinaison de deux éléments dont les propriétés se complètent, ce qui donne, au point de vue de la rigidité et de la solidité, un résultat difficile à obtenir de chacune des matières prise isolément, surtout pour le ciment, dont la résistance à la traction est par trop insuffisante.

Toutefois ces considérations n'expliquent pas à elles seules la résistance extraordinaire que l'on observe le plus souvent dans les essais de rupture, ce qui a fait parfois contester l'exactitude pour le ciment armé des formules de la résistance des matériaux. Cette contradiction apparente provient comme toujours de ce que l'on applique mal à propos ces formules au-delà de la limite d'élasticité. Nous avons déjà signalé, dans la première partie du cours, quelques erreurs imputables à cette circonstance; il y a lieu d'en ajouter ici une de plus.

Admettons que l'on soumette aux essais de traction une tige de fer de médiocre qualité. A partir du moment où le travail aura dépassé la limite d'élasticité, supposée de 20 kg. par millimètre carré, on constatera un allongement permanent, qui pourra atteindre 4 0/0 de la longueur initiale au moment où, la limite de rupture de 34 kg. par millimètre carré étant atteinte, le phénomène de la striction commencera à apparaître. Puis l'effort de traction exercé sur la tige cessera de croître, et la barre ne s'allongera plus que dans la région très limitée correspondant à l'étranglement de striction, où s'accusera une réduction notable de la section correspondant à un allongement local pouvant être sur une faible longueur de 100 0/0, ou davantage.

Enveloppons cette tige d'un tube concentrique en acier doux, que nous supposerons parfaitement soudé avec elle, et recommençons l'épreuve. Tant que l'acier doux n'aura pas atteint sa limite propre d'élasticité, soit 32 kg. par millimètre carré, la tige de fer ne pourra éprouver d'allongement permanent appréciable, puisqu'elle est assujettie à suivre la déformation de son enveloppe. En conséquence la limite *apparente* d'élasticité correspondra pour la barre hétérogène à un allongement sensiblement égal à celui de l'enveloppe, et à un effort total correspondant à la somme des limites d'élasticité propres des deux éléments. Au delà de cette limite apparente, l'acier et le fer subiront ensemble un allongement permanent; mais tant que la limite maximum de résistance, soit 45 kg. par millimètre carré, n'aura pas été atteinte par l'enveloppe, celle-ci n'éprouvera pas encore de striction, et il en sera de même du noyau. On voit donc que le fer aura subi sans se rompre un allongement général de 12 0/0, comme l'acier, soit le triple de celui qu'il n'aurait pu dépasser s'il avait été isolé de son enveloppe.

En définitive, pour un barreau hétérogène de fer et d'acier, la limite d'élasticité apparente sera caractérisée par un allongement élastique à peu près égal à celui du métal le plus résistant, et par un effort total représentant la somme des efforts limites observés pour chaque élément considéré en particulier, bien que ces efforts limites correspondent à des allongements *élastiques* bien différents. L'allongement de rupture sera de même très voisin de celui relatif au métal le plus ductile, et l'effort total de rupture ne s'écartera guère de la somme des limites de rupture des deux métaux pris isolément, quoique ces efforts correspondent à des allongements *plastiques* inégaux.

Cette action de l'enveloppe sur le noyau est utilisée en métallurgie pour le passage à la filière des métaux peu ductiles, qu'on peut transformer en fils très fins à la condition de les renfermer dans une enveloppe d'un métal malléable, qui les rende susceptibles de s'é-tirer sans rupture, accident qui arriverait infailliblement si on voulait les travailler sans entourage protecteur.

Bien que ce phénomène de striction soit peu ou pas apparent pour le ciment, il n'en existe pas moins, et le raisonnement précédent est applicable au béton armé. On constate effectivement qu'il peut éprouver, avant de se briser ou de se désagréger, un allongement très supérieur à celui qui précéderait immédiatement sa rupture s'il n'était pas maintenu par une armature métallique. D'autre part, si le calcul indique qu'au-dessous de la limite d'élasticité le fer ne peut travailler que dix à douze fois plus que le ciment, dans le rapport de leurs coefficients d'élasticité respectifs, l'expérience démontre que l'effort total de rupture correspond à peu de chose près à la somme des résistances limites des deux corps, quoique pour le fer et l'acier cette limite soit deux à trois cents fois plus élevée que celle du ciment. Cela provient de ce que la rupture ne se manifeste qu'au moment où l'allongement *général* du fer est égal à l'allongement *local* de striction du ciment, lequel est relativement élevé, bien que son allongement général soit très petit quand il est employé seul.

Au surplus M. *Considère* a élucidé la question par des expériences dont nous reproduisons ci-après quelques résultats. Il a mesuré sur des poutres fléchies les allongements et raccourcissements des fibres extrêmes, et a pu évaluer les valeurs correspondantes du travail à l'extension et à la compression.

POUTRES EXPÉRIMENTÉES	ALLONGEMENTS en millimètres par mètre.	TENSIONS en kilogrammes par c. q.	RACCOURCIS- SEMENTS en millimètres par mètre.	COMPRESSIONS en kilogrammes par c. q.
Poutre en mortier de ciment, avec armature simple.	0,04	9,70	0,04	15,60
	0,10	16	0,10	35
	0,25	18	0,25	66
	0,50	21	0,50	108
	1,00	21,1	1,00	177
	»	»	1,28	207
	1,50	21,2		
	1,98	21,3		
Poutre en béton avec armature simple.......	0,04	7,5	0,04	7,5
	0,10	11	0,10	18
	0,25	12	0,25	40
	0,50	12	0,50	65
	1,00	12	1,00	105
	1,50	12	1,50	150

On voit qu'à partir de l'allongement 0,04 qui, dans la poutre non armée précéderait de très peu la rupture par traction, la fibre extrême tendue de la poutre armée continue à s'allonger avec un faible accroissement du travail, qui bientôt devient stationnaire, bien que l'allongement final, correspondant à la striction du ciment, soit quarante à cinquante fois plus grand que celui considéré plus haut.

On trouve au contraire que le coefficient de raccourcissement, bien qu'il subisse au-delà de la limite d'élasticité une réduction très appréciable, conserve encore une valeur élevée jusqu'au terme de l'expérience, de telle sorte que le travail de compression croît avec une grande rapidité, et peut finalement atteindre sa limite de rupture, 150 kg. ou 207 kg., avant que les fibres tendues ne se soient elles-mêmes brisées.

Il en résulte cette conséquence curieuse et *a priori* paradoxale, que la désagrégation de la poutre *peut* s'opérer par écrasement du ciment de la région comprimée, malgré la grande résistance qu'offre la matière à ce genre de travail. C'est encore là un fait qui a été observé par M. Considère.

Nous voyons dans cette circonstance un motif de plus pour adopter l'armature double dissymétrique, toutes les fois que l'on veut introduire dans la poutre une proportion notable de fer, en vue de lui faire supporter de lourdes charges. On évitera ainsi que dans la région comprimée le travail n'atteigne la limite de rupture par écrasement, avant que les fibres tendues aient pris l'allongement maximum qu'elles sont susceptibles de subir avant de se rompre.

Connaissant les courbes d'allongement et de raccourcissement du béton tendu ou comprimé, on peut aisément, par la méthode exposée dans la première partie du cours (Résistance des matériaux, page 33, fig. 91), évaluer le moment fléchissant équilibré par les actions moléculaires du ciment au moment de la rupture. On constate qu'il peut être quatre à cinq fois plus élevé que celui nécessaire pour amener la fibre extrême tendue à sa limite d'élasticité.

D'autre part, le fer ne subit qu'un travail dix fois supérieur environ à celui du ciment (dans le rapport de leurs coefficients respectifs d'élasticité), tant que celui-ci n'a pas dépassé sa limite d'élasticité. Mais à partir du moment où le béton éprouve son allongement de striction, avec travail d'extension à peu près stationnaire, le travail du fer continue à croître, de 1 kg. ou 1 kg.5, jusqu'à sa limite d'élasticité, par exemple 21 kg. On a même constaté qu'au moment de la rupture de la poutre, le fer peut avoir dépassé sa limite d'élasticité propre, et travailler presque à la limite de rupture (soit 32 kg. par exemple), qui est cent à cent cinquante fois supérieure à celle du béton. Dans la région comprimée, où le béton peut travailler jusqu'à 1 k.5, le rapport est encore de 20. On conçoit ainsi que le moment fléchissant équilibré par les actions moléculaires puisse être, au moment de la rupture, dix fois supérieur à celui qu'indiquerait le calcul effectué pour la limite d'élasticité du béton (1).

(1) Considérons la poutre théorique étudiée dans l'article 146, et supposons qu'au moment où elle va se rompre par flexion, le travail élastique varie suivant une progression arithmétique de 10 kg. sur l'axe neutre à 20 kg. sur la fibre extrême pour la région tendue, de 10 kg. sur l'axe neutre à 150 kg. sur la fibre extrême, pour la région comprimée. Nous attribuerons aux deux lames de fer un même travail uniforme de 21 kg. par millimètre carré.

On déterminera l'axe neutre par la condition que l'effort normal soit nul. Soit z sa distance au centre de gravité de la section rectangulaire, que nous supposerons, pour définir le signe de z, situé dans la région tendue.

On a la condition :

Il résulte de ces observations que si, pour une poutre *en fer* à section rectangulaire, le moment fléchissant

$$15\,a\left(\frac{h}{2}+z\right)^2 + 200\left(\frac{\alpha}{2}+\beta\right) = 85\,a\left(\frac{h}{2}-z\right) + 200\left(\frac{\alpha}{2}-\beta\right).$$

D'où :

$$z = 0{,}35\,h - 4\,\frac{\beta}{a}.$$

Le moment de rupture C s'évaluera sans difficulté :

$$C = \frac{25}{3}\,a\left(\frac{h}{2}+z\right)^2 + 200\left(\frac{\alpha}{2}+\beta\right)\left(\frac{h}{2}+z\right) + 55\,a\left(\frac{h}{2}-z\right)^2$$
$$+ 200\left(\frac{\alpha}{2}-\beta\right)\left(\frac{h}{2}+z\right)$$
$$= \frac{25}{3}\,a\left(\frac{h}{2}+z\right)^2 + 100\,\alpha h + 400\,\beta z + 55\,a\left(\frac{h}{2}-z\right)^2.$$

Nous calculerons les expressions de ce moment de rupture dans les deux cas limites de l'armature simple $\left(\beta=\dfrac{\alpha}{2}\right)$ et de l'armature double symétrique $(\beta=o)$, et nous les comparerons aux valeurs correspondantes N du moment d'élasticité, tirées des formules de l'article 146, où l'on posera R = 9 kg. (travail sur la fibre extrême tendue du béton).

On trouve sans difficulté :

Pour l'armature simple :

$$\frac{C'}{N'} = \frac{7\omega + 230\alpha - 150\dfrac{\alpha^2}{\omega}}{1{,}5\omega + 6\alpha}.$$

Pour l'armature symétrique :

$$\frac{C''}{N''} = \frac{7\omega + 100\alpha}{1{,}5\omega + 4\alpha}.$$

Ces deux formules nous fournissent les rapports numériques suivants, pour différentes valeurs attribuées à α.

		$\dfrac{C'}{N'}$	$\dfrac{C''}{N''}$
$\alpha =$	0,10	14	9
	0,50	19	16
	1,00	12	20

Malgré son imperfection, ce calcul sommaire semble donner une explication suffisante des résultats fournis par les essais de rupture. Il est bien évident d'ailleurs que l'on ne pourrait pratiquement concentrer le métal sur deux de rupture est deux à trois fois supérieur à celui qui correspond à la limite d'élasticité de la fibre extrème tendue, ce rapport pour une poutre en béton *armé* peut s'élever à huit ou dix, ou même davantage, parce qu'au moment de la rupture le béton travaille à 15 ou 20 kg. par c. q. à l'extension, à 150 ou 200 kg. à la compression, tandis que pour le fer le travail est dans l'une et l'autre région compris entre la limite d'élasticité de 21 kg. et la limite de rupture de 32 kg. par mm. q.

Nous n'avons raisonné jusqu'ici que sur les poutres armées *en fer*. Si l'armature était constituée par un métal plus résistant, tel que l'acier laminé ou moulé, les mêmes conclusions seraient applicables, à condition de relever les deux limites, qui se trouveraient portées par exemple à 30 et 45 kg.

Telle est l'explication logique des résistances élevées qu'offrent aux essais les poutres en ciment armé.

M. Considère a également signalé l'influence des actions moléculaires latentes qui se développent dans les surfaces de contact du ciment et du métal. Le ciment, pendant sa prise sous l'eau, se dilate et tend à s'allonger. Cette dilatation est contrariée par le fer, ce qui met le ciment en état de compression, le métal étant au contraire tendu. Il en résulte une amélioration au point de vue de la résistance générale, le fer jouant ici un rôle analogue à celui des frettes de canons qui, posées à chaud sur le tube à feu, le compriment

faces opposées de la poutre. Les rapports indiqués ci-dessus sont donc nécessairement supérieurs à la réalité.

Nous y trouvons également la démonstration de ce fait que l'armature simple, plus avantageuse que l'armature symétrique pour un faible pourcentage de fer, correspond à une moindre résistance de rupture si la poutre est très chargée de métal. C'est la confirmation de la règle théorique que nous avons déjà énoncée dans l'article 146.

et diminuent par là même les tensions produites au moment de l'explosion de la poudre. Des circonstances de ce genre peuvent et doivent même sans aucun doute contribuer à accroître les résistances du ciment armé, dans une mesure assez difficile à apprécier. Mais notre opinion est que la cause prépondérante est l'obstacle que la carcasse de fer oppose à l'allongement local par striction du ciment.

149. Limite de sécurité. — Pour une poutre métallique à section rectangulaire soumise à un effort de flexion, la limite de sécurité fixée par le règlement du ministère des travaux publics correspond à peu près au tiers du moment fléchissant d'élasticité, qui ferait travailler la fibre extrême tendue à sa limite d'élasticité, sans donner lieu à aucune déformation permanente de la pièce ; et au sixième environ du moment de rupture, qui casserait la poutre ou désagrégerait le métal.

Quelle devra être la règle applicable au ciment armé ? Ici, le moment de rupture peut être, *en moyenne,* dix fois supérieur au moment d'élasticité, étant bien entendu que ce rapport très variable dépendra de la résistance propre du métal, de son mode de distribution dans la poutre, et enfin de sa proportion par rapport au ciment.

Si l'on s'en tenait au tiers du moment d'élasticité, c'est-à-dire en moyenne au trentième du moment de rupture, on montrerait à coup sûr une extrême prudence, mais la solution serait sans doute peu économique, en ce qu'elle ne correspondrait pas à une utilisation convenable de la grande résistance du ciment armé.

Quand la fibre extrême tendue du béton dépasse sa
limite d'élasticité, le travail du fer, qui n'est pas encore
de un kilogramme par millimètre carré, est inférieur
au vingtième de la limite d'élasticité de ce métal. On
peut encore augmenter très notablement la charge
sans constater aucune déformation permanente. Les
flèches d'abaissement, qui correspondent à l'allongement élastique du fer, sont très faibles. Après enlèvement de la charge, le métal n'ayant pas subi d'écrouis-
sage tend à revenir exactement à sa longueur initiale,
et à rendre à la poutre sa forme primitive. Pour la
majeure partie de la région tendue du béton et la totalité de sa région comprimée, la limite d'élasticité
n'est pas encore atteinte, et par suite la réaction de la
matière demeurée parfaitement élastique vient renforcer celle du métal. Seules, quelques fibres extrêmes
distendues, qui isolées ne reviendraient pas à leur première longueur, opposent une résistance peu considérable au retour de la poutre à sa forme initiale.

Au fur et à mesure que la charge continue à croître,
la fraction du béton qui, ayant dépassé sa limite d'élasticité, a pris un allongement permanent, augmente
d'étendue. Le ressort élastique du fer, joint à celui
du béton non altéré, n'est plus suffisant pour anni-
hiler complètement la résistance au raccourcissement du
béton distendu, après enlèvement de la charge. On voit
donc apparaître une déformation permanente, qui est
encore une faible fraction de la déformation totale, dans
le rapport du moment de résistance du béton distendu
au moment de flexion maximum exercé sur la poutre
pendant l'expérience.

Puis la limite d'élasticité, dépassée pour la presque
totalité de la région tendue du béton, se trouve égale-

ment atteinte pour les fibres extrêmes comprimées : la déformation permanente s'accentue, au fur et à mesure que l'altération se propage dans cette région. Le travail du fer augmente rapidement, sans dépasser encore sa limite d'élasticité, tandis que dans le béton les tensions demeurent à peu près stationnaires, et les pressions continuent à croître, mais avec un ralentissement marqué.

Les fibres extrêmes tendues du béton atteignent bientôt leur allongement limite de striction, et il s'y manifeste des fissures transversales, d'abord imperceptibles, qui vont en progressant, comme longueur, largeur et profondeur.

L'expérience montre qu'au moment où ces fissures superficielles deviennent perceptibles, on est encore assez loin de la rupture, et certains constructeurs en ont conclu qu'elles ne pouvaient être considérées comme un indice de danger pour une poutre en service normal. Cette affirmation semble un peu hardie.

Enfin au moment où la limite de rupture est atteinte, il arrive parfois que le béton subit un phénomène général de dislocation. Au lieu d'observer une cassure nette, comme dans un solide homogène, on constate qu'une région *étendue du ciment s'est fragmentée et émiettée*. La poutre réduite à la seule carcasse métallique comme élément de résistance, peut s'effondrer instantanément.

On a proposé d'admettre comme moment limite de sécurité le tiers, la moitié, et même une fraction plus élevée du moment de rupture. Une première difficulté se présente. Ce moment de rupture peut bien être déterminé expérimentalement pour une poutre que l'on éprouve par flexion. Mais il est malaisé à évaluer d'avance par le calcul. D'autre part on n'exécute pas les ouvrages en maçonnerie avec la même précision et la même certitude que les constructions métalliques, et l'aléa, qui dépend de la qualité des matériaux employés et du soin apporté à la mise en œuvre, est beaucoup plus étendu. Après avoir expérimenté une poutre-type soigneusement fabriquée, il serait imprudent de tabler sur une résistance identique ou très voisine pour toutes les pièces semblables que l'on exécutera pour diverses constructions. La marge de sécurité doit être de ce chef notablement relevée, si l'on veut éviter tout mécompte.

Enfin, si, dans une poutre en service, les charges produisent une déformation permanente appréciable, si faible qu'elle puisse être, on en doit conclure que pour une fraction importante du béton la limite d'élasticité a été notablement dépassée. La constitution moléculaire est altérée, et il n'est pas démontré qu'elle ait pris un état d'équilibre stable. D'après les résultats des expériences faites sur le fer et l'acier, on peut craindre que cette détérioriation du béton ne progresse avec le temps, et ne diminue à la longue la stabilité de la poutre. Toutefois cet argument n'est pas sans réplique. On sait que toutes les maçonneries offrent une résistance à la traction qui, relativement faible au moment de leur exécution, croît lentement mais régulièrement pendant un temps très long. La démolition des vieilles maçonneries est souvent pour ce motif une opération difficile, qui exige l'emploi d'explosifs, alors que le même massif âgé seulement de quelques semaines se serait laissé attaquer par la pioche et le pic.

En somme, les essais de rupture immédiate qui ont été très multipliés depuis l'invention du béton armé donnent toute sécurité pour la stabilité *actuelle* des constructions, même avec une limite de travail élevée, très supérieure à la limite d'élasticité du ciment et presque voisine de sa limite de rupture. Mais on doit être moins rassuré pour l'avenir. Le ciment distendu conservera-t-il sa cohésion, grâce à la présence du fer constituant en lui un squelette indéformable, et grâce aussi à la propriété qu'il possède d'acquérir avec le temps une résistance à la traction plus élevée ? Au contraire subira-t-il une désagrégation lente et progressive par l'effet soit de causes agissant de façon permanente comme les charges, soit de causes accidentelles ou périodiques comme les changements de température, les chocs, les vibrations, etc.? C'est ce que l'on ne sait pas encore.

Nous ne formulerons donc à ce sujet aucune conclusion ferme. Nous ferons simplement remarquer qu'il semble bien difficile d'établir, pour le calcul des ouvrages en béton armé, une méthode à la fois sûre et pratique que l'on puisse substituer avec avantage à la règle théorique exposée dans l'article 145. Celle-ci cesse, il est vrai, d'être rigoureuse dès qu'elle indique pour le travail maximum à l'extension du ciment un chiffre supérieur à 10 ou 12 kg. par centimètre carré. Peut-être pourrait-on néanmoins l'utiliser encore, malgré ce vice originel, à la condition d'admettre une limite de sécurité fictive, déduite d'une règle empirique, qui serait par exemple de la forme :

$$N = \frac{ai + bi' + c\,\dfrac{m^2\omega\omega'}{\Omega}}{I} = \frac{ai + bi' + c\,\dfrac{m^2\omega\omega'}{\Omega}}{i + \dfrac{E'}{E}\left(i' + \dfrac{m^2\omega\omega'}{\Omega}\right)}.$$

Les coefficients numériques a, b et c devraient être déterminés par expérience. Pour fixer les idées sur leurs ordres de grandeur respectifs, *mais uniquement dans ce but*, nous leur attribuerons ci-après des valeurs fixées arbitrairement, dans l'hypothèse où la limite de sécurité N, pour le béton tendu, serait mesurée en kilogrammes par centimètre carré :

$$N = \frac{6i + 500\left(i' + m^2 \dfrac{\omega\omega}{\Omega}\right)}{i + 10\left(i'' + m^2 \dfrac{\omega\omega'}{\Omega}\right)}.$$

Il n'y a pas lieu de prolonger cette discussion, qui ne saurait conduire à des résultats susceptibles d'être pris en considération.

Aucun raisonnement, aucune théorie ne peut dans cette matière suppléer aux indications de l'expérience.

Il serait d'ailleurs fâcheux de tomber d'un excès dans l'autre, en condamnant *a priori* un mode de construction dont les avantages sont sérieux et importants, pour le seul motif qu'il est encore trop peu connu. On doit se résigner à passer par une période de tâtonnements et d'apprentissage, au terme de laquelle on sera en mesure de fixer avec précision et certitude les limites de sécurité à ne pas dépasser. On aura d'autre part réalisé sans aucun doute, dans les méthodes de calcul et les procédés d'exécution, des améliorations et des perfectionnements qui feront du ciment armé une ressource précieuse et sûre pour les constructeurs. Mais, dans l'état d'incertitude et d'ignorance où l'on se trouve aujourd'hui, il importe de recommander une extrême prudence : mieux vaut ne pas s'attacher à obtenir le maximum d'économie, que de s'exposer à des mécomptes,ou même à des catastrophes, dont la conséquence certaine et immédiate serait de jeter du discrédit sur une des inventions les plus remarquables du dernier siècle dans l'art de la construction, et en entraverait le développement et les progrès.

TABLE DES MATIÈRES

CHAPITRE II

PIÈCES COURBES ET ARCS

§ 1. — *Méthode générale de calcul.*

CHAPITRE III

SYSTÈMES ARTICULÉS

CHAPITRE IV

SYSTÈMES RIGIDES

Pages

§ 5. — *Ouvrages en ciment armé.*

ERRATA

Page 15, ligne 14, *au lieu de* : élastique, *lire* : statique.

Page 45, ligne 7, *au lieu de* : AB, *lire* : AC.

Page 51, ligne 11, *au lieu de* : a'r, *lire* : aire.

Page 53, ligne 1, *au lieu de* : $R = X' \sin \alpha \dfrac{z}{l'} + X'' \cos \alpha \dfrac{y}{l''}$, *lire*
$$R = \frac{X'z}{l'} + \frac{X''z}{l''}.$$

Page 77, ligne 1, *au lieu de* : $\dfrac{\pi u(l-v)}{l}$, *lire* : $\dfrac{\pi u'(l-v)}{l}$.

Page 84, ligne 16, *au lieu de* : $N_1 N'_1 < oB_1$, *lire* : $N_1 N'_1 > oB_1$.

Page 84, ligne 21, *au lieu de* : inférieure, *lire* : supérieure.

Page 135, ligne 4, *au lieu de* : $+ \theta_B$, *lire* : $\theta_B l$.

Page 196, ligne 12, *au lieu de* : $D' \dfrac{x}{l}$, *lire* : $(B' - H') \dfrac{x}{l}$.

Page 205, lignes 3 et 4, *au lieu de* : des moments fléchissants V' et V'', *lire* : des efforts tranchants V' et V''.

Page 272, ligne 2, *au lieu de* : Poutres instables, *lire* : Poutres instables et stables.

Page 299, ligne 5, *au lieu de* : $V = -\dfrac{S}{2}$, *lire* : $V = -\dfrac{T}{2}$.

Page 333, ligne 3, *au lieu de* : 78, *lire* : 77.

Page 351, ligne 4 en remontant, *au lieu de* : EΩ, *lire* : El.

Page 385, ligne 11, *au lieu de* : au moins une barre, *lire* : au moins deux barres.

Page 405, ligne 2, *au lieu de* : 93, *lire* : 93 *bis*.

9 782016 158982